가치창출을 위한

R 빅데이터 분석

김계수 지음

가치창출을 위한
R 빅데이터 분석

2017년 12월 10일 1판 1쇄 박음
2017년 12월 15일 1판 1쇄 펴냄

지은이 | 김계수
펴낸이 | 한기철

펴낸곳 | 한나래출판사
등록 | 1991. 2. 25. 제22–80호
주소 | 서울시 마포구 토정로 222, 한국출판콘텐츠센터 309호
전화 | 02) 738–5637 · 팩스 | 02) 363–5637 · e–mail | hannarae91@naver.com
www.hannarae.net

ISBN 978–89–5566–208–5 93310

* 이 도서의 국립중앙도서관 출판예정도서목록(CIP)은 서지정보유통지원시스템 홈페이지(http://seoji.nl.go.kr)와 국가자료공동목록시스템(http://www.nl.go.kr/kolisnet)에서 이용하실 수 있습니다.(CIP제어번호: CIP2017031554)

머리말

우리는 데이터가 가치창출의 원천인 시대를 살고 있다. 미래 경쟁력은 쏟아지는 데이터 분석과 전략 수립 능력에 결정될 것이다. 데이터를 어떻게 수집하고 분석하여 차별적인 전략을 수립할 것인가가 중요해질 것이다. 삶의 발자취인 데이터에는 세상 변화와 트렌드 변화가 축적되어 있다. 데이터를 통해 미래를 예측하고 변수 또는 요인 간 관련성 및 인과관계 파악을 통해서 우리는 살고 있는 사회를 가치 있게 만들 수 있다.

빅데이터 경영에서 가장 중요한 것은 꼭 필요한 데이터를 정확한 방법으로 확보하는 것이다. 막대한 데이터를 바탕으로 보이지 않는 현상을 알아내고 해결책을 찾는 재료로 사용될 수 있기 때문이다. 빅데이터가 중요하다는 사실은 알겠으나 빅데이터를 제대로 분석해서 의사결정에 적용하는 예는 민간부문이나 공공부문 모두에서 극히 드물다.

통계학자이며 품질경영학자인 데밍과 경영학의 아버지라 불리우는 피터 드러커는 '측정하지 않으면 관리할 수 없다'고 했다. 분석 과정에서 시사점이 나오고 차별적인 전략을 개발할 수 있다. 여러 조직들이 여전히 많은 양의 빅데이터를 확보하고 있지만, 쌓아두고 사용하지 않은 '블랙데이터'를 가지고 있는 경우가 많다. 학교나 연구기관에서 빅데이터 사이언티스트를 양성해야 한다. 탄탄한 통계 기본 지식을 넘어 적어도 빅데이터에 대해 두려움을 갖지 않도록 해야 할 것이다.

과거 대학은 대량생산 체제에 맞는 정형화된 지식을 가르쳐 온 것이 사실이다. 하지만 4차 산업혁명 시대엔 정답이 없는 문제를 해결할 수 있는 융합적 창의성을 키우는 데 초점을 맞춰야 한다. 4차 산업혁명 시대를 제대로 준비하려면 기업뿐만 아니라 정부와 대학도 함께 바뀌어야 한다.

저자는 이 책을 집필하면서 4차 산업혁명 시대의 화두인 '가치창출'을 염두에 두었다. 모든 조직의 존재 이유는 가치창출에 있다. 여기서 말하는 가치는 고객이 생각하는 중요하고 의미 있는 것이라고 할 수 있다. 이 책은 어떻게 하면 데이터를 가치와 연결시킬 것인가의 관점에서 기획되었다. 따라서 통계학의 기본에서 출발하여 소셜네트워크 분석 등 학부 과정, 대학원 과정, 실무 현장 등에서 사용할 수 있는 고급 과정까지를 총망라하여 다루었다. 즉, 데이터 분석의 기본인 정형 데이터 분석, 비정형 데이터 분석 및 시각화, 데이터 분석 전략 수립 및 비즈니스 활동 등에 관한 정보를 담았다. 각 장과 연습문제에는 국내외 공공 포털 자료 및 빅데이터 자료를 실제 예제로 다뤄 분석자들이 스스로 해볼 수 있도록 하였다. 또한 빅데이터 분석과 관련하여 도움이 될 이야기를 '굿모닝 빅데이터' 난에 소개하였다.

모든 일이 그렇지만 기본이 중요하다. 빅데이터(big data) 분석의 기본은 스몰데이터(small data) 분석에서 비롯된다. 스몰데이터에서 충분한 자신감을 배양하면 빅데이터 분석의 두려움을 떨칠 수 있다. 이 책은 빅데이터를 가지고 가치창출을 하고자 하는 모든 이를 위해서 쓰여졌다. 이 책은 총 3부로 구성되어 있다. 1부는 기초 과정으로 R의 설치, 데이터 구조에 대한 내용을 다루었다. 2부는 중급 과정으로 기술통계학과 가설검정, 평균비교 분산분석, 상관분석, 회귀분석을 다루었다. 3부는 고급 과정으로 로지스틱 회귀분석, 판별분석, 요인분석, 군집분석, 데이터마이닝, ggplot2를 이용한 그래프 그리기, 생산적인 리포트 작성, R 고급 프로그래밍, 소셜네트워크 분석 등을 다루고 있다.

책을 내는 행위는 저자 자신과의 싸움이며 자신을 연마하는 과정이다. 저자는 이 책을 통해서 빅데이터 분석의 즐거움을 맛보는 사람이 한 명이라도 나타나면 행복할 것이다. 빅데이터 분석의 즐거움에 더해 고객의 마음을 읽어 성공 스토리가 많아지는 세상을 꿈꿔본다.

부족한 원고를 멋진 책으로 완성시켜 준 한나래아카데미 한기철 사장님, 조광재 상무님을 비롯한 한나래아카데미 임직원분들에게 진심으로 감사함을 전한다. 앞으로도 더욱 분발해서 수정 보완을 지속할 것을 약속드린다.

이제부터 빅데이터 분석을 통해서 가치창출을 하기를!

2017. 12.

김계수 드림

차례

1부 기초과정 13

7장 분산분석 I 163

8장 분산분석 II 199

9장 상관분석 217

12장 판별분석 313

13장 요인분석 329

14장 군집분석 351

15장 데이터마이닝 – 분류분석 373

16장 고급 그래프 그리기 399

17장 생산적인 리포트 제작 431

18장 R 고급 프로그래밍 443

19장 소셜네트워크 분석 457

부록 통계도표 485

1부
기초 과정

너 게으름뱅이야,
개미에게 가서 그 사는 모습을 보고 지혜로워져라.
개미는 우두머리가 없고 감독도 지도자도 없이 여름에 양식을 장만하고
수확철에 먹이를 모아들인다.

잠언 6장, 6-8절

1장

R 패키지와 Rstudio 설치하기

학습목표

1. R 프로그램과 Rstudio를 쉽게 설치하는 방법을 익힌다.
2. R에서 자료를 입력하고 기초 통계량을 구하는 방법을 익힌다.
3. 산포도를 그리고 해석하는 방법을 연습한다.

 패키지

R 패키지(Package)는 기존의 통계 프로그램들과 달리 모두 무료 공유버전으로 확장성이 뛰어난 프로그램이다. R 패키지는 R 프로그래밍 언어로 만들어진다. R 프로그래밍 언어(축약하여 R)는 통계 계산과 그래픽을 위한 프로그래밍 언어이자 소프트웨어 환경을 말한다. 뉴질랜드 오클랜드 대학의 로스 이하카와 로버트 젠틀맨에 의해 시작되어 현재는 R 코어팀이 개발하고 있다. R은 GPL하에 배포되는 S 프로그래밍 언어의 구현으로 GNU S라고도 한다. R은 통계 소프트웨어 개발과 자료분석에 널리 사용되고 있으며, 패키지 개발이 용이하여 통계학자들 사이에서 통계 소프트웨어 개발에 많이 쓰이고 있다.

- 개발자 : R 재단
- 최근 버전 : 3.4.1(World-Famous Astronaut) / 2017-06-30
- 운영체제 : 크로스 플랫폼
- 종류 : 프로그래밍 언어
- 라이선스 : GNU GPL
- 웹사이트 : http://www.r-project.org/

2 R 패키지 및 RStudio 설치하기

R 프로그램 운용에 관심을 갖고 있는 독자라면 우선 프로그램을 설치하도록 하자. 분석자는 자신의 컴퓨터 운영체계가 어떤 상태인지 확인하는 것이 중요하다. 컴퓨터 운영체계에 대해 자세히 알고 싶은 경우, **컴퓨터** → **제어판** → **시스템**에서 확인하면 된다.

2.1 R 패키지 설치하기

연구자는 R 패키지를 설치하기 위해서 R-프로젝트 홈페이지(http://www.r-project.org)를 방문하거나 CRAN(http://cran.r-project.org)을 방문한다.

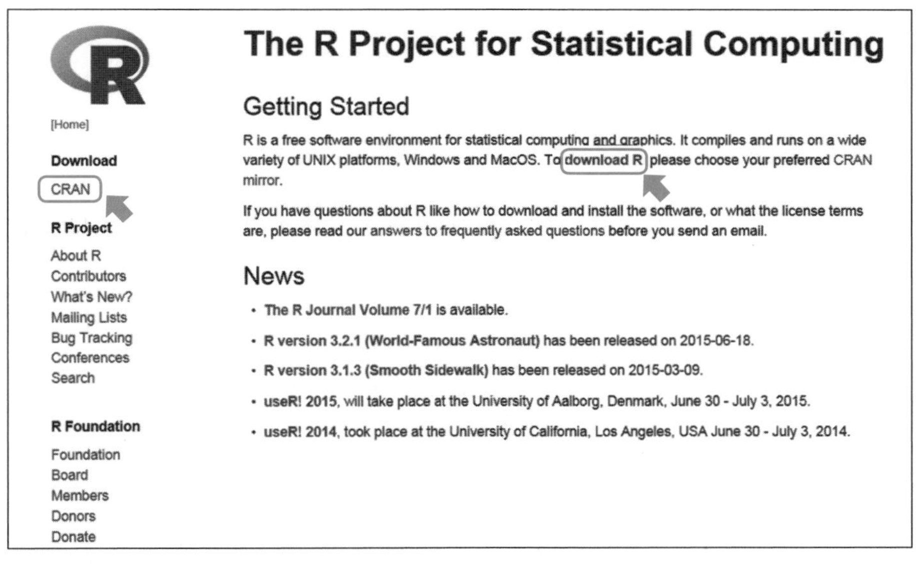

[그림 1-1] R 프로젝트 홈페이지 초기화면

download R이나 CRAN(Comprehensive R Archive Network)를 누른다. 그러면 다음과 같은 화면을 얻을 수 있다.

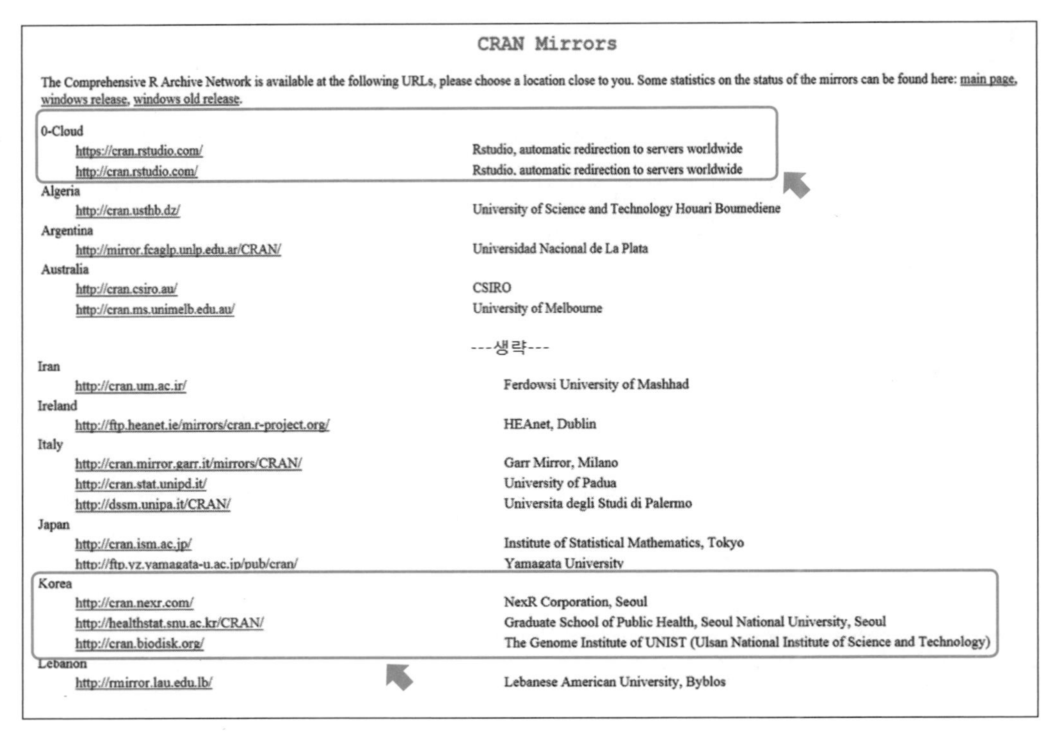

[그림 1-2] CRAN Mirror 화면

분석자가 위치한 지역에서 가까운 곳이나 적당한 곳을 지정하면 된다. 여기서는 https://cran.rstudio.com/ 선택하기로 한다.

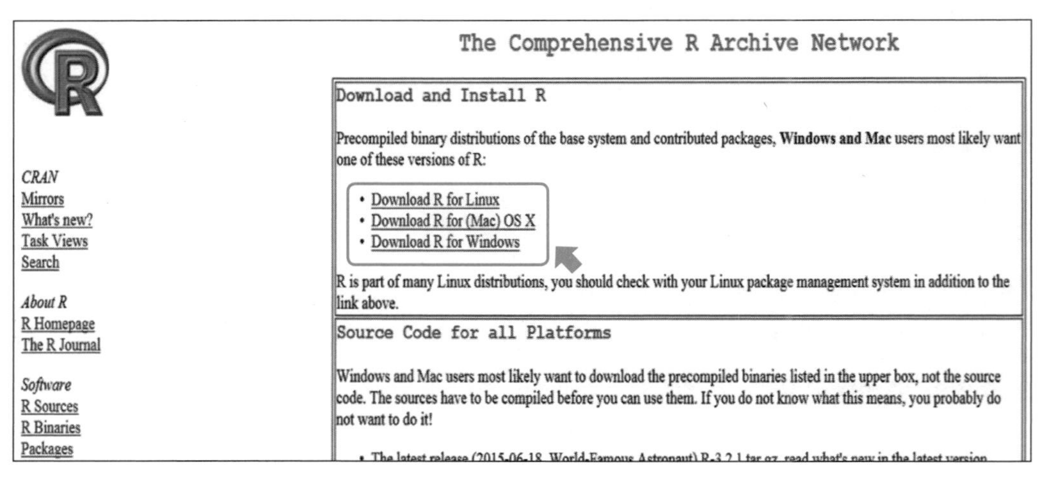

[그림 1-3] 운영 시스템에 적합한 선택사항

2.2 RStudio 선택하기

R 패키지를 설치하고 난 다음, Rstudio(https://www.rstudio.com/) 홈페이지를 방문하여 설치하면 된다. RStudio는 통계 컴퓨팅과 그래프를 위한 IDE(Integrated Development Environment, 통합개발환경)의 무료 및 개방소스를 말한다. Rstudio에서는 오픈소스판(Open Source Edition)과, 상업용 라이센스(Commercial License)판을 분리해서 제공한다. 오픈소스는 무료 공유버전이고 상업용 라이센스는 오픈소스에 반해 안정성, 보안, 질문에 대한 빠른 응답에서 차별성을 갖는다.

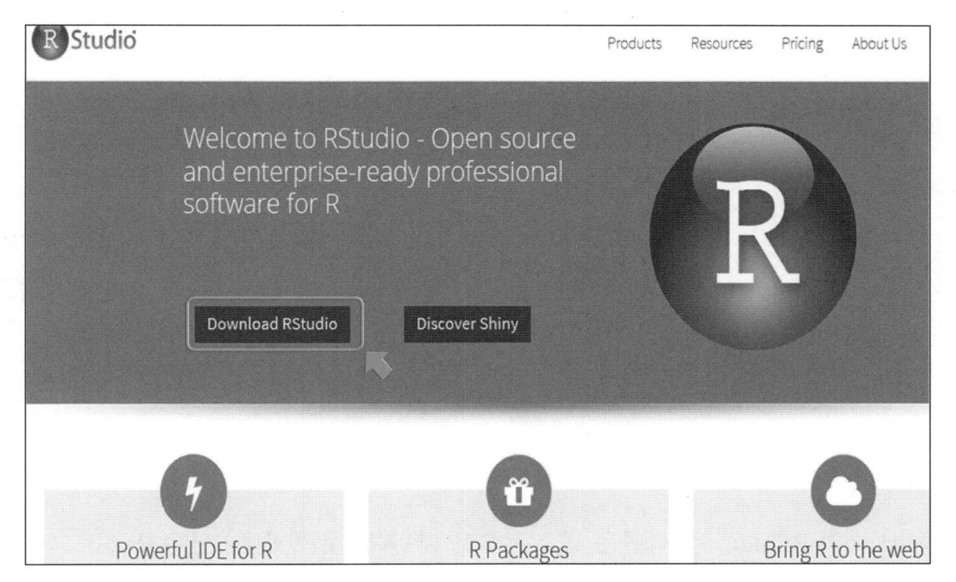

[그림 1-4] RStudio 홈페이지

여기서는 **Download Rstudio**를 누른다. 그러면 다음 **DOWNLOAD RSTUDIO DESKTOP**을 클릭한다.

2.3 RStudio 실행하기

RStudio를 설치하고 나서 RStudio를 실행하여 보기로 한다. 윈도우(Window)의 RStudio의 첫 화면은 다음과 같다.

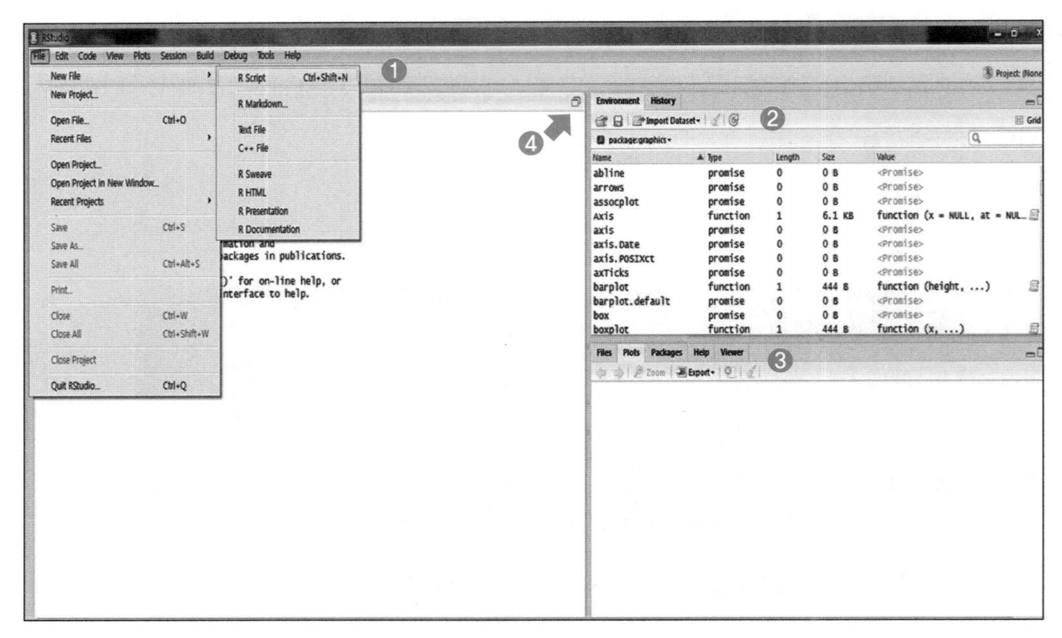

[그림 1-5] RStudio 첫 화면

윈도우(Window)의 RStudio 첫 화면은 세 부분으로 나뉜다. 첫 번째(❶) 난은 R 프로그램 전체를 아이콘으로 처리해 놓은 부분이다. 두 번째(❷)는 Environment(운용환경)와 History(프로그램 과거 운용이력) 등이 나타나 있다. 세 번째(❸)는 File, Plots, Package, Help, Viewers가 나타난 창이다. 여기서 ❹ 화살표 부분(🗗)을 누르면 왼쪽 하단에 R 콘솔(Console)창이 나온다.

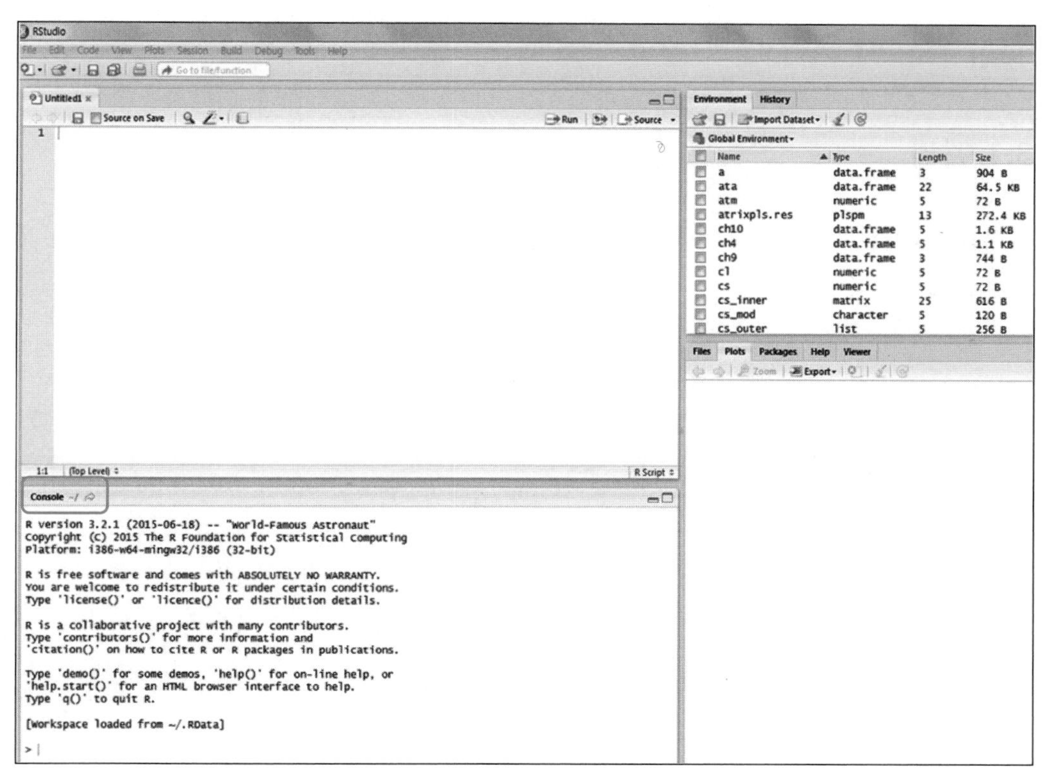

[그림 1-6] RConsole 등장 화면

콘솔(Console)창은 R Studio에서 Package를 설치하거나 운용하는 것, 결과 등을 일목요연하게 보여주는 기능을 한다.

3 데이터 분석

3.1 예제

다음 데이터는 R에서 데이터 분석을 연습하기 위해서 어린아이의 나이(age)와 몸무게(weight)를 가공한 것이다.

[표 1-1] 어린아이의 나이와 몸무게 자료

Age(개월)	3	12	9	3	9	11	2	5	3	1
Weight(kg)	6.1	10.2	10.4	6	7.3	8.5	5.2	7.2	5.3	4.4

이 데이터를 R 프로그램에 입력하고 (1) 나이의 평균 (2) 몸무게 평균 (3) 나이 표준편차 (4) 몸무게 표준편차 (5) 나이와 몸무게의 상관관계 (6) 나이와 몸무게의 관련성을 그래프로 나타내 보자.

3.2 예제 풀이

나이(age)와 몸무게(weight) 자료를 입력하기 위해서 각각의 자료를 벡터(vector)양으로 입력하기 위해서 함수 c()을 이용한다. 여기서 벡터란 하나 이상의 숫자, 문자 등의 집합을 말한다. 나이와 몸무게 각각의 평균과 표준편차, 상관분석을 위해서 구하기 위해서 함수 mean(), sd(), 그리고 cor()을 각각 사용한다. 마지막으로 나이와 몸무게의 상관관계와 이들의 관련성을 그림으로 나타내기 위해서는 plot() 함수를 사용하면 된다. 참고로 # 뒤에 있는 내용은 분석자나 연구자의 이해를 돕기 위해서 설명을 달아 놓은 문자로 프로그램 운영에는 큰 문제가 없음을 밝혀둔다.

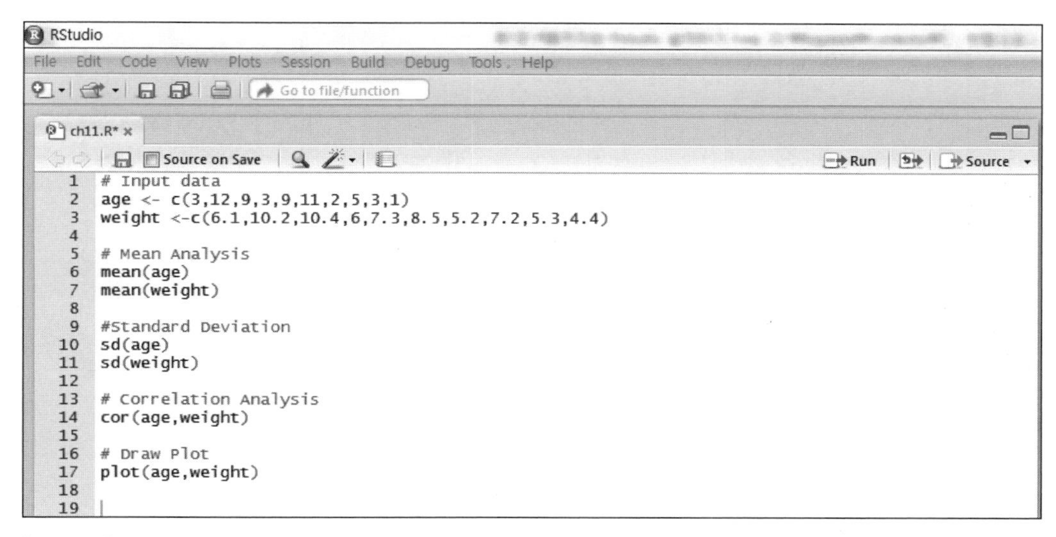

[그림 1-7] R 명령문 [데이터] ch11.R

앞에서와 같이 명령문을 작성하고 마우스로 모든 범위를 정한 다음 실행(Run) 단추를 누르면 다음과 같은 결과를 얻을 수 있다.

3.3 분석 결과

```
> #Mean Analysis
> mean(age)
[1] 5.8
> mean(weight)
[1] 7.06
>
> #Standard Deviation
> sd(age)
[1] 4.049691
> sd(weight)
[1] 2.077498
>
> #Correlation Analysis
> cor(age,weight)
[1] 0.9075655
```

결과 설명 10명의 유아의 평균 나이(age)는 5.8개월이고 몸무게(weight)는 7.06kg임을 알 수 있다. 또한 나이의 표준편차(sd)는 4.04이고 몸무게 표준편차는 2.07임을 알 수 있다. 나이와 몸무게의 상관계수(cor)는 0.907이다.

[그림 1-8] 결과물

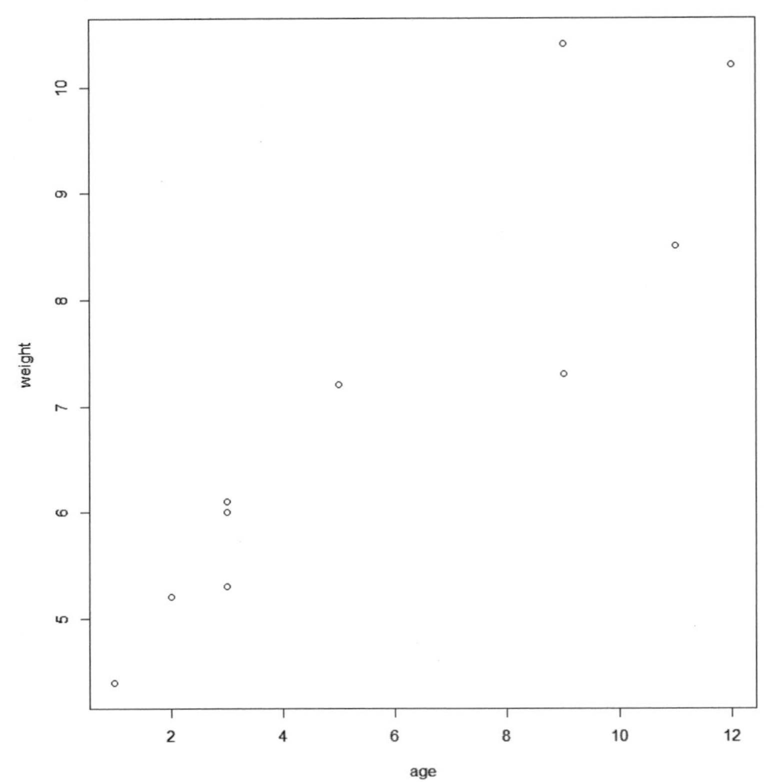

[그림 1-9] 나이와 몸무게 산포도

결과 설명 나이(age)와 몸무게(weight)의 관계를 나타내는 산포도(scatter diagram)를 살펴보면 나이(개월 수)가 증가할수록 몸무게(kg)는 증가하는 추세를 보이고 있음을 확인할 수 있다.

R Studio 실행 오류 방지법

컴퓨터 운영체계가 윈도우인 경우, R Studio 에러가 발생할 수 있다. 이 경우 다음과 같은 방법으로 해결할 수 있다.

1. 환경변수 변경 방법

- [컴퓨터] → [시스템 및 보완] → [시스템] → [고급 시스템 설정] → [환경변수]를 클릭한다.
- '사용자 변수'의 'TEMP'와 'TMP'를 클릭한 다음 '변수값'을 'C:₩Temp'로 바뀌고 [확인] 단추를 클릭한다.

2. R Studio 관리자 권한으로 실행하기

- R Studio 아이콘에 마우스를 올려놓고 마우스 오른쪽 버튼을 눌러 [속성] → [호환성] 창을 연다.
- [관리자 권한으로 이 프로그램 실행]을 지정한 다음 [확인] 단추를 누른다.

3. 윈도우 사용자 계정을 영문으로 바꾸기

- [제어판] → [사용자 계정] → [계정이름 변경]에서 영문으로 변경한다.
- [제어판] → [사용자 계정] → [계정 관리] → [새 계정 만들기]에서 영문으로 입력한다.

1. 분석자 각자의 작업환경에 맞게 노트북이나 컴퓨터에 R 프로그램과 RStudio를 다운해서 설치해 보자.

2. R에서 다음 데이터를 입력하고 나이(age)와 몸무게(weight)의 기본 통계량(평균, 표준편차)을 구하고 이들 간의 산포도를 그려라.

```
# create a data frame from scratch
 age <- c(25, 30, 56)
 gender <- c("male", "female", "male")
 weight <- c(160, 110, 220)
```

2장

빅데이터 구조

학습목표

1. 빅데이터 개념과 빅데이터의 중요성을 이해한다.
2. 빅데이터 분석 절차를 이해한다.
3. 빅데이터 분석 이용 전략 수립 방법을 이해한다.

1 빅데이터 개념

우리는 창의성을 바탕으로 연결을 통한 부가가치 창출 시대를 살고 있다. 시간과 거리 공간을 극복할 수 있는 역량, 일대일 마케팅 역량이 개인과 조직의 필수 생존 역량이다. 4차 산업혁명 시대에는 기업이 생산한 제품만으로 경쟁력을 따질 수 없다. 얼마나 더 큰 가치와 풍부한 경험을 소비자에게 제공하느냐에 따라 성패가 갈릴 수 있다. 향후에는 산업과 과학에서 빅데이터와 데이터 과학이 막강한 힘을 발휘할 것이다. 막대한 데이터를 바탕으로 보이지 않는 현상을 알아내고 해결책을 찾는 재료로 사용될 수 있기 때문이다. 하지만 대다수 나라와 개인들은 여전히 빅데이터 정책에 소극적이다.

정보기술 발전에 따라 축적된 빅데이터를 분석할 수 있는 능력이 중요해지고 있다. 빅데이터를 기반으로 한 일대일 고객에 대한 가치창출 능력이 조직의 경쟁력으로 떠오르고 있다. 한 명의 고객에게 맞춤식 서비스를 제공할 수 있는 능력이 4차 산업혁명 시대의 핵심 경쟁력이다. 디지털과 기술의 전문성, 창의적인 생과 실험정신, 데이터 분석과 해석 역량이 인공지능 시대에 필요한 역량이다(HBR, 2017).

인간의 삶은 데이터의 축적을 가져온다. 사람들의 일상은 모두 데이터로 저장된다. CCTV는 사람들의 움직임을 영상물로 기록하고 저장한다. 휴대전화의 통화는 기지국의 위치와 상대방의 전화번호를 로그데이터로 저장한다. 병원의 진찰 및 진료기록은 진료 로그로 쌓인다. 일상생활에서 신용카드 결제정보도 카드사의 서버에 저장된다. 마찬가지로 지하철역의 교통카드 이용실적도 서버에 고스란히 저장된다. 자동차의 엔진에 부착된 센서데이터는 실시간으로 제조사 데이터베이스에 차곡차곡 쌓인다.

이러한 것을 가능하게 할 수 있는 동인은 클라우드 서비스, 빅데이터 등의 정보기술 발전에 있다. 바야흐로 IT업계 간의 경쟁과 변화 바람이 거세다. 한때 클라우드 컴퓨팅 바람이 불어오더니, 이제는 빅데이터 열풍으로 옮겨붙었다.

국내외적으로 2012년은 빅데이터의 원년이라고 할 수 있다. 소셜네트워크 시대(SNS: Social Network Service)를 맞이하여 데이터 이용량이 기하급수적으로 증가하기 시작하였다. 스마트폰의 보급으로 인한 데이터 생성량의 증가는 빅데이터에 대한 관심을 고조시켰다. 기업들은 스마트폰에 내장되는 각종 센서를 이용하여 개인의 활동은 물론 각종 거래내역에 이르기까지 다양한 데이터 확보가 가능해졌다.

디지털 세계의 데이터 증가량은 가히 폭발적이다. 시장조사기관 IDC에 따르면, 매일 미국 전역 도서관 정보를 합친 것보다 8배나 많은 데이터가 새롭게 만들어진다. IDC는 지난해에만 총 1.8제타바이트에 이르는 새 데이터가 생성된 것으로 추산했다(http://www.idc.com/). 1제타바이트는 1조 기가바이트(GB)이다. 인간의 머리로는 가늠하기 어려운 속도로 데이터가 늘고 있다. 다양한 데이터, 많은 양, 저장 속도 등이 기존과 완전히 다른 새로운 정보환경을 '빅데이터'라고 부른다.

빅데이터는 기업의 중요 자산이다. 빅데이터의 중요성을 일찍이 감지한 글로벌 기업들은 합법적인 방법으로 빅데이터를 수집하기 시작하였다. 대표적인 기업들은 구글, 아마존, 페이스북, 애플, 트위터 등이다. 이들 글로벌 기업들은 빅데이터 분석을 통하여 가치를 창출하기 위해서 끊임없이 노력하고 있다. 아마존의 경우는 구매고객의 이력 내용과 연관성이 있는 정보를 생성할 수 있는 능력을 가지고 있다. 아마존은 고객들에게 정보를 제공하여 지속적인 수익을 창출하고 있다. 인터넷 사업을 선도하는 구글, 아마존, 페이스북, 애플, 트위터 이외에도 IBM, MS, SAS 등 IT기업의 강자들과 HP, 후지쯔, 도시바 등도 빅데이터 사업영역에 본격적으로 진출하고 있다.

경쟁이 날로 치열해지는 산업현장에서 빅데이터의 잠재가치는 무궁무진하다. 빅데이터는 경영혁신의 원천이 될 수 있다. 2011년 5월 매킨지글로벌연구소(MGI)는 빅데이터(big data)를 '혁신과 경쟁의 넥스트 프런티어(next frontier)'라고 선언하였다(http://www.mckinsey.com/Insights/MGI).

최근 국내 기업들도 빅데이터에 대해 깊은 관심을 가지고 있다. 기업들은 점에 지나지 않은 정보자료를 꿰어서 유용하게 정보를 이용할 수 있음을 터득하기 시작하였다. 앞으로는 개인과 집단행동의 패턴을 미리 읽어내는 기업이 시장을 지배하게 될 것이다. 경쟁자보다

고객들을 세세하게 이해하고 이들에게 고객지향적인 서비스를 제공할 수 있는 역량이 경쟁 우위 요소이다. 빅데이터의 가치를 인지한 기업들은 빅데이터를 확보하기 위해서 하드웨어나 소프트웨어를 전면 개방하기도 한다.

빅데이터를 분석하면 정교하고 세밀하게 한 사람에 대한 성향을 파악할 수 있고 급변하고 있는 거대 트렌드를 따라잡을 수 있다. 카톡, 페이스북, 트위터, 블로그 등에서 거래되고 있는 데이터를 모아서 분석하면 개인의 성향, 관계망, 관심 분야, 심리 상태 등을 분석할 수 있다.

글로벌 IT기업들이 빅데이터 관련 시장에 발빠르게 진입하는 것과 달리, 국내 기업의 빅데이터 수준은 매우 미흡한 수준이라고 할 수 있다. 우리나라는 상대적으로 IT인프라 수준이 좋고 기술 수용성이 높은 국가임에도 불구하고 빅데이터 부분의 연구와 실행력에서 열세를 면치 못하고 있다(채승병, 안신현, 전상인, 2012). 경영현장에서도 빅데이터가 수집되지 않고 있으며 역량 축적이 부족하여 소규모 데이터 활용만 이루어지고 있는 실정이다. 실제 가트너그룹은 Fortune 500기업 중 85% 이상이 빅데이터 활용에 실패할 것이라고 예측한 바 있다(http://www.gartner.com). 빅데이터의 분석 역량과 관리를 위한 지식시스템 구축이 전무한 상태이다.

데이터를 분석하거나 문제점을 곱씹어보는 개인과 조직은 성공할 수밖에 없다. 항상 데이터에 근거한 개선점을 찾은 조직의 성장 가능성은 매우 높다. 다음은 비즈니스 위크에 실린 델의 성공 중심에는 지속적인 평가가 있음을 확인할 수 있다.

> 델 성공의 중심에는 현재 상태는 언제나 만족스럽지 않다는 인식이 깔려 있다. 비록 그것이 델 본인의 고통스러운 변화를 의미할지라도 말이다. 델에서는 성공하면 5초간 칭찬하고 곧바로 5시간 동안 미진했던 점에 대한 사후평가가 이어진다. 마이클 델은 '0.1초간 축하하고 넘어간다'고 말한다.
>
> – 비즈니스 위크

빅데이터와 관련하여 대부분의 전문가들은 긍정적인 전망을 내놓고 있다. 빅데이터를 기반으로 새로운 비즈니스모델을 만들 수 있다고 확신하기 때문이다. 그러나 한편에서는 기업의 이윤증가나 수익성 향상으로 연결되기는 쉽지 않을 것이라고 보는 견해도 있는 것이 사실이다. 빅데이터를 이용하여 기업의 경쟁력을 높이기 위해서는 우선적으로 산업의 특성과 비즈니스의 특성을 고려하여야 한다. 이어 분석의 주된 목적을 설정할 필요가 있다. 원재료 자체인 빅데이터를 정보화하고 이를 기업경영에 제대로 반영할 수 있느냐 여부가 경쟁력의 원천이다.

■ **경쟁력의 원천**
빅데이터를 정보화하고 이를 통해서 개개인의 가치창출로 연계시킬 수 있는 것이 진정한 경쟁력의 원천이다.

2 빅데이터의 정의와 운영 방법

2.1 빅데이터의 정의

데이터는 분석의 원석이다. 데이터가 정교하게 정리가 되면 정보(information)가 된다. 정보는 삶에 적용되는 지식(Knowledge)으로 발전한다. 지식은 삶에 혜안을 가져다주고 삶을 보다 윤택하게 하는 지혜(Wisdom)로 승화된다. 지혜는 다시 초월 경지라고 할 수 있는 혜탈(Nirvana)의 경지에 도달하게 된다. 데이터는 혜탈로 가는 출발점이다. 데이터에는 정보량이 가장 많다. 데이터 발전단계를 식으로 나타내면 다음과 같다.

Data 〉 Information 〉 Knowledge 〉 Wisdom 〉 Nirvana ……(식 2–1)

빅데이터는 단순하고 거대하다기보다는 형식이 다양하고 순환 속도가 매우 빨라서 기존 방식으로는 관리·분석이 어려운 데이터를 의미한다. 빅데이터(big data)는 기존의 데이터베이스와 다르다. 빅데이터는 기존의 데이터베이스 관리도구인 데이터 수집, 저장, 관리, 분석 역량을 뛰어넘는 대량의 정형 데이터와 비정형 데이터를 말한다. 빅데이터는 데이터 자체뿐만 아니라 데이터를 분석하고 의미 있는 가치를 발견하는 기술을 통칭한다. 날로 발전하는 빅데이터 관리기술은 다변화된 현대 사회를 좀더 효율적으로 읽어내게 하는 경영패러다임이다.

기존 데이터와 빅데이터의 차이를 3V로 설명할 수 있다. 빅데이터는 용량(Volume)과 상상을 초월하는 속도(Velocity)로 증가하는 다양성(Variety) 있는 자료를 말한다(채승병, 안신현, 전상인, 2012). 빅데이터에 관한 내용을 양, 속도, 형태 측면에서 이를 기존 데이터와 비교할 수 있다.

- 용량(Volume) : 일반기업에서도 테라바이트(TB)~페타바이트(PB)[1]급 규모의 데이터
- 속도(Velocity) : 데이터 생성 후 유통되고 활용되기까지 소용되는 시간이 수시간~수주 단위에서 분, 초 이하로 단축
- 다양성(Variety) : 데이터마다 크기와 내용이 제각각이어서 통일된 구조로 정리하기 어려운 비정형 데이터가 90% 이상 차지

기존 데이터와 빅데이터의 차이는 다음 표와 그림으로 정리할 수 있다.

[표 2-1] 3V의 빅데이터

기존 데이터	내용	빅데이터
소량	용량(Volume)	엄청난 양
늦은 속도로 데이터량 축적	속도(Velocity)	빠른 속도로 데이터양 축적
양적데이터 위주	다양성(Variety)	다양한 형태(양적데이터, 질적데이터)

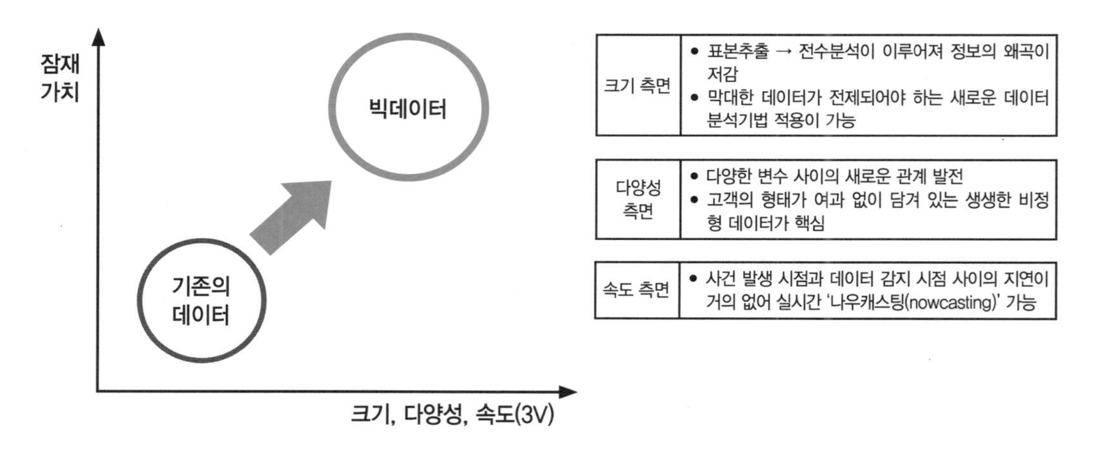

	과거	오늘
데이터 형태	특정 양식에 맞춰 분류	형식이 없고 다양함
데이터 속도	배치(batch)	근 실시간(near real-time)
데이터 처리 목적	과거 분석	최적화 또는 예측
데이터 처리 비용	국가·정부 수준	개별 기업 수준

[그림 2-1] 빅데이터와 가치

1 1페타바이트=1,000테라바이트=100만GB=10억 MB를 의미하며, 빅데이터 시대에는 그 이상의 엑사바이트(EB=1조 MB), 제타바이트(ZB=1000조 MB) 단위까지 통용된다.

앞에서 언급한 것처럼, 빅데이터 분석은 인사이트 발견(Knowledge discovery)을 넘어 정교한 정보를 넘어 구체적인 의사결정과 실행계획이 제공되어야 경영성과로 이어질 수 있다. 구체적인 실행계획도 빅데이터 분석과정에 포함된다. 빅데이터 분석과정은 빅데이터 수집 관리(IT기술), 데이터 분석(기존 통계 방식과 기계학습법과 같은 데이터마이닝), 의사결정 단계(방대한 데이터를 바탕으로 수학적 알고리즘을 통해 최적 의사결정을 내리는 기술) 등이 포함된다.

2.2 빅데이터 운영 사례

스마트폰 보급에 따른 새로운 사업모델이 SNS(Social Netwrok Service, 소셜 네트워크 서비스)이다. SNS 사용자 증가로 인해 트윗 양과 문자 메시지 양이 급속도로 증가하고 있다. 한 개인이 온라인상에서 상거래를 하거나 스마트폰으로 위치 정보를 보낼 때마다 생성되는 막대한 자료는 어딘가의 저장소에 저장된다. 빅데이터 분석가는 소셜미디어 서비스에서 유통되는 내용을 통해서 거대담론을 읽을 수가 있다. 전문가들은 소셜미디어 서비스에서 오가는 글을 통해서 대중의 심리변화와 소비자의 요구사항을 파악할 수 있다. 소셜미디어 서비스에서 오가는 문맥, 내용, 정보를 통해서 트렌드를 파악할 수 있고 전략방향을 결정할 수 있다.

볼보는 빅데이터를 활용해 특정 자동차 모델이 1,000대만 출고돼도 이 차가 안전한지, 리콜이 필요한지 알 수 있었다. 또 '픽업하기'라는 해외 사이트에서는 소셜네트워크서비스(SNS)를 통해 '카풀(자동차 같이 타기)'을 하고 싶은 사람들을 연결해주며 인기를 끌었다

영국의 한 은행에 체포된 이슬람 테러 용의자 100명에게서 일정한 패턴을 찾아낼 수 있다. 이는 이슬람 테러 용의자의 과거 기록과 실시간 데이터의 연관성 분석에 의해서 가능하다.

2012년 2월 중순 뉴욕타임스 선데이 매거진에는 대형 잡화 체인 타깃(Target)이 한 여고생에게 보낸 아기용품 광고 전단 얘기가 실렸다(Duhigg, 2012). 미니애폴리스에 사는 이 학생의 아버지는 "학생더러 임신하라고 부추기느냐"고 항의했지만, 자기 딸이 8월 출산 예정이라는 것을 알지 못했다. 타깃은 어떻게 부모보다 먼저 딸의 임신을 알았을까? 여성들은 보통 한 매장에서 필요한 용품을 사지 않는다. 그러나 평소와 달리 한 매장에서 다 살 때, 임신 때문에 '불편한 몸'임을 짐작할 수 있었다. 이후 칼슘, 마그네슘, 아연보충제, 편안한 옷, 무취의 대용량 로션같이 통상 임신 4~6개월의 임산부가 보이는 구매행위를 할 때는 임신을 확신한다고 한다.

2.3 빅데이터 분석 절차

아무리 급해도 실을 바늘허리에 매고 바느질을 할 수 없다. 빅데이터 분석 절차를 인지하고 분석을 실행하는 것이 좋다. 빅데이터 분석의 목표를 세우는 일이 우선일 것이다. 이어 본격적인 분석을 시작하는 일이다. 일반적인 빅데이터 분석 절차는 다음과 같다.

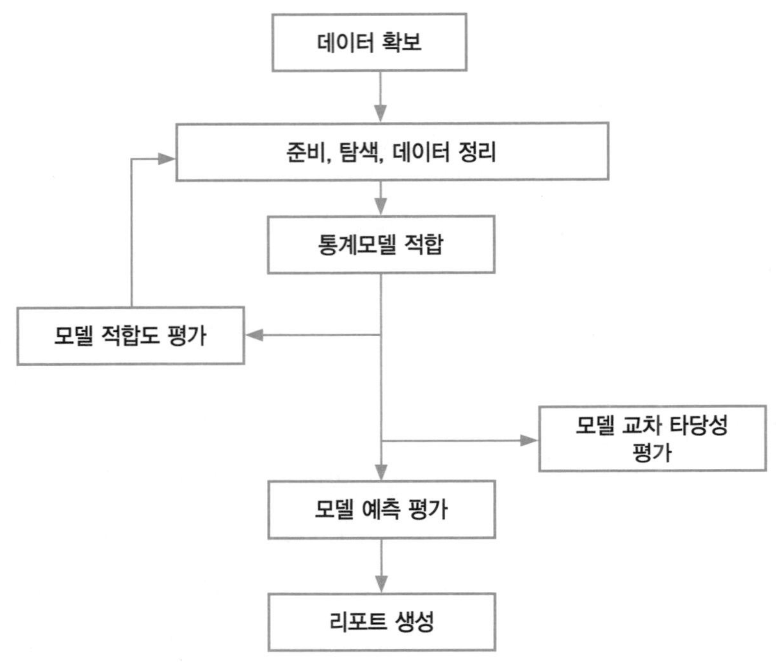

[그림 2-2] 빅데이터 분석 순서

빅데이터 분석에 앞서 데이터를 확보하는 것이 중요하다. 데이터는 분석자가 직접 조사하는 1차 데이터, 정부기관이나 연구소 등에서 조사해 놓은 2차 데이터 등이 있다. 이어 데이터를 준비하고 탐색, 데이터를 정리하는 단계가 필요하다. 분석자는 분석과정에서 통계모델에 적합시켜 보고 모델이 적합한지 데이터는 어떤 패턴을 보이는지 확인한다. 이것을 모델 예측 평가 단계라고 할 수 있다. 분석자는 모델 교차타당성도 평가하고 모델 적합도도 확인하게 된다. 이어 리포트를 생성한다. 이때 실무 분야에 도움이 되는 차별적인 시사점과 전략을 제공해야 한다.

3 기술주기와 데이터

데이터는 커뮤니케이션의 원천이다. 데이터에 기반한 시각화는 현시대를 살아가는 사람들이 갖추어야 할 기본 능력이라고 할 수 있다. 분석자가 빅데이터를 분석하면서 상관관계(correlation), 예측(prediction), 인과관계(causal relationship)를 파악할 수 있다면 큰 성과를 얻는 것이라고 할 수 있다.

스몰데이터(small data)의 확장은 빅데이터이다. 빅데이터 분석도 신기술이라고 할 수 있다. 컨설팅 그룹인 가트너는 1995년부터 신기술에 대하여 시장에서 받아들이는 것과 관심은 서로 별개라는 것을 과대 포장 주기(hype cycle)라는 모형을 제시한 적이 있다. 과대 포장 주기 모형은 시간에 따라 시장 및 대중의 신기술에 대한 관심을 나타낸 것으로 시장이 아직 초기 상태임에도 불구하고 관심도가 급격히 상승하는 거품기가 있으며, 시장의 수용도가 약 20%가 되면 시장에서의 관심이 차츰 감소한다는 내용이다. 가트너는 특히 시장에서의 수용도가 20% 되기 직전의 기간에 중점을 두고 태동기, 거품기, 거품 제거기, 재조명기 및 안정 시기로 구분하여 설명하고 있다.

하이프 사이클(Hype Cycle, 과대 포장 주기) 모형이 주는 시사점은 거품기에 무작정 남을 따라 하는 것과 거품 제거기에 기술이 쇠퇴했다고 섣불리 판단하는 것 둘 다에 대한 경고라고 할 수 있다. 즉, 신기술에 대한 정확한 판단이 필요하다는 것이다. 빅데이터를 신기술이라고 한다면 빅데이터가 어느 단계인지 면밀히 살펴볼 필요가 있다. 이 또한 개인과 조직의 과제라고 할 수 있다. 하이프 사이클(Hype Cycle, 과대 포장 주기) 모형을 그림으로 나타내면 다음과 같다.

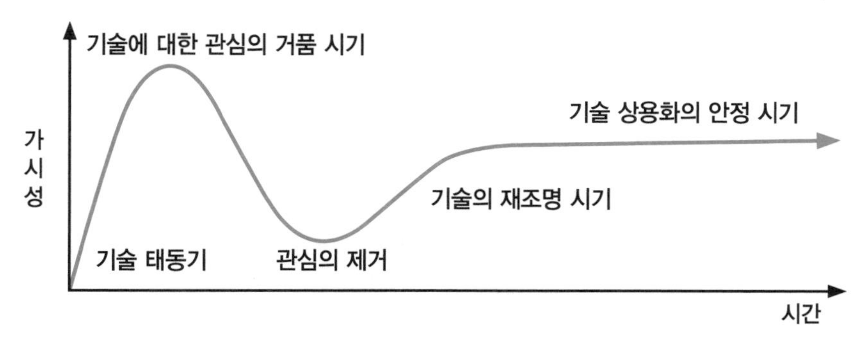

[그림 2-3] 하이프 사이클(Hype Cycle, 과대 포장 주기) 모형

- **기술 태동기**(Technology trigger)

기술 태동기는 잠재적 기술이 관심을 받기 시작하는 시기이다. 이 시기는 기술 관련 개념 모델과 미디어의 관심이 대중의 호기심을 증폭시킨다. 이 시기는 상용화 제품은 아직 없고 상업적 가치에 대한 증명이 되지 않은 상태이다. 일명 프로토 타입이 존재하고 개념 증명을 하는 시연이 가능하므로 기업의 입장에서 보면 대부분 매출은 거의 없는 상태라고 할 수 있다.

- **기술에 대한 관심의 거품 시기**(Peak of Inflated Expectation)

초기의 부풀려진 기대로 시장에 알려지게 되면서 다수의 실패 사례와 일부의 성공 사례가 나타난다. 일부 기업은 사업에 착수하지만 대부분의 기업은 관망 상태에 있으며, 초기 수용자를 위한 제품과 서비스가 주류를 이룬다.

- **관심의 제거기**(Trough of Disillusionment)

신규 도입기술이 대중의 관심 밖으로 밀려나는 시기이다. 이 시기에는 실험과 구현의 결과가 좋지 않아 대중의 관심이 쇠퇴한다. 제품화를 추진했던 기업들은 포기하거나 실패하게 된다. 초기의 제1세대 제품들의 실패 사례들이 알려지면서 시장의 반응은 급격히 냉각된다. 살아남은 기업들은 소비자가 만족할 수 있는 제품과 서비스의 경우에만 투자를 지속한다.

- **기술의 재조명 시기**(Slope of Enlightenment)

기술의 가능성을 알게 된 기업들은 지속적인 투자와 개선으로 수익 모델을 나타내는 좋은 사례들이 증가하고 기술의 성공 모델에 대한 이해가 증가하기 시작한다. 제2세대 제품과 부가 서비스들이 출시되고 더 많은 기업이 투자하지만 보수적 기업은 아직도 관망적 상태를 유지한다.

- **기술 상용화의 안정 시기**(Plateau of Productivity)

제3세대 제품 및 서비스가 출현하고 시장과 대중이 본격적으로 수용하기 시작하면 시장이 급격히 열리고 매출은 급증하게 된다. 이때는 기업의 생존 가능성 평가에 대한 기준이 명확해지며, 기술은 시장에서 주류로 자리 잡는다.

4 데이터와 시각화

4.1 정보 유형

데이터를 분석하면서 단순한 숫자로 나타내는 것보다는 그림이나 표를 추가하여 제시하는 것이 상대방을 설득시킬 때 유리하다. 지식 노동자가 갖추어야 할 역량 중의 하나는 시각화 능력(visual capability)이라고 할 수 있다. 생각을 시각화하는 목적이 무엇인지를 명확하기 위해서 두 가지 원천 질문에 답을 할 수 있어야 한다(Scott Berinato, 2016).

- 개념적인 정보인가 또는 데이터 기반 정보인가?
- 어떤 것에 대한 선언적 것인가 탐색적인 것인가?

개념적인 정보는 아이디어에 초점을 두고 목표는 단순함과 가르침에 있다고 할 수 있다. 반면에 데이터 기반 정보는 통계학에 초점을 두고 정보 제공을 통한 계몽에 목표를 둔다.

선언적인 정보는 문서와 디자인에 초점을 두고 주장을 목표로 한다. 탐색적인 정보는 프로토타입, 반복, 상호작용, 자동화 등에 초점을 두며 확인하고 패턴 발견을 목표로 한다.

앞에서 설명한 내용을 표로 정리하면 다음과 같다.

[표 2-2] 정보 유형

	정보 특성		정보분석 목적	
	개념적	데이터 기반	선언	탐색
초점	아이디어	통계학	문서, 디자인	프로토타입, 반복, 상호작용, 자동화
목표	단순함, 가르침	계몽	주장	패턴 발견

정보특성과 정보분석 목적에 따라 다음 그림과 같이 2×2 매트릭스로 나타낼 수 있다. 정보분석이 개념적이고 선언적인 성격이 강한 경우를 '아이디어 설명'이라고 명명할 수 있다. 개념적이고 탐색적인 성격이 강한 경우는 '아이디어 제안'이라고 부른다. 탐색적이고 데이터 기반한 정보일 경우는 '시각화 발견'이라고 명명할 수 있다. 선언적이며 데이터 기반 정보일 경우는 '매일 데이터 시각화'라고 부른다.

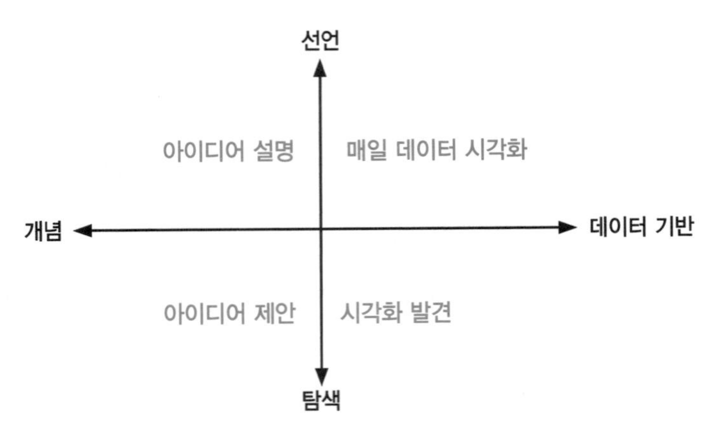

[그림 2-4] 정보의 4가지 유형

각 네 개의 영역을 표로 정리하면 다음과 같다.

[표 2-3] 정보 네 가지 유형과 특성

특성 \ 영역	아이디어 설명	아이디어 제안	시각화 발견	매일 데이터 시각화
정보 유형	프로세스, 프레임워크	복잡, 비규정화	빅데이터, 복잡, 역동적임	단순, 적은 양
정보 세팅	프리젠테이션, 교육	작업과정, 브레인스토밍	작업과정, 테스트, 분석	정규화, 프리젠테이션
주요 역량	디자인, 편집	팀 구축, 촉진	경영 재능, 프로그램밍, 쌍비교분석	디자인, 스토리텔링
목표	학습, 단순화, 설명	문제해결, 발견, 혁신	트렌드 분석, 의미 만들기, 심층분석	확증, 문맥 구축

5 변수

5.1 변수 특성

연구는 문제해결을 위하여 진행하게 되는데, 이를 위해서는 자료의 수집과 분석 단계를 거친다. 연구의 신빙성을 입증하려면 반드시 자료를 통하여야 한다. 자료는 어떤 대상에 대한 실험 또는 관찰의 결과로 얻어진 기본적인 사실들로 이루어져 있다. 자료를 체계적으로 수집할 수 있으려면 이에 관련된 개념을 잘 알고 있어야 한다. 이를 위해 다음에서는 변수에 대하여 설명하기로 한다.

연구대상이 되는 개체(item 혹은 case)는 특성을 가지고 있다. 이 특성을 나타내는 방법은 여러 가지가 있지만, 연구자가 특별히 더 많은 관심을 가지는 것이 있다. 예컨대, 서울과 도쿄의 대학 신입생들의 체격을 비교하기 위하여 연구자는 체격을 나타내 주는 여러 가지 속성을 생각해 볼 수 있다. 여러 가지 속성 중에서 키만을 고려하여 비교 연구할 수 있다. 그러나 그 외에도 체중, 가슴둘레, 어깨너비, 근육상태 등을 변수로 고려하여 자료를 수집 분석할 수 있다.

위의 연구에서 관심대상인 대학 신입생을 관찰대상 혹은 개체라고 하며, 개체에 관한 특성 중에서 연구자가 특별히 관심을 갖는 특성을 요인(factor)이라고 부르며, 이 요인을 나타내 주기 위하여 쓰이는 속성을 변수(variable)라 한다. 예컨대, 신입생의 체격은 요인이 되며, 그 요인을 구성하고 있는 키, 체중, 가슴둘레 등은 변수가 된다. 그리고 변수는 변량(variate)이라고도 한다. 변수의 선택은 연구목적에 따라 다르며, 또한 연구자가 가장 중요하다고 생각하는 것에 따라 하나 혹은 여러 개가 있을 수 있다. 하나의 변수를 다루는 통계분석을 단일변량통계분석(univariate statistical analysis), 그리고 변수가 여러 개를 다루는 경우를 다변량통계분석(multivariate statistical analysis)이라고 한다.

변수는 요인을 구성하고 설명하며 일정한 측정단위로 계량화가 가능한 것을 뜻한다. 예를 들어, 학생이라는 것은 변수가 될 수 없다. 이것은 개체이며 단순한 개념에 불과하다. 학생은 일반적인 전체 성격만을 나타내며 이것을 측정하고 계량화할 수 없다. 왜냐하면 학생 그 자체는 어떤 특수한 속성을 나타내고 있지 않기 때문이다. 그러나 학생의 학업성적, 사회에 대한 태도 같은 것은 학생의 특징적인 모습, 즉 특성을 가지고 있으며, 이것은 요인이라고 부른다. 그리고 학업성적이라는 요인을 설명할 수 있는 국어, 영어, 수학 등은 변수가 된다.

변수는 크게 양적변수(quantitative variable)와 질적변수(qualitative variable)로 나누어 볼 수 있다. 양적변수란 연구자의 관심 대상이 되는 속성을 수치로 나타낼 수 있는 것을 말한다. 우리나라 총국민생산, 1인당 GNP, 학점, 몸무게 등이 이에 속한다. 한편, 성별, 직업, 학력 등과 같은 속성은 수치보다는 범주로 표시한다. 이와 같은 변수를 질적변수라 한다. 그러나 질적변수는 반드시 범주로만 표시할 수 있는 것은 아니다. 성별 구분에서 남자는 1, 여자는 2로 표기할 수 있다. 이때의 숫자는 일반적인 수치라기보다는 기호에 불과하다. 한편 양적변수의 표기도 질적으로 표기할 수 있다. 권투선수의 각 체급이나 월평균 소득액을 상·중·하로 분류한다든지 하는 것은 이에 속한다. 다음의 [표 2-4]는 양적변수와 질적변수의 예를 들어본 것이다.

[표 2-4] 양적변수와 질적변수의 예

관찰대상	요인	변수와 자료	변수종류
학 생	학업성적	학점 = 3.41	양 적
회 사	수 익 성	당기순이익/매출액 = 10%	양 적
형광등	품 질	수명시간 = 2,000시간	양 적
종업원	性	남, 여	질 적
주 식	주가수익률	주가/당기순이익 = 12%	양 적
종업원	의 견	찬성, 반대, 모르겠다	질 적

그런데 양적변수는 이산변수(discrete variable)와 연속변수(continuous variable)로 나눌 수 있다. 이산변수는 각 가구의 자녀수 또는 어느 학급의 농촌출신 학생 수와 같이 정수값만 갖는 변수이다. 다시 말하면, 측정척도에서 셀 수 있는 숫자로 표현되는 변수이다. 한편, 사람의 몸무게는 연속변수이다. 사람의 몸무게는 60kg, 60.2kg 등으로 측정될 수 있으며, 더 정확히 하면 소수점 이하로 얼마든지 숫자를 가질 수 있다. 연속변수는 측정척도에서 어떠한 값이라도 취할 수 있는 것으로 무게, 길이, 속도 등이 이에 속한다.

이산변수와 연속변수

이산변수는 셀 수 있는 숫자로만 값을 가지는 변수이므로 정수값을 취한다. 한편, 연속변수는 일정한 범위 내에서 어떠한 값이라도 취할 수 있다.

5.2 자료의 의의와 종류

자료는 통계분석의 원재료이다. 이것은 변수를 측정함으로써 결과적으로 얻어진 사실의 묶음이다. 연구자는 필요한 자료를 수집하여 그것이 정확한가 혹은 사용 가능한가에 대하여 평가하여야 한다. 이를 확인하지 않은 채로 실시한 통계분석은 신뢰할 만한 것이 못된다. 올바른 연구를 위해서는 적절한 자료를 수집하여야 한다. 자료에는 조직 내부용에서 수집하는 일상적인 것이 있으며, 정부 또는 사설기관에서 수집하는 경제 및 사회 분야에 관한 것도 있다. 이와 같이 자료란 대상 또는 상황을 나타내는 상징으로서 수량, 시간, 금액, 이름, 장소 등을 표현하는 기본 사실들의 집합을 뜻한다.

자료의 종류는 변수의 종류에 의하여 질적자료와 양적자료로 나뉜다. 모든 통계분석은 자료의 특성이 어떠한가에 따라 분석기법이 달라진다. 연구자는 자료의 특성 파악을 통해서 통계분석방법이 달라지게 됨으로 이에 대한 이해가 필요하다. 질적자료(qualitative data)는 질적변수를 기록한 자료이다. 남 · 여로 구분되는 성별, 상 · 중 · 하로 나타내는 생활수준, 도시 · 농촌으로 나타내는 출신지역 등이 이에 속한다. 그리고 양적자료(quantitative data)는 양적변수를 기록한 자료로서, GNP, 경제성장률, 매출액, 몸무게, 평점 등과 같이 수치로 표기할 수 있는 것을 말한다.

5.3 측정과 척도

적절한 자료를 얻으려면 관찰대상에 내재하는 성질을 파악하는 기술이 있어야 한다. 이를 위해서는 규칙에 따라 변수에 대하여 기술적으로 수치를 부여하게 되는데, 이것을 측정(measurement)이라고 한다. 여기서 규칙이란 어떻게 측정할 것인가를 정하는 것을 의미한다. 예를 들어, 세 종류의 자동차에 대하여 개인적인 선호도를 조사한다고 하자. 자동차에 대하여 개별적으로 좋다–보통이다–나쁘다 중에서 하나를 택하게 할 것인가 혹은 좋아하는 순서대로 세 종류에 대하여 순위를 매길 것인가 등의 여러 가지 방법을 고려해 볼 수 있다. 이와 같이 측정이란 관찰대상이 가지는 속성의 질적 상태에 따라 값을 부여하는 것을 뜻한다.

측정규칙의 설정은 척도(scale)의 설정을 의미한다. 척도란 일정한 규칙을 가지고 관찰대상을 측정하기 위하여 그 속성을 일련의 기호 또는 숫자로 나타내는 것을 말한다. 즉, 척도는 질적인 자료를 양적인 자료로 전환시켜 주는 도구이다. 이러한 척도의 예로써 온도계, 자, 저울 등이 있다. 척도에 의하여 관찰대상을 측정하면 그 속성을 객관화시킬 수 있으며 본질을 명백하게 파악할 수 있다. 그뿐만 아니라 관찰대상들을 서로 비교할 수 있으며 그들 사이의 일정한 관계를 알 수 있다. 관찰대상에 부여한 척도의 특성을 아는 것은 중요하다. 왜냐하면 척도의 성격에 따라서 통계분석기법이 달라질 수 있으며, 가설설정과 통계적 해석의 오류를 사전에 방지할 수 있기 때문이다.

측정과 척도

측정이란 관찰대상의 속성을 질적인 상태에 따라 수치를 부여하는 것이며, 척도는 일정한 규칙을 세워 질적인 자료를 양적인 자료로 전화시켜주는 도구이다.

척도는 측정의 정밀성에 따라 명목척도, 서열척도, 등간척도, 비율척도 등으로 분류한다. 이를 차례로 설명하면 다음과 같다.

1) 명목척도

명목척도(nominal scale)는 관찰대상을 구분할 목적으로 사용되는 척도이다. 이 숫자는 양적인 의미는 없으며 단지 자료가 지닌 속성을 상징적으로 차별하고 있을 뿐이다. 따라서 이 척도는 관찰대상을 범주로 분류하거나 확인하기 위하여 숫자를 이용한다. 예를 들어, 회사원을 남녀로 구분한다고 하자. 남자에게는 1 여자에게는 2를 부여한 경우에, 1과 2는 단순히 사람을 분류하기 위해 사용된 것이지 여성이 남성보다 크다거나 남성이 여성보다 우선한다는 것을 의미하지는 않는다. 명목척도는 측정대상을 속성에 따라 상호 배타적이고 포괄적인 범주로 구분하는 데 이용한다. 이것에 의하여 얻어진 척도값은 네 가지 척도의 형태 중에서 가장 적은 양의 정보를 제공한다.

2) 서열척도

서열척도(ordinal scale)는 관찰대상이 지닌 속성에 따라 순위를 결정한다. 이것은 순서적 특성만을 나타내는 것으로서, 그 척도 사이의 차이가 정확한 양적 의미를 나타내는 것은 아니다. 예를 들어, 좋아하는 운동종목을 순서대로 나열한다고 하자. 제1순위로 선정된 종목이 야구이고 제2순위가 축구라고 할 때, 축구보다 야구를 2배만큼 좋아한다고 할 수는 없다. 이것이 의미하는 것은 단지 축구보다 야구를 상대적으로 더 좋아한다는 것 뿐이다. 이 척도는 관찰대상의 비교우위를 결정하며 각 서열 간의 차이는 문제 삼지 않는다. 이들의 차이가 같지 않더라도 단지 상대적인 순위만 구별한다. 이 척도는 정확하게 정량화하기 어려운 소비자의 선호도 같은 것을 측정하는 데 이용된다.

3) 등간척도

등간척도(interval scale)는 관찰치가 지닌 속성 차이를 의도적으로 양적 차이로 측정하기 위해서 균일한 간격을 두고 분할하여 측정하는 척도이다. 대표적인 것으로 리커트 5점 척도와 7점 척도가 있다. 다음 전형적인 리커트 5점 척도를 나타낸다.

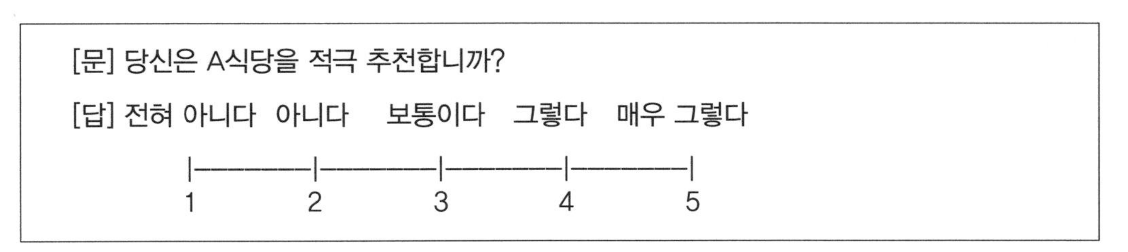

[그림 2-5] 리커트 5점 척도

이 5점 척도에서 보면 1과 2, 2와 3, 3과 4, 4와 5 등의 간격 차이는 동일하다. 등간척도에서 구별되는 단위간격은 동일하며, 각 대상을 크고 작은 것 또는 같은 것으로 그 지위를 구별한다. 속성에 대한 순위는 부여하되 순위 사이의 간격이 동일하다. 측정대상의 위치에 따라 수치를 부여할 때 이 숫자상의 차이를 산술적으로 다루는 것은 의미가 있다. 등간척도는 관찰대상이 가지는 속성의 양적 차이를 측정할 수 있으나, 그 양의 절대적 크기는 측정할 수 없으므로 비율 계산이 곤란하다.

온도는 등간척도의 대표적인 예이다. 화씨 100도는 화씨 50도에 대하여 배의 개념이 성립한다. 그러나 화씨 100도가 화씨 50도에 비해서 두배 덥다는 절대적인 의미를 부여할 수 없다. 또한 화씨를 섭씨로 바꿔보면 화씨에서 배의 개념이 성립하지만 섭씨에서는 배의 개념이 성립하지 않음을 알 수 있다.

[표 2-5] 화씨와 섭씨 관계

화씨	섭씨	화씨를 섭씨로 바꾸는 방법
100	37.8	섭씨=(화씨−32)÷1.8
50	10	

4) 비율척도

비율척도(ratio scale)는 앞에서 설명한 각 척도의 특수성에다 비율 개념이 첨가된 것이다. 이 척도는 거리, 무게, 시간, 학점계산 등에 적용된다. 이것은 연구조사에서 가장 많이 사용되는 척도로서, 절대적 0을 출발점으로 하여 측정대상이 지니고 있는 속성을 양적 차이로 표현하고 있는 척도이다. 이 척도는 서열성, 등간성, 비율성의 세 속성을 모두 가지고 있으므로 곱하거나 나누거나 가감하는 것이 가능하며 그리고 그 차이는 양적인 의미를 지니게 된다. 예컨대, A는 B의 두 배가 되며, B는 C의 1/2배 등의 비율이 성립된다. 비율척도에서 값이 0인 경우에 이것은 측정대상이 아무것도 가지고 있지 않다는 뜻이다. 국민소득, 전기소모량, 생산량, 투자수익률, 인구수 등이다.

이상에서 네 가지 종류의 척도에 대하여 알아보았다. 사실 측정 방법은 측정 대상과 조사자의 연구목적에 따라 달라지며, 관찰대상을 측정할 때 어떠한 척도 방법을 선택하는가에 따라 통계작업이 영향을 받는다. 연구 또는 조사를 함에 있어서 자료가 지닌 성격을 정확히 파악하는 것도 중요한 일이지만 그러한 속성을 고정적인 것으로 보고 그 틀에 갇힐 필요는 없다. 자료의 기본 속성에서 크게 벗어나지 않는다면 연구목적을 위해서 명목척도와 순위척도를 마치 등간척도나 비율척도처럼 사용하는 경우도 있다. 그러나 위의 네 가지 척도에서 정보의 수준이 높아져가는 단계를 보면 명목척도, 서열척도, 등간척도, 비율척도의 순서이다. 이것을 표로 나타내면 다음과 같다.

[표 2-6] 네 척도의 정보량

척도 \ 특성	범주	순위	등간격	절대영점
명목척도	○	×	×	×
서열척도	○	○	×	×
등간척도	○	○	○	×
비율척도	○	○	○	○

명목척도와 서열척도로 측정된 자료는 비정량적 자료 또는 질적자료라고 하며, 한편 등간척도와 비율척도로 측정된 자료는 정량적 자료 또는 양적자료라고 한다. 질적자료에 적용 가능한 방법은 비모수통계기법이며, 양적자료에는 모수통계기법이 주로 이용된다. 자료의 성격에 적합한 분석기법을 선택하는 것은 중요하다. 비모수통계분석은 주로 순위자료와 명

목자료로 측정된 자료에 대한 통계적 추론에 이용되는 분석방법이다. 그러나 주로 사용하는 통계기법은 모수통계분석인데, 이것은 주로 양적자료를 대상으로 표본의 특성치인 통계량을 이용하여 모집단의 모수를 추정하거나 검정하는 분석방법이다.

6 자료수집의 절차

앞에서 설명한 바와 같이 자료는 숫자나 기호로 나타내는 사실의 집합을 뜻한다. 다시 말하면, 측정대상이 가지고 있는 속성을 계량화하기 위하여 측정척도를 사용하여 기록한 숫자를 자료라 한다. 자료는 선택된 변수를 관찰하여 얻어진 수치이다. 이 수치를 모으는 절차가 자료수집 과정이다. 예를 들어, 어느 병원의 당뇨병 환자 기록을 조사한다고 하자. 이 조사를 위하여 자료수집의 과정을 그림으로 설명하면 다음과 같다.

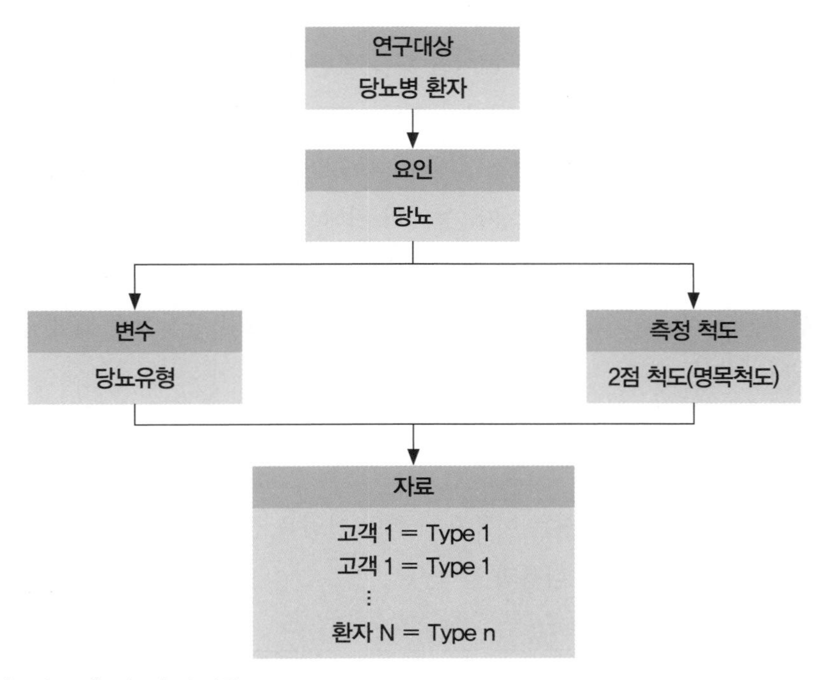

[그림 2-6] 자료수집 과정

위 그림에서 보면, 병원의 당뇨환자 진료환자들은 모집단을 구성한다. 이 모집단을 대상으로 한 연구자의 관심은 이들 환자들의 당뇨병 유형이다. 당뇨를 가장 잘 나타내 주는 변수는 당뇨유형이다. 당뇨유형을 알아보기 위해 이 병원에서는 2점 척도를 사용하고 있다. 전체 N명을 대상으로 각 환자별 진료기록이 기본 자료가 된다. 연구목적이 먼저 설정되고, 이 목적을 만족시키는 변수와 자료범위가 결정되면 위와 같이 자료를 수집하게 됨을 알 수 있다.

7 공공데이터 포털

7.1 공공데이터 포털 현황

공공데이터는 정부가 생산하고 보유하고 관리하는 모든 데이터를 의미한다. 이러한 공공데이터를 누구든지 활용하고 수익을 창출할 수 있도록 개방하는 것이 오픈데이터 정책의 기본 목표이다.

공공데이터는 정부나 공공기관이 보유하고 있는 데이터, 공공기관의 업무와 밀접한 데이터, 공공 인프라스트럭처에서 생성한 데이터 등을 말한다. 공공데이터 활용 여부나 처리 방법에 따라 국민 생활 향상에 밀접한 연관이 있다. 공공데이터는 국민의 편의와 부가가치로 연결되기 때문에 체계적인 조사와 분석, 행동 전략 수립이 시급하다.

또한 일반 국민의 공공데이터의 활용을 높이기 위해서는 공공데이터의 접근성 제고, 품질관리, 표준화 등 지속적인 관리와 노력이 요구된다. 공공기관이 보유하고 있는 공공데이터 개방의 양적 확대도 중요하지만 공공데이터의 질적 수준 향상을 유도하기 위한 지속적인 노력이 요구된다.

■ 대한민국 데이터 포털

공공데이터를 다운하기 위해서는 이용자가 회원 가입을 한 다음 이용할 수 있다. 우리나라 대표적인 공공데이터 포털은 다음과 같다.

- 공공데이터 포털 www.data.go.kr
- 한국복지패널 www.koweps.re.kr:442
- 서울 열린 데이터 광장 data.seoul.go.kr

[그림 2-7] 공공데이터 포털 화면

■ 해외 데이터 포털

외국에서는 공공기관에서 보유하고 있던 공공데이터를 개방하면서 상업적, 비상업적 활용이 활성화되고 있다. 특히, 미국과 영국 등 선진국은 궁극적으로 공공기관, 민간사업자, 이용자, 관련 사업 측면에서 경제적인 새로운 비즈니스 수익모델 창출, 사회적 편익 증진을 목표로 공공데이터를 개방하고 있다. 예를 들어, 영국의 경우는 정부의 투명성 국민의 알권리 충족을 위해서 'Where Does My Money Go?(wheredoesmymoneygo.org)'라는 서비스를 제공하고 있다. 새로운 비즈니스 창출의 경우는 미국의 부동산 통합 정보서비스(Zillow.com, https://www.zillow.com/), 환자-병원 의료진 연결(아이트리아즈, https://www.itriagehealth.com/) 등이 해당된다.

- 미국 공공데이터 포털 서비스 : http://www.data.gov.
- 영국 공공데이터 포털 서비스 http://www.data.gov.uk.
- 일본 공공데이터 포털 : www.data.go.jp

7.2 한국복지패널 데이터 관리

1) 한국복지패널

국가의 통계지표는 그 나라의 얼굴이자 삶의 발자취라고 할 수 있다. 국가 위상은 체계적인 통계 생산과 사회조사의 엄밀성 확보 등에 있다. 한국보건사회연구소와 서울대학교 사회복지연구소는 2006년 1차년도 7,000여 가구를 대상으로 한 사회복지패널 조사한 이후 매년 패널 조사결과를 발표하고 있다.

한국복지패널은 국민의 생활실태와 복지욕구 등을 비롯하여 그 조사 내용이 매우 포괄적이어서 사회복지학뿐 아니라, 경제학, 사회학, 행정학, 통계학, 인구학, 보건학 등 다양한 학문 분야의 연구자 및 정책 전문가들의 수요가 증가하고 있는 실정이다.

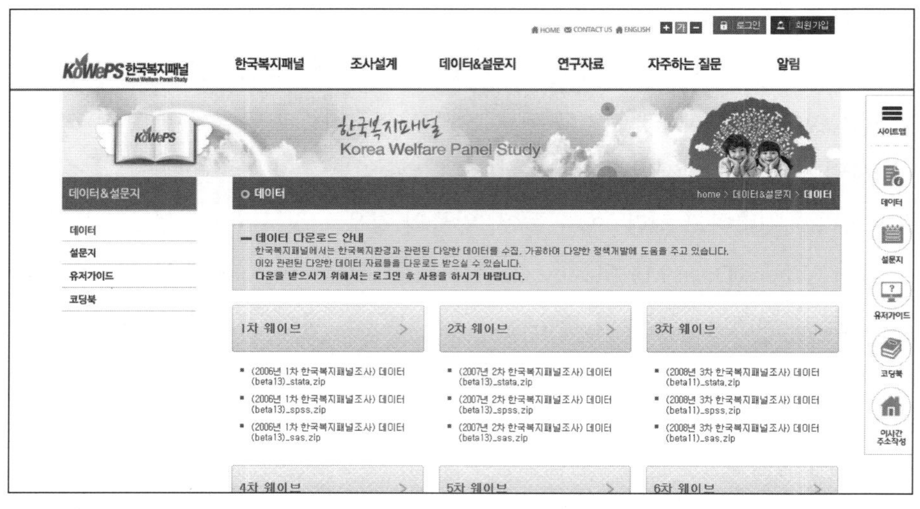

[그림 2-8] 한국복지패널 첫 화면

2) 한국복지 데이터 다운로드

한국복지패널 사이에서 데이터 자료를 다운로드하기 위해서는 회원 가입한 다음 로그인 후 사용할 수 있다. 데이터는 세 가지 상용 패키지인 stata, spss, sas 파일 형태로 제공된다. 여기서는 2016년 11차 한국복지패널조사 데이터(beta1)_spss.zip를 다운해 보기로 하자. 데이터를 다운 후 압축 파일을 푼 다음 저장하도록 한다. 이어 분석자는 코드북을 다운하여 해당 변수명과 설명 내용을 확인할 수 있다. 코드북 화면은 다음과 같다.

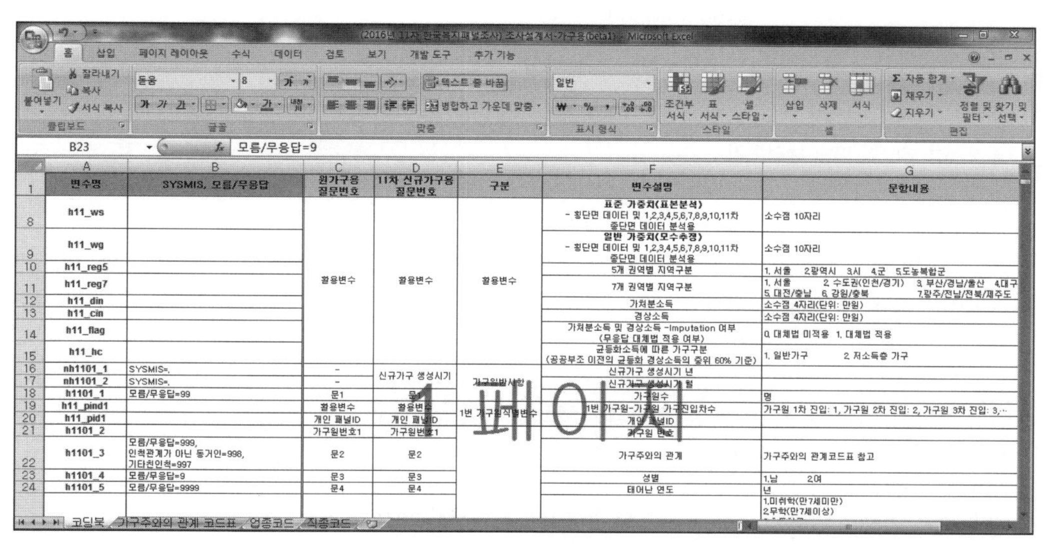

	변수명	SYSMIS, 모름/무응답	원가구용 질문번호	11차 신규가구용 질문번호	구분	변수설명	문항내용
8	h11_ws		활용변수	활용변수	활용변수	표준 가중치(표본분석) - 횡단면 데이터 및 1,2,3,4,5,6,7,8,9,10,11차 종단면 데이터 분석용	소수점 10자리
9	h11_wg					일반 가중치(모수추정) - 횡단면 데이터 및 1,2,3,4,5,6,7,8,9,10,11차 종단면 데이터 분석용	소수점 10자리
10	h11_reg5					5개 권역별 지역구분	1. 서울 2.광역시 3.시 4.군 5.도농복합군
11	h11_reg7					7개 권역별 지역구분	1. 서울 2. 수도권(인천/경기) 3. 부산/경남/울산 4.대구 5. 대전/충남 6. 강원/충북 7.광주/전남/전북/제주도
12	h11_din					가처분소득	소수점 4자리(단위: 만원)
13	h11_cin					경상소득	소수점 4자리(단위: 만원)
14	h11_flag					가처분소득 및 경상소득 -Imputation 여부 (무응답 대체법 적용 여부)	0. 대체법 미적용 1. 대체법 적용
15	h11_hc					균등화소득에 따른 가구구분 (공공부조 이전의 균등화 경상소득의 중위 60% 기준)	1. 일반가구 2. 저소득층 가구
16	nh1101_1	SYSMIS=.	-	신규가구 생성시기	가구일반사항	신규가구 생성시기 년	
17	nh1101_2	SYSMIS=.	-			신규가구 생성시기 월	
18	h1101_1	모름/무응답=99	문1	문1		가구원수	명
19	h11_pind1		활용변수	활용변수	1번 가구원식별변수	1번 가구원-가구원 가구진입차수	가구원 1차 진입: 1, 가구원 2차 진입: 2, 가구원 3차 진입: 3,…
20	h11_pid1		개인 패널ID	개인 패널ID		개인 패널ID	
21	h1101_2		가구원번호1	가구원번호1		가구원 번호	
22	h1101_3	모름/무응답=999, 인척관계가 아닌 동거인=998, 기타친인척=997	문2	문2		가구주와의 관계	가구주와의 관계코드표 참고
23	h1101_4	모름/무응답=9	문3	문3		성별	1.남 2.여
24	h1101_5	모름/무응답=9999	문4	문4		태어난 연도	년
							1.미취학(만7세미만) 2.무학(만7세이상)

[그림 2-9] 코드북 [데이터] 2016년 11차 한국복지패널조사_조사설계서-가구용(beta1).xls

3) R에서 데이터 불러오기

R 프로그램에서 SPSS 파일을 불러오기 위해서 foreign를 설치하고 library(foreign)를 불러오기 한 후 사용할 수 있다. foreign 패키지는 SPSS, SAS, STATA 등 다양한 통계분석 소프트웨어의 파일을 불러올 수 있다. SPSS 파일을 불러오기 위해서 read.spss라는 명령어를 사용한다. 'to.data.frame=T'는 데이터 프레임에 필드명을 표시하는 경우를 말한다.

데이터 분석과정에서 절반 이상은 데이터의 전처리, 변환, 필터링이 차지하는 데 이 작업을 수월하게 해 주는 것이 dplyr 패키지이다. dplyr 패키지는 Hadley Wickham에 의해서 개발되었다. 주로 사용되는 함수로는 filter(), select(), mutate(), arrange(), summarise() 등이 있다. filter()는 지정한 조건식에 맞는 데이터 추출을 할 때 사용한다. select()는 열을 추출할 경우, mutate()은 열 추가, arrange()는 정렬, summarise()는 집계할 때 이용된다.

```
library(foreign) # Read SPSS data file
library(dplyr) # Apply raw data to data frames.
welfare<-read.spss(file="D:/data/Koweps_hpwc11_2016_beta1.sav",
                   to.data.frame = T)
welfaredata<-welfare
str(welfaredata)
```

[그림 2-10] SPSS 파일 불러오기 [데이터] ch2-1.R

코딩지의 변수명과 실제 입력되어 있는 데이터 파일의 변수명이 상이할 수 있으니 분석자는 데이터 파일 변수명을 자세히 살펴봐야 한다.

```
library(foreign) # Read SPSS data file
library(dplyr) # Apply raw data to data frames
library(ggplot2)
welfare<-read.spss(file="D:/data/Koweps_hpwc11_2016_beta1.sav",
                   to.data.frame = T)
welfaredata<-welfare
welfaredata<-rename(welfaredata,
                    sex = h11_g3, # sex
                    birth = h11_g4, # birth year
                    marriage = h11_g10,  # marriage status
                    income = h11_din, # income status
                    religion = h11_g11, # religion status
                    education = h11_g6) # education status
```

[그림 2-11] 새로운 변수 전환하기 [데이터] ch2-2.R

굿모닝 Bigdata 빅데이터

사물인터넷(IOT) 시대의 경쟁력은 얼마나 많은 양의 데이터를 확보할 수 있는지 여부에 따라 성패가 좌우된다. 충분한 데이터가 있어야만 의미 있고 실증적인 시사점을 제공할 수 있다.
구글, 페이스북, 아마존 등은 '데이터'를 바탕으로 성장한 기업이다. 이 기업들은 사람들이 무엇을 사고 어디에 가는지 등과 관련한 수많은 데이터를 추적하고 있다. 온라인 기업들처럼 오프라인 기업들도 애플이나 테슬라처럼 소프트웨어(sw)에 지향점을 두고 움직여야 한다. 향후 데이터 운용방향은 고가 자료의 정리를 넘어 데이터 기반 예측과 예방의 방향으로 이동해야 한다.

〈국문〉

강병서, 김계수(2010), 사회과학통계분석, 한나래출판사.

채승병, 안신현, 전상인(2012), 빅데이터: 산업 지각변동의 진원, 삼성경제연구소, 5월 2일, pp.1-22.

〈영문〉

Duhigg, C.(2012), How Companies Learn Your Secrets, Newyork Time, 2, 16.

Johan Bollen, Huina Maoa, Xiaojun Zeng(2011), Journal of Computational Science, Vol. 2, Issue 1, March 2011, pp. 1 – 8.

HBR(2017), Automation What skills will keep ahead of AI?, March-April, p.36.

Scott Berinato(2016), Visualizations That Really Work, Harvard Business Review, June, pp.92-100.

http://www-05.ibm.com/de/solutions/asc/pdfs/analytics-path-to-value.pdf

http://www.dcm.com/

http://www.engadget.com/2010/12/25/hedge-fund-using-twitter-to-predict-stock-prices-ok-cupid-to-me/

http://www.idc.com/

http://www.mckinsey.com/Insights/MGI, Big data: The next frontier for innovation, competition, and productivity May. 2011.

http://zdnet.co.kr/news/news_view.asp?artice_id=20120401071256

연습문제

1. 빅데이터 개념을 설명하라.

2. 빅데이터 이용 사례를 조사하고 공유해 보자.

3. 하이프 사이클(Hype Cycle, 과대 포장 주기) 모형을 설명하고 빅데이터는 어떤 상황인지 서로 토론해 보자.

4. 빅데이터 분석을 통해서 할 수 있는 일이 무엇인지 서로 토론해 보자.

5. 이번 장에서 다룬 data/Koweps_hpwc11_2016_beta1.sav을 이용하여 성별에 따른 인원수를 계산해 보고 이를 그림으로 나타내시오.

힌트)

```
library(foreign) # Read SPSS data file
library(dplyr) # Apply raw data to data frames
library(ggplot2)
welfare<-read.spss(file="D:/data/Koweps_hpwc11_2016_beta1.sav",
                    to.data.frame = T)
welfaredata<-welfare
welfaredata<-rename(welfaredata,
                     sex = h11_g3, # sex
                     birth = h11_g4, # birth year
                     marriage = h11_g10,  # marriage status
                     income = h11_din, # income status
                     religion = h11_g11, # religion status
                     education = h11_g6) # education status
class(welfaredata$sex)
table(welfaredata$sex)
welfaredata$sex<-ifelse(welfaredata$sex==1, "male","female")
table(welfaredata$sex)
qplot(welfaredata$sex)
```

[데이터] ch2-3.R

3장

데이터 구조

학습목표

1. 빅데이터 구조를 이해할 수 있다.
2. R에서 데이터 입력방법을 실행할 수 있다.
3. R에서 데이터를 불러올 수 있고 데이터를 정리할 수 있다.

1 데이터 구조

1.1 데이터셋

데이터는 분석에 있어 원천자료이다. 연구자는 데이터의 구조를 통해서 어떤 분석을 실시할 것인지를 결정하게 된다. 따라서 연구자는 본격적인 분석에 앞서 데이터의 형태를 파악하는 것이 무엇보다 중요하다.

연구자는 데이터를 직접 입력할 수 있다. 또는 외부 원천으로부터 확보할 수 있다. 데이터 원천은 텍스트 파일, 스프레드시트, 통계패키지, 그리고 데이터베이스 관리시스템 등을 포함한다. 예를 들어, 분석자는 SQL 데이터베이스로부터 불러온 데이터나 과거 DOS시스템이나 Excel, SAS, SPSS 데이터베이스로부터 데이터를 확보할 수 있다. 분석자는 자신이 가장 익숙한 방법으로 데이터 불러오기를 할 수 있다.

데이터의 기본 구조를 이해해 보자. 우선 데이터셋에 대하여 알아보자. 데이터셋(data set)은 행렬구조로 종종 나타낸다. 행(row)에는 개체(item) 또는 관찰(observation)을, 열(column)에는 변수를 나타낸다. 다음 표는 가상의 환자 데이터셋을 나타낸다.

[표 3-1] 환자 데이터셋

ID	Date	Age	Diabetes	Status
1	12/12/2016	40	Type1	Poor
2	12/13/2016	45	Type2	Poor
3	12/14/2016	32	Type1	Excellent
4	12/15/2016	25	Type1	Improved
5	12/16/2016	28	Type1	Improved

데이터셋에서 전공 관련 분야마다 부르는 이름이 다르다. 통계학자들은 행을 관찰(observation), 열을 변수(variable)라고 부른다. 데이터베이스 분석자들은 행을 리코드(recode) 열을 필드(field)라고 부른다. 데이터마이닝 머신러닝 분석가들은 행을 예(example), 열을 속성(attribute)라고 부른다. 이 책에서는 행을 관찰, 열을 변수라고 부르기로 한다.

데이터셋에서 데이터 구조, 데이터 내용, 데이터 성격을 제대로 파악하는 것이 중요하다. 앞의 표에서 ID는 행이면서 개체(case)를 나타낸다. Date는 날짜 변수를 나타낸다. Age는 나이로 연속형 변수이다. Diabetes는 명목변수(nominal variable)이고 Status는 서열변수(ordinal variable)이다.

R 프로그램은 스칼라(scalar), 벡터(vector), 배열(array), 데이터 프레임(data frame), 그리고 리스트(list) 등 매우 다양한 데이터 구조를 포함할 수 있다. 분석자는 R 프로그램을 이용하여 다양한 형태의 데이터를 분석할 수 있다. R 프로그램에서 ID, Date, Age는 양적변수이다. 반면에 Diabetes와 Status는 질적변수(qualitative variable) 또는 특성변수(character variable)라고 부른다. R 프로그램에서는 개체(case) 식별을 행 이름(row name)으로 구분한다. 명목변수와 서열변수로 구성된 범주척도(categorical variable)는 요인(factor)이라고 부르기도 한다.

1.2 데이터 구조

R은 스칼라(scalar), 벡터(vector), 매트릭스(matrix), 배열(arrays), 데이터 프레임(data frame), 그리고 리스트(list)를 포함하여 다양한 목적의 데이터를 갖는다. 여기서 스칼라란 측정기기를 이용하여 측정한 값을 말한다. 이외에 벡터, 매트릭스, 배열, 데이터 프레임은 다음 그림으로 나타낼 수 있다.

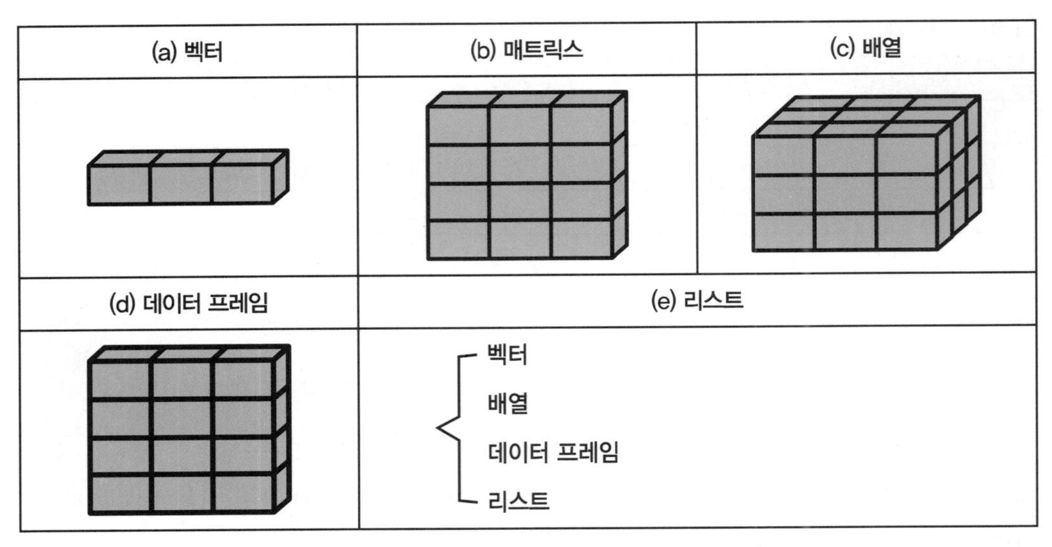

[그림 3-1] R 데이터 구조

1) 벡터

벡터는 양적 데이터, 문자 데이터 또는 논리 데이터가 일차원으로 배열된 것을 말한다. 함수 ()가 벡터량을 표시하는 데 사용된다. 벡터 유형의 예는 다음과 같다.

```
a<-c(1, 2, 3, 4, 5, 6, 7)
b<-c("one", "two", "three")
c<-c(TRUE, FALSE, TRUE, FALSE, TRUE)
```

[그림 3-2] 벡터

여기서 a는 숫자형 벡터, b는 문자형 벡터, c는 논리형 벡터를 나타낸다. 벡터 속의 데이터는 유일한 유형이나 모드(숫자형, 문자형, 논리형)를 갖는다. 한 벡터난에 다양한 모드를 섞으면 안 된다. c() 함수에서 'c'는 Combine의 첫 글자로 합친다는 의미를 갖는다. 연구자는 괄호 []를 사용하여 위치의 숫자를 사용하여 벡터요소를 나타낼 수 있다. 예를 들어, a[c(1,3)]은 a 벡터의 첫 번째와 세 번째 요소들을 나타내는 것이다. 추가적인 예를 나타내면 다음과 같다.

```
> a<-c(1, 2, 3, 4, 5, 6, 7)
> b<-c("one", "two", "three")
> c<-c(TRUE, FALSE, TRUE, FALSE, TRUE)
> a[3]
[1] 3
> a[c(1,3,5)]
[1] 1 3 5
> a[2:6]
[1] 2 3 4 5 6
```

[그림 3-3] 벡터량 예

콜론(:)의 표시는 첫 번째부터 마지막 자리수까지를 나타낸다. 예를 들어, a[2:6]는 a<−c(2, 3 ,4, 5, 6)과 동일하다.

2) 매트릭스

매트릭스(matrix)는 숫자나 문자의 정돈된 사각형 배열이다. 매트릭스는 두 개 차원(n×n) 배열로 각 요소는 동일한 모드(양적, 문자, 논리)여야 한다. 행렬들은 matrix() 함수로 생성된다. 다음은 행렬 함수를 나타낸다.

```
> y<-matrix(1:20, nrow=5, ncol=4) # 1) Creates a 5×4matrix
> y
     [,1] [,2] [,3] [,4]
[1,]    1    6   11   16
[2,]    2    7   12   17
[3,]    3    8   13   18
[4,]    4    9   14   19
[5,]    5   10   15   20
> cells <-c(1, 26, 24, 68)
> rnames <-c("R1", "R2")
> cnames <-c("C1","C2")
> mymatrix<-matrix(cells, nrow=2, ncol=2, byrow=TRUE,
             dimnames=list(rnames,cnames)) # 2) 2×2matrix filled by rows
> mymatrix
   C1 C2
R1  1 26
R2 24 68
> mymatrix<-matrix(cells, nrow=2, ncol=2, byrow=FALSE,
               dimnames=list(rnames,cnames)) # 3) 2×2matrix filled by columns
> mymatrix
   C1 C2
R1  1 24
R2 26 68
```

[그림 3-4] 매트릭스 만들기

첫 번째 행 y<−matrix(1:20, nrow=5, ncol=4) 명령어는 5×4 행렬을 생성하는 명령어다[1) Creates a 5×4matrix]. 이어 행을 기준으로 2×2행렬(2×2 matrix)을 표시하는 명령어[# 2) 2×2matrix filled by rows]가 나타나 있다. 또 열을 기준으로 2×2행렬(2×2matrix)을 표시하는 명령어[# 3) 2×2matrix filled by columns]가 나타나 있다.

분석자는 문자의 하부체나 괄호를 사용하여 매트릭스의 행, 열, 요소 등을 확인할 수 있다.

X[i,]는 X매트릭스 i번째 행을 확인하는 것이다. X[,j]는 X매트릭스 j번째 열을 확인하는 것이다. X[i,j]는 ij행과 열을 참고하는 것이다. 수많은 행과 열에서 특정 행렬을 선택하기 위해서 ij는 숫자형 벡터여야 함을 알 수 있다.

```
x<-matrix(1:12, nrow=2)
> x
     [,1] [,2] [,3] [,4] [,5] [,6]
[1,]    1    3    5    7    9   11
[2,]    2    4    6    8   10   12
> x[2,]
[1]  2  4  6  8 10 12
> x[,2]
[1] 3 4
> x[2,4]
[1] 8
> x[1,c(5,6)]
[1]  9 11
```

[그림 3-5] 매트릭스 표기

위 그림 첫 번째 행 명령문은 2행 6열의 행렬을 만드는 명령문을 나타낸다. 두 번째 행에서 x를 나타내면 2행 6열의 행렬이 생성된 것을 알 수 있다. x[2,]은 2행의 요소들을 나타내라는 표시이다. x[,2]는 2열의 요소를 나타내라는 명령어이다. x[2,4]은 2행 4열의 요소를 나타내라는 명령어이다. x[1,c(5,6)]는 1행에서 다섯 번째와 여섯 번째 요소를 나타내라는 명령어이다.

3) 배열

배열은 매트릭스와 유사하나 두 개 차원 이상을 갖는다. 배열을 나타내기 위해서는 다음과 같이 array라는 문자를 사용한다.

```
myarray <-array(vector, dimensions, dimnames)
```

여기서 vector는 배열을 위한 데이터를 포함한다. dimensions는 각 차원별 최대행렬을 나타낸다. dimnames는 선택사항으로 차원별 레이블(labels)을 나타낸다. 다음은 숫자형 3차원 (3×3×3) 배열을 나타낸다.

```
> dim1<-c("A1","A2","A3")
> dim2<-c("B1","B2","B3")
> dim3<-c("C1","C2","C3")
> d<-array(1:9,c(3,3,3),dimnames=list(dim1,dim2,dim3))
> d
, , C1

   B1 B2 B3
A1  1  4  7
A2  2  5  8
A3  3  6  9

, , C2

   B1 B2 B3
A1  1  4  7
A2  2  5  8
A3  3  6  9

, , C3

   B1 B2 B3
A1  1  4  7
A2  2  5  8
A3  3  6  9
```

[그림 3-6] 배열

앞에서 보는 바와 같이, 배열은 매트릭스의 확장이라고 할 수 있다. 새로운 통계방법을 프로그래밍하는 데 유용하게 사용될 수 있다. 매트릭스와 같이 원소들은 단일 모드여야 한다. 앞에서 표시된 원소 중에서 d[1,2,3]의 원소는 4임을 알 수 있다.

4) 데이터 프레임

데이터 프레임(data frame)은 상이한 데이터 모드(양적, 특성, 기타 등등)를 포함하는 열로 매트릭스보다 일반적인 것이다. 데이터 프레임은 Excel, SAS, SPSS, 그리고 Stata에서 볼 수 있는 데이터셋과 유사하다.

앞 [표 3-1] 환자 데이터셋은 양적 데이터와 특성 데이터로 구성되어 있다. 다양한 모드로 구성되어 있어 매트릭스상에 데이터를 포함시킬 수 없다. 이 경우에 데이터 프레임을 통해서 데이터 구조를 선택할 수 있다.

데이터 프레임은 data.frame() 함수로 만들 수 있다.

```
mydata<-data.frame(col1, col2, col3, …)
```

여기서 col1, col2, col3, 그리고 기타 유형(특성, 양, 논리)은 열벡터이다. 각 열의 이름은 names 함수로 제공된다. 다음은 데이터 프레임을 생성하는 예를 나타낸다.

```
> id<-c(1,2,3,4,5)
> age<-c(40,45,32,25,28)
> diabetes<-c("Type1","Type2","Type1","Type1","Type1")
> status<-c("Poor","Poor","Excellent","Improved","Improved")
> mydata<-data.frame(id,age,diabetes,status)
> mydata
  id age diabetes    status
1  1  40    Type1      Poor
2  2  45    Type2      Poor
3  3  32    Type1 Excellent
4  4  25    Type1  Improved
5  5  28    Type1  Improved
```

[그림 3-7] 데이터 프레임 생성

각 열은 각 한 개만의 모드를 갖는다. 분석자는 상이한 모드의 열을 데이터 프레임에 입력할 수 있다. 분석자가 어떤 분석을 주로 할 것인지에 따라 데이터 프레임이 달라진다.

다음은 데이터 유형을 구체화하는 방법을 알아보기로 하자. 분석자는 열의 이름을 구체화하여 데이터 요소를 확인할 수 있다. 앞에서 사용한 환자 데이터 프레임(mydata)을 사용하여 설명할 수 있다. 명령문에서 mydata[1:2]는 1열과 2열의 변수 id와 age의 요소를 나타내라는 명령어이다. 문자형 데이터를 살펴보기 위해서 mydata[c("diabetes","status")]라는 명령어를 사용할 수 있다. 또한 데이터 프레임에서 age 변수를 확인하기 위해서는 $를 삽입하여 확인할 수 있다.

```
> mydata[1:2]
  id age
1  1  40
2  2  45
3  3  32
4  4  25
5  5  28
> mydata[c("diabetes","status")]
  diabetes     status
1    Type1       Poor
2    Type2       Poor
3    Type1  Excellent
4    Type1   Improved
5    Type1   Improved
> mydata$age
[1] 40 45 32 25 28
```

[그림 3-8] 데이터 프레임에서 요소 확인 방법

분석자는 교차표(cross-tabulation)로 데이터를 정리할 수 있다. 분석자가 status에 의해서 당뇨병 유형(type)을 교차표로 나타내고자 할 경우, 다음과 같은 코드로 결과를 얻을 수 있다. 데이터 프레임에 $를 붙인 다음 변수명을 입력하면 쉽게 분할표를 얻을 수 있다(예, mydata$diabetes, mydata$status).

```
> table(mydata$diabetes, mydata$status)
        Excellent Improved Poor
  Type1         1        2    1
  Type2         0        0    1
```

[그림 3-9] 교차표 작성

분석자는 attach( ), detach( ) 그리고 with() 함수로 데이터를 쉽게 정리할 수도 있다.

5) 요인

데이터에서 개체에 관한 특성 중에서 연구자가 특별히 관심을 갖는 특성을 요인(factor)이라고 부른다. 이 요인을 나타내 주기 위해서 쓰이는 속성이 변수이다. 변수는 질적변수와 양적변수가 있다. 변수는 연구자의 관심대상이 되는 속성을 수치로 나타낼 수 있다. 이를 척도(scale)라고 부른다. 성별과 같은 명목척도에서 남자 1, 여자 2로 표기할 때 이 경우의 수치는 일반적인 수치가 아닌 기호에 불과하다. 월평균 소득액을 상·중·하로 분류한다면 이것은 질적변수에 해당한다.

R는 통계적 분석과정이나 그래프 분석에서 요인을 factor() 함수를 사용하여 명목변수(nominal variables)와 양적 요인으로 처리할 수 있다. factor() 함수에 입력되는 값은 명목적인 성격을 나타내는 유일한 값이거나 정수이다. 예를 들어, 다음과 같은 벡터 실행문을 만들고 실행해 보자.

```
diabetes<-c("Type1","Type2","Type1","Type1","Type1")
```

diabetes<-factor(diabetes)명령문을 실행하면, 벡터량 (1 2 1 1 1)으로 저장된다. 여기서 1=Type1, 2=Type2를 의미한다.

분석자는 크기 정도의 레이블을 만들기 위해서 요인을 사용할 수 있다. 서열변수를 나타내는 변수를 만들기 위해서 분석자는 factor() 함수에 order=TRUE라는 명령어를 입력하면 된다.

주어진 벡터에서

status<-c("Poor", "Poor", "Excllent", "Improved", "Improved")

에 status<-factor(status, order=TRUE) 문장을 입력하면 벡터 (3 3 1 2 2)로 나타날 것이다. 이는 값 1=Excellent, 2=Improved, 3=Poor임을 나타낸다.

지금까지 설명한 내용을 명령어로 입력하고 실행해 보자. [그림 3-10]과 같은 명령어를 입력하면 [그림 3-11]과 같은 결과를 얻을 수 있다.

```
#Eneter Data as vector
id<-c(1,2,3,4,5)
age<-c(40,45,32,25,28)
diabetes<-c("Type1","Type2","Type1","Type1","Type1")
status<-c("Poor","Poor","Excellent","Improved","Improved")
diabetes<-factor(diabetes)
status<-factor(status, order=TRUE)
mydata<-data.frame(id,age,diabetes,status)
#Displays the object structure
str(mydata)
#Displays the object structure
summary(mydata)
```

[그림 3-10] 요인 명령어 [데이터] ch31.R

우선 벡터량을 입력하고 변수 diabetes, status를 구체화한 명령어를 입력하였다. 객체를 구조화하기 위한 명령어 str(mydata)을 입력하였다. 여기서 str는 구조(structure)의 약어이다. 만약에 명목변수(categorical variables)에 변수값 라벨을 생성하고 싶다면 분석자는 다음과 같은 명령문 코드를 입력하면 된다. 예를 들어, data라는 파일명을 갖는 v1이라는 변수가 1, 2, 3의 값(level, 레벨)을 가질 경우, 1=red, 2=blue, 3=green이라고 명명하기 위한 것이다.

```
# variable v1 is coded 1, 2 or 3
# we want to attach value labels 1=red, 2=blue, 3=green

data$v1 <- factor(data$v1,
                  levels = c(1,2,3),
                  labels = c("red", "blue", "green"))
```

[그림 3-11] 요인 명령어 결과

summary() 함수는 각 변수의 기초 통계량을 나타내라는 명령어이다.

```
> str(mydata)
'data.frame':   5 obs. of  4 variables:
 $ id      : num  1 2 3 4 5
 $ age     : num  40 45 32 25 28
 $ diabetes: Factor w/ 2 levels "Type1","Type2": 1 2 1 1 1
 $ status  : Ord.factor w/ 3 levels "Excellent"<"Improved"<..: 3 3 1 2 2
> summary(mydata)
       id          age       diabetes       status
 Min.   :1   Min.   :25   Type1:4    Exclient:1
 1st Qu.:2   1st Qu.:28   Type2:1    Improved:2
 Median :3   Median :32              Poor    :2
 Mean   :3   Mean   :34
 3rd Qu.:4   3rd Qu.:40
 Max.   :5   Max.   :45
```

[그림 3-12] 요인 명령어 실행 결과

결과 설명 id, age는 숫자형 변수로 나타나져 있음을 알 수 있다. diabetes 변수는 status은 각각 명목변수와 서열변수로 나타나져 있음을 알 수 있다. 또한 id, age 등 연속형 변수의 최소값(Minimum), 제1사분위수(1st Quartiles), 중앙값(Median), 평균(Mean), 제3사분위수(1st Quartiles), 그리고 최대값(Max)이 나타나 있다. diabetes, status는 해당 도수가 나타나 있다.

6) 리스트

리스트(list)는 R 데이터 유형의 가장 복잡한 형태이다. 기본적으로 리스트는 개체의 순서 있는 조합이라고 할 수 있다. 리스트는 분석자가 하나의 이름하에 다양한 속성을 모을 수 있도록 해준다. 분석자가 리스트 함수를 사용하면 정보를 손쉽게 조합할 수 있고 다양한 R 함수를 리스트로 돌릴 수도 있다. 예를 들어, 리스트는 벡터, 매트리스, 데이터 프레임, 기타 리스트 등의 조합을 포함한다. 분석자는 list()라는 함수를 사용하면 된다. 리스트를 만드는 예는 다음과 같다.

```
> # creating a list
> a<-"Creating a list"
> b<-c(20, 23, 19, 30)
> c<-matrix(1:10, nrow=5)
> d<-c("one","two","three")
> mylist<-list(title=a, ages=b,c,d)
> mylist
$title
[1] "Creating a list"

$ages
[1] 20 23 19 30

[[3]]
     [,1] [,2]
[1,]    1    6
[2,]    2    7
[3,]    3    8
[4,]    4    9
[5,]    5   10

[[4]]
[1] "one"   "two"   "three"

> mylist[[2]]
[1] 20 23 19 30
```

[그림 3-13] 리스트 만들기 [데이터] ch32.R

분석자는 문자, 숫자형 벡터, 메트릭스, 특성 벡터 등으로 성분을 만들 수 있다. 분석자는 속성의 수치로 조합할 수 있고 리스트로 저장할 수도 있다.

2 데이터 입력

R은 다양한 데이터 원천을 불러올 수가 있다. 즉, R 프로그램에서는 다양한 데이터를 불러올 수 있다. R 프로그램에서 데이터를 직접 입력할 수도 있고 불러오기를 할 수 있다. 다양한 통계 프로그램(Excel, SPSS, SAS, Stata), ASCII Text Files, 키보드 입력, 데이터관리시

스템(database management system)에서 입력된 자료나 Excel, SPSS, SAS, Stata, 또는 텍스트로 저장된 파일 등을 불러올 수 있다. R에서 불러올 수 있는 데이터 원천을 그림으로 나타내면 다음과 같다.

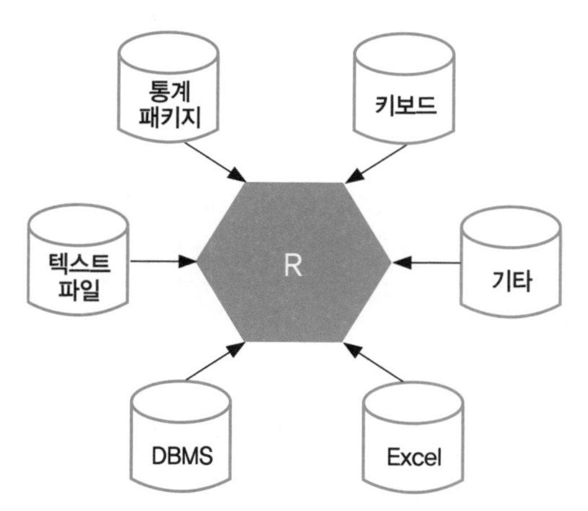

[그림 3-14] R에서 불러올 수 있는 데이터 원천

2.1 키보드 입력

R 프로그램에서 데이터를 직접 입력할 수 있다. 데이터 프레임을 만드는 방법, 데이터를 상호적으로 연결하기 위해서 데이터시트에서 입력하는 방법 두 가지가 있다. 키보드 입력은 적은 데이터(small data)로 분석을 시도할 경우 유리하다.

1) 데이터 프레임 만드는 방법

분석자가 데이터와 변수를 입력하여 데이터 프레임을 만들 수 있다. R에서 다음과 같이 입력하여 보자.

```
# create a data frame from scratch
age <- c(25, 30, 56)
gender <- c("male", "female", "male")
weight <- c(160, 110, 220)
mydata <- data.frame(age,gender,weight)
mydata
```

[그림 3-15] R에서 데이터 프레임 만들기

2) 상호작용 데이터베이스 만들기

분석자는 특정 모드의 변수를 만들 수 있다. 이에 대한 명령어는 다음과 같다. 여기서는 age, gender, weight 등 세가지 변수를 만드는 연습을 할 것이다. age=numeric(0)은 age 변수를 생성하는 데 입력된 값은 없음을 나타낸다.

```
mydata <- data.frame(age=numeric(0), gender=character(0), weight=numeric(0))
mydata <- edit(mydata)
```

[그림 3-16] R에서 데이터베이스 만들기

앞의 명령문 전 범위를 정하고 실행단추를 누르면 다음과 같은 데이터 입력창을 얻을 수 있다. 분석자는 각 셀에 해당되는 값을 입력할 수 있다.

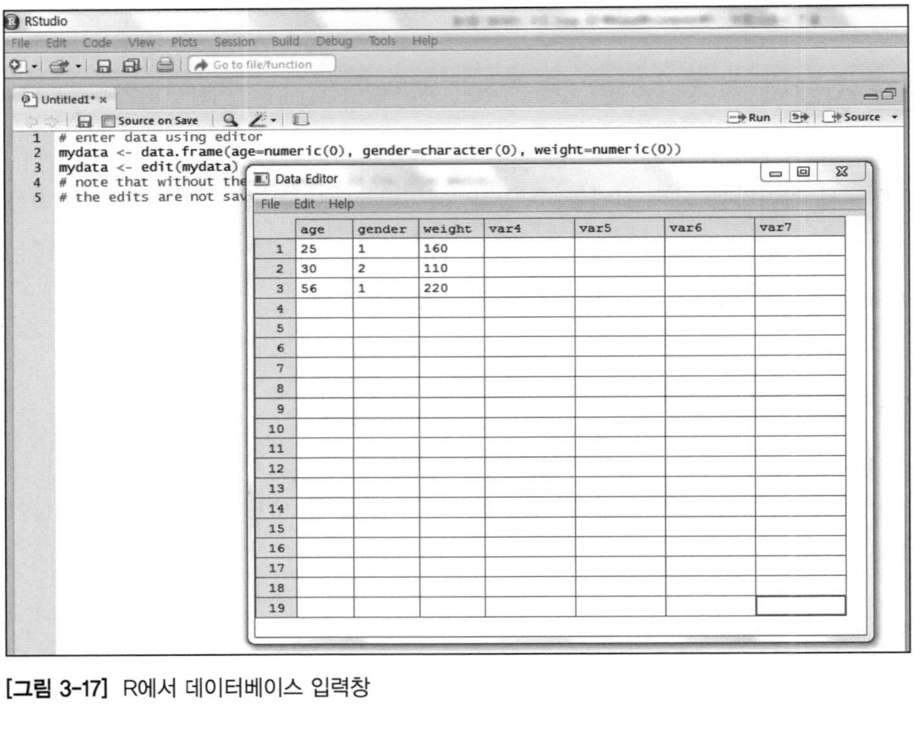

[그림 3-17] R에서 데이터베이스 입력창

2.2 텍스트 파일 입력 데이터

분석자는 앞에서 다른 당뇨병 환자의 진료기록을 다음과 같이 엑셀창에 입력할 수 있다.

	A	B	C	D	E
1	ID	Date	Age	Diabetes	Status
2	1	12/12/2016	40	Type1	Poor
3	2	12/13/2016	45	Type2	Poor
4	3	12/14/2016	32	Type1	Excellent
5	4	12/15/2016	25	Type1	Improved
6	5	12/16/2016	28	Type1	Improved

[그림 3-18] 엑셀에서 데이터 입력 [데이터] diabetes.csv

여기서 다른 이름으로 저장(A) 단추를 누르고 파일 이름은 diabetes, 파일 형식은 cvs(쉼표로 분리)를 눌러 저장한다.

이어, Rstudio를 눌러 다음과 같은 명령문을 입력한다. 마우스로 모든 범위를 지정하고 Run 단추를 누르면 된다. 그러면 데이터를 불러오기를 할 수 있다. diabetes=read.csv("D:/data/diabetes.csv")는 D 드라이브의 data 디렉토리의 diabetes.csv 파일을 불러오기 한다는 것이다. 여기서 기억해야 할 사항은 디렉토리 구분이 \로 하는 것이 아니라 /로 한다는 사실이다. 또한, "D:/data/"를 작업 때마다 입력하는 수고로움을 피하기 위해서 setwd() 함수를 이용하면 편하다. setwd는 set working directory의 약자이다. 분석자는 R 프로그램 입력 시 맨 앞에 setwd(D:/data/)를 입력해 놓고 나중에는 diabetes=read.csv("diabetes.csv")만을 입력하면 된다.

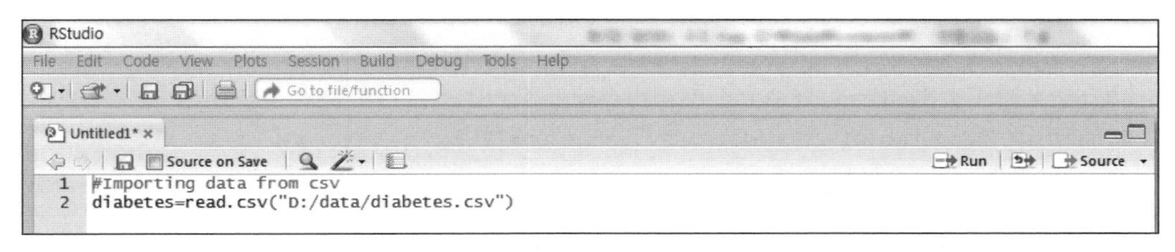

[그림 3-19] RStudio에서 데이터 불러오기

이어, 아래 그림과 같이 diabetes와 str(diabetes) 입력하고 실행하면 데이터베이스 원자료와 데이터 특성을 확인할 수 있다.

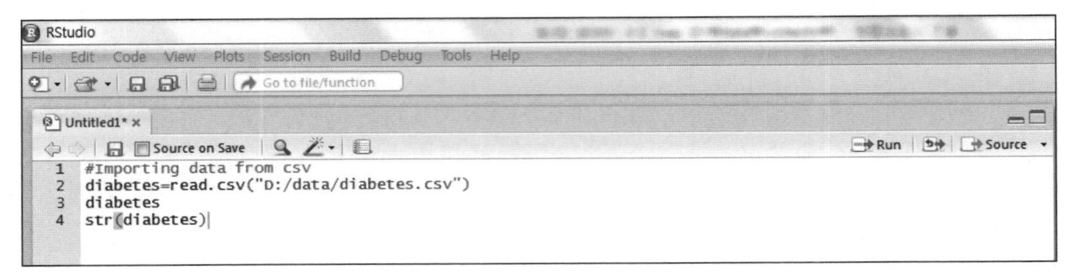

[그림 3-20] 데이터 확인 명령어

```
 > diabetes
  ID       Date Age Diabetes    Status
1  1 12/12/2016  40    Type1      Poor
2  2 12/13/2016  45    Type2      Poor
3  3 12/14/2016  32    Type1 Excellent
4  4 12/15/2016  25    Type1  Improved
5  5 12/16/2016  28    Type1  Improved
> str(diabetes)
'data.frame':   5 obs. of  5 variables:
 $ ID      : int  1 2 3 4 5
 $ Date    : Factor w/ 5 levels "12/12/2016","12/13/2016",..: 1 2 3 4 5
 $ Age     : int  40 45 32 25 28
 $ Diabetes: Factor w/ 2 levels "Type1","Type2": 1 2 1 1 1
 $ Status  : Factor w/ 3 levels "Excellent","Improved",..: 3 3 1 2 2
```

[그림 3-21] 데이터 내용

텍스트 데이터 파일에서 불러오기 명령어는 다음과 같다.

```
# first row contains variable names, comma is separator
# assign the variable id to row names
 # note the / instead of \ on mswindows systems
mydata <- read.table("c:/mydata.csv", header=TRUE,
   sep=",", row.names="id")
```

[그림 3-22] 텍스트 데이터 불러오기

2.3 인터넷상에서 파일 불러오기

분석자는 인터넷상에 저장된 파일은 R에서 불러오기를 할 수 있다. url() 함수를 사용하면 된다. 다음 그림은 인터넷상에서 불러오기 방법을 나타낸 것이다.

```
loc<-"http://archive.ics.uci.edu/ml/machine-learning-databases/"
ds<-"pima-indians-diabetes/pima-indians-diabetes.data"
url<-paste(loc, ds, sep="")
diabetes<-read.table(url, sep=",", header=FALSE)
names(diabetes)<-c("npregant", "plasma","bp", "tricpes",
                  "insulin","bmi", "pedigree","age",
                  "class")
```

[그림 3-23] 인터넷상에서 데이터 불러오기

2.4 통계 프로그램에서 불러오기 명령어

분석자가 주로 사용하는 통계 프로그램에서 저장된 파일을 R에서 불러오기 하는 방법에 대하여 알아보자. 이를 표로 정리하면 다음과 같다.

[표 3-2] 통계 프로그램에서 저장, R에서 불러오는 방법

통계 프로그램	불러오기 명령문

Excel	# read in the first worksheet from the workbook myexcel.xlsx
	# first row contains variable names
	library(xlsx)
	mydata <- read.xlsx("c:/myexcel.xlsx", 1)
	# read in the worksheet named mysheet
	mydata <- read.xlsx("c:/myexcel.xlsx", sheetName = "mysheet")

SPSS	# save SPSS dataset in trasport format
	get file='c:₩mydata.sav'.
	export outfile='c:₩mydata.por'.
	# in R
	library(Hmisc)
	mydata <- spss.get("c:/mydata.por", use.value.labels=TRUE)
	# last option converts value labels to R factors

통계 프로그램	불러오기 명령문

SAS	# save SAS dataset in trasport format
	 libname out xport 'c:/mydata.xpt';
	 data out.mydata;
	 set sasuser.mydata;
	 run;
	# in R
	library(Hmisc)
	 mydata <- sasxport.get("c:/mydata.xpt")
	# character variables are converted to R factors

Stata	# input Stata file
	 library(foreign)
	 mydata <- read.dta("c:/mydata.dta")

참고로 명령문에서 library( )는 괄호 속의 프로그램을 미리 설치하고 불러와야 한다는 의미의 약속이다.

2.5 데이터베이스 관리시스템에 접근하기

R은 각종 MySQL, Oracle, PostgreSQL, DB2, Sybase, Teradata, 그리고 SQLite 등 관계형 데이터베이스 시스템(DBMS)과 상호작용할 수 있다. R에서 DBMS에 접근하는 가장 일반적인 방법은 RODBC 패키지를 설치하는 방법이다. 이것은 R이 ODBC 드라이버에 접근하도록 해준다. RODBC의 주요 함수는 다음 표와 같다.

[표 3-3] RODBC의 주요 함수

함수	설명
odbcConnect(dsn, uid=" ", pwd=" ")	ODBC 데이터베이스에 연결 시도
sqlFetch(channel, sqtable)	ODBC 데이터베이스로부터 데이터 프레임을 불러들임
sqlQuery(channel, query)	ODBC데이터베이스에 질의어를 입력하고 결과로 전환
sqlSave(channel, mydf, tablename = sqtable, append = FALSE)	ODBC데이터베이스에 데이터 프레임을 쓰거나 업데이트((append=True))함
sqlDrop(channel, sqtable)	ODBC 데이터베이스로부터 테이블 제거
close(channel)	연결을 마감함

RODBC 패키지는 R 프로그램과 ODBC로 연결된 SQL데이터베이스 간의 쌍방 교신을 도와준다. 이는 데이터를 불러오기를 할 수 있고 R을 사용하여 데이터베이스 자체를 변경할 수 있음을 의미한다. DBMS로부터 두개의 테이블(Crime, Punishment)을 불러오는 연습을 해보자. 데이터 프레임은 각각 crimedat과 pundat로 명명하기로 한다.

```
library(RODBC)
myconn <-odbcConnect("mydsn", uid="Rob", pwd="aardvark")
crimedat <- sqlFetch(myconn, "Crime")
pundat <- sqlQuery(myconn, "select * from Punishment")
close(myconn)
```

[그림 3-24] 데이터베이스 연결하기

여기서, RODBC 패키지를 로드하고 ODBC 데이터베이스를 연결한다. 데이터베이스의 이름은 mydsn이다. 보안 UID는 rob이고 비밀번호(password)는 aardvark이다. 문자연결은 sqlFetch을 통과한다. 이것은 테이블 Crime을 복사해서 crimedat로 복사한다. 그리고 Punishment 테이블에 대하여 SQL select 문장을 실행하여 pundat 데이터 프레임으로 저장한다. 마침내 마감하는 문장 close(myconn)으로 마무리한다.

sqlQuery 함수는 유효 SQL 문장을 삽입할 수 있어 강력하다. 이러한 유연성은 분석자가 특정변수를 선택하고 데이터를 삭제하거나 새로운 변수를 만들고 변수를 재정의하거나 리코드하도록 하는 데 도움을 준다.

2.6 웹에서 데이터 불러오기

데이터는 웹스크래핑(Webscrapping) 또는 API(Application Programming Interface)를 경유한 웹으로부터 얻을 수 있다. 웹스크래핑이란 특정 웹에서 정보를 추출하는 데 사용된다. 반면에 API는 분석자가 웹서비스와 온라인 데이터 저장소와 상호작용하도록 도와준다.

웹스크랩핑은 웹페이지에서 데이터를 추출하는 데 사용되고 그것을 정교한 분석을 하기 위해 R에 저장한다. 예를 들어, 웹페이지상의 텍스트는 다운하여 readLines() 함수를 사용하여 R 문자벡터로 바꾸고 grep()와 gsub() 함수로 다룰 수 있다. 복잡한 웹페이지를 위해서

RCurl과 XML은 원하는 데이터를 추출할 수 있게 해준다. readLines와 RCurl을 이용한 웹스크랩핑 방법은 Programming with R(www.programmingr.com)에서 확인할 수 있다. RCurl 이용한 웹스크래핑의 예는 다음과 같다.

```
library (RCurl)
download <- getURL("https://data.kingcounty.gov/api/views/yaai-7frk/rows.csv?
accessType=DOWNLOAD")
data <- read.csv (text = download)
```

[그림 3-25] RCurl을 이용한 웹스크래핑

API는 다른 것과 상호작용하기 위해서 소프트웨어를 어떤 방법으로 구체화해야 하는지를 알려준다. 접근 가능한 웹으로부터 데이터를 추출하기 위해서 다양한 R 패키지가 사용된다. 생물학, 의학, 지구과학, 물리학, 경제학, 경영학, 재정, 문학, 마케팅, 뉴스 그리고 스포츠 등 분야의 데이터를 포함한다.

예를 들어, 분석자가 소셜미디어에 관심을 갖고 있다면 twitteR을 경유하는 Twitter 데이터, Rfacebook을 경유한 Facebook 데이터, Rflicker를 경유한 Flicker 데이터에 접근할 수 있다. 다른 패키지는 Google, Amazon, Dropbox에 의해 제공되는 웹서비스에 접근 가능하게 해준다. 웹기반 리소스에 접근하기 위한 R 패키지를 알아보기 위해서 Web Technology and Services(http://mng.bz/370r)을 방문하면 된다.

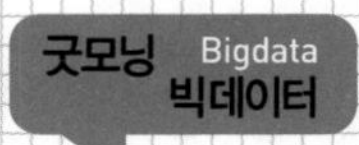

유용한 R 관련 사이트

- R Conferences : www.r-project.org/conferences.html
- Quick-R: www.statmethods.net
- R-bloggers: www.r-bloggers.com
- Code School - Try R: tryr.codeschool.com
- R Programming | Coursera : www.coursera.org/learn/r-programming

연습문제

1. 다섯 명의 키와 몸무게를 조사하여 R 프로그램에서 벡터 형태로 입력하여 보자.

2. 다음을 입력하여 데이터 프레임을 만들어 보자.

방법1)

```
# create a data frame from scratch
age <- c(51, 39, 41)
gender <- c("male", "female", "male")
weight <- c(70, 77, 70)
mydata <- data.frame(age,gender,weight)
mydata
```

방법2)

```
mydata<-data.frame(age=c(65,39,41), gender=c("male","female","male"),
                    weight=c(70,77,70))
mydata
```

3. 엑셀에서 다음 데이터를 입력하고 R에서 불러오는 연습을 해보자.

grade	gender
B	Male
A	Female
B	Female
C	Male
B	Male
A	Female

4. 웹에서 데이터를 불러오는 방법을 알아보고 연습하자.

5. R 프로그램에서 v1<−seq(1, 100, b=5) v1을 입력하고 실행해 보자.

* 이 명령문의 의미는 1부터 100까지 3씩 증가하는 것을 나타냄.

4장

그래프 함수 활용하기

학습목표

1. 각종 그래프 그리는 방법을 연습한다.
2. 정규분포를 그리는 방법을 이해한다.
3. 3D도표 그리기 방법을 이해한다.

1 R과 그래프

고객을 상대로 프리젠테이션을 하는 경우, 그래프를 사용하게 되면 고객들에게 시각적 호소력을 높여준다. 분석 결과를 눈에 보이는 형태로 정리하다 보면 변수 간의 연관성, 방향성 등을 알 수 있다. 분석자는 그래프 제시를 통해서 패턴 유형과 특이점을 발견할 수 있다.

그래프는 글이나 숫자로 나타내는 것보다 훨씬 설득력이 있다. 그래프는 데이터를 시각적으로 보여주는 데 중요한 역할을 한다. 제대로 정리된 그래프는 수많은 정보에서 의미 있는 비교를 가능하게 해준다. 그래프가 주는 효과는 시각화에 있다. 분석자는 R의 그래프 함수를 잘 활용하면 데이터를 보다 명료하고 해석을 보다 용이하게 할 수 있다.

R은 그래프 구축을 위한 탁월한 플랫폼을 제공한다. R은 상호작용 측면이 뛰어나기 때문에 사용자가 원하는 다양한 그래프를 구현할 수 있다.

1.1 그래프 기초

이 책에서는 R 프로그램을 설치하면 자동적으로 업로드되는 데이터를 이용하여 그래프를 그리는 연습을 해보자. 이를 위해서 mtcars 데이터를 사용하기로 한다. Rstudio 프로그램을 실행하고 다음과 명령문을 입력한다.

```
attach(mtcars)
plot(wt,mpg)
abline(lm(mpg~wt))
title("Regression of MPG on Weight")
detach(mtcars)
```

[그림 4-1] 그래프 생성 명령어 [데이터] ch41.R

명령문 첫 번째 행 attach() 함수는 기존 다운되어 있는 데이터인 mtcars를 불러와 메모리에 상주하게 하는 명령어이다. 두 번째 명령어는 x축에는 wt(자동차 무게, weight)를, y축에는 mpg(연비, miles per gallon)를 표시하여 그리라는 명령어이다. 추정회귀선을 그리기 위해서 abline(lm(mpg~wt))을 표시한다. lm(linear model)은 회귀분석 명령어로 종속변수(영향을 주는 변수)를 물결 표시(~) 앞에 지정하고 다음에는 독립변수(영향을 받는 변수)를 표시한다. title의 괄호 안에는 제목을 입력하는 난이다. 앞에서 attach() 함수를 사용한 다음 detach( )를 해야 한다. 이는 각기 다른 데이터에 속한 변수들이 충돌하지 않도록 하는 데 있다. 마우스로 모든 범위를 지정하고 Run 단추를 누르면 다음과 같은 그림을 얻을 수 있다.

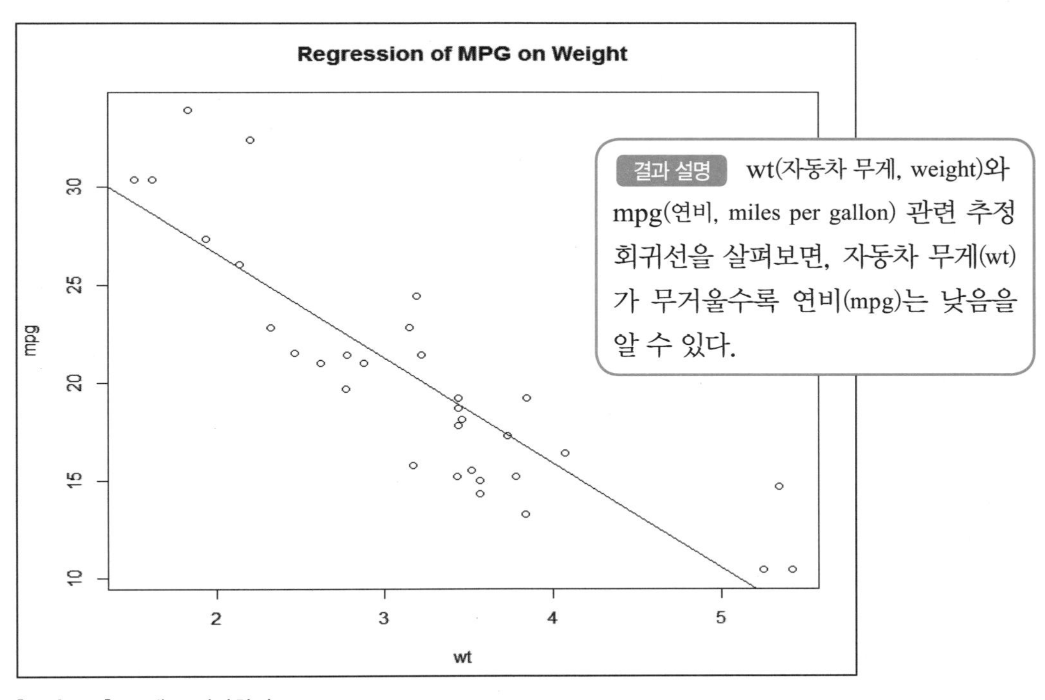

[그림 4-2] 그래프 결과화면

1.2 히스토그램과 정규분포

우선 앞에서 다루었던 mtcars 데이터를 이용하여 히스토그램을 그려보도록 하자. 히스토그램을 그리기 위해서는 다음과 같은 명령어를 입력한다. hist(mtcars$mpg)는 mtcar의 데이터에서 mpg(miles per gallon) 변수의 히스토그램을 그리라는 명령어이다. attach(mtcars) 함수는 기존 다운되어 있는 괄호의 데이터 파일을 불러오라는 명령어이다. detach(mtcars)는 각기 다른 데이터에 속한 변수들이 충돌하지 않도록 하는 데 있다.

```
attach(mtcars)
# Simple Histogram
hist(mtcars$mpg)
detach(mtcars)
```

[그림 4-3] 히스토그램 생성 명령어 [데이터] ch42.R

마우스로 모든 범위를 지정하고 Run 단추를 누르면 다음과 같은 그림을 얻을 수 있다.

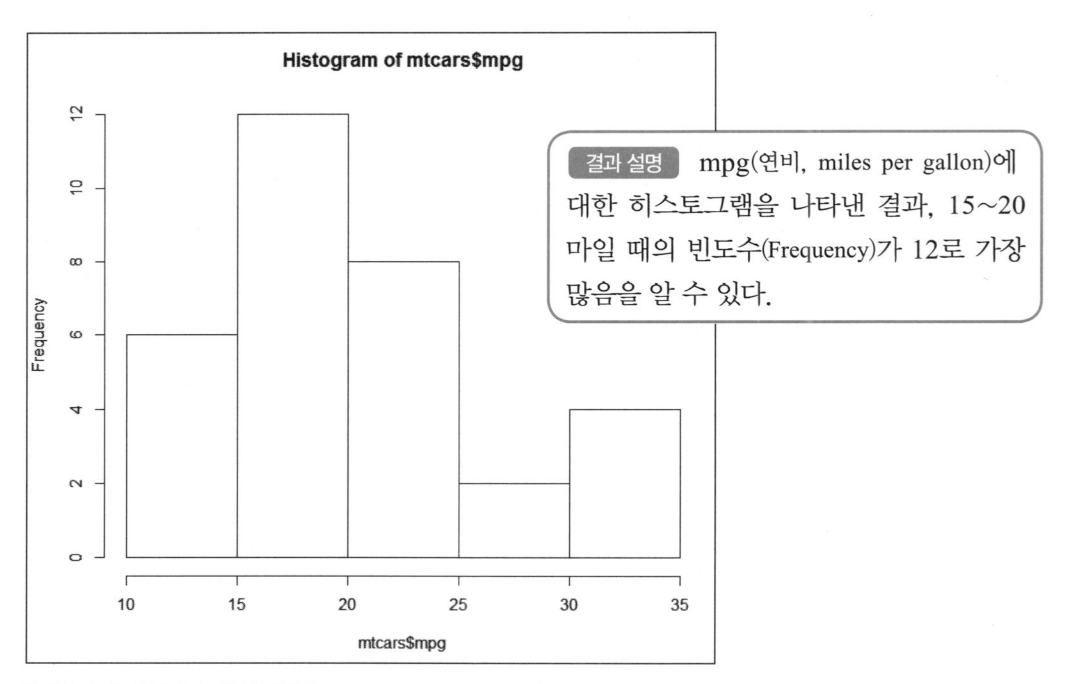

[그림 4-4] 히스토그램 결과화면

이어 히스토그램(막대그림표)에 색깔을 채우기 위해서 다음과 같은 명령어를 입력하여 보자.

```
attach(mtcars)
# Colored Histogram with Different Number of Bins
hist(mtcars$mpg, breaks=12, col="red")
detach(mtcars)
```

[그림 4-5] 히스토그램 색깔 채우기 명령어 [데이터] ch43.R

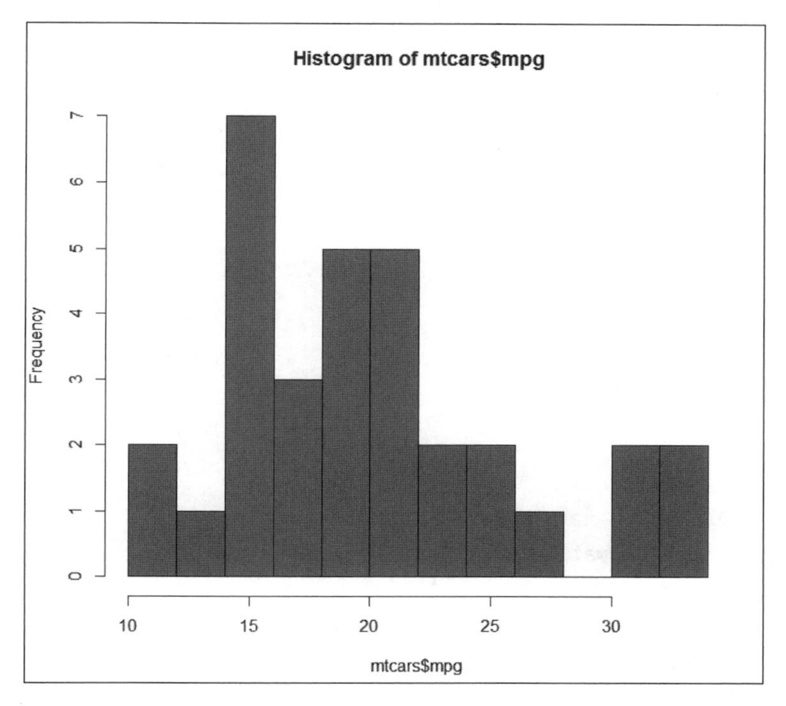

[그림 4-6] 히스토그램 색깔 채우기 결과화면

결과 설명 hist(mtcars$mpg, breaks=12, col="red")를 실행한 결과, 막대그림표가 빨간색으로 나타나 있다. break는 데이터 구간(막대그림의 대략적인 숫자)을 대략 숫자 12로 설정하라는 명령어이다.

이어, 막대그림표에 정규분포(Normatl Distribution)를 그려보도록 하자. 정규분포는 통계에서 가장 일반적인 분포이다. 정규분포는 종 모양의 대칭분포를 말한다. 분석자는 정규분포를 통해서 수학적인 추정이 가능하다. 일반적으로 중심극한정리에 의해서 표본의 수를 증가시키면 대체로 정규분포에 근접한다. 정규분포는 일반적으로 평균이 μ, 분산이 σ^2인 정규확률밀도함수를 $N(\mu,\ \sigma^2)$으로 표기하면 편리하다. 따라서

$$X \sim N(\mu,\ \sigma^2)$$

은 확률변수 X가 평균 μ, 분산 σ^2의 정규분포를 이룬다는 의미이다. 예를 들어, $X \sim N(60, 81)$이면 확률변수 X는 평균이 60이고 분산이 81인 정규확률밀도함수를 갖는다. 이를 식으로 나타내면

$$f(x) = \frac{1}{\sqrt{2\pi(81)}} e^{-\frac{1}{2}\left(\frac{x-60}{9}\right)^2} \qquad \cdots\cdots(\text{식 } 4\text{–}1)$$

이를 위해서 다음과 같은 명령어를 입력하면 된다.

```
attach(mtcars)
# Add a Normal Curve
x <- mtcars$mpg
h<-hist(x, breaks=10, col="red", xlab="Miles Per Gallon",
        main="Histogram with Normal Curve")
xfit<-seq(min(x),max(x),length=40)
yfit<-dnorm(xfit,mean=mean(x),sd=sd(x))
yfit <- yfit*diff(h$mids[1:2])*length(x)
lines(xfit, yfit, col="blue", lwd=2)
```

[그림 4-7] 정규분포 그리기 명령어 [데이터] ch44.R

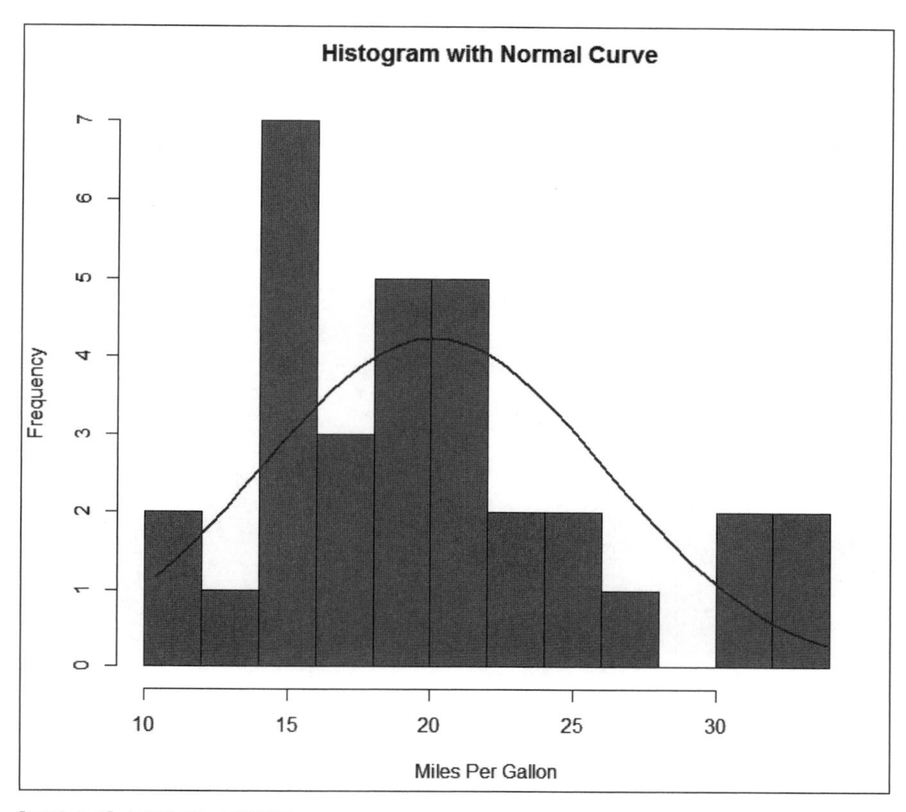

[그림 4-8] 정규분포 실행결과

결과 설명 명령어 실행 결과 파란색의 종 모양 대칭분포(bell−shaped distribution)선이 나타나 있음을 알 수 있다.

정규분포 그리기 연습을 해보자. 평균(mean)과 표준편차(standardized deviation)를 알고 표본의 크기(n)를 100으로 했을 경우의 정규분포를 그리는 연습을 해보자. 여기서는 앞에서 예를 든 $X \sim N(60,\ 81)$이면 확률변수 X는 평균이 60이고 분산이 81인 정규확률밀도함수를 갖는다.

```
x<- rnorm(100, mean=60, sd=9)
hist(x, freq=F)
curve(dnorm(x, mean=60, sd=9), add=T)
```

[그림 4-9] 정규분포 그리기 명령어 [데이터] ch45.R

첫 번째 행 x<-rnorm(100, mean=60, sd=9)은 평균이 60이고 표준편차가 9인 정규분포에서 100의 샘플을 생성한다는 명령어이다. 두 번째 행 hist(x)은 x변수의 히스토그램을 표현하고 세 번째 행 hist(x, freq=F)은 히스토그램은 빈도가 아닌 밀도로 표시하라는 명령어이다. 마지막 행에 있는 curve(dnorm(x, mean=60, sd=9), add=T)은 평균이 60이고 표준편차가 9인 정규분포의 밀도함수곡선을 표시하며, add=T는 겹쳐서 그림을 표시하라는 명령어이다.

앞의 명령어를 실행하면 다음과 같은 그림을 얻을 수 있다.

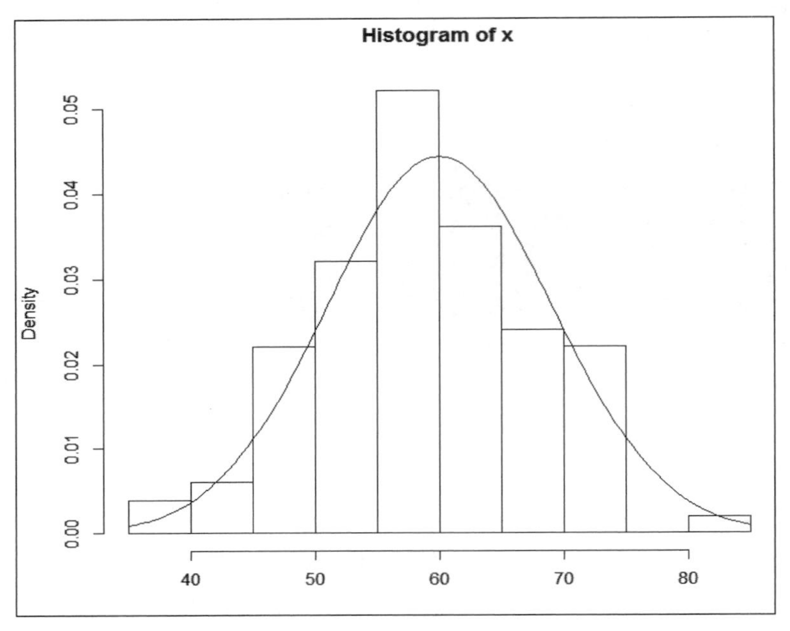

[그림 4-10] 정규분포 실행결과

결과 설명 100개의 샘플로 평균이 60이고 표준편차가 9인 정규분포가 나타나 있다.

연속확률변수의 밀도함수는 x의 값과 $f(x)$의 값 사이의 관계를 알려주어 매우 편리하다. 실제로 통계적 추론의 적용에 있어 중요한 밀도함수 아래에 있는 일정 구간의 면적 계산이 이용된다. 정규분포는 평균과 표준편차에 따라 여러 모양을 갖기 때문에 서로 다른 모양의 두 분포를 비교하거나 면적의 크기를 계산하여 확률을 알기가 어렵다. 이것을 해결하기 위해서는 정규분포를 표준화할 필요가 있다. 자료를 표준화하는 방법은 평균 $\mu=0$, 표준편차 $\sigma=1$이 되도록 하는 것이다. 표준화된 정규분포를 표준정규분포(standard normal distribution)라 한다.

표준화된 정규분포 확률변수: Z~N(0,1)

$$Z = \frac{X-\mu}{\sigma} \qquad \cdots\cdots(식\ 4-2)$$

여기서, X=관찰치

μ=분포의 평균

σ =분포의 표준편차

확률변수 X의 관찰치가 그 분포의 평균으로부터 몇 표준편차 거리만큼 떨어져 있는가를 Z로 나타내기 때문에 표준정규분포를 Z분포라고 한다. 확률변수 Z의 밀도함수는 다음과 같다.

표준정규확률밀도함수

$$f(x) = \frac{1}{\sqrt{2\pi}} e^{-\frac{1}{2}z^2}, \quad -\infty < x < +\infty \qquad \cdots\cdots(식\ 4-3)$$

여기서, X=관찰치

μ=분포의 평균

σ =분포의 표준편차

이 함수에서 보면, 모수(母數) μ와 σ^2은 없다. 따라서 표준정규분포는 확률변수 X의 평균과 분산에 관계없이 일정한 형태를 갖는다. 표준화된 변수 $Z \sim N(0,1)$임을 증명하여 보면 다음과 같다.

$$E(Z) = E\left(\frac{X-\mu}{\sigma}\right)$$
$$= \frac{1}{\sigma}[E(x)-\mu]$$
$$Var(Z) = Var\left(\frac{X-\mu}{\sigma}\right)$$
$$= \frac{1}{\sigma^2} Var(X-\mu)$$
$$= \frac{1}{\sigma^2} Var(X)$$
$$=1$$

즉, 표준정규분포는 평균은 0이고 표준편차는 1인 분포를 말한다. R 프로그램에서 밀도는 dnorm, 분포는 pnorm, 퍼센트는 qnorm, 임의 표준편차를 생성하는 함수는 rnorm으로 나타낸다. 그러면 평균이 0이고 표준편차가 1인 표준화된 정규분포를 나타내는 표준화된 정규분포를 나타내 보자. 이를 위해서는 pretty(x,n)라는 함수를 사용한다. 이는 연속형변수 x를 n+1를 지정하여 n구간으로 나타낸다는 의미이다. plot의 유형(type="l")은 선(lines)으로 나타낸다는 의미이다.

```
x<-pretty(c(-3,3),30)
y<-dnorm(x)
plot(x,y,type="l",
     xlab="Normal Deviate",
     ylab="Density")
```

[그림 4-11] 표준정규분포 명령어 [데이터] ch4snorm.R

위 명령어를 실행하면 다음과 같은 표준정규분포를 얻을 수 있다.

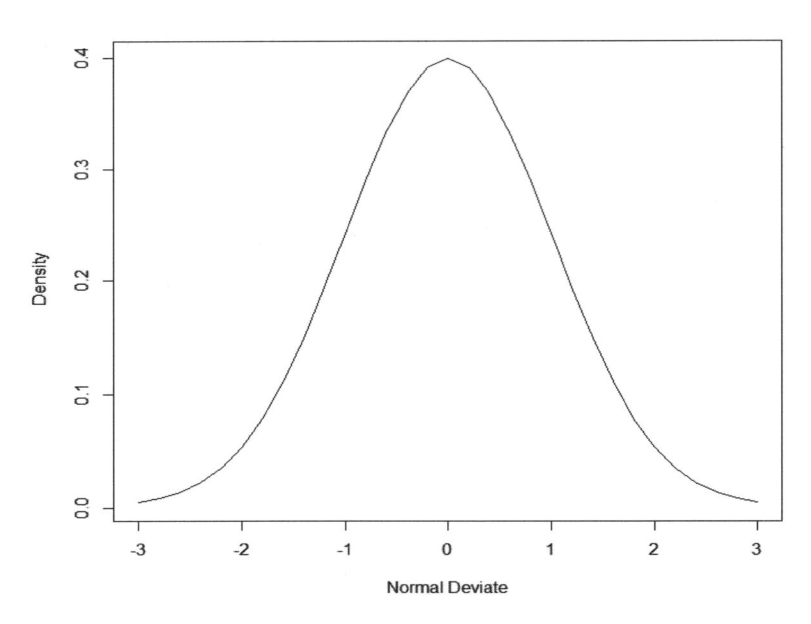

[그림 4-12] 표준정규분포 실행결과

결과 설명 확률변수 X가 정규분포를 이룰 때에 그 값이 평균에서 $\pm 3\sigma$ 안에 있을 확률을 나타낸 것이다. 여기서 $\pm 3\sigma$ 안에 있을 확률은 거의 1에 가깝다. 만약, 분석자가 표준정규분포를 기준으로 왼쪽 음수(−3)에서 오른쪽 양수(+1.96)까지의 확률을 알고 싶다면, R 프로그램에서 pnorm(1.96)를 입력하면 된다. 그러면 확률값 0.975를 얻을 수 있다.

분석자가 평균이 500이고 표준편차가 100인 정규분포의 90 퍼센트의 값 위치를 알고 싶다면 qnorm(.9,mean=500,sd=100) 함수를 입력할 경우에 값 628.1552를 얻을 수 있다. 이어 평균이 50, 표준편차가 10인 랜덤넘버 50개를 추출하고자 한다면 rnorm(50,mean=50,sd=10)을 입력하면 된다. 그러면 랜덤넘버 50개를 추출할 수 있다.

다음으로 정규분포의 일부 영역에 음영을 표시하는 방법에 대하여 알아보자. 곡선 함수 주위로 새로운 래퍼함수를 정의하고, 범위 밖의 값들을 NA()로 대체하면 된다. $\pm 196\sigma$ 안에 있을 확률 안의 범위를 음영으로 처리하기 위해서는 다음과 같은 명령어를 입력하면 된다. 우선 분석자는 데이터 시각화에 뛰어난 효과를 내는 ggplot2 프로그램을 다운하면 된다.

```
library(ggplot2)
# -1.96<x<1.96에 대해 dnorm(x)를 반환하고, 다른 모든 x에 대해 NA를 반환함
dnorm_limit <- function(x){
  y<-dnorm(x)
  y[x < -1.96 | x> 1.96] <-NA
  return(y)
}
# 가짜 데이터를 ggplot()에 넣음
p <- ggplot(data.frame(x=c(-3,3)), aes(x=x))
    p + stat_function(fun=dnorm_limit, geom="area", fill="black", alpha=0.2) +
    stat_function(fun=dnorm)
```

[그림 4-13] 표준정규분포 내 일정 범위 음영 표시 [데이터] ch4-1snorm.R

위 명령어를 실행하면 다음과 같은 결과를 얻을 수 있다.

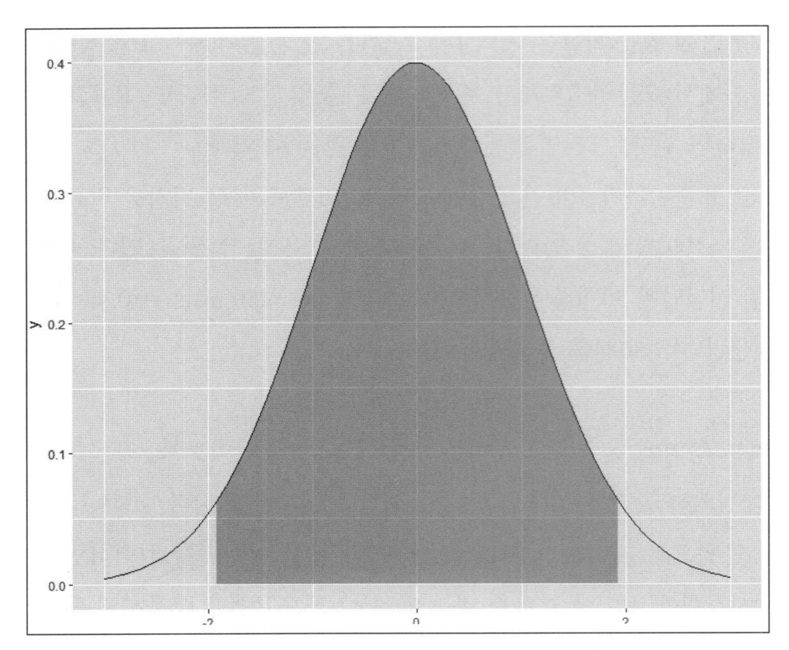

[그림 4-14] 표준정규분포 내 일정 범위 음영 표시 결과화면

이어 2개의 정규분포를 행과 열로 배치하는 연습을 해보자. 이를 위해서는 다음과 같은 명령어를 입력하면 된다.

```
x <- pmin(3, pmax(-3, rnorm(50)))
y <- pmin(3, pmax(-3, rnorm(50)))
xhist <- hist(x, breaks=seq(-3,3,0.5), plot=FALSE)
yhist <- hist(y, breaks=seq(-3,3,0.5), plot=FALSE)
top <- max(c(xhist$counts, yhist$counts))
xrange <- c(-3,3)
yrange <- c(-3,3)
nf <- layout(matrix(c(2,0,1,3),2,2,byrow=TRUE), c(3,1), c(1,3), TRUE)
layout.show(nf)
par(mar=c(3,3,1,1))
plot(x, y, xlim=xrange, ylim=yrange, xlab="", ylab="")
par(mar=c(0,3,1,1))
barplot(xhist$counts, axes=FALSE, ylim=c(0, top), space=0)
par(mar=c(3,0,1,1))
barplot(yhist$counts, axes=FALSE, xlim=c(0, top), space=0, horiz=TRUE)
```

[그림 4-15] 행렬로 히스토그램 배치 명령어 [데이터] ch46.R

이 명령어를 실행하면 다음과 같은 화면을 얻을 수 있다.

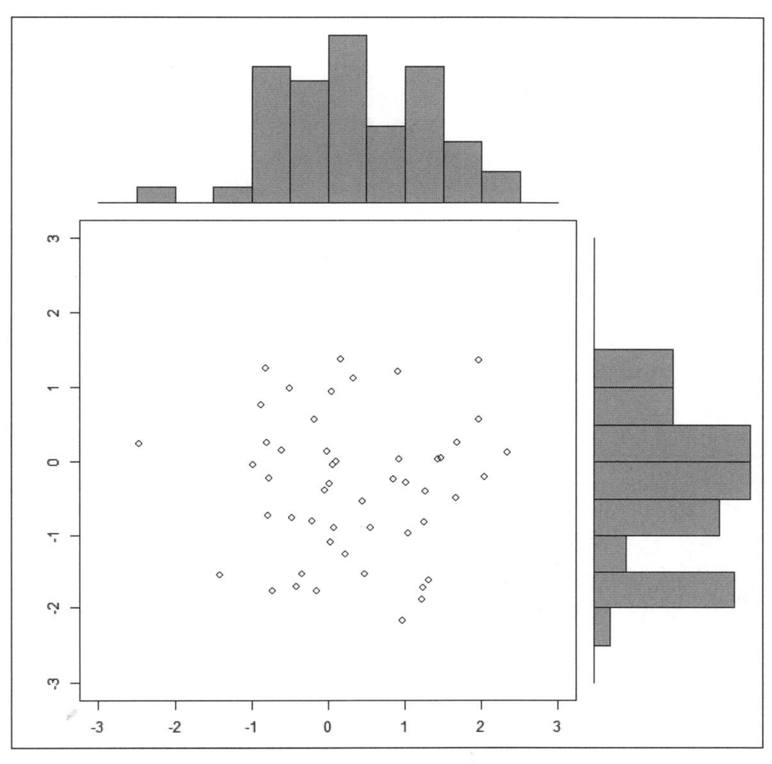

[그림 4-16] 행렬로 히스토그램 배치 결과화면

결과 설명 x축으로 −3과 3 사이의 범위(xrange <− c(−3,3)), y축으로 −3과 3 사이의 범위(yrange <− c(−3,3))를 갖는 히스토그램이 나타나 있다. ■

다음은 다변량 정규분포인 3차원 분포를 그리는 연습을 다뤄보자. 다변량 정규분포는 단일변량의 확장 형태이다. 다변량정규벡터 밀도함수는 다음과 같다.

$$f(\underline{X}) = \frac{1}{(2\pi)^{\left(\frac{p}{2}\right)} |\Sigma|^{2}} exp\left[-\frac{1}{2}(\underline{X}-\underline{\mu})'(\underline{X}-\underline{\mu})\right],\ X \in R^{2}$$

······(식 4−4)

3차원의 그래프는 2차원의 그래프보다 시각적인 효과를 제공한다. 3차원의 분포를 그리기 위한 명령어는 다음과 같다.

```
epa <- function(x, y)
  ((x^2 + y^2) < 1) * 2/pi * (1 - x^2 - y^2)
x <- seq(from = -1.1, to = 1.1, by = 0.05)
epavals <- sapply(x, function(a) epa(a, x))
persp(x = x, y = x, z = epavals, xlab = "x", ylab = "y",
      zlab = expression(K(x, y)), theta = -35, axes = TRUE,
      box = TRUE)
```

[그림 4-17] 3차원 그래프 명령어 [데이터] ch47.R

앞의 명령어를 실행하면 다음과 같은 그림을 얻을 수 있다.

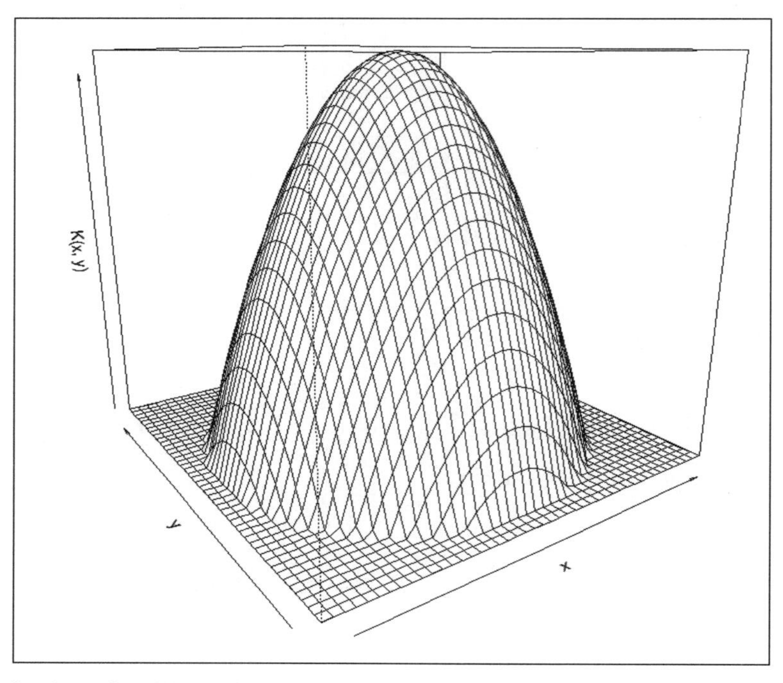

[그림 4-18] 3차원 분포도

결과 설명 x축, y축, 그리고 K(x,y)축의 3차원 그래프가 제시되어 있음을 확인할 수 있다. 위의 정규분포 등고선은 타원이며 상관계수가 양(+)일 때는 우측으로 올라가게 된다. 상관관계가 음수(−)인 경우는 왼쪽으로 올라간다.

1.3 자주 사용하는 그래프

1) Box Plot

Box Plot는 집단 간의 양적 수치를 보여줄 수 있어 유용하다. 일반적으로 x축은 질적변수를 y축에는 양적 수치를 배열한다. Box Plot의 내용을 구체적인 설명을 그림으로 나타내면 다음과 같다.

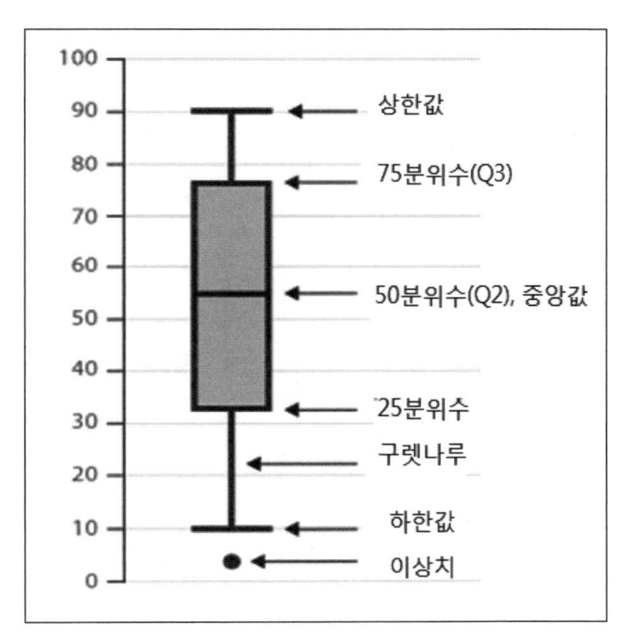

[그림 4-19] Box Plot 내용

```
attach(mtcars)
# Boxplot of MPG by Car Cylinders
boxplot(mpg~cyl, data=mtcars, main="Car Milage Data",
        xlab="Number of Cylinders", ylab="Miles Per Gallon")
detach(mtcars)
```

[그림 4-20] Box Plot 명령어 [데이터] ch48.R

이 명령어를 실행하면 다음과 같은 화면을 얻을 수 있다.

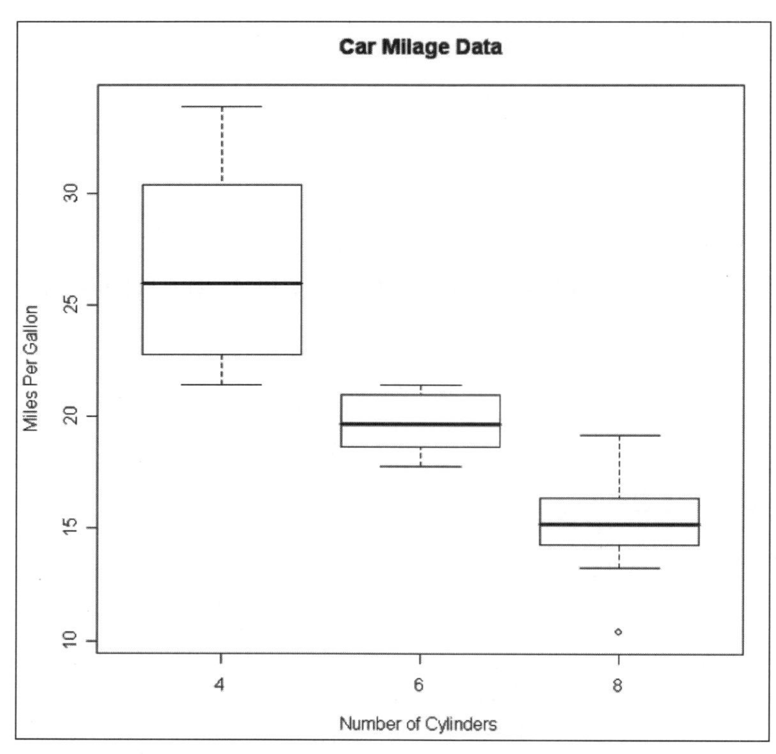

[그림 4-21] Box Plot 결과화면

결과 설명 실린더 개수별 연비가 Box Plot으로 나타나 있다. Box Plot은 최저값, 평균, 최대값을 표시해 준다. 박스 Plot에서 평균은 굵은 실선으로 나타나 있다.

2) 커널밀도

커널밀도(Kernel Density)는 커널함수(kernel function)를 이용한 밀도추정 방법의 하나이다. 분석자는 커널밀도를 이용하여 변수가 어떤 값의 분포 특성을 갖는지 좀 더 정확히 파악할 수 있다. 커널밀도는 비모수(non-parametric) 밀도추정을 이용하며 단순한 히스토그램의 문제점을 개선한 방법이라고 할 수 있다.

```
attach(mtcars)
# Filled Density Plot
d <- density(mtcars$mpg)
plot(d, main="Kernel Density of Miles Per Gallon")
polygon(d, col="red", border="blue")
detach(mtcars)
```

[그림 4-22] 커널밀도 명령어 [데이터] ch49.R

이를 실행하면 다음과 같은 결과를 얻을 수 있다.

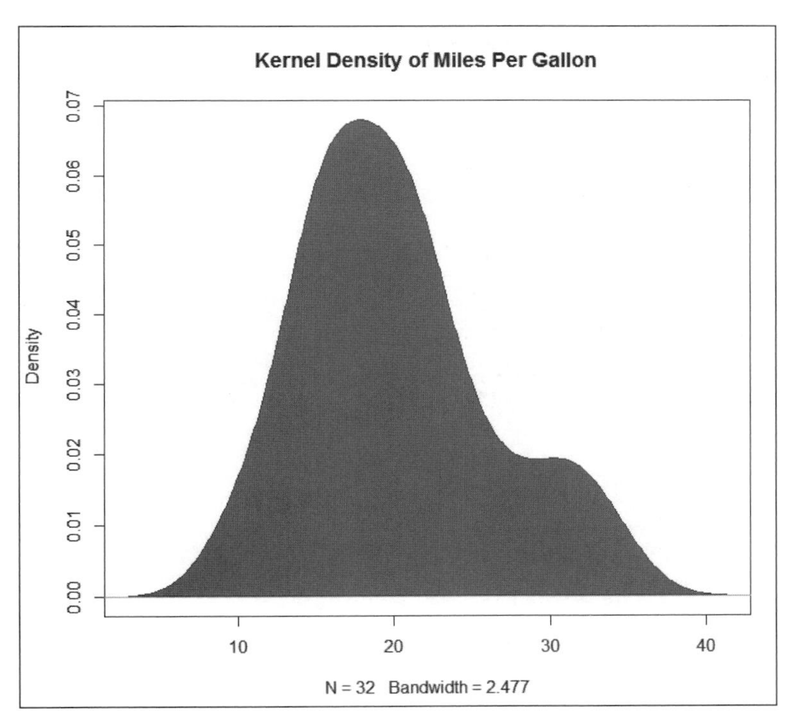

[그림 4-23] 커널밀도 결과화면

연비(mpg, mile per gallon) 변수에 대한 커널밀도가 나타나 있다.

다음은 두 집단 이상의 커널밀도 그림을 그려보도록 하자. 이를 위해서는 sm.density.compare() 함수를 사용해야 한다. 기본 형식은 sm.density.compare(x, factor)이다. 여기서, x는 양적벡터이고 요인은 집단변수이다. 두 집단 이상의 커널밀도 그림을 그리기 위해서는

Rstudio에서 sm 프로그램을 설치해야 한다.

```
# Compare MPG distributions for cars with
# 4,6, or 8 cylinders
library(sm)
attach(mtcars)

# create value labels
cyl.f <- factor(cyl, levels= c(4,6,8),
  labels = c("4 cylinder", "6 cylinder", "8 cylinder"))

# plot densities
sm.density.compare(mpg, cyl, xlab="Miles Per Gallon")
title(main="MPG Distribution by Car Cylinders")

# add legend via mouse click
colfill<-c(2:(2+length(levels(cyl.f))))
legend(locator(1), levels(cyl.f), fill=colfill)
```

[그림 4-24] 집단 간 커널밀도 비교 명령어 [데이터] ch410.R

이 명령어를 실행하면 다음과 같은 그림을 얻을 수 있다.

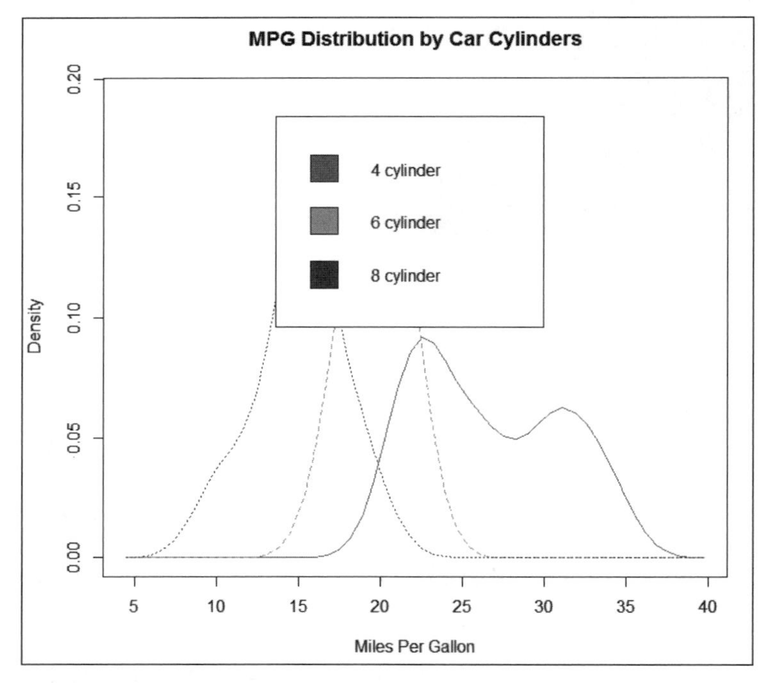

[그림 4-25] 집단 간 커널밀도 결과화면

2 파이차트

파이차트는 100분위로 나타내는 것이다. R을 이용하여 파이차트를 만들어 보자.

```
# Pie Chart with Percentages
slices <- c(10, 12, 4, 16, 8)
lbls <- c("US", "UK", "Australia", "Germany", "France")
pct <- round(slices/sum(slices)*100)
lbls <- paste(lbls, pct) # add percents to labels
lbls <- paste(lbls,"%",sep="") # ad % to labels
pie(slices,labels = lbls, col=rainbow(length(lbls)),
       main="Pie Chart of Countries")
```

[그림 4-26] 파이차트 명령어 [데이터] ch411.R

명령어를 작성하고 실행 단추를 누르면 다음 그림을 얻을 수 있다.

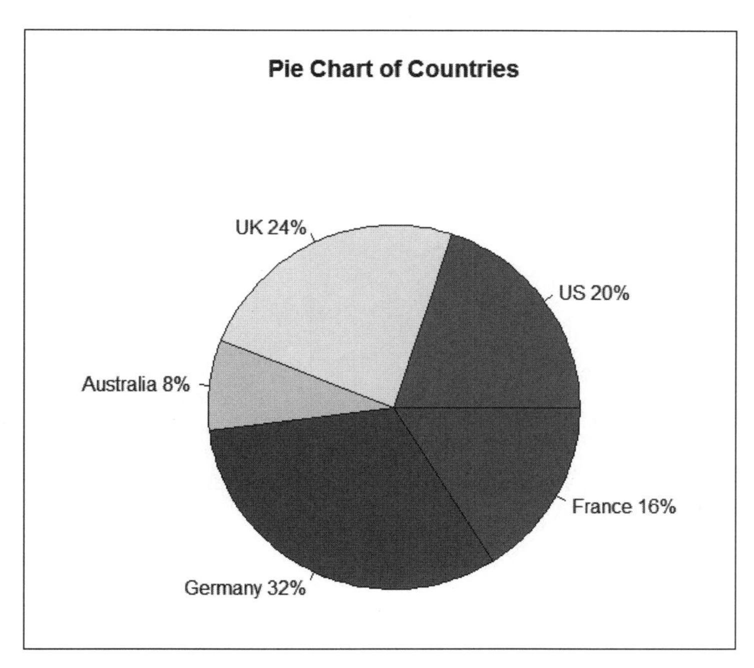

[그림 4-27] 파이차트 결과화면

결과 설명 나라별 구성비율이 나타나 있다. 독일(Germany)이 32%, 영국(UK)이 24%, 미국(US)은 20%, 프랑스(France)는 16%, 호주(Australia)는 8%를 차지하고 있다.

연습문제

1. 다음 명령어를 입력하여 선그래프를 그리고 결과를 설명하라.

```
attach(mtcars)
# Simple Dotplot
dotchart(mtcars$mpg,labels=row.names(mtcars),cex=.7,
         main="Gas Milage for Car Models",
         xlab="Miles Per Gallon")
```

2. 다음 명령어를 입력하여 선그래프를 그리고 결과를 설명하라.

```
# Add fit lines
abline(lm(mpg~wt), col="red") # regression line (y~x)
lines(lowess(wt,mpg), col="blue") # lowess line (x,y)
```

3. 앞 2장에서 다룬 data/Koweps_hpwc11_2016_beta1.sav을 이용하여 성별에 따른 소득 차이를 막대그림표로 처리하여라.

힌트)

```
library(foreign) # Read SPSS data file
library(dplyr) # Apply raw data to data frames
library(ggplot2)
welfare<-read.spss(file="D:/data/Koweps_hpwc11_2016_beta1.sav",
                    to.data.frame = T)
welfaredata<-welfare
welfaredata<-rename(welfaredata,
                     sex = h11_g3, # sex
                     birth = h11_g4, # birth year
                     marriage = h11_g10,  # marriage status
                     income = h11_din, # income status
                     religion = h11_g11, # religion status
                     education = h11_g6) # education status
class(welfaredata$sex)
table(welfaredata$sex)
welfaredata$sex<-ifelse(welfaredata$sex==1, "male","female")
table(welfaredata$sex)
welfaredata$income<-ifelse(welfaredat %in% c(0,9999), NA, welfaredata$income)
table(is.na(welfaredata$income))
sex_income<-welfaredata %>%
  filter(!is.na(income)) %>%
  group_by(sex) %>%
  summarise(mean_income=mean(income))
sex_income
p10 <- ggplot(sex_income, aes(x = sex, y = mean_income)) +
  geom_col()
p10
```

[데이터] exch4-3.R

5장

기술통계학과 가설검정

학습목표

1. 분포의 특성을 숫자로 표시하는 방법을 이해한다.
2. 중심위치, 산포경향, 비대칭도, 첨도의 개념을 이해한다.
3. R을 이용한 통계분석이 가능하고 해석할 수 있다.
4. 가설검정의 개념을 이해하고 적용 가능 분야를 확인한다.

수집된 기초 자료로부터 일단 도수분포표가 작성되면 자료의 특성이 나타난다. 그러나 연구의 목적상 자료의 특성을 시각적으로 파악하기보다는 정확하게 숫자로 기술하는 것이 필요한 경우가 더 많다. 여기서는 자료의 특성, 다시 말해서 자료의 분포 상태를 숫자로 표시하는 방법에 대하여 설명한다. 이를 위해서 중심위치, 산포경향, 비대칭도, 첨도 등을 차례로 설명한다.

1 중심위치

중심위치(central location)는 관찰된 자료들이 어디에 집중되어 있는가를 나타낸다. 정상적인 빈도곡선의 경우, 대체로 가운데에 집중되어 있다. 그리고 두 집단의 비교에서 오른쪽에 위치한 분포가 왼쪽의 것보다 값이 더 크다.

중심위치를 나타내는 측정치는 산술평균(arithmetic mean), 최빈값(mode), 중앙값(median) 등이 있다. 이 세 가지를 합하여 대표값이라고 부른다.

1.1 산술평균

산술평균은 중심위치를 알려주는 데에 가장 많이 사용되는 측정치이다. 산술평균은 간단히 평균(average, mean)이라고 한다. 모집단과 표본의 평균을 계산하는 공식은 다음과 같다.

모집단 평균

$$\mu = \frac{1}{N}(X_1 + X_2 + \cdots + X_N) = \frac{1}{N}\Sigma\ X_i \qquad \cdots\cdots(식\ 5-1)$$

표본평균

$$\overline{X} = \frac{1}{n}(X_1 + X_2 + \cdots + X_n) = \frac{1}{n}\Sigma\ X_i \qquad \cdots\cdots(식\ 5-2)$$

위 공식에서 모집단 평균은 μ[mju:]라고 하며, 표본평균은 X−bar라고 읽는다.

예제 1 다음은 100명의 모집단에서 10명의 학생을 표본 추출하여 몸무게를 측정한 결과이다. 모집단 평균은 58kg이라고 하며, 표본평균을 구하고, 모집단 평균과 비교하라.

40, 64, 47, 55, 59, 55, 66, 55, 57, 62 (단위: kg)

[풀이]

$$\overline{X} = m = \frac{1}{10}(40 + 64 + \cdots + 62) = 56(kg) \qquad \cdots\cdots(식\ 5-3)$$

표본평균은 모집단 평균보다 2kg적은 것으로 나타났다. ■

사실 모집단 평균과 표본평균을 구하는 식은 동일한 셈이다. 그런데 모집단 평균은 모수(parameter)이므로 변함이 없다. 왜냐하면 모수는 모집단의 특성치로서 조사대상 전체를 상대로 하기 때문이다. 그리고 표본평균은 통계량(statistic), 즉 표본의 특성치로서, 표본추출 방식에 따라 그 값이 달라지는 경우가 허다하다. ■

산술평균은 일상적으로 쓰는 평균값이다. 그런데 중심위치를 알기위하여 가중평균(weighted average)을 사용하여야 하는 경우가 있다. 가중평균의 계산은 다음과 같다.

가중평균 계산

$$\overline{X}_W = \frac{\Sigma w_i X_i}{\Sigma w_i} \qquad \cdots\cdots(식\ 5\text{-}4)$$

여기서, $w_i = i$ 번째 관찰치의 가중치

예제 2 다음은 통계학을 수강하고 있는 A, B, C 세 반 학생들의 수강생의 수와 평균점수의 자료이다. 전체평균은 얼마인가?

반	수강생(명)	반평균(점수)
A	40	75
B	50	73
C	20	80

[풀이]

$$\overline{X}_w = \frac{40\times75 + 50\times73 + 20\times80}{40 + 50 + 20} = 75(점)$$

여기서 우리는 전체평균을 단순히 $\frac{1}{3}(75+73+80)=76$으로 계산해서는 안 된다. 반평균에 대한 비중(학생 수)이 다르기 때문이다. 이 개념은 다음의 집단자료에서도 나타난다. ■

집단자료는 도수분포표에 의하여 정리된 자료를 뜻한다. 도수분포표에서는 관찰치가 원시자료 형태가 아닌 계급구간 안에 들어가 있으므로, 평균을 계산할 때 계급구간의 중간점(midpoint)을 각 계급의 대표값으로 생각하고, 빈도수는 가중치로 간주한다. 집단자료의 산술평균은 다음과 같이 계산한다.

집단자료의 산술평균

$$\overline{X} = \frac{\Sigma f_i m_i}{\Sigma f_i} = \frac{1}{n}\Sigma f_i m_i \qquad \cdots\cdots(식\ 5\text{-}5)$$

여기서, $f_i = i$ 번째 관찰치의 가중치

$m_i = i$ 번째 계급의 중간점

n = 표본수(Σf_i)

예제 3 몸무게 자료를 정리한 도수분포표에서 평균을 구하라.

[풀이] 평균을 구하면 다음과 같다.

몸무게(X)	인원(f)	중간점(m)	fm
40kg 이상 ~ 45kg 미만	3	42.5	127.5
45kg 이상 ~ 50kg 미만	8	47.5	380.0
50kg 이상 ~ 55kg 미만	12	52.5	630.0
55kg 이상 ~ 60kg 미만	18	57.5	1,035.0
60kg 이상 ~ 65kg 미만	10	62.5	625.0
65kg 이상 ~70kg 미만	6	67.5	405.0
70kg 이상 ~ 75kg 미만	3	72.5	217.5
합계	60		3,420.0

따라서 평균은 $3,420 \div 60 = 57$이 된다. 이것은 정리되지 않은 원시자료의 평균인 56.43에 근사한 값이다. 여기서 한 가지 유의할 것은 중간점을 구할 때 무게와 같은 연속자료인 경우에는 미만의 값을 그대로 포함하여 계산한다는 점이다. 예컨대, 45 미만은 44가 아니라 44.9999까지이므로 이 값은 사실상 45와 같다고 볼 수 있기 때문이다.

1.2 최빈값

최빈값(mode, m_o)은 자료의 분포에서 빈도수가 가장 많이 관찰되는 관찰치를 말한다.

예제 4 다음의 몸무게 자료에서 최빈값은 얼마인가?

40, 64, 47, 55, 59, 55, 66, 55, 57, 62 (단위: kg)

[풀이] 최빈값 $m_o = 55$kg이다. 55kg인 사람의 수가 3명으로 제일 많기 때문이다.

예제 5 앞의 집단자료인 [예제 3]의 도수분포표에서 최빈값을 구하라.

[풀이] 계급구간 (55~60) 사이에 빈도수가 18명으로 제일 많다. 따라서 최빈값은 계급구간의 중간점인 57.5kg라고 하겠다. 최빈값은 빈도곡선에서 봉우리가 제일 높은 관찰치를 뜻한다. 따라서 최빈값도 중심위치 파악에 도움이 된다.

1.3 중앙값

중앙값(median)은 가운데 등수에 위치한 관찰치이다. 중앙값을 구하려면 자료를 크기 순서대로 늘어 놓아 보아야 한다.

중앙값

$$m_d = X_{\frac{n+1}{2}} \qquad \cdots\cdots(\text{식 } 5-6)$$

예제 6 위의 [예제 4]에서 중앙값을 구하라.

[풀이] 자료를 올림차순으로 나열하면 다음과 같다.

40, 47, 55, 55, 55, 57, 59, 62, 64, 66

따라서, $m_d = X_{\frac{10+1}{2}} = X_{5.5} = 56$이다. 다시 말해서, 5번째인 55와 6번째인 57의 중간에 위치한 값이다. ■

한편, 집단자료인 도수분포표에서 중앙값을 구하는 것은 약간 복잡해 보인다. 그러나 다음의 공식을 이해하고 나면, 기본적으로 원시자료에서 구하는 것과 동일함을 알게 될 것이다.

집단자료의 중앙값

$$m_d = L + C \times \frac{\frac{n+1}{2} - F}{f} \quad \cdots\cdots(식\ 5\text{-}7)$$

여기서, L = 중앙값이 포함된 구간의 하한값
C = 계급의 구간너비
n = 총관찰 수
F = 중앙값이 포함된 구간 앞까지의 누적빈도
f = 중앙값이 포함된 구간의 빈도수

예제 7 앞의 [예제 3]의 도수분포표에서 중앙값을 구하라.

[풀이] 중앙값을 구하려면 $\frac{1}{2}(60+1)=30.5$번째의 값을 구하면 된다.

몸무게(X)	인원(f)	누적빈도(F)
40kg 이상 ~ 45kg 미만	3	3
45kg 이상 ~ 50kg 미만	8	11
50kg 이상 ~ 55kg 미만	12	23
55kg 이상 ~ 60kg 미만	18	41
60kg 이상 ~ 65kg 미만	10	51
65kg 이상 ~70kg 미만	6	57
70kg 이상 ~ 75kg 미만	3	60
합계	60	

$$m_d = L + C \times \frac{\frac{n+1}{2} - F}{f} = 55 + 5 \times \frac{\frac{60+1}{2} - 23}{18} = 57.1(\text{kg})$$

1.4 대표값의 비교

대표값이란 평균, 최빈값, 중앙값을 총칭하여 일컫는 말이다. 이 대표값은 빈도곡선 또는 분포의 모양에 따라 위치가 달라진다. 다음의 그림은 세 종류의 자료분포 모양을 나타내고 있으며, 각 분포에 따라 대표값이 차지하는 위치를 알려주고 있다.

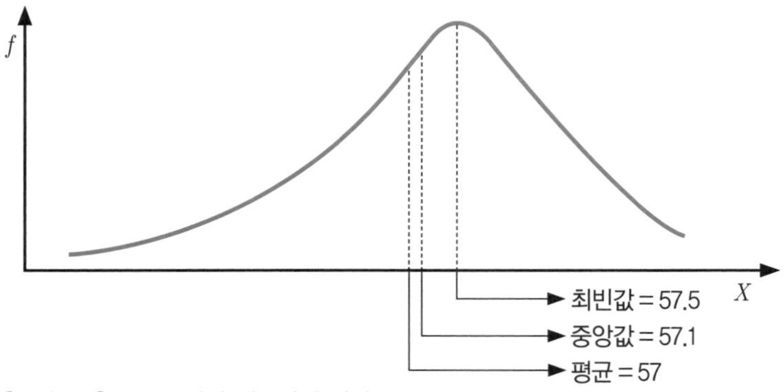

[그림 5-1] 분포모양과 대표값의 위치

위의 세 그림을 종합하여 볼 때, 평균은 한쪽 꼬리에 있는 별개의 극단적인 관찰치에 의하여 영향을 받는다. 그러나 중앙값은 영향을 거의 받지 않으며, 최빈값은 극단적인 값에 전혀 영향을 받지 않는다. 비대칭분포에서 중심위치를 파악하는 데에는 중앙값이 흔히 사용되기도 한다. 우리는 도수분포표에서 평균 = 57, 최빈값 = 57.5, 중앙값 = 57.1임을 알게 되었다. 대표값이 거의 같으므로 대칭분포라고 해도 무방할 것이다. 이것은 도수분포표를 시각적으로 나타낸 막대그림표에서 쉽게 알 수 있다.

1.5 백분위수

백분위수(percentiles)는 자료를 크기 순서대로 늘어 놓고, 100등분한 후에 위치해 있는 값을 말한다. 앞의 중앙값은 제50백분위수가 되는 셈이다. 제p백분위수는 적어도 p%의 관찰값이 그보다 작거나 같음을 나타낸다. 예를 들어, TOEFL 성적이 580점에 백분위수가 65라면, 전체 응시자의 65%가 580점보다 작거나 같다는 의미이다. 그리고 자료는 필요에 따라 4등분하기도 하는데 이 값을 사분위수(quartiles)라고 부른다. 사분위수와 백분위수를 비교하면 다음과 같다.

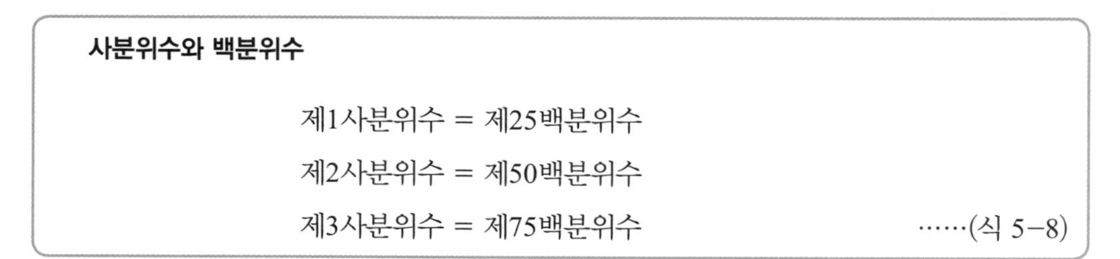

사분위수와 백분위수

제1사분위수 = 제25백분위수

제2사분위수 = 제50백분위수

제3사분위수 = 제75백분위수 ……(식 5-8)

예제 8 다음은 어느 야구팀 소속 선수 12명의 타율을 순서대로 나열한 것이다. 제1사분위수를 구하라.

2.10, 2.25, 2.45, 2.46, 3.01, 3.02, 3.03, 3.12, 3.28, 3.42, 3.58, 4.02

[풀이] 제1사분위수는 $0.25 \times 12 = 3$이므로 적어도 3개의 관찰치가 그 값이거나 그 왼쪽에 있는 값인 2.45가 된다. 이 값은 야구선수의 25%가 타율이 2.45보다 적다는 것을 나타낸다.

2 산포경향

자료 분포의 특성은 중심위치 파악만으로 충분하지 못하다. 자료가 어느 정도 좁게 혹은 넓게 흩어져 있는가를 알아보아야 한다. 이것을 그림으로 나타내 설명하여 보자.

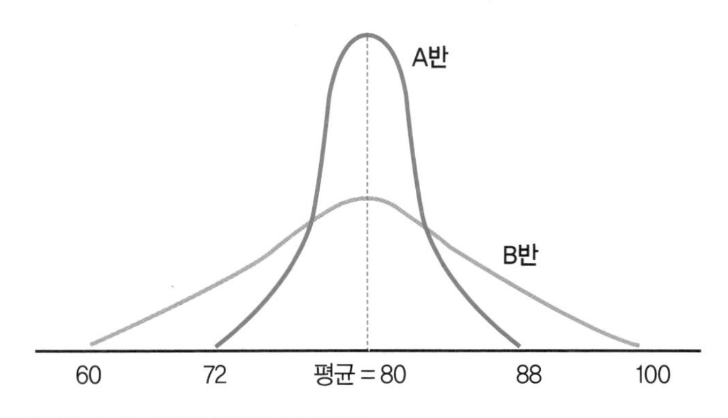

[그림 5-2] A반과 B반의 성적분포

위 그림에서 학생 수가 같은 A반과 B반의 평균은 모두 80점이다. 그러면 두 반의 실력 차이는 없다고 단정 지을 수 있는가? 그렇지 않다. 그림에서 보면 A반 학생들은 B반 학생들보다 더 많은 학생들이 평균점수 근처에 몰려 있다. 실력 차이는 개개의 자료가 중심위치에서 얼마나 떨어져 있는가를 측정하면 알 수 있다. 이것을 산포경향(dispersion) 혹은 변동(variation)이라고 부른다. 산포경향을 나타내는 방법으로는 범위, 평균편차, 분산, 표준편차 등이 있다. 이 중에서 범위(range)는 최대값−최소값으로 나타내는데, 이것은 그리 정확하지 못하다. 나머지 것을 차례로 설명하여 보자.

2.1 평균편차

편차(deviation)는 관찰치가 평균에서 떨어져 있는 거리이다. 관찰치가 평균보다 작으면 음의 값을 가지고, 반대로 크면 양의 값을 가진다. 평균편차(mean deviation)는 이들의 평균치이다.

편차

$$d = X_i - \overline{X} \qquad \cdots\cdots (\text{식 } 5\text{-}9)$$

평균편차

$$MD = \frac{1}{n}\Sigma\,|X_i - \overline{X}| \qquad \cdots\cdots (\text{식 } 5\text{-}10)$$

평균편차를 계산할 때는 반드시 절대값을 이용하여야 한다. 절대값이 없는 편차의 합은 영임을 유의하기 바란다. 이에 대한 증명은 각자 해 보아라.

예제 9 다음은 통계학 수강생 5명의 점수이다. 이들의 평균편차를 구하라.

90, 85, 72, 78, 75

[풀이] 먼저 평균을 구하면, 80점이다.

학생	점수(X)	$X-\overline{X}$	$\|X-\overline{X}\|$
1	90	10	10
2	85	5	5
3	72	-8	8
4	78	-2	2
5	75	-5	5
합계	400	0	30

$$\text{평균편차(MD)} = \frac{30}{5} = 6$$

이 값은 관찰된 점수가 평균적으로 보아 6만큼씩 평균으로부터 떨어져 있다는 뜻이다. 이 값이 작을수록 관찰치들은 대체로 평균에 가깝고, 반대로 클수록 평균으로부터 멀리 떨어져 있음을 나타낸다.

2.2 분산과 표준편차

분산(variance)과 표준편차(standard deviation)는 산포의 정도를 나타내는 데에 가장 많이 사용되는, 매우 중요한 개념이다. 이들의 계산은 모집단과 표본으로 나누어 설명한다.

먼저 모집단 분산과 표준편차의 계산을 살펴보자. N개의 관찰치가 있는 모집단의 평균이 μ이면, 모집단 분산 σ^2과 표준편차 σ는 다음과 같다.

모집단 분산

$$\sigma^2 = \frac{1}{N} \Sigma (X_i - \mu)^2 \qquad \cdots\cdots(\text{식 } 5-11)$$

모집단 표준편차

$$\sigma = \sqrt{\frac{1}{N} \Sigma (X_i - \mu)^2} \qquad \cdots\cdots(\text{식 } 5-12)$$

분산의 계산은 알고 쉽다. 편차 제곱의 합을 평균적으로 본 것이다. 즉, 분산은 제곱거리의 개념이다. 그리고 표준편차는 단순히 분산의 제곱근이다. 앞의 [예제 9]에서 5명을 모집단이라고 가정하고 분산과 표준편차를 구하면,

$$\sigma^2 = \frac{1}{5}\{(90-80)^2 + (85-80)^2 + (72-80)^2 + (78-80)^2 + (75-80)^2\} = \frac{218}{5} = 43.6$$

$$\sigma = \sqrt{43.6} = 6.6(\text{점})$$

이다. 분산을 계산하기 위해서 편차를 제곱하는 것은 그 값을 모두 양수로 가지기 위함이다. 표준편차는 이것을 다시 간단하게 사용하기 위해서 제곱근을 이용한다. 분산이나 표준편차의 값이 0에 가까울수록 자료는 평균치에 가깝게 있다는 것을 나타내며, 다시 말해서 자료의 변동이 작다는 것을 말한다.

다음으로, n개의 관찰치를 가지는 표본에서 평균을 $\overline{X}$라고 할 때, 분산 S^2과 표준편차 S를 구하는 공식을 살펴보자.

표본의 분산

$$S^2 = \frac{1}{n-1}\Sigma(X_i - \overline{X})^2 \qquad \cdots\cdots(\text{식 } 5\text{-}13)$$

표본의 표준편차

$$S = \sqrt{\frac{1}{n-1}\Sigma(X_i - \overline{X})^2} \qquad \cdots\cdots(\text{식 } 5\text{-}14)$$

위의 공식에서 보는 바와 같이 표본분산이나 표준편차를 구하는 경우에는 n이 아니라 $n-1$로 나눈다는 사실에 유의하기 바란다. 그 이유는 전자보다는 후자가 모집단의 분산을 더 가깝게 추정한다는 통계학적인 이론에서 나왔다. 이에 대한 상세한 설명은 다음으로 미룬다. 그리고 표본이 큰 경우에는 n이나 $n-1$은 별 차이가 없으나, 작은 표본에서는 차이가 있으므로 유의하기 바란다.

앞의 [예제 9]에서 5명의 표본이라고 가정한 경우에, 분산과 표준편차를 구하면 다음과 같다.

$$S^2 = \frac{1}{5-1}\{(90-80)^2 + (85-80)^2 + (72-80)^2 + (78-80)^2 + (75-80)^2\} = \frac{218}{4} = 54.5$$

$$S = \sqrt{54.5} = 7.4(\text{점})$$

예제 10 다음의 자료는 A병원과 B병원에서 환자가 병원에 도착하여 진료서비스를 받기 전까지의 기다리는 시간(단위: 분)을 표본으로 각각 6명의 환자를 뽑아서 조사한 자료이다. 두 병원의 환자대기 서비스를 비교하여라.

A병원: 10, 15, 17, 17, 23, 20

B병원: 17, 32, 5, 19, 20, 9

[풀이]

A병원: $\overline{X} = \frac{1}{6}(10 + 15 + \cdots + 20) = 17$

$$S^2 = \frac{1}{6-1}\{(10-17)^2 + (15-17)^2 + \cdots + (20-17)^2\} = 19.6$$

$$S = \sqrt{19.6} = 4.4$$

B병원: $\overline{X} = \frac{1}{6}(17 + 32 + \cdots + 9) = 17$

$$S^2 = \frac{1}{6-1}\{(17-17)^2 + (32-17)^2 + \cdots + (9-17)^2\} = 89.2$$

$$S = \sqrt{89.2} = 9.4$$

두 병원의 평균을 비교하면 모두 17분으로 같다. 그러나 A병원의 분산과 표준편차는 B병원의 것보다 더 작다. 이것은 A병원의 대기시간 변동이 B병원보다 덜 심하다는 것을 나타낸다. 즉, 전자가 후자보다 서비스가 더 좋다는 것을 나타낸다.

다음은 변동계수를 통해서 두 병원의 대기시간의 변동성을 알아볼 수 있다. 변동계수(CV: Coefficient of Variation)는 데이터의 상대적인 산포경향을 나타낸다. 변동계수는 표준편차를 평균으로 나눈 비율로 두 가지 상 자료변동 및 산포경향을 알 수 있다.

모집단인 경우의 변동계수

$$CV = \frac{\sigma}{\mu} \qquad \cdots\cdots(\text{식 } 5-15)$$

표본인 경우 변동계수

$$CV = \frac{s}{\overline{x}} \qquad \cdots\cdots(\text{식 } 5-16)$$

앞의 식을 이용하여 변동계수를 구하면 다음과 같다.

	A병원	B병원
평균	17	17
표준편차	4.4	9.4
변동계수	0.26(4.4÷17)	0.55(9.4÷17)

A병원의 변동계수가 B병원 변동계수보다 낮아 A병원이 B병원에 비해 상대적으로 변동성이 낮음을 알 수 있다. ■

끝으로, 집단자료에서 분산과 표준편차를 구하는 공식을 알아보기로 한다.

집단자료의 표본분산

$$S^2 = \frac{1}{n-1}\Sigma f_i(m_i - \overline{X})^2 \qquad \cdots\cdots(\text{식 } 5\text{-}17)$$

여기서, f_i = 빈도수

m_i = 계급구간의 중간점

$\overline{X} = \frac{1}{n}\Sigma m_i f_i$

이 식은 표본자료를 구하는 공식이며, 모집단의 경우에는 N으로 나누면 된다. 그리고 표준편차는 분산의 제곱근을 하면 구할 수 있다.

예제 11 앞의 [예제 3]에서 분산과 표준편차를 구하라.

[풀이]

몸무게(X)	빈도수(f)	중간점(m)	fm	$(m-\overline{X})^2$	$f(m-\overline{X})^2$
40 이상 ~ 45 미만	3	42.5	127.5	210.25	630.75
45 이상 ~ 50 미만	8	47.5	380.0	90.25	722.00
50 이상 ~ 55 미만	12	52.5	630.0	20.25	243.00
55 이상 ~ 60 미만	18	57.5	1,035.0	0.25	4.50
60 이상 ~ 65 미만	10	62.5	625.0	30.25	302.50
65 이상 ~ 70 미만	6	67.5	405.0	110.25	661.50
70 이상 ~ 75 미만	3	72.5	217.5	240.25	720.75
합계	60		3,420.0		3,285.00

$$\overline{X} = \frac{1}{n}\Sigma m_i f_i = \frac{1}{60}(3,420) = 57$$

$$S^2 = \frac{1}{n-1}\Sigma f_i(m_i - \overline{X})^2 = \frac{1}{60-1}(3,285) = 55.68$$

$$S = \sqrt{55.68} = 7.46$$

3 비대칭도

비대칭도는 분포의 모양이 중앙 위치에서 왼쪽이나 혹은 오른쪽으로 얼마나 치우쳐져 있는가를 나타내며, 이를 왜도(歪度, skewnss)라고 한다. 도수분포의 왜도를 알려면 평균, 최빈값, 중앙값 등을 비교하면 된다. 이것에 대한 설명은 이미 앞에서 설명하였다.

왜도를 측정하기 위해서는 피어슨의 비대칭계수(Pearson's coefficient)를 이용한다.

왜도 측정 두 가지 방법

$$S_k = \frac{3(\overline{X} - m_d)}{S} \quad \cdots\cdots(식\ 5-18)$$

여기서, $\overline{X}$ = 평균
m_d = 중앙값
S = 표준편차

$$S_k = \frac{[\bar{x} - M_o]}{S} \quad \cdots\cdots(식\ 5-19)$$

여기서, $\bar{x}$ = 평균
m_o = 중앙값
S = 표준편차

이 식에서 보면, 대칭분포는 S_k 값이 0이며, 왼쪽꼬리(skew to left) 분포인 경우에는 음수, 반대로 오른쪽꼬리(skew to right) 분포인 경우에는 양수의 값을 가진다. 이것을 그림으로 나타내면 다음과 같다.

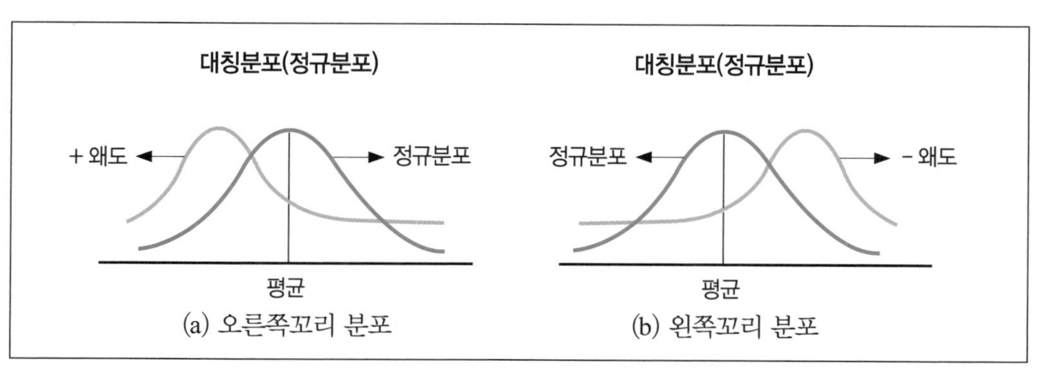

[그림 5-3] 왜도

4 첨도

첨도(尖度, kurtosis)는 평균값을 중심으로 분포의 모양이 얼마나 뾰족한가를 나타낸다. 첨도의 값이 0이면, 정규분포에 가까운 것이다. 첨도가 양의 값을 가지면 정규분포보다 좁게 밀집되어 뾰족한 형태를 보이며, 음의 값을 가지면 정규분포보다 넓게 퍼진 모양을 보인다(아래의 [그림 5-4] 참조).

첨도

$$\alpha = \frac{\frac{1}{N}\Sigma f_i (X_i - \mu)^4}{\sigma^4} \qquad \cdots\cdots(\text{식 } 5\text{-}20)$$

이 식에서 정규분포(normal)인 경우는 $\alpha = 3$, $\alpha > 3$이면 위로 뾰족(leptokurtic), $\alpha < 3$이면, 완만(platykurtic)인 경우를 말한다.

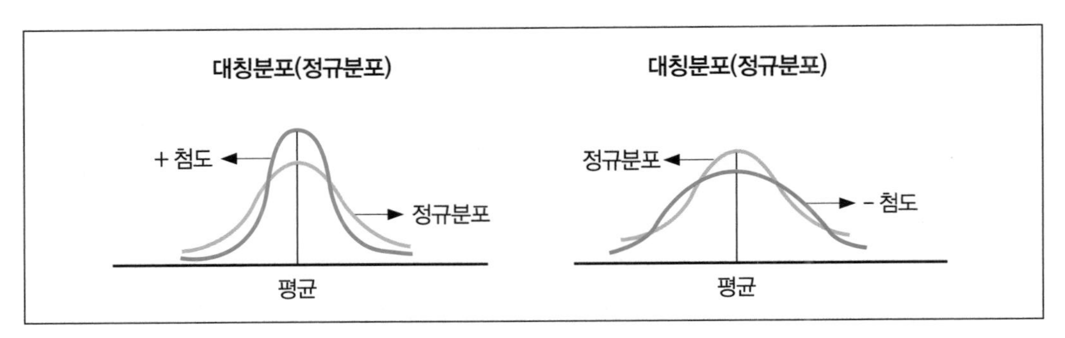

[그림 5-4] 첨도

5 R을 이용한 예제 풀이

예제 다음은 앞의 예제에서 제시된 10명의 몸무게 표본자료이다.

40, 47, 55, 55, 55, 57, 59, 62, 64, 66

이 표본자료의 특성을 파악하기 위하여 평균, 최빈값, 중앙값, 분산, 표준편차, 변동계수, 비대칭도, 첨도 등을 구하라.

[풀이] R 프로그램에서 앞의 통계량을 계산하기 위해서 다음과 같은 명령어를 입력한다.

```
x<-c(40, 47, 55, 55, 55, 57, 59, 62, 64, 66)
# mean
mean(x)
# mode
mode <- function(x, na.rm = FALSE) {
  if(na.rm){
    x = x[!is.na(x)]
  }

  ux <- unique(x)
  return(ux[which.max(tabulate(match(x, ux)))])
}
mode(x)
# median
median(x)
#variance
var(x)
#standard variance
sd(x)
#coefficient of variation
sd(x)/mean(x)
```

[그림 5-5] R 프로그램에서 기본 통계량 명령어 [데이터] ch51.R

앞의 내용을 입력한 명령어의 전체 범위를 마우스로 설정하고 Run 단추를 누르면 다음과 같은 결과물을 얻을 수 있다.

```
> # mean
> mean(x)
[1] 56
> # mode
> mode <- function(x, na.rm = FALSE) {
+   if(na.rm){
+     x = x[!is.na(x)]
+   }
+
+   ux <- unique(x)
+   return(ux[which.max(tabulate(match(x, ux)))])
+ }
> mode(x)
[1] 55
> # median
> median(x)
[1] 56
> #variance
> var(x)
[1] 61.11111
> #standard variance
> sd(x)
[1] 7.81736
> #coefficient of variation
> sd(x)/mean(x)
[1] 0.1395957
```

[그림 5-6] 결과물

결과 설명 평균(mean)은 56, 최빈값(mode)=55, 중앙값(median)=56, 분산(variance)=61.11111, 표준편차(standard variance)=7.81736, 변동계수(coefficient of variation)는 0.1395957임을 알 수 있다.

문제에서 제시한 비대칭도나 첨도를 R 프로그램에서 구할 수 없다. 비대칭도와 첨도를 구하기 위해서 R에서 psych 프로그램을 설치하고 다음과 같은 명령어를 입력하고 실행한다.

```
library(psych)
x<-c(40, 47, 55, 55, 55, 57, 59, 62, 64, 66)
describe(x)
```

[그림 5-7] 비대칭도와 첨도 계산 [데이터] ch52.R

그러면 다음과 같은 결과를 얻을 수 있다.

```
   vars  n mean   sd  median trimmed  mad min max range   skew   kurtosis   se
X1  1   10   56 7.82     56   56.75  6.67  40  66    26  -0.64    -0.66  2.47
```

[그림 5-8] 결과물

결과 설명 비대칭도 또는 왜도(skewness)는 −0.64로 왼쪽꼬리 분포를 보이고 있고, 첨도(kurtosis)는 −0.66<3로 완만한 모양을 보이는 것으로 나타났다.

6 가설검정

가설검정도 추정과 마찬가지로 모수의 값과 관련이 있다. 그러나 가설검정은 추정과는 달리 모수의 특성에 대한 진술을 가지고 시작한다. 그리고 나서 모집단으로부터 추출된 표본의 통계량을 이용하여 그 가설의 채택, 기각 여부를 결정한다.

6.1 가설검정의 의의

가설검정의 첫 단계에서는 모집단에 대하여 어떤 가설을 설정한다. 추정은 관심 있는 모집단의 모수에 대하여 거의 아는 바가 없는 환경에서 이루어지는 모집단 추론이다. 반면에 가설검정은 모수에 대하여 약간의 지식을 가지고 있어 모수에 대한 특정 가설을 세운다. 그리고 나서 표본에서 계산된 통계량을 기초로 하여 "모수는 특정한 값과 일치하는가?"라는 진술의 채택 여부를 결정하게 된다. 이러한 가설검정 과정을 의사의 진단과정에 비유해 보자. 처음에 의사는 환자의 표면적인 증상을 관찰한 후에 어떤 병명(가설)을 생각해낸다. 그러고 나서 세부적인 과학적 검진을 통하여 처음에 생각한 병명을 받아들일 것인지 혹은 새로운 병명을 알아낼 것인지의 과정을 가진다.

가설검정은 연구실험 또는 실제상황에서 예측한 것과 결과적인 것을 비교하는 데 이용된다. 예를 들어, 환자에게 새로이 개발한 약을 투여하였을 때에 그 약의 효과가 있는지의 여부를 결정한다고 하자. 이를 위해 연구자는 새로운 약을 현재 시판되고 있는 기존의 약에 비교한다. 기존의 약 효과가 10시간 동안 지속한다 할 때, 새로운 약 효과가 있다는 것을 증명하려면 "새로운 약의 효과는 10시간 이상을 지속한다"라는 구체적인 가설을 세우게 된다. 가설(hypothesis)이란 이와 같이 실증적인 증명에 앞서 세워지는 잠정적인 진술이며 후에 논리적으로 검정되는 명제이다. 그런데 검정대상이 되는 가설은 반드시 확신에 근거를 두고 있는 것이 아니므로 연구의 결과에 의해서 기각될 수도 있고 또한 수정될 수도 있다

연구에서 검정대상이 되는 진술을 가설이라 한다. 이 가설은 표본을 통하여 검정된다. 가설과 표본추출 오차와의 관계를 설명하여 보자. 예를 들어, 바둑돌을 오른손과 왼손으로 가득 움켜잡은 후에, 각각의 경우 바둑돌의 평균무게를 알아 본다고 하자. 바둑돌은 품질에 따라 무게가 다르고, 고급 품질일수록 무게가 더 나간다. 우리는 이 바둑돌들이 동일한 품질의 모집단에서 나왔는지 여부를 결정하고자 한다. 가설은 "두 경우의 평균무게는 같다"라고 세운다. 논리적으로 보아 오른손의 경우의 평균무게와 왼손 경우의 평균무게가 비슷하다면 동일한 모집단에서 나왔다고 말할 수 있다. 그러나 임의추출 과정에서 생긴 표본추출오차(sampling error) 때문에 두 경우의 평균무게는 다를 수 있다. 우리는 무게 차이를 통계적으로 설명하여 그 바둑돌들이 동일한 모집단에서 추출되었는지를 추정할 수 있다. 즉, 평균무게에서 차이가 나더라도, 이 차이가 표본추출 오차의 크기 정도라면 동일한 모집단에서 나온 것이라 할 수 있다. 그러나 만일에 그 차이가 표본추출 오차보다 더 크면, 다른 모집단에서 각각 나온 것이라고 말할 수 있다.

가설

가설은 실증적인 증명 이전에 잠정적으로 세우는 모집단 특성에 대한 진술이며, 이것은 후에 경험적으로 또는 논리적으로 검정되는 조건 또는 명제이다.

가설은 귀무가설(null hypothesis)과 연구가설(research hypothesis) 두 가지로 구성되어 있다. 귀무가설의 진술은 H_0로 표기하며, 통계적으로 나타난 차이는 단지 우연의 법칙에서 나온 표본추출 오차로 생긴 정도라는 주장이다. 새로운 약의 효과를 조사하기 위한 귀무가설은 "H_0: 새로운 약의 평균지속시간은 10시간이다" 또는 "H_0 : $\mu=10$"과 같이 세울 수 있다.

연구가설은 연구목적을 위하여 설정된 진술이며 H_1으로 표기한다. 두 표본의 차이는 우연 발생적인 것이 아니라 두 표본이 대표하는 모집단 평균치 사이에 현저하게 차이가 있다

는 진술에 대하여 사실 여부를 확인한다. 새로운 약의 효과를 표시하기 위한 연구가설도 "H_1 : 새로운 약의 평균지속시간은 10시간을 넘는다" 또는 "H_1 : $\mu > 10$"이라고 세운다. 연구가설은 귀무가설을 부정하고 논리적인 대안을 받아들이기 위한 진술이므로 대립가설(alternative hypothesis)이라고도 한다.

귀무가설과 연구가설

귀무가설은 표본추출 오차 여부에 대한 검정대상이 되는 가설이며, 연구가설은 논리적 대안으로서 귀무가설이 기각될 때 채택되는 가설이다.

귀무가설과 연구가설은 관심 있는 모수의 값에 대하여 상호 배타적인 진술이다. 귀무가설은 통계치가 제공하는 확률의 측면에서 평가하는 것이며, 연구가설은 논리적 대안으로 검정하고자 하는 현상에 관한 예측이다. 따라서 이 두 가설은 모집단과 표본을 연결시켜주는 역할을 한다.

통조림을 만들고 있는 회사의 예를 들어 귀무가설과 연구가설을 세워보도록 하자. 이 회사 정책상 통조림의 무게는 400g이어야 한다. 품질 검사관은 한 개의 통조림 무게를 재어보았을 때 표준치인 400g에 미달되어서도 안 되고 초과하여서도 안 된다고 믿고 있다. 미달되는 경우에는 소비자를 속이는 경우가 되는 것이며, 초과되는 경우에는 회사 자원의 낭비를 가져오게 된다. 이 경우에 검사관은 귀무가설(H_0)과 연구가설(H_1)을 다음과 같이 세우게 될 것이다.

H_0: 통조림의 평균무게는 400g이다.
H_1: 통조림의 평균무게는 400g이 아니다.

또는

H_0: $\mu = 400$
H_1: $\mu \neq 400$

위의 두 가설은 관심 있는 모수에 대하여 상호 배타적으로 진술하고 있음을 알 수 있다. 위에서 본 바와 같이 귀무가설과 연구가설은 상반된 진술이다. 두 개의 상반된 가설 중에서 어느 것을 귀무가설로 정하고 어느 것을 연구가설로 정할 것인가 하는 문제는 일반적으로 다음과 같다. 귀무가설은 현재까지 주장되어 온 것으로 정하거나 또는 현존하는 모수값에 새로운 변화 또는 효과가 존재한다는 것을 배제하거나 완화시키는 경우를 귀무가설로 정한다. 반면에, 기존 상태로부터 새로운 변화 또는 효과가 존재한다는 주장은 연구가설로 정하게 된다.

귀무가설과 연구가설을 쉽게 이해하려면 범죄 용의자를 체포하여 재판하는 경우를 생각해 보면 된다. 비록 그 피의자가 죄를 지었다는 심증이 가더라도 법정에서 선고공판이 있기까지는 우선 무죄로 추정한다. 따라서 귀무가설은 "당신은 무죄이다"라고 세우게 된다. 한편, 재판부의 검사는 이 귀무가설을 반증하기 위하여 가능한 한 최대로 증거를 수집, 분석한 후에 연구가설로서 "당신은 유죄이다"라고 할 것이다.

이상에서 우리는 가설이란 무엇이며 어떠한 것이 있는가를 살펴보았다. 일단 귀무가설과 연구가설이 세워지면 검정을 통하여 둘 중의 한 가설을 선택하게 된다. 두 가설은 상호 배타적인 것이므로 귀무가설을 채택하면 연구가설을 기각하고, 귀무가설을 기각하면 연구가설을 채택한다. 그런데 문제는 검정대상이 되는 귀무가설이 진실일 수도 있고 거짓일 수도 있다는 점이다. 진실한 가설을 채택하는 것, 또는 거짓된 가설을 기각하는 것은 당연한 것이다. 그러나 진실한 가설을 기각하거나 그릇된 가설을 채택하는 것은 오류를 범하는 일이다. 다음에서 이에 대해 설명을 하여 보자.

6.2 가설검정의 오류

우리가 가설검정을 시행할 때에는 두 가지 오류를 범할 수 있다. 실제로 진실한 가설을 기각시키는 경우 그리고 거짓된 가설을 채택하는 경우이다. 예를 들면, 무죄의 피의자를 유죄로 선고한다든지, 또는 유죄의 피의자를 무죄로 선고하는 경우이다. 전자의 경우를 제1종 오류(type I error)라고 하며 α 라고 나타낸다. 후자의 경우는 제2종 오류(type II error)라고 하며 β 로 나타낸다. 이 오류를 쉽게 설명하기 위하여 귀무가설의 검정에 대해 의사결정을 하는 경우를 표로 나타내면 다음의 표와 같다.

[표 5-1] 두 종류의 오류

실제상태 / 의사결정	진실한 H_0	거짓된 H_0
H_0 채 택	올바른 결정	제2종 오류: β 오류
H_0 기 각	제1종 오류 : α 오류	올바른 결정

제1종 오류와 제2종 오류는 생산관리에서도 설명될 수 있다. 품질검사의 경우에 만일 합격품을 불합격으로 판정한다면 검사자는 제1종 오류를 범하는 셈이다. 이때의 위험은 생산자가 부담하기 때문에 생산자위험이라고 부른다. 이 위험의 크기는 α가 된다. 이와 반대로 불합격품을 합격으로 판정한 후에 소비자가 그 물건을 그대로 사용하게 된다면 검사자는 제2종 오류를 범하는 것이 된다. 이러한 실수로 인한 손해(위험)는 소비자가 부담하게 되는데, 이를 소비자 위험이라고 한다. 이때의 위험크기는 β이다.

가설검정에서 제1종 오류를 범할 확률은 α이며, 제2종 오류를 범할 확률은 β이다.

P(제1종 오류) = P(H_0 기각 \ H_0 진실)

P(제2종 오류) = P(H_0 채택 \ H_0 거짓)

이것을 그림으로 나타내면 다음과 같다.

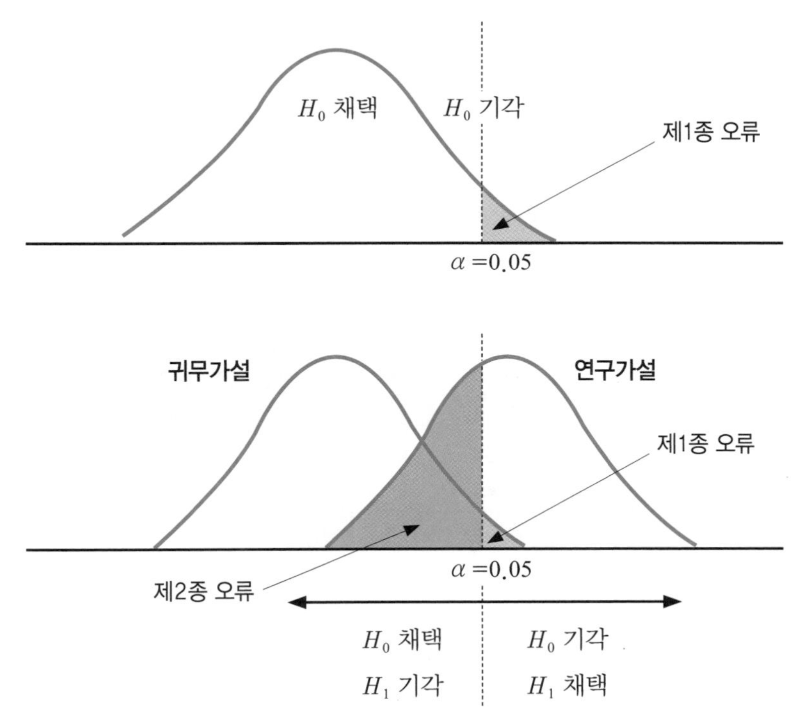

[그림 5-9] 제1종 오류와 제2종 오류

가설검정을 할 때 연구자는 자신의 연구가설을 내세우면서 기존의 귀무가설을 기각시키고 싶어할 것이다. 따라서 H_0가 거짓일 때 이를 기각하는 확률은 큰 의미를 가지고 있으며,

이를 검정력(power)이라고 한다. 거짓된 H_0를 채택할 확률은 β 이므로 검정력 $= 1-\beta$ 가 된다.

일반적으로 가설검정에서 $\alpha = 0.01$, 0.05, 0.10 등으로 정한다. 이때 α 를 유의수준(significance level)이라 한다. 유의수준이란 제1종 오류 α 의 최대치를 뜻한다. "유의하다(significant)"라고 할 때, 이것은 모수와 통계량의 차이가 현저하여 통계치의 확률이 귀무가설을 기각할 수 있을 만큼 낮은 경우를 뜻한다. 유의수준이 설정되었을 때, 가설을 채택하거나 기각하는 판단기준이 있어야 하는데, 이 값을 임계치(critical value)라 하고 P로 표기한다. $\alpha = 0.05$ 수준에서 $P < 0.05$로 표기할 수 있는데, 이것은 계산하고 P로 표기된 확률수준이 0.05 이하이면 귀무가설을 기각시킨다는 의미이다. 이때 우리는 "통계적으로 유의하다"라고 해석한다. 만일 $P < 0.01$이면 "매우 유의하다"라고 한다.

6.3 가설검정의 종류

모집단 평균에 대한 가설검정은 세 가지 형태로 나눌 수 있다. 가설검정의 종류는 크게 양측검정과 단측검정으로 나눈다. 그리고 단측검정은 다시 왼쪽꼬리 검정과 오른쪽꼬리 검정으로 나눈다. 따라서 가설검정은 모두 세 가지이다. 이것을 표에 나타내면 다음과 같다.

[표 5-2] 모평균 μ에 대한 가설검정의 종류

	양측검정	단측검정	
		왼쪽꼬리검정	오른쪽꼬리 검정
일반적인 경우	$H_0 : \mu = \mu_0$ $H_1 : \mu \neq \mu_0$	$H_0 : \mu \geq \mu_0$ $H_1 : \mu < \mu_0$	$H_0 : \mu \leq \mu_0$ $H_1 : \mu > \mu_0$
통조림 무게에 대한 예제	$H_0 : \mu = 400$ $H_1 : \mu \neq 400$	$H_0 : \mu \geq 400$ $H_1 : \mu < 400$	$H_0 : \mu \leq 400$ $H_1 : \mu > 400$

위의 표에서 보면, 귀무가설은 언제나 등호를 가지고 있다. 양측검정에서 귀무가설은 모집단 평균이 어떤 값과 같다는 것을 나타내고, 연구가설은 같지 않다는 것을 나타낸다. 다시 말하면 μ는 진술된 값보다 크지도 작지도 않다는 것이다. 왼쪽꼬리 검정의 연구가설을 보면 μ가 진술된 값보다 작으며, 오른쪽꼬리 검정의 경우에서는 μ가 진술된 값보다 크다. 귀무가설은 각각의 경우에 상호배타적으로 진술을 설정하면 된다.

가설검정의 첫 단계는 가설을 어떻게 설정하는가이다. 가설검정은 연구자의 관심 내용에 따라 달라진다. 통조림 회사의 예를 들어 연구자가 통조림의 무게가 정확하게 400g인지 여부를 알고 싶어한다면, 양측검정을 실시하게 된다. 그러나 평균무게에 변화가 있어 무게의 증감 방향을 밝히고 싶어한다면, 단측검정을 실시하게 된다. 표본추출된 통조림의 무게가 400g에 미달되는 경우는 왼쪽꼬리 검정을 한다. 그러나 이 경우에는 가설검정은 미달되는 부분만 밝혀내므로, 초과되는 경우를 발견해내지 못한다. 반대로 오른쪽꼬리 검정은 그 변화가 400g을 넘는 경우에 해당된다. 이 경우에는 초과되는 부분은 밝혀낼 수 있으나 미달되는 통조림의 무게를 알기가 힘들다. 연구자는 자신의 연구관점에서 보아 세 가지 종류의 가설검정에서 적절한 한 방법을 채택하여 실시하여야 한다.

위에서 설명한 바와 같이 가설검정은 양측검정, 왼쪽꼬리 검정, 오른쪽꼬리 검정으로 나뉜다. 다음은 어떠한 경우에 어떠한 가설검정 과정을 거쳐야 하는지를 차례로 설명하기로 한다.

1) 양측검정

가설검정 절차를 보면, 첫 단계로 귀무가설과 연구가설을 세운다. 모수가 특정값과 일치하는지 여부를 발견하는 데 관심이 있다면 연구자는 양측검정(two-tailed test)을 하게 된다. 앞의 통조림의 예를 보면, 검사관은 통조림의 무게가 400g에서 부족하거나 또는 초과되기를 원하지 않는다. 평균무게가 400g과 일치하는지 여부를 알고자 하는 경우에 귀무가설과 연구가설은 다음과 같다.

$$H_0 : \mu = 400$$
$$H_1 : \mu \neq 400 \qquad \cdots\cdots(\text{식 } 5\text{-}21)$$

이 연구를 위하여 표준편차가 50g인 모집단으로부터 통조림 100개를 임의로 추출하였다고 하자. 만일 표본평균 $\overline{X}$와 모평균 $\mu = 400$의 차이가 우연적인 표본오차보다 더 크다면 귀무가설 H_0를 기각하고 연구가설 H_1을 채택한다. 반대로 그 차이가 우연적인 표본오차보다 작다면 H_0를 채택하고 H_1을 기각하게 된다. 귀무가설과 연구가설은 상호 배타적인 진술이므로 하나를 채택하면 다른 하나는 기각된다.

만일 귀무가설이 옳다면, 표본크기 100의 가능한 모든 표본으로부터 얻어진 평균들의 표본분포는 $\mu_{\bar{x}}$=400, $\sigma_{\bar{x}}=\frac{50}{\sqrt{100}}$=5인 정규분포를 이룰 것이다. 위에서 임의 추출된 100개의 통조림 무게의 평균도 이 중의 하나가 된다. 예를 들어 95% 신뢰구간을 구하면

$$\begin{aligned}\mu &\in \overline{X} \pm Z_{\frac{\alpha}{2}} \cdot \frac{\sigma}{\sqrt{n}} \\ &= 400 \pm (1.96)\frac{50}{\sqrt{100}} \\ &= 400 \pm 9.8 \\ &= [390.2,\ 409.8]\end{aligned}$$

이므로, 따라서 $\overline{X}$ 값의 95%는 [390.2, 409.8] 사이에 있게 된다. 이 영역은 가설로 세워진 모평균을 중심으로 ±1.96 표준편차 안에 있는 값이다. 그러므로 $\mu=400$일 때, 검사관이 뽑은 100개의 통조림의 평균무게가 이 영역 안에 있을 확률은 95%이다. 이 영역을 H_0 : $\mu=400$에 대한 채택영역이라 하면, 귀무가설이 진실일 때 이 가설을 채택할 확률은 0.95이다. 이것을 그림으로 나타내면 다음과 같다.

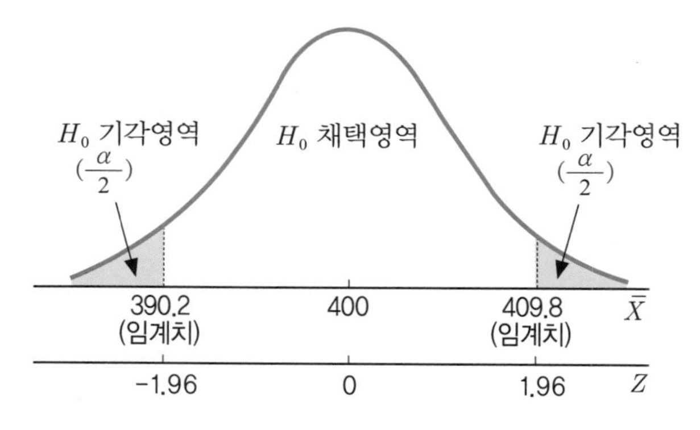

[그림 5-10] 양측검정에서 H_0 채택영역과 기각영역

이 그림에서 가운데 영역이 귀무가설에 대한 채택영역이다. 양쪽의 색 음영 부분은 H_0 기각영역이다. 채택영역과 기각영역은 임계치에 의하여 구분된다. 임계치는 모수에 대하여 설정한 가설을 채택 또는 기각하는 기준치이다. 양측검정에서 사실 95% 신뢰구간은 5%(=1−0.95)의 유의수준과 동일한 개념이다. 귀무가설 H_0 : $\mu=400$이 진실일 때 이 가설을 채택할 확률은 95%인 것이다. 일반적으로 H_0를 채택하는 확률을 높이 잡는다. 왜냐하면

모수로부터 오차가 허용되는 한 통조림 생산을 계속하기 때문이다. 일반적으로 쓰이는 채택 확률은 0.90, 0.95, 0.99이다. 따라서 가설검정에서 일반적으로 사용되는 유의수준은 0.10, 0.05, 0.01이다.

만일 임의로 추출된 100개 통조림의 평균무게가 이 채택영역 안에 있지 않다면 귀무가설을 기각한다. 이 회사 통조림의 무게는 400g이 아니고 바뀌었다고(증감되었다고) 결론을 내린다. 반대로 그 통조림의 평균무게가 이 채택영역 안에 있다면 무게는 변함없이 표준용량이라고 결론을 내릴 수 있다. 위 그림에서 보는 바와 같이, 양쪽 중 어느 쪽의 꼬리에라도 통계량의 값이 있게 되면 H_0는 기각되기 때문에, 변화 방향에 관계없이 모수가 변하였는지 여부를 결정하는 것이 양측검정이다.

2) 단측검정

단측검정(one-tailed test)은 통계량의 변화 방향이 모집단의 모수로부터 어느 쪽으로 이동하는가에 달려 있다. 양측검정의 경우에는 변화 방향에 대한 것은 관심이 없으며 다만 변화 여부 자체만 검정한다. 통계량이 모집단의 모수로부터 감소된 경우에는 왼쪽꼬리 검정을 하며, 반대로 증가된 경우에는 오른쪽꼬리 검정을 한다.

(1) 왼쪽꼬리 검정

앞의 통조림 무게에 대한 예제를 계속 진행하여 보자. 마케팅부장은 통조림의 용량이 기준치 400g보다 훨씬 적다는 소비자보호협회의 항의에 따라 표본 30개를 임의로 선택하여 조사하였다. 조사결과 평균이 390g이 되었다. 이 경우에 부장은 오직 통조림의 무게가 감소되었는지 여부에 관심을 가진다. 조사결과 모수로부터 감소된 것으로 간주하므로 이 변화가 통계적으로 유의한지 왼쪽꼬리 검정(lower-tailed test)을 통하여 검토한다. 이때 귀무가설과 연구가설은 다음과 같다.

$$H_0 : \mu \geq 400$$
$$H_1 : \mu < 400 \qquad \cdots\cdots(\text{식 } 5\text{-}22)$$

왼쪽꼬리 검정의 채택영역과 기각영역을 나타내면 다음의 그림과 같다.

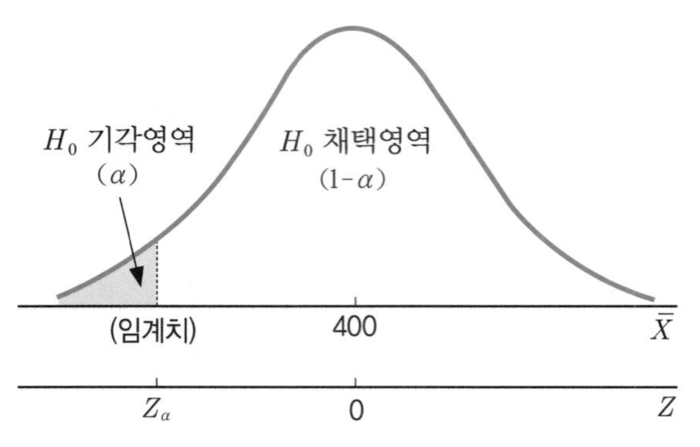

[그림 5-11] 왼쪽꼬리 검정의 채택영역과 기각영역

이 그림의 왼쪽꼬리 검정의 H_0 채택영역은 임계치를 중심으로 오른쪽의 넓은 부분이고, H_0 기각영역은 색 음영 부분인 왼쪽 부분이다. 만일 표본평균 $\bar{X}$가 임계치보다 작으면 귀무가설 H_0를 기각한다. 반대로 $\bar{X}$가 임계치보다 크면 H_0를 채택한다.

(2) 오른쪽꼬리 검정

오른쪽꼬리 검정(upper-tailed test)의 예를 들어보자. 기존의 진통제 효과를 볼 때 그 평균지속시간은 10시간으로 알려져 있다. 새로운 진통제를 개발한 연구팀은 이 약의 효과가 더 좋다고 주장하고 있다. 이들의 주장을 확인하기 위하여 50명의 환자들을 대상으로 조사한 결과 평균지속시간은 12시간, 표준편차 6시간으로 기록되었다. 이 자료에 의하면 새로운 진통제의 효과는 더 좋다고 할 수 있는가? 모수로부터 양의 방향으로 변화되었으므로 오른쪽꼬리 검정을 실시하게 된다. 이 검정을 위하여 가설을 세우면 다음과 같다.

$$H_0 : \mu \le 10$$
$$H_1 : \mu > 10 \qquad \cdots\cdots(\text{식 } 5-23)$$

오른쪽꼬리 검정의 채택영역과 기각영역은 다음의 그림과 같다.

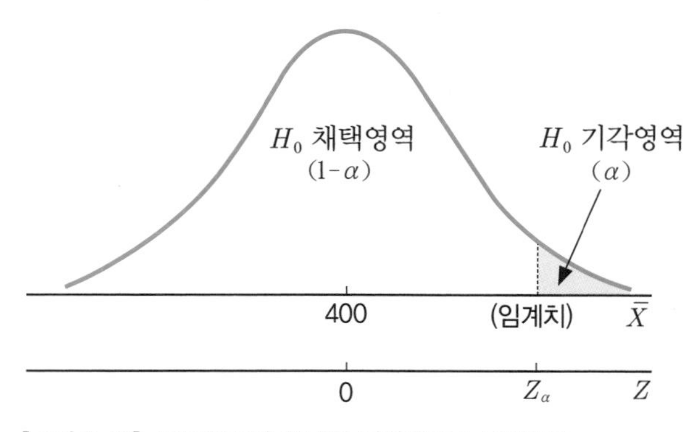

[그림 5-12] 오른쪽꼬리 검정의 채택영역과 기각영역

이 그림의 오른쪽꼬리 검정에서 H_0의 채택영역은 임계치를 중심으로 왼쪽의 넓은 부분이고, H_0 기각영역은 색 음영 부분인 오른쪽 부분이다. 만일 표본통계량이 임계치보다 크면 H_0를 기각한다. 반대로 임계치보다 작으면 H_0를 채택한다.

지금까지 세 종류의 가설검정에 대하여 간단히 설명하였다. 양측검정과 단측검정의 차이는 모집단의 변화를 어떻게 보는가에 달려 있다. 단순히 변화 자체를 조사하려면 양측검정을 이용한다. 그러나 변화의 방향을 조사하려면 단측검정이 된다. 단측검정을 하는 경우에는 왼쪽꼬리 검정과 오른쪽꼬리 검정 중에서 하나를 선택하여야 한다. 그림에서 보는 바와 같이 왼쪽꼬리 검정의 H_0 기각영역은 왼쪽에 있다. 변화의 방향이 왼쪽, 즉 모집단 모수로부터 감소한 경우를 검정한다. 이와는 반대로 오른쪽꼬리 검정의 H_0 기각영역은 오른쪽에 있다. 이 경우에는 통계량의 모집단 모수로부터의 증가여부를 검정한다.

6.4 가설검정의 순서

앞에서 우리는 가설검정의 일반적인 의미에 대하여 살펴보았다. 이를 살펴보는 동안에 가설검정의 절차에 대하여 대강 짐작을 할 수 있었을 것이다. 가설검정을 하는 데 있어 일정한 법칙을 따르면 더욱 쉽게 실행할 수 있다. 앞에서 설명한 방법을 체계적으로 정리하면 다음과 같다.

■ **가설검정의 순서**

(1) 귀무가설(H_0)와 연구가설(H_1) 설정

(2) 유의수준(α)과 임계치 결정

(3) H_0의 채택영역과 기각영역의 결정

(4) 통계량의 계산

(5) 통계량과 임계치의 비교 및 결론

첫째 단계 : 가설검정을 하려면 먼저 귀무가설과 연구가설을 세워야 한다. 귀무가설은 모수에 대한 진술이다. 모집단 모수가 특정한 값과 같다는 조건하에서 표본통계량을 이용하여 귀무가설을 채택 또는 기각할 것인지 결정하게 된다. 연구가설은 논리적 대안으로서 검정하고자 하는 현상에 관한 예측이다. 귀무가설과 연구가설은 모수와 통계량을 연결시켜 주는 역할을 한다.

둘째 단계 : 연구자는 연구목적에 따라 유의수준을 결정한다. 유의수준이란 제1종 오류를 범할 확률이며 일반적으로 0.01, 0.05, 0.10 등으로 정한다. 어떤 불량제품 연구에서 α를 0.01로 하는 것보다 0.10으로 한다는 의미는 귀무가설이 진실함에도 불구하고 기각할 올르 더 크게 한다는 것이다. 따라서 더욱 엄격한 검정을 실시하여 제품의 불량이 발생할 위험을 더 줄일 수 있다. 일반적으로 0.05를 선택한다.

유의수준이 결정되면 임계치를 구할 수 있다. 유의수준 α에서 양측검정의 상한 임계치는 $+Z_{\frac{\alpha}{2}}$이고, 하한 임계치가 $-Z_{\frac{\alpha}{2}}$이다. 상한값은 양수값이고 하한값은 음수값이 됨은 당연하다. 양측검정의 경우 임계치는 유의수준에 따라 다음 표와 같다.

[표 5-3] 양측검정의 유의수준과 임계치

α	하한값	상한값
0.10	-1.65	1.65
0.05	-1.96	1.96
0.01	-2.57	2.57

위 표에서 예를 들어 $\alpha = 0.10$인 경우에 $Z_{\frac{\alpha}{2}}$의 값을 보면 1.65이다. 부록 [부표 1]의 표준정규분포표(Z-table)에서 확률이 0.45일 때 Z값은 1.64~1.65 사이에 있으나 편의상 1.65를

취한다. 0.45의 값은 0.5에서 α 의 반인 0.05를 뺀 것이다.

양측검정에서는 α 값이 양쪽으로 갈리어 각각 $\frac{\alpha}{2}$가 되었으나, 단 측검정에서는 다르다. 왼쪽꼬리 검정의 임계치는 유의수준 α 에서 Z_α가 되며 음수값을 가진다. 한편, 오른쪽꼬리 검정의 임계치는 $Z_{1-\alpha}$로 양수값을 가진다. 아래 표에서 보면 $\alpha = 0.10$일 때 왼쪽꼬리 검정의 임계치는 −1.28이다. 이것은 Z−table에서 확률이 0.40(=0.5−0.10)일 경우에 해당하는 Z값이다.

[표 5-4] 단측검정의 유의수준과 임계치

α	왼쪽꼬리 검정(Z_α)	오른쪽꼬리 검정($Z_{1-\alpha}$)
0.10	−1.28	1.28
0.05	−1.65	1.65
0.01	−2.33	2.33

셋째 단계: 임계치가 구해지면, H_0의 기각영역과 채택영역을 설정한다. 유의수준 $\alpha = 0.05$의 경우를 예로 들어 보자. 양측검정인 경우에는 다음 그림과 같다.

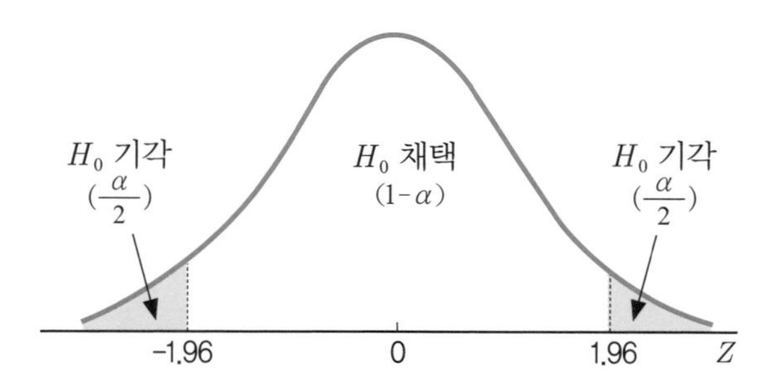

[그림 5-13] 양측검정에서 H_0 채택영역과 기각영역

다음 그림은 단측검정의 경우이다.

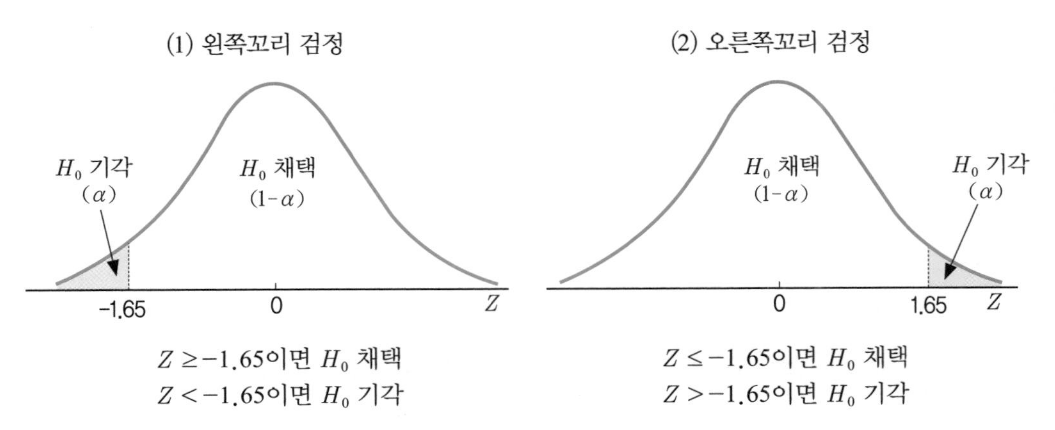

[그림 5-14] 단측검정에서 H_0 채택영역과 기각영역

위에서 임계치는 Z값으로 나타나 있다. 그러나 이것은 $\overline{X}$의 값으로 나타내어도 무방하다. 양측검정의 예를 들면 임계치는 $\mu \pm Z_{\frac{\alpha}{2}} \cdot \sigma_{\overline{X}}$가 되는 셈이다. 여기서 μ_0는 검정대상의 가설로 세워진 값이다. $\overline{X}$가 $\mu + Z_{\frac{\alpha}{2}} \cdot \sigma_{\overline{X}}$와 $\mu - Z_{\frac{\alpha}{2}} \cdot \sigma_{\overline{X}}$ 사이에 있으면 귀무가설을 채택하고, 그렇지 않으면 기각시킨다. Z와 $\overline{X}$ 둘 중의 어느 것을 선택하여도 무방하나 이 책에서는 Z값을 이용하여 검정을 실시한다.

넷째 단계: 일정한 크기의 표본이 추출되면, 이로부터 통계량을 구한다. 모평균에 대한 가설검정의 경우 $\overline{X}$는 Z값으로 환산된다. 이렇게 하여야만 앞의 임계치와 비교가 가능하기 때문이다. 통계량은

$$Z = \frac{\overline{X} - \mu_0}{\sigma / \sqrt{n}}$$

이다. 여기서 Z_α(혹은 $Z_{\frac{\alpha}{2}}$)와 통계량 Z를 혼동하지 않도록 주의하기 바란다.

다섯째 단계: 통계량이 계산되면 임계치와 비교한다. 전자가 채택영역 안에 있으면 H_0를 채택하고, 밖에 있으면 H_0를 기각하고 H_1을 채택한다. 그리고 나서 적절한 결론을 내린다.

6.5 R을 이용한 예제 풀이

예제 동전을 이용한 우유 자동판매기는 우유 용량이 150ml가 되도록 설계되어져 있다. 자동판매기 주인은 기계에서 나오는 우유 용량이 너무 많다고 믿고 있다. 이를 조사하기 위해 8개의 컵을 표본추출하였다. 조사결과는 다음과 같다.

160, 153, 150, 160, 141, 155, 147, 150

위의 자료를 이용하여 $\alpha = 0.05$에서 자판기의 우유 용량을 150ml라고 할 수 있는지 검정하여 보자.

[풀이] R에서 독립표본 t검정을 실시하기 위해서는 다음과 같은 명령어를 입력한다.

```
x = c(160, 153, 150, 160, 141, 155, 147, 150)
t.test(x, mu=150)
```

[그림 5-15] 독립표본 t검정 명령문 [데이터] ch53.R

명령문 범위를 입력하고 검정하기에 앞서 먼저 평균과 표준편차를 구해 보자. Run 단추를 누르면 다음과 같은 결과물을 얻을 수 있다.

```
One Sample t-test

data:  x
t = 0.87586, df = 7, p-value = 0.4102
alternative hypothesis: true mean is not equal to 150
95 percent confidence interval:
 146.6004 157.3996
sample estimates:
mean of x
      152
```

[그림 5-16] 결과물

결과 설명 분석 결과, 표본 8개의 평균은 152ml임을 알 수 있다. p-value = $0.4102 > \alpha = 0.05$이므로 $\mu_0 = 150$이라고 할 수 있다. 결과적으로 H_0를 채택하게 된다.

연습문제

1. 다음 표본 자료를 이용하여 표본의 특성을 파악하기 위해서 평균, 최빈값, 중앙값, 분산, 표준편차, 변동계수, 비대칭 여부, 첨도 등을 계산하여라.

```
65 70 70 85 80 90 95
```

2. 다음의 명령어를 이용하여 데이터 프레임을 만들고 몸무게(weight)의 평균(mean)을 구하고 몸무게의 평균은 65kg이라고 할 수 있는지 가설검정하여라.

```
mydata<-data.frame(age=c(65,39,41), gender=c("male","female","male"),
                   weight=c(70,77,70))
mydata
```

힌트)

```
mean(mydata$weight)
t.test(mydata$weight, mu=65)
```

3. 다음은 어느 회사에서 8개의 통조림을 표본추출하여 그 무게를 조사한 것이다.

```
51.8   50.6   52.0   54.0   52.8   51.4   52.3   51.9
```

이 회사 통조림의 무게는 기준치 51kg와 같다고 할 수 있는가? α =0.05에서 검정하라.

4. 자동차 부동액이 들어 있는 용기의 평균용량은 10l이며 정규분포를 이룬다. 10개의 표본 용기의 용량을 측정한 경과 다음과 같은 자료를 얻었다.

10.2 9.7 10.1 10.3 10.1 9.8 9.9 10.4 10.3 9.8

$\alpha = 0.05$에서 검정하라.

5. 어느 지하철 이용 고객의 평균 탑승시간(분)을 알아보기 위해서 표본추출하였다. 평균 탑승시간은 50분이라고 할 수 있는지 없는지 $\alpha = 0.05$에서 검정하라.

45, 60, 70, 50, 45, 25, 80, 90, 85, 75

2부
중급 과정

너희는 새겨들어라.
너희가 되어서 주는 만큼 되어서 받고
거기에 더 보태어 받을 것이다.
정녕 가진 자는 더 받고
가진 것이 없는 자는 가진 것마저
빼앗길 것이다.

마르코 복음 4장, 25–26절

6장

교차분석과 평균비교

CHAPTER 06

학습목표

1. 분할표 분석에서 χ^2검정 방법을 이해한다.
2. χ^2의 검정의 3가지 목적을 이해한다.
3. R 프로그램을 이용한 교차분석이 가능하다.
4. 독립적인 t검정과 쌍체표본 검정을 이해한다..

1 교차분석

1.1 교차분석 개념

통계자료를 수집·분석할 때에 그 자료를 어떤 분류기준에 따라 표로 만들어 정리하면 복잡한 자료를 쉽게 이해할 수 있다. 이것을 분할표(contingency table)라 하는데, 일반적으로 행(row)에는 r개, 열에는 c개의 범주가 있다. 우리는 행과 열의 분류기준에 의하여 관찰대상을 분류하여 $r \times c$ 분할표를 만들 수 있다. 이 장에서는 분할표를 이용하여 여러 모집단의 성질에 대하여 설명하는 교차분석(Crosstabulation Analysis)을 다루기로 한다.

교차분석은 두 변수 간에 어떠한 관계가 있는가에 대한 가장 기본적인 분석방법이다. 분할표로 정리된 자료를 분석하는 데에는 χ^2검정(chi-square test)이 이용된다. χ^2검정은 다음의 세 가지 목적을 갖는다. 첫째, 자료를 범주에 따라 분류하였을 때에 그 범주 사이에 관계가 있는지 여부를 알고자 한다. 이를 독립성 검정이라고 한다. 둘째, 통계분석에서 모집단에 대한 확률분포를 이론적으로 가정하는 경우에 조사자료가 어떤 특정 분포에서 나온 것인가를 알고자 한다. 이를 적합성 검정이라 한다. 셋째, 두 개 이상의 다항분포가 동일한지 여부를 검정하고자 한다. 이를 동일성 검정이라고 한다.

관찰자료를 두 가지 분류기준으로 나누었을 때 분류기준이 된 변수들이 서로 독립적인가를 알아보기 위해서는 χ^2검정을 이용한다. 예를 들어, 어느 연구자는 월간 잡지에 대한 선호도가 지리적 위치와 독립적이라고 주장하고 있다. 이 주장의 타당성 여부를 검정하기 위하여 세 도시에 사는 사람들 중에서 각각 임의로 아래와 같이 추출한 후에 세 종류의 잡지

중에서 하나를 선택하도록 하였다. 다음의 표는 그 결과이다.

[표 6-1] 세 도시에 사는 사람들이 선호하는 월간지 종류

도시 \ 월간지	월간지 A	월간지 B	월간지 C	합계
서울	150	115	135	400
부산	80	75	145	300
광주	60	140	100	300
합계	290	330	380	1,000

위의 분할표는 3×3표이며, 여기에는 9개의 칸(cell)이 있다. χ^2검정은 독립성의 가정 아래에서 기대도수(expected frequency)를 계산한 후에 관찰도수와 기대도수를 비교한다. 두 변수세트 사이의 독립성을 검정하기 위하여 다음과 같이 가설을 세울 수 있다.

H_0 : 월간지 구독은 도시종류와 독립적이다.

H_1 : 월간지 구독은 도시종류와 독립적이지 아니다.

χ^2검정은 귀무가설의 타당성 여부를 검정하기 위한 것이므로, H_0이 옳다는 가정하에 기대도수, 즉 이론적인 도수를 계산하여야 한다. [표 6-1]의 마지막 행에 있는 합계를 보면 총 표본 중에서 월간지 A를 선호하는 사람은 290/1,000 =29%이다. 만일 귀무가설이 옳다면, 즉 월간지를 선호하는 숫자가 도시 종류와 독립적이라면, 서울사람 400명 중에서 29%는 월간지 A를, 부산사람 300명 중에서 29%는 월간지 B를, 광주사람 300명 중에서 29%는 월간지 C를 선호할 것이다. 이 계산을 정리하면 다음과 같은 기대도수 분포를 얻을 수 있다.

[표 6-2] 월간지에 대한 기대도수

도시 \ 월간지	월간지 A	월간지 B	월간지 C	합계
서울	150	115	135	400
부산	80	75	145	300
광주	60	140	100	300
합계	290	330	380	1,000

위 표에서 월간지 A에 대한 서울사람의 선호 기대도수를 계산하면 400×0.29=116(명)이다. 일반적으로 i번째 행과 j번째 열의 칸에 기대도수 $(f_e)_{ij}$는 다음과 같이 계산한다.

기대도수 계산

$$(f_e)_{ij} = \frac{(i\text{번째 행 합계})(j\text{번째 행 합계})}{\text{총합계}} \qquad \cdots\cdots(\text{식 } 6-1)$$

χ^2검정을 위하여 관찰도수(f_0)와 기대도수(f_e)를 함께 정리한 것을 [표 6-3]에 나타내 보자.

[표 6-3] 관찰도수와 기대도수

도시	월간지 A		월간지B		월간지C	
	f_0	f_e	f_0	f_e	f_0	f_e
서울	150	116	115	132	135	152
부산	80	87	75	99	145	114
광주	60	87	140	99	100	114

표본의 통계량 χ^2은 관찰도수와 기대도수의 차이인 f_0-f_e를 제곱한 것을 기대도수로 나눈 후에 모두 합한 값이 된다.

통계량 χ^2 계산

$$\chi^2 = \Sigma \frac{(f_0-f_e)^2}{f_e} \qquad \cdots\cdots(\text{식 } 6-2)$$

만일 관찰된 도수가 각각 기대도수와 정말 같다면 χ^2값은 0이 된다. 그리고 두 도수 사이에 차이가 클수록 χ^2값은 더 커진다. 계산된 χ^2의 값이 임계치보다 작다면 귀무가설을 채택할 수 있을 것이다. 왜냐하면 관찰도수가 이론적인 도수와 같다고 볼 수 있기 때문이다. 이제 (식 6-2)를 이용하여 χ^2의 값을 계산하면 다음과 같다.

$$\chi^2=\frac{(150-116)^2}{116}+\frac{(115-132)^2}{132}+\cdots+\frac{(100-114)^2}{114}$$
$$=55.9$$

분할표에서 χ^2의 자유도 $(r-1)(c-1)$이다. 여기서 r은 행의 개수이고 c는 열의 개수이다. 행에서 자유도의 손실이 있는 한계확률을 계산할 때에 그 합이 1.0이기 때문이다. 합이 주어진 상태에서 $r-1$개의 한계확률이 독립적으로 추정되면 나머지 한 개는 자동적으로 구할 수 있다. 즉, $r-1$개의 확률을 모두 더한 후에 1에서 빼면 나머지 한 개의 한계확률 값을 자동적으로 알 수 있다. 따라서 행의 자유도는 독립적인 추정치 개수인 $r-1$개이다. 이것은 행에 대해서도 마찬가지로 적용된다.

예제에서 자유도 $df=(3-1)(3-1)=4$이며 임계치 $\chi^2_{(0.05)}=9.49$이다. 결정규칙을 세우면 다음과 같다.

만일 $\chi^2 \leq \chi^2_{(0.05,\ 4)}$이면, H_0 채택
만일 $\chi^2 > \chi^2_{(0.05,\ 4)}$이면, H_0 기각

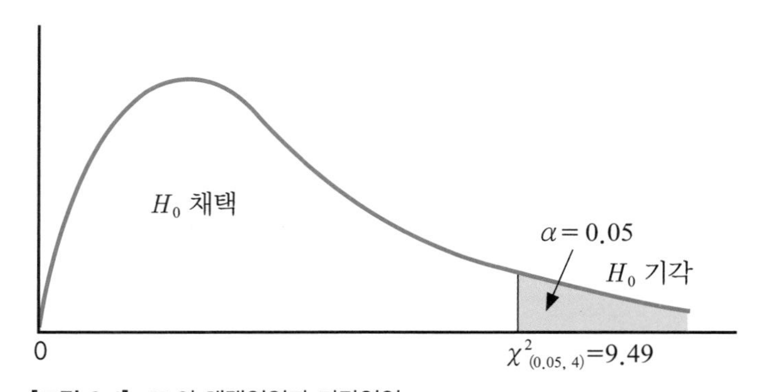

[그림 6-1] H_0의 채택영영과 기각영역

만일 귀무가설이 옳다면 χ^2의 값이 9.49보다 클 확률은 5%이다. 다시 말하면, 관찰도수와 기대도수의 차이가 χ^2임계치인 9.49보다 더 클 확률은 5%인 것이다. 따라서 만일에 $\chi^2 \leq 9.49$이면 H_0을 채택하고 $\chi^2 > 9.49$이면 H_0을 기각한다. 계산된 χ^2의 값이 55.9이므로 월간지와 도시 사이의 독립성 가설은 기각된다.

독립성에 대한 χ^2 검정 절차

① 귀무가설과 대립가설을 설정한다.

② 유의수준 α 에서 $\chi^2_{(\alpha,\,df)}$를 구한다. 자유도 $df=(r-1)\,(c-1)$이며, r은 분할표의 행의 수, c는 열의 수를 나타낸다.

③ 만일 $\chi^2 \le \chi^2_{(\alpha,\,df)}$이면, H_0 채택

만일 $\chi^2 > \chi^2_{(\alpha,\,df)}$이면, H_0 기각

④ χ^2의 계산

$$\chi^2 = \Sigma\frac{(f_0-f_e)^2}{f_e}$$

여기서, $f_0=$ 관찰도수

$f_e=$ 기대도수

⑤ 결론

끝으로 독립성 검정에서 유의할 점을 설명하기로 한다. 식 (6-2)는 표본크기가 큰 경우에 적용되는 공식이다. 그러나 2×2 분할표(즉, 자유도가 1)에서는 χ^2분포에 따르는 오차가 상당히 커지므로 수정을 하여야 한다. 이것을 예츠수정(Yates correction)이라 부르며 통계량 χ^2의 값을 다음과 같이 계산한다.

$$\chi^2=\Sigma\frac{(\,|f_0-f_e|-\frac{1}{2}\,)^2}{f_e} \quad \cdots\cdots(식\ 6-3)$$

위의 식에서 f_0와 f_e 차이의 절대값에서 $\frac{1}{2}$을 차감하였다. 이렇게 함으로써 식 (6-2)의 χ^2값에 비해서 더 작은 값을 가지는 효과를 주게 된다. 만일 예츠수정을 하지 않으려면 관찰대상의 수를 늘리거나 기대도수 5 이하의 항목을 통합하면 될 것이다. 항목을 통합하는 경우에는 χ^2분포의 자유도가 줄어들기 때문에 검정효과가 감소될 수 있다.

1.2 적합도 검정

다음으로 적합도 검정에 대하여 알아보자. 통계분석을 하다 보면 모집단이나 표본에 대해 이론적으로 확률분포를 가정하는 경우가 많이 있다. 이때에 그 가정이 현실적으로 타당한지의 여부를 검정할 수 있다. 이를 적합도 검정(goodness-of-fit test)이라고 부른다. 예를 들어, 어느 학교 국어시험의 성적분포가 정규분포인지를 검정하려면 다음과 같다.

H_0 : 확률분포는 성적분포는 정규분포이다.
H_1 : 확률분포는 성적분포는 정규분포가 아니다.

또는 어느 병원에 찾아오는 환자의 수는 시간당 평균 0.8명으로 포아송분포에 따른다고 한다. 이를 검정하려면 다음과 같이 가설을 세운다.

H_0 : 확률분포는 μ=0.8의 포아송분포이다.
H_1 : 확률분포는 μ=0.8의 포아송분포가 아니다.

적합도 검정을 하려면 앞의 독립성 검정에서와 마찬가지로 χ^2검정을 실시한다. 이를 위해 먼저 표본 k개의 계급구간으로 나누어 각 계급에 속하는 관찰도수 f_0를 구한다. 그리고 H_0이 옳다는 가정하에서 각 계급의 기대도수 f_e를 구한다. 관찰도수와 기대도수의 차이 f_0-f_e를 잔차라고 하며 식 (6-2)와 같이 잔차제곱을 기대도수로 나눈 것의 합이 χ^2통계량의 값이 된다.

$$\chi^2 = \Sigma \frac{(f_0 - f_e)^2}{f_e} \qquad \cdots\cdots(\text{식 } 6-4)$$

정규분포에 대한 적합도 검정 역시 포아송 분포 검정과 동일하다. 어느 학교 학생들의 몸무게를 알아보기 위해서 60명을 측정한 자료이다. 몸무게의 분포가 정규분포인지 여부를 알기 위하여 α =0.05에서 적합도 검정을 실시하기로 한다. 이 검정을 위한 가설은

H_0 : 몸무게의 분포는 정규분포이다.
H_1 : 몸무게의 분포는 정규분포가 아니다.

와 같다.

다음의 [표 6-4]는 정규분포에 대한 적합도 검정을 위하여 계산한 결과이다.

[표 6-4] 정규분포에 대한 적합도 검정

점수(X)	f_0	Z	P(X)	f_e	$(f_0-f_e)^2/f_e$
40 이상~45 미만	3	−2.20 ~ −1.53	0.0491	2.95	
45 이상~50 미만	8	−1.53 ~ −0.86	0.1319	7.91	0.0018
50 이상~55 미만	12	−0.86 ~ −0.19	0.2298	13.78	0.23
55 이상~60 미만	18	−0.19 ~ 0.48	0.2597	15.58	0.38
60 이상~65 미만	10	0.48 ~ 1.15	0.1905	11.43	0.18
65 이상~70 미만	6	1.15 ~ 1.82	0.0907	5.44	1.20
70 이상~75 미만	3	1.21 ~ 1.92	0.028	1.68	
합계	60				$\chi^2 = 4.83$

정규분포의 확률을 추정하기 위하여 먼저 도수분포표의 평균과 표준편차를 계산하여야 한다. 제3장과 4장에서 설명한 계산방법을 이용하면 평균은 56.4, 표준편차는 7.47로 계산된다.

이제 모집단이 정규분포라고 가정하면 각 구간에 속하는 도수를 추정할 수 있다. 위 표에서 Z는 각 구간의 표준화된 값을 나타낸다. 예를 들어, 몸무게 구간이 40~45 사이인 경우,

$$Z = \frac{40-56.4}{7.47} = -2.20$$

$$Z = \frac{40-56.4}{7.47} = -1.53$$

이므로 Z의 값 −2.20 ~ −1.53으로 나타내었다. 부록의 [부표 1] 표준정규분포표를 이용하면 이 구간의 확률면적을 구할 수 있다. 이것을 $P(x)$로 나타내었는데 첫 점수구간의 예를 들어보면

$$\begin{aligned} P(40 \le X \le 45) &= P(-2.20 \le Z \le -1.53) \\ &= 0.4861 - 0.4370 \\ &= 0.0491 \end{aligned}$$

이다. 나머지 구간의 확률도 이와 마찬가지 방법으로 계산한다.

[표 6-4]의 마지막 열에서도 관찰된 통계량 χ^2의 값이 계산되었다. 첫 두 구간의 경우와 마지막 두 구간의 경우는 기대도수가 5보다 작기 때문에 결합되어서 계산되었다. χ^2검정의 자유도는 $df = k - m - 1$이 되는데, 여기서 k = 계급의 수, m은 정규분포에서 모수를 추정하기 위해서 사용된 표본추정치 개수이다. $k = 5$이며 정규분포에서는 μ와 σ가 측정되므로 m=2이다. 이 경우에 자유도 df=5−2−1=2이다. 따라서 임계치 $\chi_{(0.005,\ 2)}$=5.99이다. 관찰된 통계량 χ^2=1.99<5.99이므로 귀무가설을 채택한다. 그러므로 α =0.05에서 몸무게의 분포는 정규분포라고 결론을 내릴 수 있다.

그러나 χ^2분포를 사용하여 적합도를 검정하기 위해서는 조사된 자료를 반드시 도수분포표로 만들어야 하는 점과 도수분포표를 만드는데 계급구간을 어떻게 결정하느냐에 따라 일관성있는 검정결과를 얻기란 쉽지가 않다.

1.3 포아송분포에 대한 적합도 검정

앞의 예에서 든 병원환자의 포아송분포에 대하여 적합도 검정을 실시하여 보자. 귀무가설과 대립가설은 다음과 같다.

H_0 : 확률분포는 μ=0.8의 포아송분포이다.

H_1 : 확률분포는 μ=0.8의 포아송분포가 아니다.

이 병원에 찾아오는 환자의 수를 1시간 단위로 100회에 걸쳐 조사한 관찰도수와 기대도수를 이용하여 χ^2을 계산하였다. 그 결과는 다음과 같다.

[표 6-5] 포아송분포에 대한 적합도 검정

환자의 수 X	관찰도수 f_0	포아송 확률	기대도수 f_e	$\frac{(f_0-f_e)^2}{f_e}$
0	36	0.449	44.9	1.764
1	40	0.360	36.0	0.444
2	19	0.144	14.4	1.469
3이상	5	0.047	4.7	0.019
합계	100	1.000	100.0	3.696

100회 동안 관찰한 표본자료에서, 실제로 이 병원에 오는 평균 환자의 수는 모두 95명으로 1시간당 0.95명이라 하자. $\mu = 0.8$일 때 각 X값에 따른 포아송 확률을 구할 수 있다. χ^2검정에서는 계급의 수가 많을수록 판별능력은 개선된다. 그러나 효율적인 검정을 위해서는 기대도수가 5보다 커야 하므로 관찰도수가 3 이상인 경우를 하나의 계급으로 묶었다.

가설점정을 위하여 $\alpha = 0.05$에서 χ^2임계치의 자유도를 생각해 보자. 적합도 검정에서 χ^2의 자유도 $df = k - m - 1$이다. 여기서 k는 계급의 수를 나타내며, m은 포아송분포에서 모수 추정를 위해 사용된 표본추정치의 개수이다. 이 분포에서는 μ 하나만이 추정되기 때문에 m=1이 된다. 그리고 기대도수의 총합은 관찰도수와 동일한 수치이므로 합계가 주어진 상태에서 한 추정치만이 비독립적이다. 이것은 앞 절에서 설명한 경우와 같다. 따라서 예제의 경우에 자유도는 df=4−1−1−2가 되며 $\chi_{(0.05,\ 2)}$=5.99이다.

결정규칙을 세우면 다음과 같다.

만일 $\chi^2 \leq \chi_{(0.05,\ 4-1-1)}$이면, H_0 채택
만일 $\chi^2 > \chi_{(0.05,\ 4-1-1)}$이면, H_0 기각

계산된 통계량 χ^2=3.696 < $\chi^2_{(0.05,\ 2)}$=5.99이므로 귀무가설을 채택한다. 그러므로 이 병원에 찾아오는 환자의 분포는 μ=0.8인 포아송분포라고 결론을 내릴 수 있다.

1.4 동일성 검정

두 개 이상의 독립적인 표본들이 동일성을 가지고 있는지 여부에 대한 검정을 설명하기 위해 다음의 예를 들어보자. 세 자동차 회사에서 각각 생산하고 있는 동일한 배기량의 자동차에 대한 기호도를 남녀별로 조사하였다. 조사결과는 [표 13−6]에 나타나 있다.

[표 6-6] 세 종류의 자동차에 대한 남녀별 기호도

자동차	남자(M)	여자(F)	합계
A	50	60	110
B	46	54	100
C	25	29	54
합 계	121	143	264

위의 자료에 근거하여 남녀 간에 자동차에 대한 기호도가 같은지 $\alpha=0.05$에서 검정하여 보자. 검정을 위하여 가설을 세워 보면 다음과 같다.

H_0 : $\pi_M = \pi_F$(자동차 A)

$\pi_M = \pi_F$(자동차 B)

$\pi_M = \pi_F$(자동차 C)

H_1 : 위의 모든 등식이 반드시 성립하지는 않는다.

앞에서와 마찬가지로 귀무가설이 올바르다는 가정하에서 기대도수를 구할 수 있다. 만일 귀무가설이 사실이라면, 자동차 A에 대하여 기대도수는 남녀 모두 같으므로 각각 110×0.50=55명이 되어야 한다. 마찬가지로 자동차 B에 대하여 100×0.50=50명, 자동차 C에 대하여는 54×0.5=27명이 되어야 한다. 다음은 관찰도수와 기대도수를 함께 정리한 것이다.

자동차	남		여	
	f_0	f_e	f_0	f_e
A	50	55	60	55
B	46	50	54	50
C	25	27	29	27

검정통계량 χ^2은 다음과 같이 계산된다.

$$\chi^2 = \Sigma \frac{(f_0 - f_e)^2}{f_e}$$

$$= \frac{(50-55)^2}{55} + \frac{(60-55)^2}{55} + \frac{(46-50)^2}{50} + \frac{(54-50)^2}{50} + \frac{(25-27)^2}{27} + \frac{(29-27)^2}{27}$$

$$= 1.845$$

$\alpha=0.05$에서 임계치 χ^2의 자유도는 $(r-1)(c-1)=2$이므로 $\chi^2_{(0.05,\ 2)}=5.99$이다. 결정규칙에서

만일 $\chi^2 \leq 5.99$ 이면, H_0 채택

만일 $\chi^2 > 5.99$이면, H_0 기각

통계량 $\chi^2=1.845<5.99$이므로 H_0를 채택한다. 따라서 $\alpha=0.05$에서 세 자동차에 대한 남녀의 기호도는 같다고 할 수 있다.

1.5 R을 이용한 예제 풀이

예제 R 프로그램에 이미 설치되어 있는 데이터 mtcars를 이용하여 교차분석표를 만들어 보자. 행(row)에는 cyl 변수를 열(column)에는 gear 변수를 위치시키고, 두 변수 세트 사이의 독립성을 검정하여 보자.

[풀이] R에서 교차분석표를 만들기 위해서는 우선 gmodels 프로그램을 설치해야 한다. 이어 교차분석표 독립성 검정 관련 통계량을 산출하기 위해서는 vcd 프로그램을 설치해야 한다. 그런 다음 다음과 같은 명령어를 입력하면 된다.

```
library(gmodels)
library(vcd)
attach(mtcars)
CrossTable(mtcars$cyl, mtcars$gear)
mytable<-xtabs(~cyl+gear,data=mtcars)
chisq.test(mytable)
```

[그림 6-2] 교차분석 독립성 검정 [데이터] chisquaretest.R

library(gmodels)와 library(vcd) 교차분석과 관련 통계량을 산출하기 위해 필요한 프로그램을 불러오는 명령어이다. attach(mtcars)는 mtcars 데이터를 불러오는 명령어이다.

CrossTable(mtcars$cyl, mtcars$gear)은 교차분석표를 그릴 때 mtcars 데이터에서 cyl 변수를 행에 위치시키고, mtcars$gear은 mtcars 데이터에서 gear 변수를 열에 위치시키라는 뜻이다.

mytable<−xtabs(~cyl+gear,data=mtcars)는 분석자가 mytable이라고 지정한 속성에는 mtcar의 데이터에서 cyl과 gear 변수가 지정되어 있음을 알려주는 명령어이다. chisq.test(mtcars)는 독립성 검정을 위한 통계량을 산출하는 명령어이다.

마우스로 모든 범위를 지정하고 [Run] 단추를 누르면 다음과 같은 결과창을 얻을 수 있다.

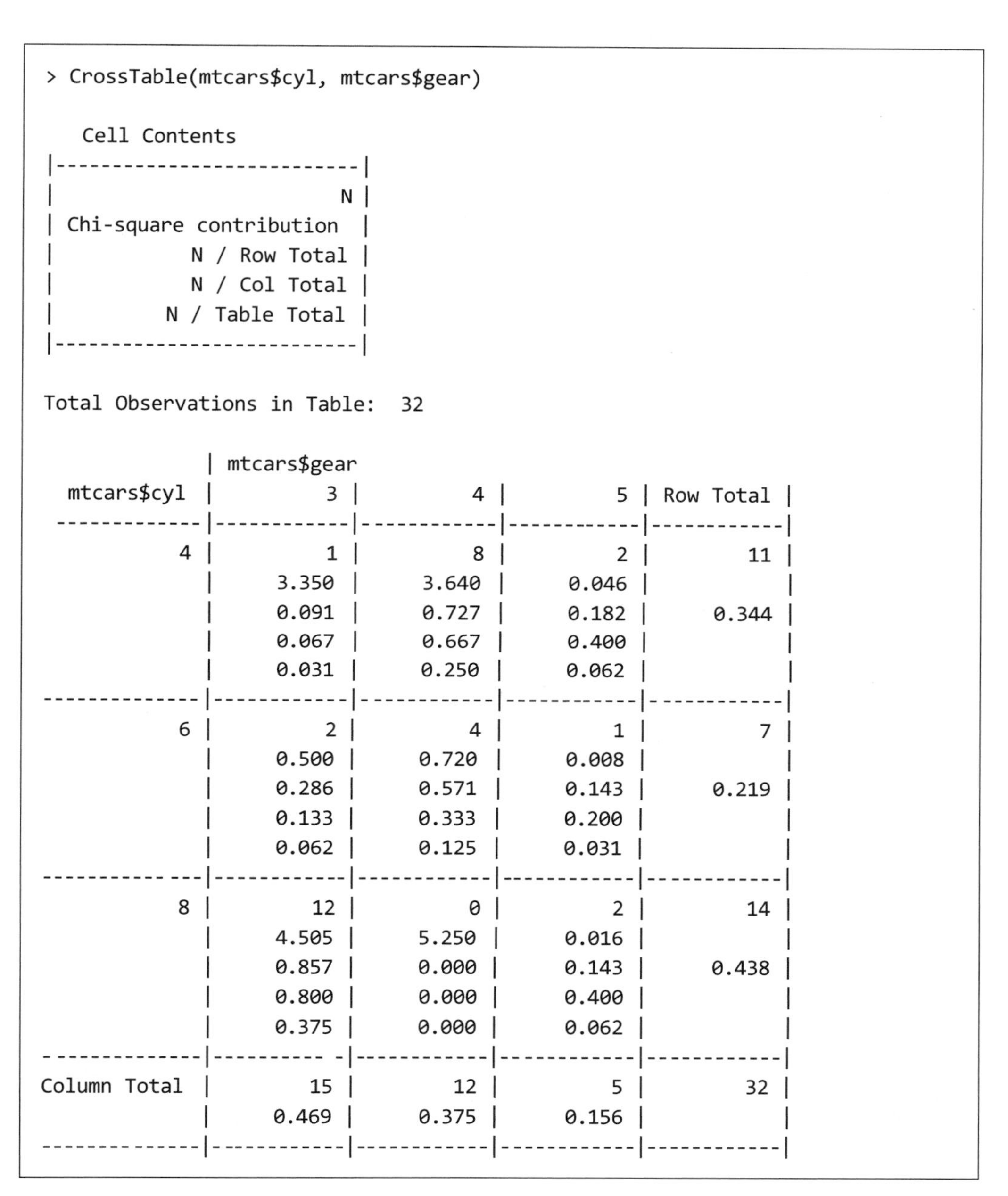

```
> CrossTable(mtcars$cyl, mtcars$gear)

   Cell Contents
|-------------------------|
|                       N |
| Chi-square contribution |
|           N / Row Total |
|           N / Col Total |
|         N / Table Total |
|-------------------------|

Total Observations in Table:  32

             | mtcars$gear
  mtcars$cyl |          3 |          4 |          5 | Row Total |
-------------|------------|------------|------------|-----------|
           4 |          1 |          8 |          2 |        11 |
             |      3.350 |      3.640 |      0.046 |           |
             |      0.091 |      0.727 |      0.182 |     0.344 |
             |      0.067 |      0.667 |      0.400 |           |
             |      0.031 |      0.250 |      0.062 |           |
-------------|------------|------------|------------|-----------|
           6 |          2 |          4 |          1 |         7 |
             |      0.500 |      0.720 |      0.008 |           |
             |      0.286 |      0.571 |      0.143 |     0.219 |
             |      0.133 |      0.333 |      0.200 |           |
             |      0.062 |      0.125 |      0.031 |           |
-------------|------------|------------|------------|-----------|
           8 |         12 |          0 |          2 |        14 |
             |      4.505 |      5.250 |      0.016 |           |
             |      0.857 |      0.000 |      0.143 |     0.438 |
             |      0.800 |      0.000 |      0.400 |           |
             |      0.375 |      0.000 |      0.062 |           |
-------------|------------|------------|------------|-----------|
Column Total |         15 |         12 |          5 |        32 |
             |      0.469 |      0.375 |      0.156 |           |
-------------|------------|------------|------------|-----------|
```

[그림 6-3] 교차분석표

결과 설명 첫 번째 셀에 입력된 수치 1, 3.350, 0.091, 0.067, 0.031은 각각 빈도수, 교차분석 공헌(Chi-square contribution), 빈도수/행합계, 빈도수 /열합계, 빈도수/전체합계의 비율을 나타낸다.

```
> mytable<-xtabs(~cyl+gear,data=mtcars)
> chisq.test(mytable)
        Pearson's Chi-squared test
data:  mytable
X-squared = 18.036, df = 4, p-value = 0.001214

Warning message:
In chisq.test(mytable) : Chi-squared approximation may be incorrect
```

[그림 6-4] 독립성 교차분석

결과 설명 앞에서 두 변수 세트 사이의 독립성을 검정하기 위하여 다음과 같이 가설을 세웠다.

H_0 : cyl는 gear와 독립적이다.

H_1 : cyl는 gear와 독립적이지 않다.

계산된 χ^2통계량이 18.036이고, $P=0.001 < \alpha=0.05$이므로 'cyl는 gear와 독립적이다.' 라는 귀무가설은 기각됨을 알 수 있다. 따라서 cyl는 gear와 독립적이지 않음을 알 수 있다.

2 두 모집단 평균차이 추론: 독립표본

2.1 기본 설명

두 평균차의 표본분포는 다음과 같이 나타낼 수 있다. 이 경우는 대표본이고 표본이 30보다 큰 경우이다.

평균: $\mu_{\bar{x1}-\bar{x2}} = \mu_1 - \mu_2$ ……(식 6-5)

분산: $\sigma_{\bar{x1}-\bar{x2}}{}^2 = \dfrac{\sigma_1^2}{n_1} + \dfrac{\sigma_2^2}{n_2}$ (주의: + 부호)

$\therefore (\overline{X}_1 - \overline{X}_2) \sim N(\mu_1 \sim \mu_2, \dfrac{\sigma_1^2}{n_1} + \dfrac{\sigma_2^2}{n_2})$

σ_1^2과 σ_2^2을 모르나 같다고 가정하고, 소표본의 경우(각각 $n<30$)에 대하여 알아보자. 각 30

보다 작은 소표본의 경우를 생각하여 보자. 이때에 두 모집단에 대한 가정을 보면 다음과 같다. 두 모집단은 독립적이며 정규분포를 한다. 그리고 모분산은 알려져 있지 않지만 동일하다고 가정한다. 그러면 평균차의 분포는 Z분포가 아니라 t분포를 이룬다.

$\mu_1 - \mu_2$에 대한 추론에 사용될 통계량은 앞의 경우와 마찬가지로 $\overline{X}_1 - \overline{X}_2$이다. $\overline{X}_1 - \overline{X}_2$의 평균과 분산은 다음과 같다.

$$E(\overline{X}_1 - \overline{X}_2) = \mu_1 - \mu_2$$

$$Var(\overline{X}_1 - \overline{X}_2) = \frac{\sigma_1^2}{n_1} + \frac{\sigma_2^2}{n_2} = \sigma^2(\frac{1}{n_1} + \frac{1}{n_2})$$

여기서, $\sigma_1^2 = \sigma_2^2 = \sigma^2$으로 가정하였다. 공통분산인 σ^2에 대한 합동추정량(pooled estimator of variance)은 표본을 통하여 계산한다. 합동추정량은 S_P^2 이라 표기하며 다음과 같다.

$$S_P^2 = \frac{\Sigma(X_{1i} - \overline{X}_1)^2 + \Sigma(X_{2i} - \overline{X}_2)^2}{(n_1 - 1) + (n_2 - 1)} = \frac{(n_1 - 1)S_1^2 + (n_2 - 1)_2 S_2^2}{n_1 + n_2 - 2} \qquad \cdots\cdots(식\ 6-6)$$

여기서, X_{1i}와 X_{2i}는 각 집단의 관찰치를 의미한다.

평균차의 표준오차는

$$S_{\overline{X}_1 - \overline{X}_2} = \sqrt{S_P^2(\frac{1}{n_1} + \frac{1}{n_2})} = S_P\sqrt{(\frac{1}{n_1} + \frac{1}{n_2})} \qquad \cdots\cdots(식\ 6-7)$$

이다. 따라서 소표본의 t통계량은

$$t = \frac{(\overline{X}_1 - \overline{X}_2) - (\mu_1 - \mu_2)}{S_{\overline{X}_1 - \overline{X}_2}} = \frac{(\overline{X}_1 - \overline{X}_2) - (\mu_1 - \mu_2)}{S_P\sqrt{\frac{1}{n_1} + \frac{1}{n_2}}} \qquad \cdots\cdots(식\ 6-8)$$

이 되며 자유도 $df = (n_1 - 1) + (n_2 - 1) = n_1 + n_2 - 2$인 t분포를 이룬다.

두 모집단의 평균차에 대한 신뢰구간은 구하면 다음과 같다.

$\mu_1-\mu_2$의 100(1−α)% 신뢰구간(σ_1^2과 σ_2^2은 모르나 같다고 가정, 소표본인 경우)

$$\mu_1-\mu_2 \in (\overline{X}_1-\overline{X}_2) \pm t_{(\frac{\alpha}{2},\, n-1)} \cdot S_{\overline{X}_1-\overline{X}_2} \quad \cdots\cdots (식\ 6\text{-}9)$$

여기서, $S_{\overline{X}_1-\overline{X}_2} = \sqrt{S_P(\frac{1}{n_1}+\frac{1}{n_2})}$

$$S_P^2 = \frac{(n_1-1)S_1^2+(n_2-1)_2S_2^2}{n_1+n_2-2}$$

(t의 자유도 $= n_1+n_2-2$)

S_P^2는 합동추정량임.

2.2 R을 이용한 예제 풀이

예제 서로 경쟁관계에 있는 A, B 고등학교에서는 수학실력을 비교하기 위하여 같은 종류의 문제로 시험을 치렀다. 두 학교의 실력 차이를 알기 위하여 시험성적을 표본으로 각각 10명씩 임의로 추출하니 다음과 같았다. 유의수준 $\alpha=0.05$에서 두 학교 학생의 수학실력 차이가 있는지 검정하라. 두 모집단은 독립적이고 정규분포를 이루며 두 모집단은 같다고 가정한다.

A학교(1)	85 63 92 40 76 82 85 68 80 95
B학교(2)	98 92 60 83 85 89 70 75 53 80

[풀이] R 프로그램에서 독립적인 t검정을 실시하기 위해서 R에서 다음과 같이 명령문을 입력할 수 있다. A학교와 B학교의 데이터를 벡터 형태로 입력하고 독립적인 t검정을 하기 위해서는 t.tes(a,b)로 입력한다. 여기서 a와 b는 양적인 벡터여야 한다. 양측검정인 경우는 t.test(a,b)을 입력하면 초기값으로 실행된다. 만약, 분산의 동일성 가정을 확인하기 위해서는 t.test(a,b, var.equal=TRUE)을 입력한다. 또한, 단측검정으로 왼쪽꼬리 검정인 경우는

alternative="less", 오른쪽 검정은 alternative="greater"를 입력한다.

```
# independent 2-group t-test
a<-c(85,63,92,40,76,82,85,68,80,95)
b<-c(98,92,60,83,85,89,70,75,53,80)
t.test(a,b)# where a and b are numeric
```

[그림 6-5] 독립적인 t검정(양적변수 입력) [데이터] ch61.R

만약, 행(row)과 열(column)로 입력된 관계형 데이터인 경우는 독립적인 t검정의 명령어가 달라진다. 우선, 앞에 제시된 자료를 다음과 같이 엑셀에 입력한다.

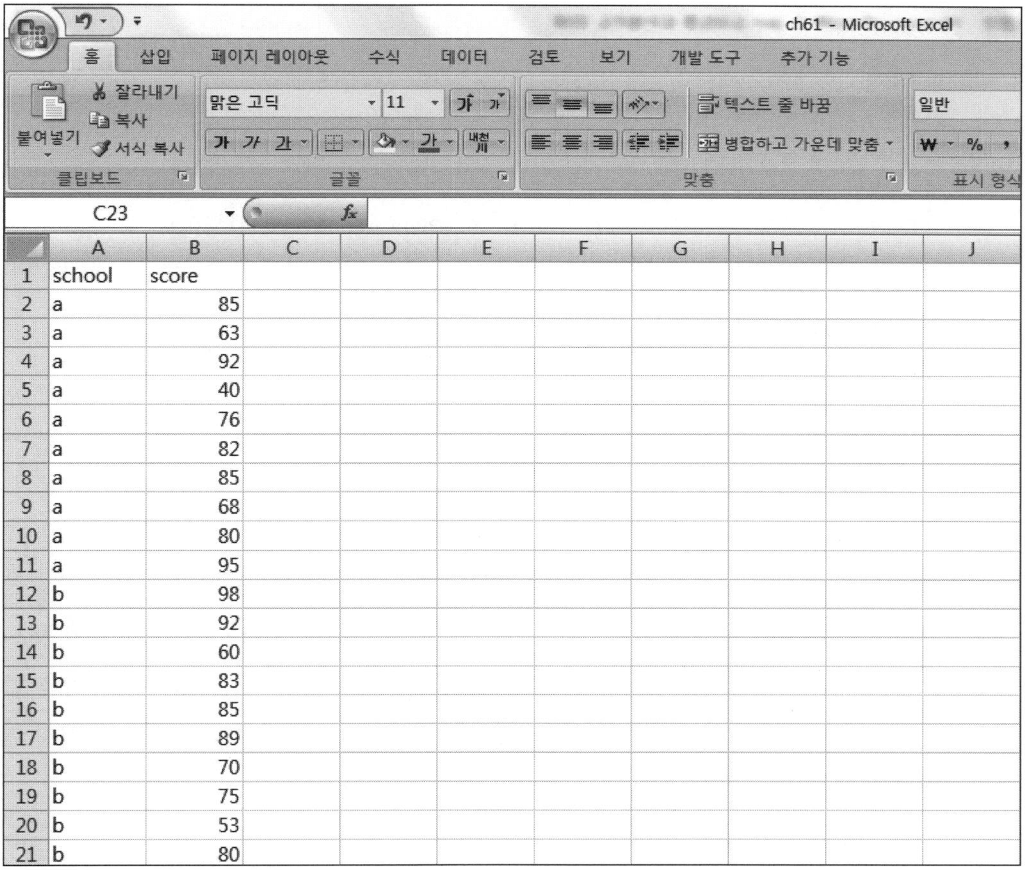

	A	B
1	school	score
2	a	85
3	a	63
4	a	92
5	a	40
6	a	76
7	a	82
8	a	85
9	a	68
10	a	80
11	a	95
12	b	98
13	b	92
14	b	60
15	b	83
16	b	85
17	b	89
18	b	70
19	b	75
20	b	53
21	b	80

[그림 6-6] 엑셀 데이터 입력 [데이터] ch61.csv

이어 Rstudio 프로그램에서 다음과 같이 입력한다.

```
# independent 2-group t-test
ch61=read.csv("D:/data/ch61.csv")
t.test(score~school,ch61)# where scoreis numeric and school is a binary
factor
```

[그림 6-7] 독립적인 t검정(질적변수, 양적변수) [데이터] ch62.R

이 명령어를 입력하고 모든 범위를 지정하고 Run 단추를 실행하면 다음과 같은 결과를 얻을 수 있다.

```
Welch Two Sample t-test

data:  score by school
t = -0.2791, df = 17.701, p-value = 0.7834
alternative hypothesis: true difference in means is not equal to 0
95 percent confidence interval:
 -16.21955  12.41955
sample estimates:
mean in group a mean in group b
           76.6            78.5
```

[그림 6-8] 독립적인 t검정 결과

결과 설명 웰치 두 표본 t검정(Welch Two Sample t−test)을 실시한 결과, A학교의 평균은 76.6, B학교 평균은 78.5로 나타났다. t = −0.2791, df = 17.701에 대한 p-value = 0.7834 $> \alpha = 0.05$이므로 '두 학교의 평균은 차이가 없다.'라는 귀무가설(H_0)을 채택하게 됨을 알 수 있다. 아울러 95% 신뢰구간[−16.21955 12.41955]이 0을 포함하고 있기 때문에 역시 귀무가설이 채택됨을 알 수 있다.

3 쌍체표본 검정

3.1 기본 개념

앞에서 설명한 두 모집단의 추론 문제에서는 두 표본이 독립적이라고 가정하였다. 한 표본의 관찰치는 다른 표본의 관찰치에 영향을 전혀 주지 않는다는 것이다. 이번에는 두 표본이 독립적이 아니고 한 표본의 값이 다른 표본의 값과 관련이 있는 쌍체(matched pairs)를 비교하는 문제를 다루기로 한다.

쌍체비교는 동일한 사람이나 사물에 대하여 일정한 시간을 두고 두 번 표본추출하는 경우를 의미한다. 쌍체비교는 단순 z 또는 t검정 대신에 쌍표본 t검정(paired samples t-test)을 사용한다.

동일 모집단의 표본평균차이 μ_d 의 신뢰구간은 다음과 같이 구한다.

$$\mu_d \in \bar{d} \pm t_{(\frac{\alpha}{2}, n-1)} \frac{S_d}{\sqrt{n}}$$

$$\text{여기서, } \bar{d} = \frac{\Sigma_d}{n} \qquad \cdots\cdots(\text{식 } 6\text{-}10)$$

$$Sd = \sqrt{\frac{\Sigma(d-\bar{d})^2}{n-1}} \qquad \cdots\cdots(\text{식 } 6\text{-}11)$$

그리고 검정통계량을 계산하면 다음과 같다.

$$t = \frac{\bar{d} - (\mu_1 - \mu_2)}{\frac{S_d}{\sqrt{n}}} = \frac{\bar{d} - \mu_d}{\frac{S_d}{\sqrt{n}}} \qquad \cdots\cdots(\text{식 } 6\text{-}12)$$

쌍체비교는 상당히 유용한 기법이다. 일반적인 두 표본의 평균차 문제에서는 두 표본이 독립적이라는 것을 반드시 가정하여야 한다. 여기서는 이것을 가정할 필요도 없으며, 또한 두 모분산이 같다고 가정하지 않아도 된다. 쌍체비교에서 유의할 것은 짝을 잘 맞추는 일이다. 동일한 대상을 계속해서 측정하는 경우에는 별문제가 없으나 짝지워지는 대상이 다른 경우에는 유의하여야 한다. 예를 들어, 두 종류의 치료법을 개발하여 환자를 두 집단으로 나누어 실험을 한다고 하자. 한 치료법을 받은 환자 그룹의 평균치가 다른 치료법을 받은 환자 그룹보다 높아서 전자의 효과가 좋다고 하자. 그러나 전자의 집단이 후자의 집단보다 더 젊거나 건강하다면 두 치료법의 효과는 명확히 판단할 수 없다. 이 경우에는 나이와 건강상태가 같은 두 사람을 한 쌍으로 하여 실험을 하여야 한다. 이렇게 여러 쌍에 대하여 실험을 계속하면 치료효과를 제외한 나이나 건강과 같은 외부효과를 제거할 수 있을 것이다.

3.2 R을 이용한 쌍체표본 검정

예제 (주)웰니스는 자사가 개발한 식이요법 프로그램이 효과가 있는지를 알아보고 싶어 한다. 이 프로그램은 한 달간의 실시 기간을 요한다. 회원 중에서 10명을 뽑아 프로그램 실시 전의 체중 X_1과 프로그램 실시 한 달 후의 X_2를 재어 비교해 보았다. 결과는 다음과 같다. 식이요법을 통한 체중변화 여부를 $\alpha = 0.05$에서 가설검정하여라.

요법전(X_1)	70 62 54 82 75 64 58 57 80 63
요법후(X_2)	68 62 50 75 76 57 60 53 74 60

쌍체표본 검정을 실시하기 위해서 Rstudio 프로그램에서 다음과 같은 명령어를 작성하면 된다.

```
# paired t-test
X1<-c(70,62,54,82,75,64,58,57,80,63)
X2<-c(68,62,50,75,76,57,60,53,74,60)
t.test(X1,X2, paired = TRUE) # where X1 & X2 are numeric
```

[그림 6-9] 독립적인 t검정(질적변수, 양적변수) [데이터] ch63.R

마우스 모든 범위를 지정하고 Run 단추를 누르면 다음과 같은 결과를 얻을 수 있다.

```
Paired t-test

data:  X1 and X2
t = 2.9355, df = 9, p-value = 0.01661
alternative hypothesis: true difference in means is not equal to 0
95 percent confidence interval:
 0.6881192 5.3118808
sample estimates:
mean of the differences
                      3
```

[그림 6-10] 쌍체표본 분석 결과

결과 설명 [X1 and X2, t = 2.9355, df = 9, p-value = 0.01661] t = 2.9355, df = 9의 유의확률(sig.) = 0.017 < α = 0.05이기 때문에 H_0을 기각하며, 따라서 식이요법은 체중감소에 효과가 있는 것으로 나타났음을 알 수 있다. 즉 요법 전과 요법 후의 몸무게 차이가 3(66.5−63.5)kg 있음을 알 수 있다. 아울러 95% 신뢰구간[0.6881192 5.3118808]이 0을 포함하고 있지 않기 때문에 역시 귀무가설이 기각되고 연구가설이 채택됨을 알 수 있다.

1. 대한사료주식회사에서는 새로운 돼지사료 갑, 을 상표의 두 종류를 개발하였다. 두 종류 중에서 어느 것이 더 좋은가를 알기 위하여 돼지 12마리씩의 두 집단에 각각의 사료를 먹였다. 실험기간이 지난 후 체중 증가(kg)를 재어보니 다음과 같았다. 갑, 을의 두 사료 사이에 차이가 있는지 여부를 $\alpha = 0.05$에서 검정하라. R 프로그램을 이용하여 풀어보도록 하자.

갑	31	34	29	26	32	35	38	34	30	29	32	31
을	26	24	28	29	30	29	32	26	31	29	32	28

2. 6명의 환자를 대상으로 어떤 진정제가 맥박에 주는 영향을 조사하였다. 다음은 진정제가 주어지기 전과 후의 맥박수를 기록한 것이다. 진정제가 주어지기 전과 후의 맥박수를 차이가 있는지 여부를 알아보기 위해서 $\alpha = 0.05$에서 검정하라. R 프로그램을 이용하여 풀어보도록 하자.

환자	전	후
1	80	74
2	82	79
3	79	75
4	84	76
5	80	80
6	81	78

3. ㈜지식은 미래다 회사는 10명을 대상으로 직업훈련을 실시하였다. 직업훈련을 받은 10명의 생산량이 다음과 같다면 훈련 전에 비하여 훈련 후의 생산량은 증가하였다고 볼 수 있는가? 유의수준 $\alpha = 0.05$에서 검정하여라.

작업자	1	2	3	4	5	6	7	8	9	10
훈련전	54	56	50	52	55	52	56	53	53	60
훈련후	60	59	57	56	56	58	62	55	54	64

4. 다음 데이터는 미국 환경보호국(US Environmental Proctection Agency; 홈페이지: https://www.fueleconomy.gov/feg/download.shtml)에서 공개한 자료(1984~2018)로 2018년형 자동차에 관한 연비자료이다(데이터: all_alpha_18.csv). 다음 명령어에 의해서 교차분석을 실시하여 보고 결과를 해석하여 보자.

```
library(gmodels)
library(vcd)
ex6=read.csv("D:/data/all_alpha_18.csv")
summary(ex6)
CrossTable(ex6$Cyl, ex6$SmartWay)
mytable<-xtabs(~Cyl+SmartWay,data=ex6)
chisq.test(mytable)
```

[데이터] ch6ex.R

7장

분산분석 Ⅰ

CHAPTER 07

학습목표

1. 분산분석의 개념을 이해한다.
2. 일원분산분석을 이해한다.
3. 이원분산분석을 이해한다.
4. 반복측정이 없는 분산분석을 이해한다.
5. 반복측정이 있는 분산분석을 이해한다.
6. R 프로그램 분산분석을 실시할 수 있고 이를 해석할 수 있다.

통계분석을 하다보면 두 개 혹은 그 이상의 여러 변수 사이의 관계를 분석할 때가 있다. 이때 변수들은 서로 관계를 가지고 있는데 어떤 변수들은 다른 변수들에 영향을 주기도 하고 받기도 한다. 다른 변수에 영향을 주는 변수를 독립변수(independent variable 또는 predictor variable)라 하며, 반대로 영향을 받는 변수를 종속변수(dependent variable 또는 response variable)라고 한다.

실제 생활이나 학문연구에 있어 두 개 이상의 여러 모집단을 한꺼번에 비교하는 경우가 있다. 예를 들어, 스마트폰 시장에서 경쟁하는 회사는 주로 네 개 회사라고 하자. 이들 회사 종류를 각각 회사 1(com1), 회사 2(com2), 회사 3(com3), 회사 4(com4)라고 하였을 때, 고객만족정도(satis: satisfaction)을 조사하기 위하여 각 회사별 고객만족도를 비교 연구하고자 할 때 분산분석(analysis of variance: ANOVA)기법을 이용할 수 있다. 이 기법은 두 개 이상의 모집단 평균차이를 한꺼번에 검정할 수 있게 해준다. 이 예에서 보면 ANOVA는 회사종류라는 하나의 독립변수와 고객만족정도라는 종속변수 사이의 관계를 연구하는 기법이다.

분산분석의 이론에 관하여 설명하기 전에 용어 몇 가지를 이해하기로 하자. 분산분석은 독립변수(들)에 대한 효과를 분석하는 데 기본적으로 사용된다. 위의 경우에서 회사는 독립변수가 되며, 고객만족정도는 종속변수가 된다. 그리고 독립변수를 요인(factor)이라고 부르기도 한다. 한 요인 내에서 실험개체에 영향을 미치는 여러 가지 특별한 형태를 요인수준(factor level) 또는 처리(treatment)라고 한다. 회사를 요인이라고 하면 회사 1(com1), 회사 2(com2), 회사 3(com3), 회사 4(com4)는 한 요인 내에서 요인수준 또는 처리가 된다. 요인수준과 처리는 같은 용어로 사용된다. 위의 예에서와 같이 회사종류라는 단일요인과 고객만족도 간의 관계를 분석하는 것은 일원분산분석(one-factor ANOVA)이라고 한다. 이것은 표본자료 조사에 대한 측정치의 처리 한 가지 기준만으로 구분하여 분석하는 것이 된다. 그런데 이 모형에 회사종류뿐만 아니라 남녀라는 성별요인을 추가하여 두 요인이 고객만족도에 미치는 영향을 조사하게 된다면 이원분산분석(two-factor ANOVA)이 된다. 먼저, 일원분산분석의 예를 설명하여 보자.

1 일원분산분석

1.1 일원분산분석 모형

대한 컨설팅은 스마트폰 제작사 주요 4개사의 만족도를 조사하였다. 스마트폰 회사의 종류는 com1, com2, com3, com4이며, 특정 시점에 고객만족도를 조사하였다. 다음 표는 각 회사별 만족도를 조사한 결과이다.

[표 7-1] 회사별 만족도

	com1	com2	com3	com4
고객만족도	87	71	66	65
	85	82	74	69
	78	75	79	67
	82	80		63

이와 같은 자료가 주어졌다고 하였을 때, 세 기계의 효과가 같은지 여부를 $\alpha = 0.05$에서 검정하고자 한다. 분산분석을 위해서는 다음과 같은 가정을 판단하여야 한다.

- **분산분석모형의 가정**
  - 각 요인수준에 대응하는 모집단은 동일한 분산을 가진다.
  - 각 요인수준에 대응하는 모집단은 정규분포이다.
  - 각 요인수준에 대한 관찰치들은 임의로 얻어지는 것이며, 서로 독립적이다.

분산분석의 모형은 비교적 간단하다. 각 집단별 분산은 동일한 것을 가정한다. 분산 동일을 가정하고 평균차이를 검정한다. 평균차이는 사실상 처리효과를 뜻하게 된다. 우리가 분산분석표에서 서로 다른 처리에 대한 평균반응에 초점을 맞추는 것은 이러한 이유이다. 따라서 각 요인의 확률분포로부터 얻어진 표본자료의 분석은 다음의 두 단계를 거친다.

1단계 : 먼저 모든 처리의 평균들이 같은가를 결정한다.

2단계 : 만일에 모든 평균들이 같다면, 연구는 끝이다. 그러나 같지 않으면, 얼마나 다른가를 조사하며 그리고 그 차이가 의미하는 것을 규명한다.

일반적으로 일원분산분석 모형을 설명하면 다음과 같다.

일원분산분석 모형

$$Y_{ij} = \mu_j + \varepsilon_{ij} \qquad \cdots\cdots(\text{식 } 7\text{–}1)$$

여기서, $Y_{ij} = j$번째 처리에 대한 i번째 관찰치

ε_{ij} = 오차항이며 독립적이고, $N(0, \sigma^2)$

$i = 1, 2, 3, \cdots, n \,;\, j = 1, 2, \cdots, g$

각 처리의 평균이 같음을 검정하기 위하여 귀무가설과 연구가설을 나타내 보면,

$$H_0 : \mu_i = \mu_2 = \mu_j = \cdots \mu_g \qquad \cdots\cdots(\text{식 } 7\text{–}2)$$

H_1 : 적어도 하나는 같지 않다.

이다. 그런데 j번째 모집단의 평균은 전체평균과 그 모집단의 성분인 요인수준 효과 α_j의 합과 같다고 볼 수 있다.

$$\mu_j = \mu + \alpha_j \qquad \cdots\cdots(\text{식 } 7\text{–}3)$$

여기서, $\mu_j = j$번째 모집단 평균, μ=전체평균 $\alpha_j = j$번째 모집단 요인수준(회사종류)

따라서, 식 (7-2)의 귀무가설은

$$H_0 : \alpha_1 = \alpha_2 = \cdots = \alpha_g \qquad \cdots\cdots(\text{식 } 7\text{-}4)$$

와 같다. 그리고 식 (7-3)을 변형시킨 반응치 Y_{ij}의 대체모형은

$$Y_{ij} = \mu + \alpha_j + \varepsilon_{ij} \qquad \cdots\cdots(\text{식 } 7\text{-}5)$$

이 되며 α_j에 대한 제한조건은 $\sum_{j=1}^{g} n_j \alpha_j = 0$이다. 이때 제한조건을 고정된 효과라고 부른다.

1) 분산분석 용어

분산분석에서 귀무가설은 모든 표본들이 하나의 동일한 모집단에서 추출되었거나 또는 여러 모집단들의 평균이 같다는 것이다. 모집단의 평균이 요인수준에 따라 차이가 없다는 것은 독립변수가 종속변수에 영향을 주지 못한다는 의미와 같다. 스마트폰의 경우에 있어서, 회사의 종류에 따라 만족도에 변화가 없다는 의미와 동일하다. 이러한 설명은 다음 장에서 공부할 회귀분석에서 독립변수와 종속변수의 관계를 조사하는 것과 유사한 개념이다.

변화가 있다 또는 없다는 개념을 통계학 용어인 변동으로 대치해 보자. 변동(variation)이란 각 관찰치가 그들의 평균치에서 벗어난 값, 즉 관찰치가 그들의 평균치에서 벗어난 값, 즉 편차를 제곱한 후에 모두 합한 것을 말한다. 변동의 값이 크면 평균을 기준으로 하여 관찰치들의 변화가 크다는 것을 나타내며, 반대로 작으면 변화가 작다고 할 수 있다. 변동을 총변동, 그룹간 변동, 그룹내 변동의 세 가지 종류로 나누어 설명하겠다.

(1) 총변동(total variation)

총변동(sum of squares total: SST)은 각 관찰치에서 전체표본의 평균을 뺀 후에 제곱한 것을 모두 합한 것이다.

$$\text{총변동}(SST) = \sum_j \sum_i (Y_{ij} - \overline{Y})^2 \qquad \cdots\cdots(\text{식 } 7\text{-}6)$$
$$= \sum_j \sum_i Y_{ij}^2 - Y^2/n$$

(2) 그룹간 변동(variation between groups)

그룹간 변동(sum of squares between groups: SSB)의 계산은 다음과 같다. 각 수준(그룹)의 평균에서 전체평균을 뺀 후에 제곱을 한다. 그러고 나서 표본크기를 곱한 후에 모두 합하면 된다. 이것은 회사종류의 요인수준들이 총변동 중에서 설명해 주고 있는 부분을 뜻한다. 그래서 이것을 설명되는 변동이라고도 하며 다음과 같이 계산한다.

$$\text{그룹간 변동}(SSB) = \sum_j n_j(\overline{Y}_j - \overline{Y})^2 = \sum_j (Y_j^2/n_j) - Y^2/n \quad \cdots\cdots(\text{식 } 7\text{–}7)$$

(3) 그룹내 변동(variation within groups)

그룹내 변동(sum of squares within groups: SSW)을 계산하려면 특정 요인수준이 그 그룹 내에서 각 관찰치로부터 그 수준의 평균을 뺀 후에 제곱을 하여 합한다. 이 방법을 나머지 요인수준들에 적용하여 모두 더한다. 그룹내 변동은 요인수준에 대한 정보를 이용할 때 자료에 남아 있는 불확실성을 반영하는 것이며, 총변동 중에서 요인수준으로도 설명이 안 되는 변동이다.

$$\text{그룹내 변동}(SSW) = \sum_j \sum_i (Y_{ij} - \overline{Y}_i)^2 = \sum_j \sum_i (Y_{ij}^2 - Y_j^2/n_i) \quad \cdots\cdots(\text{식 } 7\text{–}8)$$

지금까지 설명한 내용을 정리하면,

$$\text{총변동 } SST = SSB + SSW \quad \cdots\cdots(\text{식 } 7\text{–}9)$$

이다. 즉, 총변동은 그룹간 변동과 그룹내 변동의 합과 같다. 총편차는 두 개의 요소로 구성되는데, 하나는 전체평균에 대한 요인수준 평균의 편차이며, 다른 하나는 요인수준 평균에 대한 관찰치의 편차이다. 이 식의 양변을 제곱해서 모든 요인수준의 표본 관찰치에 대하여 합하면,

$$\sum_j\sum_i(Y_{ij}-\overline{Y})^2=\sum_j\sum_i[(Y_{ij}-\overline{Y}_j)+(\overline{Y}_j-\overline{Y})]^2 \quad \cdots\cdots(\text{식 } 7-10)$$

이 된다. 이 식의 오른쪽을 정리하면,

$$\sum_j\sum_i(Y_{ij}-\overline{Y}_j)^2+\sum_j\sum_i(\overline{Y}_j-\overline{Y})^2+2\sum_j\sum_i(Y_{ij}-\overline{Y}_j)(\overline{Y}_j-\overline{Y})$$

이 되고, 이 중에서 두 번째 항은 수준 j에서 i와 관계없이 일정하므로,

$$\sum_j\sum_i(\overline{Y}_j-\overline{Y})^2=\sum_j n_j(\overline{Y}_j-\overline{Y})^2 \quad \cdots\cdots(\text{식 } 7-11)$$

이 되고 세 번째 항은

$$2\sum_j\sum_i(Y_{ij}-\overline{Y}_j)(\overline{Y}_j-\overline{Y})=2\sum_i(Y_{ij}-\overline{Y}_j)\sum_j(\overline{Y}_j-\overline{Y}) \quad \cdots\cdots(\text{식 } 7-12)$$

가 되는데, $\sum_i(Y_{ij}-\overline{Y}_j)=0$이 되므로 (식 7−12) 전체는 0이 된다. 그 이유는 평균 주위에 있는 편차의 합은 0이 되기 때문이다. 그러므로

$$\underset{(\text{총변동})}{\sum_j\sum_i(Y_{ij}-\overline{Y})^2}=\underset{(\text{그룹간 변동})}{\sum_j n_j(\overline{Y}_j-\overline{Y})^2}+\underset{(\text{그룹내 변동})}{\sum_j\sum_i(Y_{ij}-\overline{Y}_j)^2} \quad \cdots\cdots(\text{식 } 7-13)$$

이 성립함을 알 수 있다. 분산분석표에서 그룹간 변동/총변동의 비율을 다음에서 회귀분석에서 결정계수와 같은 것으로 실험요소로 설명되어질 수 있는 종속변수의 분산 비율이라고 할 수 있다.

위에서 설명한 바와 같이 분산분석모형의 총변동은 두 요소로 나뉜다. 그룹간 변동은 전체평균 $\overline{Y}$에 대한 요인수준 평균 $\overline{Y}_j$의 편차에 근거하면서 요인수준 평균들이 같다면 $SSB=0$이 된다. 평균차이가 클수록 SSB는 커진다. 한편, 그룹내 변동은 각 요인수준 평균에 대한 관찰치들의 임의변동을 측정한 것이다. 변동이 작을수록 SSW는 작아진다. 만일 $SSW=0$이라면 한 요인수준에서 관찰치는 모두 같다는 것을 나타내고 다른 요인수준에서도 마찬가지라고 할 수 있다.

(4) 자유도

총변동을 두 부분으로 분해할 수 있으므로, 여기에 관련된 자유도 또한 두 부분으로 나눌 수 있다. 총변동에서 보면 관찰치의 총개수는 n인데 $(Y_{ij}-\overline{Y})$에 대한 하나의 제약식 $\sum_j\sum_i(Y_{ij}-\overline{Y})=0$이 있다. 그래서 SST의 자유도는 $n-1$이다. 그룹간 변동에는 g개의 요인수준 평균 $\overline{Y}_j$가 있으며 하나의 제약식 $\sum_j n_j(\overline{Y}_j-\overline{Y})=0$이 있어, SSB의 자유도는 $g-1$이다. 그리고 그룹내 변동에 있어 j번째 처리의 구성요소를 보면,

$$\sum_{j=1}^{n_j}(Y_{ij}-\overline{Y}_j)^2$$

이 되는데, 이것에 대한 자유도는 n_j-1이 된다. SSE는 이러한 것이 g개 모여 있는 것이므로, 그 자유도는

$$(n_1-1)+(n_2-1)+\cdots(n_g-1)=n-g$$

가 된다.

이제까지 설명한 것을 정리하면 다음과 같다.

변동	자유도
총변동(SST)	$n-1$
그룹간 변동(SSB)	$g-1$
그룹내 변동(SSW)	$n-g$

……(식 7-14)

한 가지 더 유의할 것은 총변동의 자유도는 그룹간 변동의 자유도와 그룹내 변동의 자유도를 합한 것과 같다는 것이다. 다음으로 자유도를 구하면 다음과 같다. 식 (7-14)에 의한 예제에서의 총변동(SST)의 자유도는 $n-1$이므로 14이다. 그룹간 변동(SSB)의 자유도는 $g-1$이므로 3이다. 그룹내 변동(SSW)의 자유도는 $n-g$에서 11이다.

(5) 평균제곱

분산분석에서 변동, 즉 제곱의 합은 직접 사용되지 않는다. 제곱의 합은 각 자유도를 나누어서 얻어진 값인 평균제곱이 쓰여진다. 이것은 분산(variance)의 개념과 같은 것이다. 그룹간 변동을 그의 자유도로 나눈 것을 그룹간 평균제곱(mean squares between groups: MSB)이라 하며, 그룹내 변동을 그의 자유도로 나눈 것을 그룹내 평균제곱(mean square within groups: MSW)이라고 한다. 총변동은 평균제곱으로 나타내지 않는다.

평균제곱

$$\text{그룹간 평균제곱}(MSB) = \frac{SSB}{g-1} \quad \cdots\cdots(\text{식 } 7\text{–}15)$$

$$\text{그룹내 평균제곱}(MSW) = \frac{SSW}{n-g} \quad \cdots\cdots(\text{식 } 7\text{–}16)$$

스마트폰 회사의 예를 보면 SSB가 607.73이고, SSW는 226.00이다. 이것을 각각의 자유도로 나누면,

$$\text{그룹간 평균제곱}(MSB) = \frac{607.73}{4-1} = 202.578$$

$$\text{그룹내 평균제곱}(MSW) = \frac{226.00}{15-4} = 20.546$$

가 된다.

1.2 가설검정

1) 일원분석 절차

지금까지 우리는 총변동, 그룹간 변동, 그룹내 변동을 구하였고, 그리고 각각의 자유도를 구한 후에 평균제곱을 계산하였다. 이것을 이용하여 분산분석표(ANOVA table)를 만들 수 있

는데, 이 표는 분산분석의 가설검정을 위하여 여러 가지 계산 과정을 간단하게 알아볼 수 있도록 한 것이다.

[표 7-2] 일원분산분석표

원천	제곱합(SS)	자유도(DF)	평균제곱(MS)	F
그룹간	$SSB=\Sigma_{nj}(\overline{Y}_j-\overline{Y})^2$	$g-1$	$MSB=\frac{SSB}{g-1}$	$\frac{MSB}{MSW}$
그룹내	$SSW=\Sigma_{nj}(Y_{ij}-\overline{Y}_j)^2$	$n-g$	$MSW=\frac{SSW}{n-g}$	
합계	$SST=\Sigma\Sigma(Y_{ij}-\overline{Y})^2$	$n-1$		

관습적으로 일원분산분석의 가설검정은 모든 요인수준의 평균 μ_j가 같은지 여부를 결정함으로써 시작된다. 스마트폰 회사의 경우를 예로 들면, 만약 회사별로 만족도가 같지 않다면 어느 회사가 제일 높은 만족도를 가질 것일까 하는 것을 생각하게 되지만, 만일 만족도가 모두 같다면 더 이상의 분석은 필요하지 않을 것이다. 따라서 귀무가설과 대체가설은 다음과 같이 가설을 세운다.

H_0 : $\mu_1=\mu_2=\mu_3=\mu_4$
H_1 : 네 평균이 반드시 같지는 않다.

위의 [표 7-2]에서 보면 오른쪽에 F값이 나와 있다. F값을 결정하는 데에서 MSB가 가장 큰 역할을 하게 된다. MSB가 커지면 MSW는 작아지고, 따라서 F값은 커져서 귀무가설을 기각시키게 된다. MSB가 크다는 의미는 그룹들 간의 변동차이가 심해서 각 요인수준의 평균들이 같다고 보기는 어렵기 때문이다. 반대로 MSB가 작으면 각 요인수준의 평균들이 같다고 볼 수 있어서 귀무가설을 채택하게 될 것이다.

일원분산분석에서 귀무가설이 옳을 때 통계량 MSB/MSW는 F분포를 따른다. 이것은 코크란 정리(Cochran's theorem)에 의거하여 다음과 같이 설명된다. n가지의 관찰치 Y_{ij}가 모두 평균 μ, 분산 σ^2인 동일한 정규분포에서 나왔고, 총변동이 각각의 자유도를 가진 g개의 제곱의 합(SS)로 나눌 수 있다면 SS/σ^2은 독립적인 χ^2변수가 되며 각각의 자유도를 갖는다.

단, 자유도의 합이 $n-1$인 경우에 한한다. 그런데 분산분석에서 모든 처리의 μ_j가 같다면 $E(Y_{ij})=\mu$가 되어 각 관찰치 Y_{ij}는 같은 기대값을 갖는다. SST는 SSB와 SSW로 분리되고, SST의 자유도 또한 SSB와 SSW에 적절히 할당될 수 있다. 코크란 정리에 의하면 귀무가설 $\mu_1=\mu_2=\mu_3$가 사실이면 SSB/σ^2과 SSW/σ^2는 독립적인 χ^2변수가 된다.

그러므로 통계량 F는

$$F=\frac{SSB/\sigma^2}{g-1}\div\frac{SSW/\sigma^2}{n-g}=\frac{MSB}{MSW} \qquad \cdots\cdots(식\ 7-17)$$

이 된다. 식 (7-17)은

$$F=\frac{\chi^2/(g-1)}{g-1}\div\frac{\chi^2/(n-g)}{n-g} \qquad \cdots\cdots(식\ 7-18)$$

이 되어, F는 각각의 자유도로 나누어지는 두 독립적인 χ^2변수의 비율이다. 그러므로 귀무가설이 사실일 때, F는 $F(g-1,\ n-g)$분포를 갖는다. 만일에 귀무가설이 기각되고 대체가설이 채택되는 경우에 F는 F분포를 갖지 않는다. 이 경우에는 오히려 복잡한 분포인 비중심 F 분포(noncentral F distribution)를 이룬다. 이에 대한 설명은 생략한다. 검정통계량 F값을 통해서 귀무가설의 채택 여부를 결정한다.

다음으로 F통계량은 식 (7-17)에 의해 계산하면 다음과 같다.

$$F=\frac{607.73/3}{226.00/11}=9.86$$

결과적으로 분산분석표를 만들면 아래와 같다.

[표 7-3] 일원분산분석표

원 천	제곱합(SS)	자유도(DF)	평균제곱	F
그룹간	607.73	3	202.578	9.86
그룹내	226.00	11	20.545	
합계	833.73	14		

위의 분산분석표를 이용하여 $\alpha = 0.05$의 유의수준에서 가설검정을 실시하기로 하자.

$$H_0 : \mu_1 = \mu_2 = \mu_3 = \mu_4$$

H_0 : 네 평균이 반드시 같지는 않다.

유의수준이 0.05란 것은 경영자가 제1종 오류를 범하는 위험을 5%로 통제하고자 하는 수준이다. 그러면 $F(0.05;3,11)$의 값을 찾으면 이 값은 3.59이다. 검정통계량의 값이 F=3.59이므로 귀무가설을 기각하고 대체가설을 채택한다. 따라서 '네 회사의 고객만족도는 반드시 같지는 않다.'라는 결론을 $\alpha = 0.05$에서 내릴 수 있다. 분석자는 만족도 차이를 발견하여야 할 것이다. ■

2) R을 이용한 예제 풀이

예제 대한 컨설팅은 스마트폰 제작사 주요 4개사의 만족도를 조사하였다. 스마트폰 회사의 종류는 com1, com2, com3, com4이며, 특정 시점에 고객만족도를 조사하였다. 다음 표는 각 회사별 고객충성도를 조사한 결과이다.

[표 7-4] 회사별 만족도

	com1	com2	com3	com4
고객만족도 (satis)	87	71	66	65
	85	82	74	69
	78	75	79	67
	82	80		63

이와 같은 자료가 주어졌다고 하였을 때, 세 기계의 효과가 같은지 여부를 $\alpha = 0.05$에서 검정하고자 한다.

[풀이] R 프로그램에서 일원분산분석을 실행하기 위해서 앞의 완전 랜덤화 설계(Completely Randomized Design) 데이터를 다음과 같은 프레임워크로 입력한다. 완전 랜덤화 설계는 한 변수의 영향을 조사하기 위하여 변수의 각 수준의 모든 조합에서 실험이 행해지며, 실험순서,

실험단위가 완전히 무작위로 행해지는 실험을 말한다.

	A	B
1	com	satis
2	com1	87
3	com1	85
4	com1	78
5	com1	82
6	com2	71
7	com2	82
8	com2	75
9	com2	80
10	com3	66
11	com3	74
12	com3	79
13	com4	65
14	com4	69
15	com4	67
16	com4	63

[그림 7-1] 데이터 입력 [데이터] ch71.R

일원분산분석을 위해서 R 프로그램에서 다음과 같이 입력한다.

```
# One Way Anova (Completely Randomized Design)
ch71=read.csv("D:/data/ch71.csv")
fit=aov(satis~com,data=ch71)
anova(fit)
# Description statistics
with(ch71, tapply(satis,com,mean))
# Boxplot graph
boxplot(satis~com,col="red",data=ch71)
```

[그림 7-2] 일원분산분석 명령어

앞의 명령문을 실행하면 다음과 같은 결과를 얻을 수 있다.

```
> anova(fit)
Analysis of Variance Table

Response: satis
          Df Sum Sq Mean Sq F value   Pr(>F)
com        3 607.73 202.578    9.86 0.001887 **
Residuals 11 226.00  20.545
---
Signif. codes:  0 '***' 0.001 '**' 0.01 '*' 0.05 '.' 0.1 ' ' 1
> # Description statistics
> with(ch71, tapply(satis,com,mean))
com1 com2 com3 com4
  83   77   73   66
```

[그림 7-3] 일원분산분석 실행결과

결과 설명 분산분석표(Analysis of Variance Table)에 제시된 통계량을 이해하는 것은 매우 중요하다고 할 수 있다. 각 통계량은 앞에서 구한 결과와 동일한 것을 알 수 있다. F분포(3, 11, 0.05)의 임계치는 $3.59 < 9.860$이므로 네 회사의 만족도는 이 동일하다는 귀무가설은 기각된다. 이러한 결과 해석은 F분포의 유의확률(Pr(>F))은 $0.0018 < \alpha = 0.05$으로 재확인할 수 있다. [com1 com2 com3 com4 83 77 73 66]은 각 회사의 만족도 평균은 83, 77, 73, 66임을 알 수 있다.

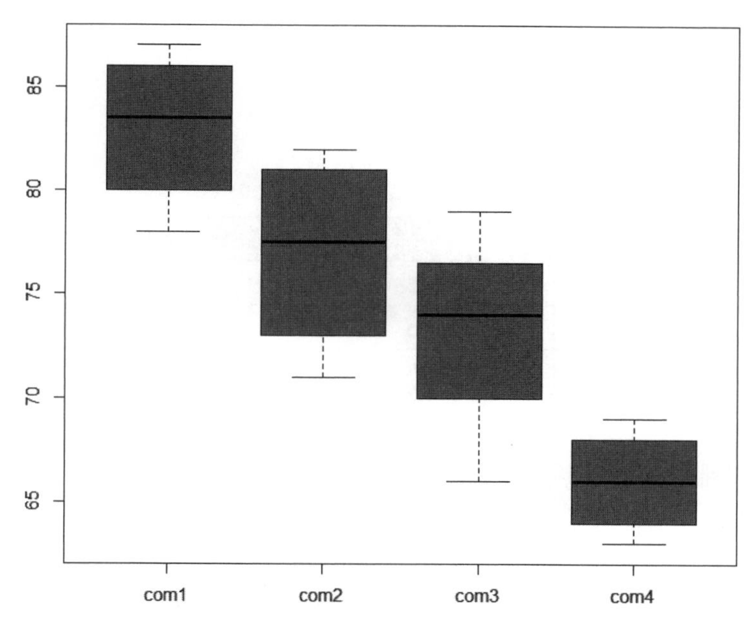

[그림 7-4] Box Plot 명령어 실행결과

결과 설명 boxplot(satis~com,col="red",data=ch71)의 명령어 실행 결과이다. 회사 1(com1), 회사 2(com2), 회사 3(com3), 회사 4(com) 순으로 만족도가 낮아짐을 알 수 있다.

2 이원분산분석

일원분산분석법으로 단순한 반복실험을 하는 것보다는 이원분산분석에 의한 방법이 더 많은 정보량을 제공하고 검정력도 좋아진다. 이원분산분석에서는 실험에서 반복이 없는 경우와 반복이 있는 경우를 차례로 알아보기로 하자.

2.1 반복이 없는 이원분산분석 모형

대일정밀의 경우 작업자를 경력에 따라 1년, 4년, 8년의 세 수준으로 나누었다고 하면 기계종류 또한 세 요인수준으로 나눈 상태에서는 3×3=9회 실험을 하게 된다. 이 실험에서 세

작업자는 세 기계에 임의로 각각 할당되어 작업을 하게 된다. 이런 경우를 난괴법(randomized block design)이라 하며, 그림으로 나타내면 다음과 같다.

[표 7-5] 난괴법에 의한 작업자 할당

	기계 I	기계 II	기계 III
작업자	1년	4년	8년
	4년	8년	4년
	8년	1년	1년

[표 7-6]은 대일정밀의 기계종류와 작업자 경력수준에 따라 생산량을 기록한 것이다.

[표 7-6] 생산실적표

작업자 \ 기계	기계 I	기계 II	기계 III	합	평균
1년	25	20	21	66	22
4년	28	22	19	69	23
8년	22	18	23	63	21
합	75	60	63	198	
평균	25	20	21		22

일원분산분석에서와 마찬가지로 이원분산분석에서도 모든 요인수준의 관찰치들은 서로 독립적이라고 가정한다. 두 가지 요인 중에서 요인 1인 기계종류는 g개의 수준을 가지며, 요인 2인 경력은 c개의 수준을 가지고 있는 실험계획을 생각해 보자. 예제 경우에 기계종류 요인은 3개, 그리고 작업자 유형도 3개의 요인수준을 가지고 있다. 이 경우에 유의할 것은 반복이 없는 실험계획이 이루어지고 있다는 점이다.

반복이 없는 경우의 실험계획모형

$$Y_{ij} = \mu + \alpha_i + \beta_j + \varepsilon_{ij} \qquad \cdots\cdots(\text{식 } 7-19)$$

여기서, Y_{ij} = 요인 1의 수준 i와 요인 2의 수준 j의 수준의 관찰치

μ = 전체평균

α_i = 요인 1의 고정된 효과

β_j = 요인 2의 고정된 효과

ε_{ij} = 요인수준 i와 요인 2의 수준 j에서의 오차항

$(i = 1, 2, \cdots, g, \ \ j = 1, 2, \cdots, c)$이며,

$\sum_{i=1}^{g}\alpha_i = \sum_{j=1}^{c}\beta_j = 0$이고 ε_{ij}는 독립적이며 $N(0, \sigma^2)$의 분포를 가진다.

반복측정이 없는 경우의 이원분산분석의 모형은 각 관찰치를 다음과 같이 네 개의 성분으로 분리할 수 있다.

$$Y_{ij} = \overline{Y} + (\overline{Y}_i - \overline{Y}) + (\overline{Y}_j - \overline{Y}) + (Y_{ij} - \overline{Y}_i - \overline{Y}_j + \overline{Y}) \qquad \cdots\cdots(7-20)$$

여기서, $\overline{Y}$ = 전체평균

$\overline{Y}_i$ = 요인1의 수준 i의 평균

$\overline{Y}_j$ = 요인2의 수준 j의 수준

식 (7−20)의 양변에서 $\overline{Y}$를 빼고 제곱한 후에 모든 경우를 더하면,

$$\sum_{i=1}^{g}\sum_{j=1}^{c}(Y_{ij} - \overline{Y})^2 = c\sum_{i=1}^{g}(\overline{Y}_i - \overline{Y})^2 + g\sum_{j=1}^{c}(\overline{Y}_j - \overline{Y}) + \sum_{i=1}^{g}\sum_{j=1}^{c}(Y_{ij} - \overline{Y}_i - \overline{Y}_j + \overline{Y})^2 \qquad \cdots\cdots(7-21)$$

이 되며, 따라서

$$SST = SSA + SSB + SSW$$

이다. 여기서 SSA는 요인 1의 제곱합이고 SSB는 요인2의 제곱합을 나타낸다.

반복측정이 없는 경우의 이원분산분석표를 만들면 다음과 같다.

[표 7-7] 반복측정이 없는 이원분산분석표

원천	제곱합(SS)	자유도(DF)	평균제곱(MS)	F
요인 1	$SSA = c\sum_{i=1}^{g}(\overline{Y}_i - \overline{Y})^2$	$g-1$	$MSA = \frac{SSA}{g-1}$	$\frac{MSA}{MSE}$
요인 2	$SSB = g\sum_{j=1}^{c}(\overline{Y}_j - \overline{Y})^2$	$c-1$	$MSB = \frac{SSB}{c-1}$	$\frac{MSB}{MSE}$
잔차	$SSW = \sum_{i=1}^{g}\sum_{j=1}^{c}(Y_i - \overline{Y}_i - \overline{Y}_j + \overline{Y})^2$	$(g-1)(c-1)$	$MSE = \frac{SSW}{(g-1)(c-1)}$	
합계	$SST = \sum_{i=1}^{g}\sum_{j=1}^{c}(\overline{Y}_{ij} - \overline{Y})^2$	$gc-1$		

우리가 요인 1 수준의 평균들이 같은지 여부에 관심을 가진다면, 가설은 다음과 같다.

$H_0 : \mu_1 = \mu_2 = \cdots \mu_g$

H_1 : 모든 평균이 반드시 같지는 않다.

또는

$H_0 : \alpha_1 = \alpha_2 = \cdots \alpha_g$

H_1 : 적어도 하나는 0이 아니다.

이제 앞에서 든 [표 7-8]의 예제 제곱합을 구해 보자.

SST(총합) $= (25-22)^2+(28-22)^2+\cdots+(23-22)^2 = 76$

SSA(기계) $= 3[(25-22)^2+(20-22)^2+(21-22)^2] = 42$

SSB(작업자) $= 3[(22-22)^2+(23-22)^2+(21-22)^2] = 6$

SSW(잔차) $= (25-25-22+22)^2+(28-25-23+22)^2+\cdots+(23-21-21+22)^2 = 28$

분석표를 만들기 전에 제곱합에 대한 다른 방법을 소개하면 다음과 같다. 이 계산방법은 앞의 것과 같은 결과를 준다.

$$SST = (25^2+28^2+\cdots+23^2)-(198^2/9) = 76$$

$$SSA = (75^2+60^2+63^2)/3-(198^2/9) = 42$$

$$SSB = (66^2+69^2+63^2)/3-(198^2/9) = 6$$

$$SSW = (25^2+28^2+\cdots+23^2)-(75^2+60^2+63^2)/3-(66^2+69^2+63^2)/3+(198^2/9) = 28$$

위의 제곱합 계산을 근거로 하여 반복측정이 없는 경우의 이원분산분석표를 만들면 다음과 같다.

[표 7-8] 대일정밀의 이원분산분석표

원천	제곱합(SS)	자유도(DF)	평균제곱	F	F(0.05)
기계	42	2	21	3.0	6.94
작업자	6	2	3	0.43	6.94
잔차	28	4	7		
합계	76	8			

분산분석표를 근거로 기계와 작업자에 대한 가설검정을 각각 실시하면 어느 요인도 생산량에 유의한 영향을 미치지 못한다는 결론을 유의수준 5%에서 내릴 수 있다. 즉, 이 경우에 보면 각 종류의 기계에 의하여 생산된 양은 같다고 보며 또한 각 작업자에 의한 평균생산량은 같다고 볼 수 있다.

1) R을 이용한 예제 풀이

우선 데이터를 엑셀에서 다음과 같이 입력해야 한다. 데이터 저장은 ch72.csv이다.

machine	worker	yield
m1	worker1	25
m2	worker1	20
m3	worker1	21
m1	worker4	28
m2	worker4	22
m3	worker4	19
m1	worker8	22
m2	worker8	18
m3	worker8	23

[그림 7-5] 데이터 입력 [데이터] ch72.csv

이어 다음과 같은 명령어를 입력한다.

```
# Randomized Block Design (B is the blocking factor)
ch72=read.csv("D:/data/ch72.csv")
fit <- aov(yield ~ worker+machine, data=ch72)
anova(fit)
# Description Statistics
tapply(yield, worker, mean)
tapply(yield, machine, mean)
tapply(yield, list(worker,machine), mean)
# Boxplot graph
boxplot(yield ~ worker + machine,col="red",data=ch72)
# diagnostic plots
plot(fit)
```

[그림 7-6] 반복이 없는 이원분산분석 명령어 입력 [데이터] ch72.R

명령어를 실행하면 다음과 같은 결과를 얻을 수 있다.

```
Analysis of Variance Table

Response: yield
          Df Sum Sq Mean Sq F value Pr(>F)
worker     2      6       3  0.4286 0.6782
machine    2     42      21  3.0000 0.1600
Residuals  4     28       7
```

[그림 7-7] 반복이 없는 이원분산분석 실행결과

결과 설명 [Worker 자유도(Df) 2, 제곱합(Sum Sq) 6, 평균제곱(Mean Sq) 3, F비(F Value) .4286, Pr(>F) 0.6782] 작업자에 대한 F통계량 = 0.429, Sig. = 0.6782 > α = 0.05이므로 작업자는 생산량에 유의한 영향을 미치지 못하는 것으로 나타났다. 즉, 귀무가설(H_0)을 채택하게 된다.

[machine 자유도(Df) 2, 제곱합(Sum Sq) 42, 평균제곱(Mean Sq) 21, F비(F Value) 3.0000, Pr(>F) 0.1600] 기계에 대한 F 통계량 = 3.000, P-값 = 0.160 > α = 0.05이므로 기계는 생산량에 유의한 영향을 미치지 못하는 것으로 나타났다. 즉, 귀무가설(H_0)을 채택하게 된다.

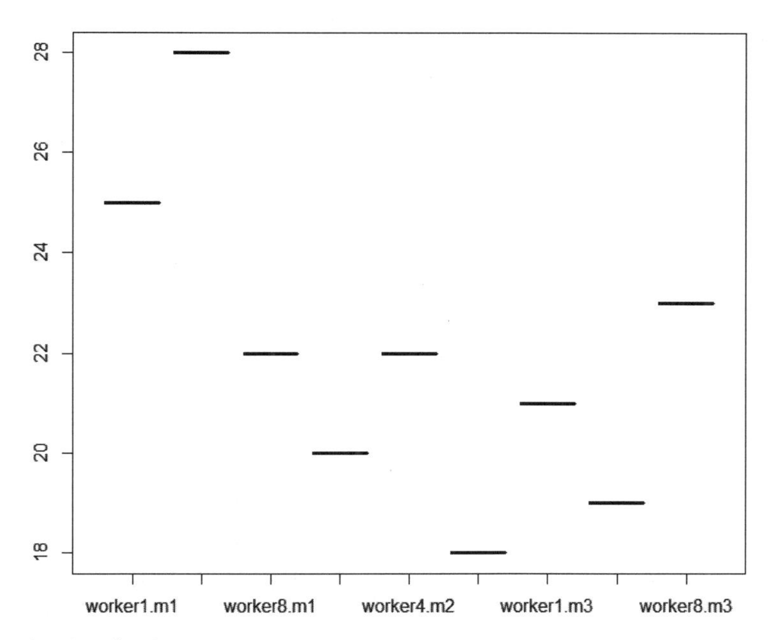

[그림 7-8] 평균도표

결과 설명 데이터로 입력된 자료가 그림으로 나타나 있다.

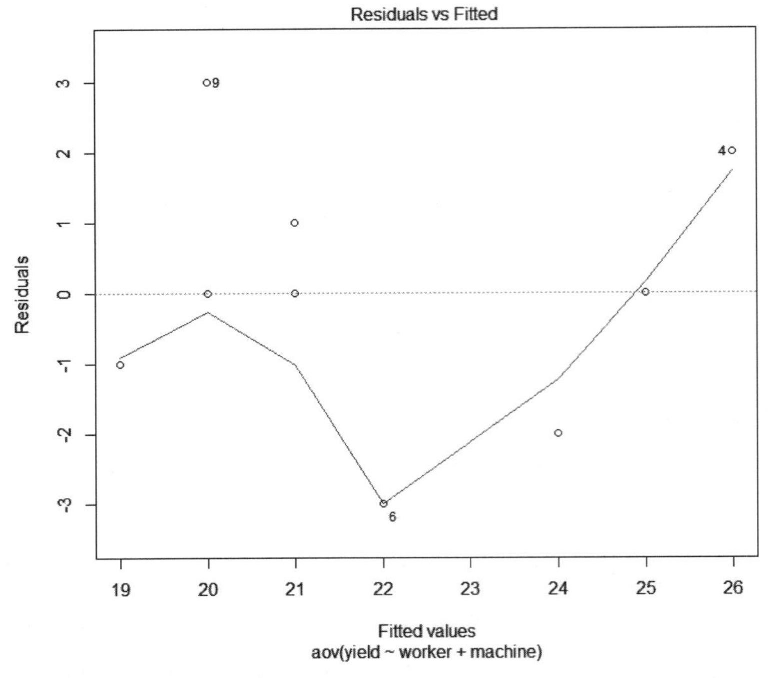

결과 설명

Fitted values가 커짐에 따라 Residuals가 커짐을 알 수 있다.

[그림 7-9] 진단(Diagnosis) 1

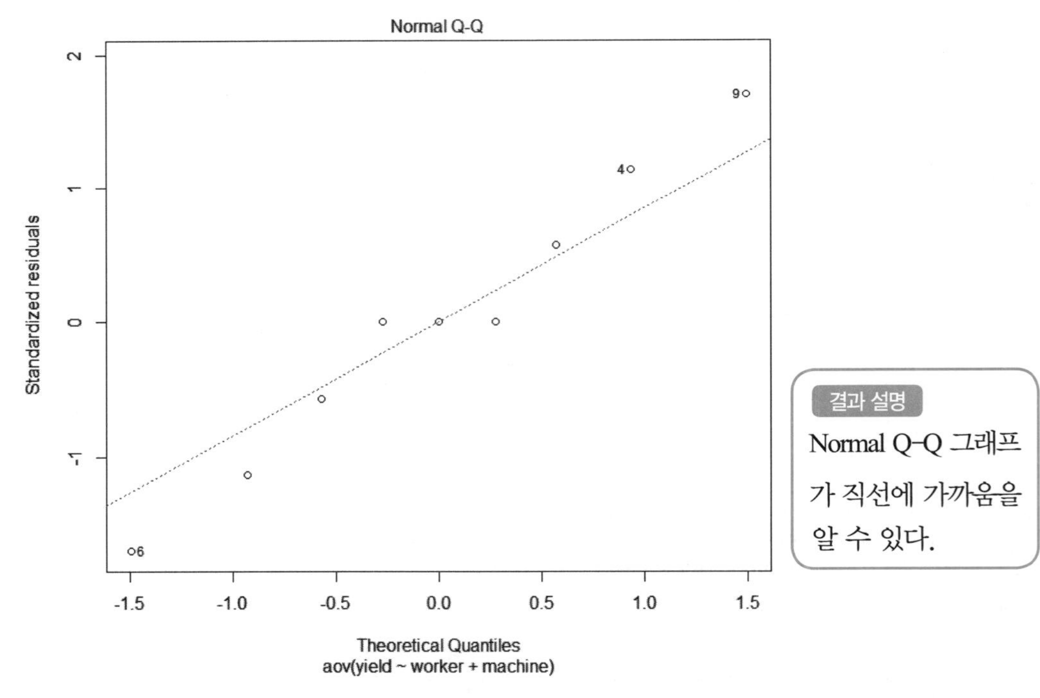

[그림 7-10] 진단(Diagnosis) 2

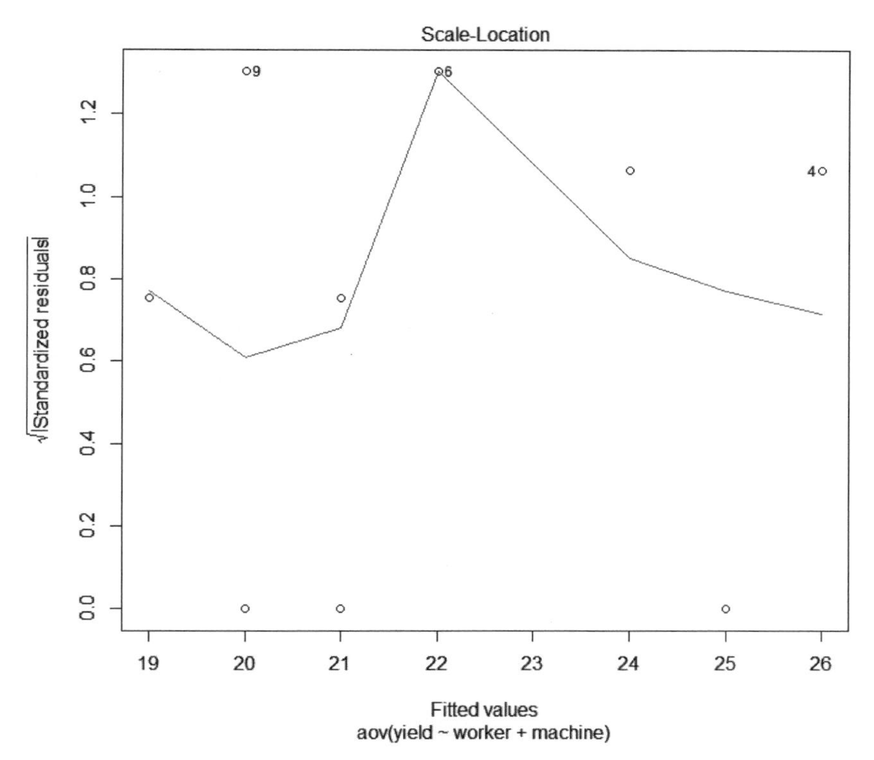

[그림 7-11] 진단(Diagnosis) 3

결과 설명 Fitted values값이 낮은 값일 때는 $\sqrt{|\text{Standardized residuals}|}$가 높으나 Fitted values값이 높은 값일 때는 $\sqrt{|\text{Standardized residuals}|}$가 낮아짐을 알 수 있다.

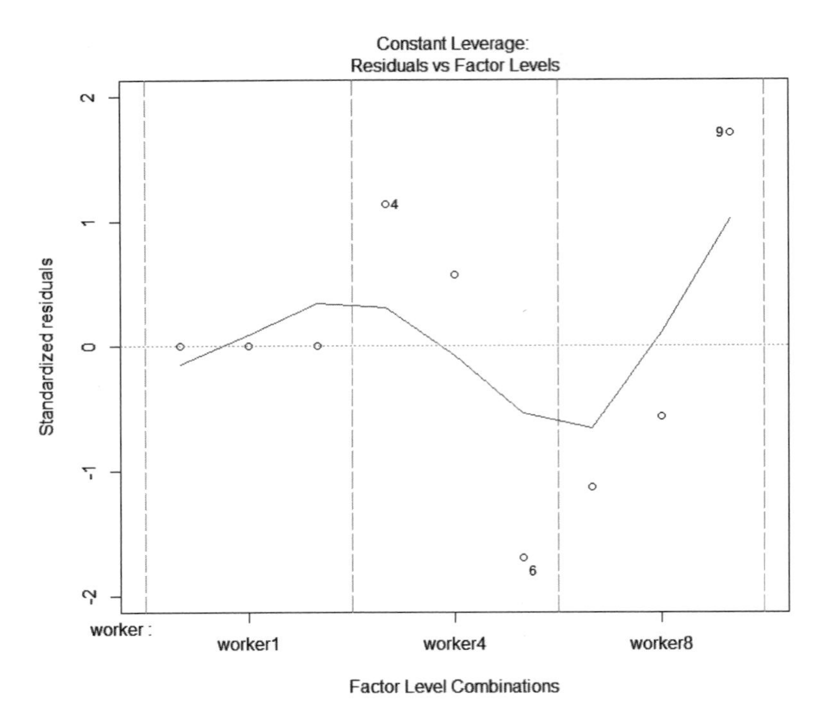

[그림 7-12] 진단(Diagnosis) 4

결과 설명 FFactor Level Combinations값이 낮은 값일 때는 $\sqrt{|\text{Standardized residuals}|}$가 높으나 Factor Level Combinations값이 높은 값일 때는 $\sqrt{|\text{Standardized residuals}|}$가 낮아짐을 알 수 있다. 종합적으로 볼 때 이러한 추세는 등분산이 동일하다는 기본 가정에 크게 위배되지 않음을 알 수 있다.

2.2 반복이 있는 이원분산분석 모형

1) 기본 설명

반복이 있는 경우의 실험계획모형은 반복이 없는 경우와 다르게 고려되어야 한다. 이제 두 요인, 즉 요인 1과 요인 2를 가진 실험계획을 생각해 보자. 요인 1은 g개의 수준을 가지고 있고, 요인 2는 c개의 수준을 가지고 있다고 하자. 그리고 두 요인의 조합 총개수 $g \times c$에는 각각 h개의 독립적이면서 반복적인 관찰치가 있다. 예를 들어, 어느 화학공장의 수율

(yield)을 연구한다고 하자. 가장 중요한 변수로 압력과 온도가 선택되었다. 압력에는 3개 요인수준, 온도에는 2개의 요인수준이 고려되었다. 각 요인수준의 조합에서는 3회의 실험이 실시되었다. 수율자료는 [표 7-9]와 같다.

[표 7-9] 화학공장의 수율자료

온도 \ 압력	200	250	300
저온	98	108	104
	89	99	111
	86	114	100
고온	99	115	106
	102	109	99
	102	121	92

이제 Y_{ijk}를 요인 1의 수준 i와 요인 2의 수준 j에서의 k번째 관찰치라고 하자. 연구되는 모형이 요인수준들의 각 조합에서 h개의 반복되는 반응치를 가진다면, 우리는 두 요인들의 상호작용을 조사할 필요가 있다. 이것은 반복이 있는 실험계획의 특색이다.

반복이 있는 경우의 실험계획 모형

$$Y_{ijk} = \mu + \alpha_i + \beta_j + \varepsilon_{ijk} \qquad \cdots\cdots(\text{식 } 7-22)$$

μ = 전체평균

α_i = 요인 1의 고정된 효과

β_j = 요인 2의 고정된 효과

$\alpha\beta_{ij}$ = 요인 1과 요인 2의 상호작용효과

ε_{ijk} = 오차항

$\sum\limits_{i=1} \alpha_i = \sum\limits_{j=1} \beta_j = 0$이고 ε_{ij}는 독립적이며 $N(0, \sigma^2)$의 분포를 가진다.

$(i = 1, 2, \cdots, g, \;\; j = 1, 2, \cdots, c, \;\; k=1, 2, \cdots, h)$이며,

$\sum\limits_{i=1}^{g} \alpha_i = \sum\limits_{j=1}^{c} \beta_j = \sum\limits_{j=1}^{c} \alpha\beta_{ij} = 0$이고 ε_{ijk}는 독립적이며 $N(0, \sigma^2)$의 분포를 가진 확률변수이다.

그러므로 요인 1의 i번째 수준과 요인 2의 j번째 수준에서의 기대치는 다음과 같다.

$$E(Y_{ijk}) = \mu + \alpha_i + \beta_j + \alpha\beta_{ij} \qquad \cdots\cdots(\text{식 } 7-23)$$

(평균반응) (전체평균)(요인 1의 주요효과) (요인 2의 주요효과) (요인 1과 요인 2의 상호효과)

식 (7−23)에서 α와 β는 각각 주요작용(main effect)이라 하고 $\alpha\beta$는 상호작용효과(interaction effect)라 한다. 상호작용이 있다는 것은 요인효과들은 부가적이 아니며 두 요인들 사이의 복잡한 작용이 있다는 것을 의미한다. 이 상호작용에 대한 해석이 곤란할 때도 가끔 있다.

두 요인 사이에 상호작용이 있는지 여부를 알려면 우선적으로 두 요인의 모든 수준들과 기대 반응치를 그림으로 살펴보면 알 수 있다. [그림 7−13]에서 보면 두 요인의 조합들은 직선으로 연결되어 있다. 이 꺾은선 그림을 프로파일(profile)이라고 하는데, 이것들은 각 요인에 대하여 만들어진다. 프로파일을 통하여 자료를 분석하는 것을 프로파일 분석이라고 한다.

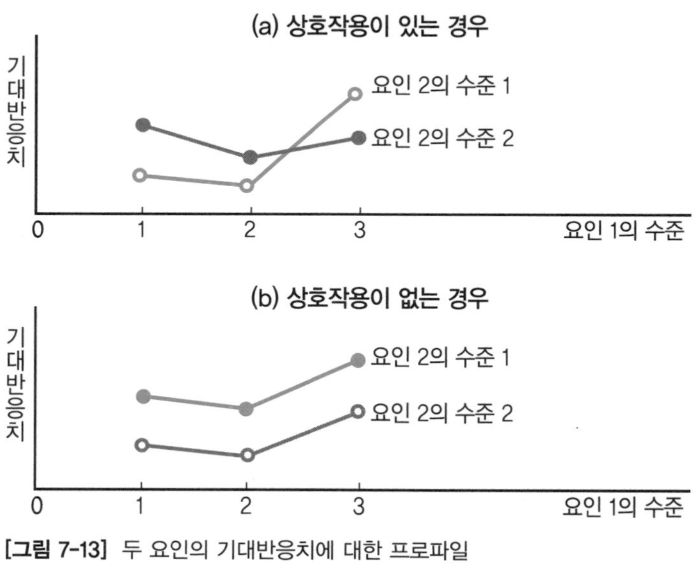

[그림 7-13] 두 요인의 기대반응치에 대한 프로파일

[그림 7−13]에서 (a)와 (b)의 차이는 (a)의 경우 꺾은선이 교차하였으나 (b)의 경우는 평행선으로 그어져 있다는 점이다, 프로파일이 평행인 경우에는 상호작용이 없다고 보며, 심하게 평행이 아니거나 교차하는 경우에는 상호작용이 있다고 추측할 수 있다. 따라서 실험계획모형에서 (a)의 경우에는 $\alpha\beta$를 그대로 유지하나, (b)의 경우에는 $\alpha\beta$를 제거한다. 이와 같

이 프로파일 분석은 자료를 일차적으로 분석하는 데 유용하게 쓰인다.

화학공장의 예를 평균치에 의하여 프로파일을 나타내 보자. 압력을 요인 1, 온도를 요인 2 라고 하면 다음과 같다.

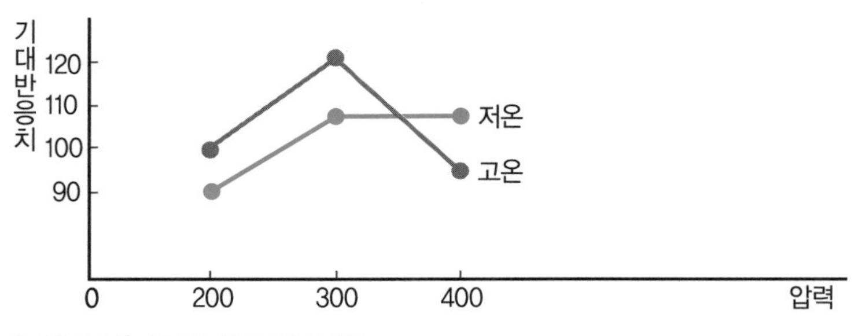

[그림 7-14] 평균수율의 프로파일

위 그림에서 두 꺾은선이 교차하게 되어 우리는 압력요인과 온도요인 사이에 상호작용이 있음을 추측할 수 있다. 따라서 $\alpha\beta \neq 0$이므로 이 자료에 대한 모형은 식 (7−23)이 된다. 만일에 상호작용이 없다면 $\alpha\beta = 0$가 되어, 식 (7−23)은,

$$E(Y_{ijk}) = \mu + \alpha_i + \beta_j + \alpha\beta_{ijk} \qquad \cdots\cdots(\text{식 } 7-24)$$

과 같은 축소모형이 된다.

반복측정이 있는 경우에 각 관찰치를 (식 7−24)와 같은 방법으로 네 개의 성분으로 분리하면 다음과 같다.

$$Y_{ijk} = \overline{Y} + (\overline{Y}_i - \overline{Y}) + (\overline{Y}_j - \overline{Y}) + (\overline{Y}_{ij} - \overline{Y}_i - \overline{Y}_j + \overline{Y}) + (Y_{ijk} - \overline{Y}_{ij}) \qquad \cdots\cdots(\text{식 } 7-25)$$

여기서, $\overline{Y}$ = 전체평균

$\overline{Y}_i$ = 요인1의 수준 i의 평균

$\overline{Y}_j$ = 요인2의 수준 j의 수준

$\overline{Y}_{ij}$ = 요인1의 수준 j와 요인수준 2의 수준 j의 평균

식 (7−24)의 경우와 마찬가지로 식 (7−25)에서

$$\sum_{i=1}^{g}\sum_{j=1}^{c}\sum_{k=1}^{h}(Y_{ijk}-\overline{Y})^2 = ch\sum_{i=1}^{g}(\overline{Y}_i-\overline{Y})^2 + gh\sum_{j=1}^{c}(\overline{Y}_j-\overline{Y})^2 + h\sum_{i=1}^{g}\sum_{j=1}^{c}(\overline{Y}_{ij}-\overline{Y}_i-\overline{Y}_j+\overline{Y})^2 + \sum_{i=1}^{g}\sum_{j=1}^{c}\sum_{k=1}^{h}(Y_{ijk}-\overline{Y}_{ij})^2 \quad \cdots\cdots(\text{식 } 7\text{–}26)$$

이 되며, 따라서

$$SST = SSA + SSB + SSAB + SSW \quad \cdots\cdots(\text{식 } 7\text{–}27)$$

가 된다.

두 요인과 상호작용에 대한 분산분석표를 만들면 다음과 같다.

[표 7-10] 반복이 있는 이원분산분석표

원천	제곱합(SS)	자유도(DF)	평균제곱(MS)	F
요인 1	$SSA = ch\sum_{i=1}^{g}(\overline{Y}_i-\overline{Y})^2$	$g-1$	$MSA = \frac{SSA}{g-1}$	$\frac{MSA}{MSW}$
요인 2	$SSB = gh\sum_{j=1}^{c}(\overline{Y}_j-\overline{Y})^2$	$c-1$	$MSB = \frac{SSB}{c-1}$	$\frac{MSB}{MSW}$
상호작용	$SSAB = h\sum_{i=1}^{g}\sum_{j=1}^{c}(Y_i-\overline{Y}_i-\overline{Y}_j+\overline{Y})^2$	$(g-1)(c-1)$	$MSAB = \frac{SSAB}{(g-1)(c-1)}$	$\frac{MSSAB}{MSW}$
잔차	$SSW = \sum_{i=1}^{g}\sum_{j=1}^{c}\sum_{k=1}^{h}(Y_{ijk}-\overline{Y}_{ij})^2$	$gc(h-1)$	$MSW = \frac{SSW}{gc(h-1)}$	
합계	$SST = \sum_{i=1}^{g}\sum_{j=1}^{c}\sum_{k=1}^{h}(Y_{ijk}-\overline{Y})^2$	$gch-1$		

이원분산분석의 경우에 다음과 같은 단계를 밟아가면서 자료를 분석하면 유용하다.

■ **분산분석의 절차**

1단계 : 두 요인에 상호작용이 있는지 조사한다.

2단계 : 만일 상호작용이 없으면, 두 요인을 따로 분석하여 하나씩 조사한다.

3단계 : 만일 상호작용이 중요하지 않으면 단계 2로 간다.

4단계 : 만일 상호작용이 중요하면 그 자료를 의미 있게 변환하여 그 상호작용을 중요하지 않게 만들 수 있는가를 결정한다. 만일 그렇게 할 수 있다면 자료를 변경한 후에 단계 2로 간다.

5단계 : 자료의 의미 있는 변환으로도 상호작용이 중요하다면 두 요인 효과를 합동으로 분석한다.

화학공장의 예에 대하여 가설검정을 실시하여 보자. 먼저 압력과 온도의 두 요인 사이에 상호작용이 있는지 여부를 검정하기 위하여 가설을 세우면 다음과 같다.

H_0 : 모든 $\alpha = 0(i = 1, 2 ; j = 1, 2, 3)$

H_1 : 모든 α_{ij}는 반드시 0이 아니다.

다음으로 요인 1인 압력의 주요효과에 대한 가설을 세우면 다음과 같다.

H_0 : $\mu_1 = \mu_2 = \mu_3$

H_1 : 세 평균이 반드시 같지 않다.

또는

H_0 : $\alpha_0 = \alpha_2 = \alpha_3 = 0$

$H_{1:}$세 α 모두가 반드시 0은 아니다.

끝으로 요인 2인 온도의 주요효과에 대한 가설은 다음과 같다.

H_0 : $\mu_1 = \mu_2$

H_1 : $\mu_1 \neq \mu_2$

또는

H_0 : $\beta_1 = \beta_2 = 0$

H_1 : 두 β 모두가 반드시 0은 아니다.

2) R을 이용한 예제 풀이

예제 어느 화학공장의 수율(yield)을 연구한다고 하자. 가장 중요한 변수로 압력과 온도가 선택되었다. 압력에는 3개 요인수준, 온도에는 2개의 요인수준이 고려되었다. 각 요인수준의 조합에서는 3회의 실험이 실시되었다. 수율자료는 [표 7-11]과 같다. R 프로그램을 이용하여 온도와 압력에 따라 수율의 차이가 있는지 $\alpha = 0.05$에서 가설검정하여라. 또한 온도와 압력의 상호작용항이 $\alpha = 0.05$에서 유의한지 가설검정하여라.

[표 7-11] 화학공장의 수율자료

온도 \ 압력	200	250	300
저온	98	108	104
	89	99	111
	86	114	100
고온	99	115	106
	102	109	99
	102	121	92

[풀이] 우선 다음과 같이 데이터를 엑셀에서 입력한다. 여기서 tem은 온도, pre은 압력, yield는 수율을 나타내는 변수이다.

	A	B	C	D	E	F	G	H	I	J	K
1	tem	pre	yield								
2	low	p200	98								
3	low	p200	89								
4	low	p200	86								
5	high	p200	99								
6	high	p200	102								
7	high	p200	102								
8	low	p250	108								
9	low	p250	99								
10	low	p250	114								
11	high	p250	115								
12	high	p250	109								
13	high	p250	121								
14	low	p300	104								
15	low	p300	111								
16	low	p300	100								
17	high	p300	106								
18	high	p300	99								
19	high	p300	92								

[그림 7-15] 데이터 입력 [데이터] ch73.csv

이어, R studio를 실행하고 다음과 같이 입력한다.

```
ch73=read.csv("D:/data/ch73.csv")
# Anova
fit <- aov(yield ~ tem+pre+tem*pre, data=ch73)
anova(fit)

# Description Statistics
with(ch73, tapply(yield, tem, mean))
with(ch73, tapply(yield, pre, mean))

# generate dataset
library(plyr)
nd<-ddply(ch73, c("pre", "tem"), summarise, nyield=mean(yield))

# interaction plots
library(ggplot2)
ggplot(nd,  aes(x = pre, y =nyield, color = tem, group=tem)) + geom_line()
```

[그림 7-16] 명령문 입력 [데이터] ch73.R

ch73=read.csv("D:/data/ch73.csv")는 ch73.csv 파일을 불러오라는 명령어이다. 이어 분산분석을 실시하는 fit <−aov(yield ~ tem+pre+tem*pre, data=ch73), anova(fit) 명령어를 입력하였다. 분산분석을 실시하기 위해서 aov(종속변수 ~ 독립변수1+독립변수2+상호작용항, 데이터=ch73)를 입력하도록 한다. 분산분석표 작성 시 aov 대신 회귀분석에서 사용하는 lm을 이용해도 된다. 기술통계량(Description Statistics)을 알아보기 위한 명령어를 입력하였다. with(ch73, tapply(yield, tem, mean)), with(ch73, tapply(yield, pre, mean))이다.

기술통계량 데이터를 시각화하기 위해서 우선 데이터를 정리할 필요가 있다. 이를 위해서는 plyR 패키지를 설치해야 한다. plyr 패키지는 Hadley Wickham가 제작한 데이터 처리에 특화된 R 패키지이다. plyR 패키지를 이용하면 데이터 처리과정을 쉽게 할 수 있다. plyr은 C++로 작성되어 불필요한 함수를 불러오지 않기 때문에 매우 빠른 처리 속도를 자랑한다. 분석자는 사전에 plyR 프로그램을 설치하고 library(plyr)를 입력한다면 데이터를 생성하기 위해서 다음과 같은 nd<−ddply(ch73, c("pre", "tem"), summarise, nyield=mean(yield)) 명령어를 입력한다. 이어 평균에 대한 시각화 그림을 생성하기 위해서 ggplot2를 설치하고 library(ggplot2)를 입력한다. 곧이어 ggplot(nd, aes(x = pre, y =nyield, color = tem, group=tem)) + geom_line() 도 입력하고 나서 실행을 할 수 있다.

```
Analysis of Variance Table

Response: yield
          Df Sum Sq Mean Sq F value    Pr(>F)
tem        1     72   72.00  2.0093  0.181776
pre        2    684  342.00  9.5442  0.003307 **
tem:pre    2    228  114.00  3.1814  0.077885 .
Residuals 12    430   35.83
```

[그림 7-17] 분산분석표

결과 설명 위의 분산분석표를 이용한 온도(tem)와 압력(pre)의 주요 효과와 상호작용효과의 유의성은 F검정 결과를 통해서 해석이 가능하다. 온도는 Sig = 0.182 > α = 0.05이므로 수율에 유의한 영향을 미치지 못하는 것으로 나타났다. 압력은 Sig = 0.003 < α = 0.05이므로 수율에 유의한 영향을 미치는 것으로 나타났다. 온도와 압력의 상호작용(tem:pre)에 대한 결론은 Sig = 0.078 > α = 0.05이므로, H_0 : '온도와 압력의 두 요인에 상호작용이 없다'는 귀무가설을 채택하여 두 요인은 상호작용은 없는 것으로 나타났다. 즉, 상호작용은 중요하지 않다고 해석하면 된다.

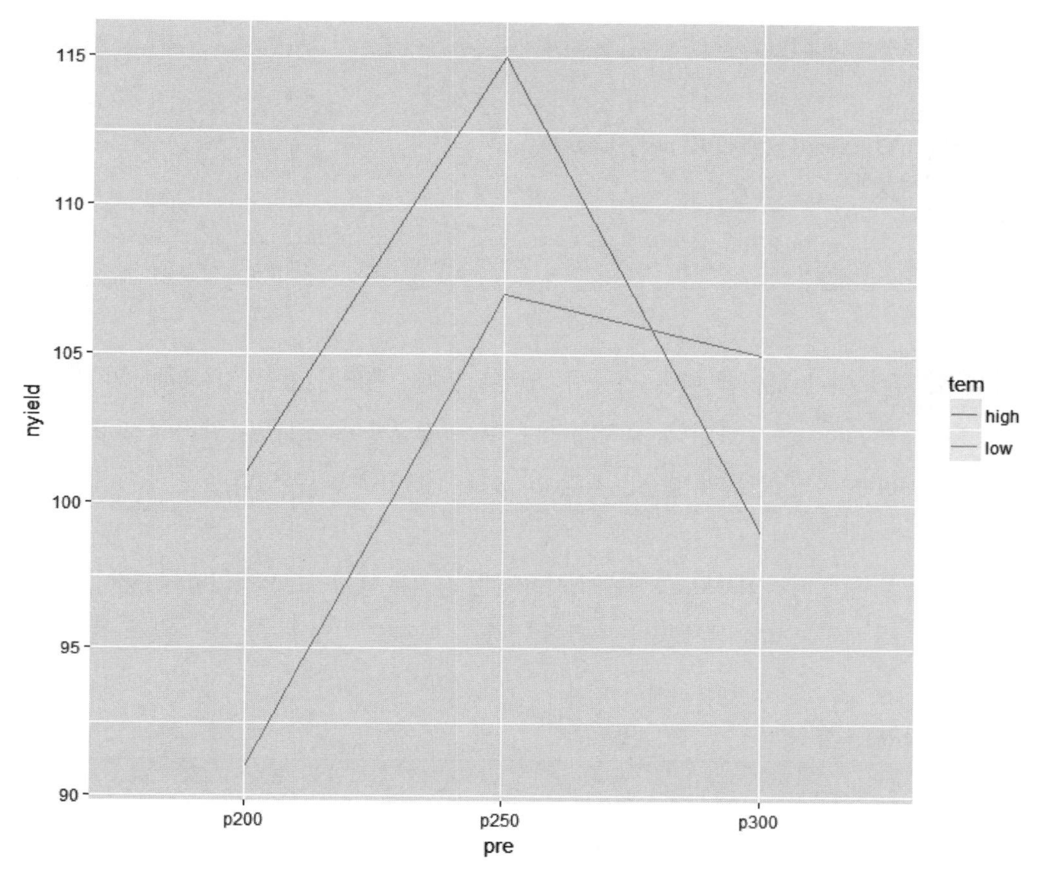

[그림 7-18] 상호작용 여부

결과 설명 온도가 낮은 경우와 높은 경우의 꺾은선이 뒷부분에서 교차함을 알 수 있다. 즉, 꺾은선이 심하게 평행이 아니거나 교차하는 경우에 해당되기 때문에 상호작용이 있다($\alpha = 0.1$)고 추측할 수 있다. 분산분석 명령어를 입력할 경우 상호작용항 $\alpha\beta$을 유지하도록 한다.

```
> with(ch73, tapply(yield, tem, mean))
high  low
 105  101
> with(ch73, tapply(yield, pre, mean))
p200 p250 p300
  96  111  102
```

[그림 7-19] 기술통계량

결과 설명 온도의 높낮이에 따른 평균이 나타나 있다. 온도가 높은 경우(high)의 평균은 105, 낮은 경우(low)는 101이다. 압력(pre)에 따른 평균을 살펴보면, 압력이 200(p200), 250(p250), 300(p300)인 경우의 평균은 각각 96, 111, 102임을 알 수 있다.

분산분석 모형에 따라 R 프로그램에서 사용되는 공식은 다음 표로 정리할 수 있다. 이 내용을 이해하면 분산분석을 실시할 때 도움이 된다.

[표 7-12] 분산분석모형 공식

모형	공식
일원분산분석	Y(종속변수) ~ A(독립변수)
일원공분산분석(1개 공변량)	Y ~ x + A
이원 팩토리얼 ANOVA	Y ~ A*B
이원 팩토리얼 ANCOVA(2개 공변량)	Y ~ x1 + x2 + A*B
랜덤화 블록 디자인	Y ~ B + A(여기서 B는 블록 요인)
일원 그룹간 ANOVA	Y ~ A + Error(사람/A)
1개 그룹(w)과 1개 그룹간 요인(B) 반복측정 ANOVA	Y ~ B*W + Error(사람/W)

연습문제

1. 세 종류의 페인트가 마르는 시간이 동일하다고 하는 제조업자의 주장을 확인하기 위하여 각각 4개의 표본을 실험하였다. 두 번째의 칠을 할 수 있을 정도로 충분히 마를 때까지 걸리는 시간(단위:분)이 조사되었고, 결과는 다음과 같다. $\alpha = 0.05$에서 평균시간이 같은지 여부를 검정하라.

페인트		
가	나	다
140	139	141
125	135	129
124	120	115
151	118	123

2. A사는 3개 회사에서 제조된 기계를 각각 1대씩 구입하여 이들 중 어느 회사 기계가 제품을 생산하는 데 있어 가장 우수한지의 여부를 결정하려고 한다. 기계 자체의 성능을 제외하고는 제품생산에 주어진 다른 여건은 동일하다고 한다. 각 기계를 5번씩 가동시켜 시간당 생상량을 관측한 결과 다음과 같다. $\alpha = 0.05$에서 검정하라.

기계		
A	B	C
25	31	24
30	39	30
36	38	28
38	42	25
31	35	28

3. 세 종류의 사과나무(A_1, A_2, A_3)의 산출량에 대한 네 종류의 비료의 효과를 결정하려는 실험이 이루어졌다. 네 종류의 비료는 각 사과나무에 무작위로 선택되었으며 필요한 만큼만 뿌려졌다. 실험기간 후에 사과 산출량이 얻어졌다. 그 결과는 다음과 같다.

사과나무 \ 비료	1	2	3	4
A_1	129	150	143	154
A_2	141	158	142	171
A_3	165	184	168	191

분석표를 만들고 $\alpha = 0.05$에서 그 결과를 요약하라.

4. 어떤 화학반응에서 반응압력은 1, 2 기압의 두 가지 수준으로 반응시간을 10분, 20분, 30분의 세 가지 수준으로 하여 각 2회 실험하였다. 그 결과 다음과 같은 회수율(%)을 얻었다. 이 자료를 $\alpha = 0.01$에서 분석하라.

반응시간 \ 기압	1	2
10	75 73	75 81
20	74 76	76 78
30	79 77	80 78

8장

분산분석 II

학습목표

1. 공변량분산분석(Analysis of Covariance)을 이해한다.
2. 반복측정이 있는 분산분산방법을 이해한다.
3. 다변량분산분석 방법을 이해한다.

1 공변량분산분석

1.1 기본 개념

분산분석에서 두 독립변수 간에 상호작용 여부가 밝혀지지 않았지만, 종속변수가 두 독립변수의 복합적인 관계에 의하여 영향을 받을 때가 있다. 이때 한 요인을 통제하고 다른 한 요인의 순수효과를 확인하기 위한 분석이 필요하다. 이와 같은 경우, 분석자는 회귀분석의 변형된 기법인 공분산분석(ANCOVA: Analysis of Variance)을 사용한다. 공변량분석은 질적인 독립변수와 양적인 독립변수를 동시에 분석하는 방법을 말한다. 이는 종속변수에 유의한 영향을 미치는 양적인 독립변수를 사전에 통제하고 질적인 독립변수와 종속변수간의 관계를 명확하게 규명하는 방법이다. 여기서 통제되는 양적인 독립변수를 공변량(covariate)라고 한다. 공변량이 포함된 분산분석 모형화로 나타내면 다음과 같다.

$$Y_{ij} = \mu + \alpha_i + \beta X_{ij} + \varepsilon_{ij} \qquad \cdots\cdots(식\ 8-1)$$

여기서, Y_{ij}=종속변수 관찰값, μ=전체평균, α_i=처리효과,
βX_{ij}=공변량 효과, ε_{ij}= 잔차를 나타냄.

공변량분산분석에서 요인과 공변량 간의 상호작용이 없는 것을 기본 가정으로 한다. 공변량분산분석 모형에서 양적인 독립변수를 공변량(covariate)이라고 한다.

1.2 R을 이용한 예제 풀이

예제 다음 자료는 1994년 미국 노스캘롤라이나주 로키 마운트에 소재하고 있는 농업 시험소에서 에이커당 산화칼륨(K2O)의 비료 시비량에 따른 면화강도를 측정한 자료이다. 실험의 처리(Treatment)인 산화칼륨의 양은 에이커당 36, 54, 72, 108, 144파운드로 하였다. 주된 실험의 목적은 이 다섯 개 처리 간의 효과 차이를 검정하는 것이다. 여기서 실험에 채택된 토질이 동질의 것이 아니라고 판단되어 15개의 실험장을 동질의 토지로 구성되어 있는 3개 블록으로 나누어 각 블록마다 5개의 처리를 랜덤하게 실험장에 시비하였다. 이 실험은 확률화블록계획법에 따라 실시하였다. 실험자료는 다음과 같다.

처리 / 블록	T1(36)	T2(54)	T3(72)	T4(108)	T5(144)
블록1	7.62(3.05)*	8.14(3.30)	7.76(3.10)	7.17(2.87)	7.46(2.98)
블록2	8.00(3.16)	8.15(3.30)	7.73(3.10)	7.57(3.03)	7.68(3.07)
블록3	7.93(3.17)	7.87(3.15)	7.74(3.10)	7.80(3.13)	7.21(2.85)

* ( )는 비옥도를 나타냄.

[풀이] R 프로그램에서 분석하기 전에 다음과 같이 데이터를 엑셀에서 입력한다.

	A	B	C	D	E	F	G	H	I	J	K
1	Block	treatment	fertility	strength							
2	b1	t1	3.05	7.62							
3	b1	t2	3.30	8.14							
4	b1	t3	3.10	7.76							
5	b1	t4	2.87	7.17							
6	b1	t5	2.98	7.46							
7	b2	t1	3.16	8.00							
8	b2	t2	3.30	8.15							
9	b2	t3	3.10	7.73							
10	b2	t4	3.03	7.57							
11	b2	t5	3.07	7.68							
12	b3	t1	3.17	7.93							
13	b3	t2	3.15	7.87							
14	b3	t3	3.10	7.74							
15	b3	t4	3.13	7.80							
16	b3	t5	2.85	7.21							

[그림 8-1] 데이터 입력 [데이터] ch81.csv

먼저 R studio에서 데이터를 불러오기를 하고 단순회귀분석을 실시한다.

```
ch81=read.csv("D:/data/ch81.csv")
# Simple linear Regression
fit <- lm(strength ~ fertility, data=ch81)
summary(fit) # show results
```

[그림 8-2] 단순회귀분석 [데이터] ch81.R

단순회귀분석을 실시하면 다음과 같은 결과를 얻을 수 있다.

```
Call:
lm(formula = strength ~ fertility, data = ch81)

Residuals:
      Min        1Q    Median        3Q       Max
-0.055711 -0.012219 -0.008166  0.013992  0.122114

Coefficients:
            Estimate Std. Error t value  Pr(>|t|)
(Intercept)  0.70411    0.28520   2.469    0.0282 *
fertility    2.27018    0.09219  24.626  2.71e-12 ***
---
Signif. codes:  0 '***' 0.001 '**' 0.01 '*' 0.05 '.' 0.1 ' ' 1

Residual standard error: 0.04363 on 13 degrees of freedom
Multiple R-squared:  0.979,    Adjusted R-squared:  0.9774
F-statistic: 606.4 on 1 and 13 DF,  p-value: 2.711e-12
```

[그림 8-3] 회귀분석 결과

결과 설명 비옥도(fertility)가 면화강도에 유의한 영향을 미치는 것을 알 수 있다(p=0.000 < α= 0.05). 따라서 분산분석을 실시할 경우 비옥도 변수를 공변량으로 지정할 수 있음을 알 수 있다.

이어, 1모형(fit)에서는 독립변수로 비옥도(fertility) 블록(block), 처리(treatment)를 투입하고 면화강도에 영향을 미치는 유의한 변수를 확인해 보자. 2모형(fit)에서는 독립변수로 블록

(block), 처리(treatment)를 투입하고 분석해 보자.

```
ch81=read.csv("D:/data/ch81.csv")
# Analysis of variance
fit <- aov(strength ~ fertility + block + treatment, data=ch81)
# Analysis of covariance
fit1 <- aov(strength ~ block + treatment, data=ch81)
anova(fit)
anova(fit1)
anova(fit,fit1)
```

[그림 8-4] 분산분석 명령어 [데이터] ch82.R

```
> anova(fit)
Analysis of Variance Table

Response: strength
          Df  Sum Sq Mean Sq  F value    Pr(>F)
fertility  1 1.15430 1.15430 783.3615 1.909e-08 ***
block      2 0.00341 0.00171   1.1574    0.3679
treatment  4 0.01102 0.00275   1.8694    0.2207
Residuals  7 0.01031 0.00147
---
Signif. codes:  0 '***' 0.001 '**' 0.01 '*' 0.05 '.' 0.1 ' ' 1
```

[그림 8-5] 공변량분산분석 결과

결과 설명 비옥도(fertility)는 종속변수인 면화강도(strength)에 $\alpha = 0.05$에서 유의한 영향을 미치는 것으로 나타났다(p=0.000< $\alpha = 0.05$). 블록(block)은 면화강도(strength)에 $\alpha = 0.05$에서 유의한 영향을 미치지 않는 것으로 나타났다(p=0.3679> $\alpha = 0.05$). 처리(treatment)는 면화강도(strength)에 $\alpha = 0.05$에서 유의한 영향을 미치지 않는 것으로 나타났다(p=0.2207> $\alpha = 0.05$).

```
> anova(fit1)
Analysis of Variance Table

Response: strength
           Df  Sum Sq  Mean Sq F value  Pr(>F)
block       2 0.09712 0.048560  1.1116 0.37499
treatment   4 0.73244 0.183110  4.1916 0.04037 *
Residuals   8 0.34948 0.043685
```

[그림 8-6] 공변량 제거 분산분석 결과

결과 설명 블록(block)은 면화강도(strength)에 $\alpha = 0.05$에서 유의한 영향을 미치지 않는 것으로 나타났다(p=0.37499 > $\alpha = 0.05$). 처리(treatment)는 면화강도(strength)에 $\alpha = 0.05$에서 유의한 영향을 미치는 것으로 나타났다(p=0.04 < $\alpha = 0.05$).

다음으로 1모형(Model 1: strength ~ fertility + block + treatment) 분석 결과와 2모형(Model 2: strength ~ block + treatment)을 비교하여 보자.

```
> anova(fit1,fit)
Analysis of Variance Table
Model 1: strength ~ block + treatment
Model 2: strength ~ fertility + block + treatment
Res.   Df      RSS      Df   Sum of Sq       F     Pr(>F)
1       8      0.34948
2       7      0.01031   1    0.33917      230.17   1.3e-06 ***
---
Signif. codes:  0 '***' 0.001 '**' 0.01 '*' 0.05 '.' 0.1 ' ' 1
```

[그림 8-7] 모형비교

결과 설명 모델1(Model 1)은 면화강도(strength)를 결정하는 독립변수로 블록(block), 처리(treatment)를 투입한 모델이다(strength ~ block + treatment). 모델2(Model 2)은 모델 1에 비옥도(fertility)를 투입한 경우이다(Model 2: strength ~ fertility + block + treatment). 비옥도를 투입한 모델2는 유의함을 알 수 있다(p=0.000 < $\alpha = 0.05$).

2 반복측정 분산분석

1.1 개념

반복측정(Repeated Measurement) 분산분석은 쌍체표본 t검정의 확장이다. 반복측정 분산분석은 동일 대상에 대하여 세 번 이상의 반복측정으로 실험효과를 확인하는 방법이다. 이 방법은 각 개체가 스스로를 통제하는 경우 개체 내 측정모델이라고 할 수 있다. 반복측정 실험설계의 장점은 개별적인 차이를 좋은 변동의 하나로 간주할 수 있고 이들의 유연성을 검사할 수 있다는 데 있다. 오차는 따라서 상당히 감소하며 반복측정 분산분석이 일반적인 그룹 내 분산분석에 비해 훨씬 뛰어난 검정을 갖게 된다.

2.2 R을 이용한 예제 풀이

예제 어느 대학에서는 학생들에게 경제신문 읽기와 집중토론을 실시하고 있다. 한 학기 동안 실행되었다. 학생들의 평소점수 측정은 프로그램 시작 전(m1), 한 달 후(m2), 두 달 후(m3) 등으로 세 번 실시하였다. 이 자료를 정리하면 다음과 같다.

id	m1	m2	m3
1	65	68	70
2	64	62	62
3	45	50	54
4	65	75	82
5	76	78	80
6	50	57	65

[풀이] R 프로그램에서 반복측정 분산분석을 실시하기 위해서 다음과 같이 입력한다.

	A	B	C	D	E	F	G	H	I	J
1	id	time	score							
2	s1	t1	65							
3	s1	t2	68							
4	s1	t3	70							
5	s2	t1	64							
6	s2	t2	62							
7	s2	t3	62							
8	s3	t1	45							
9	s3	t2	50							
10	s3	t3	54							
11	s4	t1	65							
12	s4	t2	75							
13	s4	t3	82							
14	s5	t1	76							
15	s5	t2	78							
16	s5	t3	80							
17	s6	t1	50							
18	s6	t2	57							
19	s6	t3	65							

[그림 8-8] 데이터 입력 [데이터] ch82.csv

```
ch82=read.csv("D:/data/ch82.csv")
# Repeated measures Anova
id<-factor(id)
time<-factor(time)
fit<-aov(score~time+Error(id/time), data=ch82)
summary(fit)

# generate dataset
library(plyr)
nd<-ddply(ch82, c("id", "time"), summarise, nscore=mean(score))

# Interaction Plot
library(ggplot2)
ggplot(nd,  aes(x =time, y =nscore, color = id, group=id)) + geom_line()
```

[그림 8-9] 명령문 입력 [데이터] ch83.R

```
Error: id
          Df Sum Sq Mean Sq F value Pr(>F)
Residuals  5   1669   333.8

Error: id:time
          Df Sum Sq Mean Sq F value Pr(>F)
time       2  192.1   96.06   7.357 0.0108 *
Residuals 10  130.6   13.06
---
Signif. codes:  0 '***' 0.001 '**' 0.01 '*' 0.05 '.' 0.1 ' ' 1
```

[그림 8-10] 결과

결과 설명 시간에 따른 반복측정분석을 실시한 결과 시간에 따라 평균차이가 있음을 확인할 수 있다(p=0.017< α= 0.05).

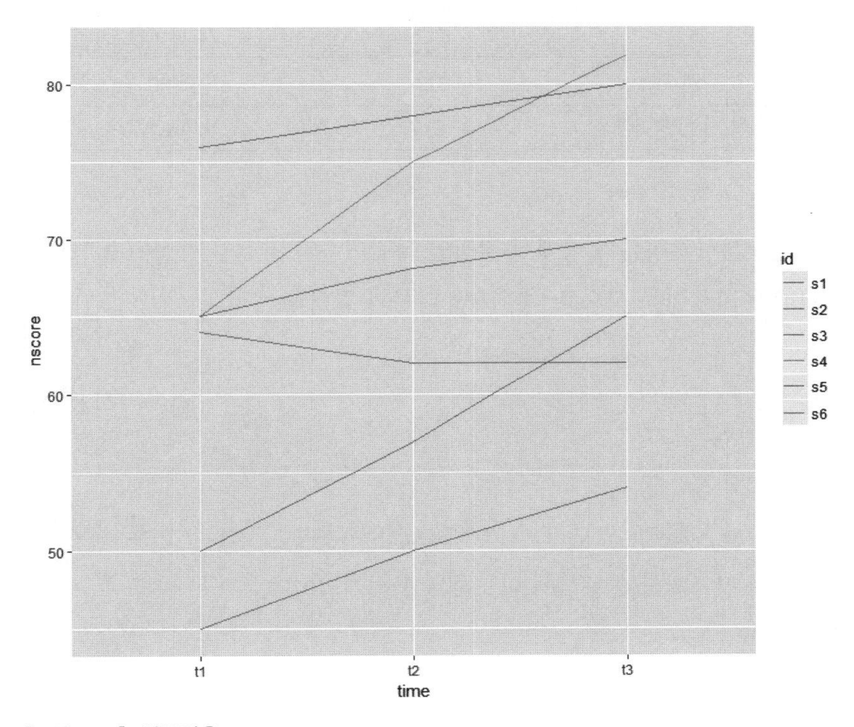

[그림 8-11] 상호작용

결과 설명 반복측정 결과에 대한 시간별 데이터를 시각적으로 나타낸 결과, 두 번째 학생(s2)을 제외하고는 모두 점수가 증가함을 알 수 있다.

3 다변량분산분석

3.1 다변량분산분석의 의의

집단 간의 평균차이를 분석하는 방법은 여러 가지가 있다. t검정은 2개 집단의 평균을 검정하는 방법이다. 2개 이상 집단의 평균차이 검정은 일원분산분석을 통해서 가능하다. 다변량 동질성의 절차는 Hotelling T^2와 다변량분산분석으로 가능하다. 다변량분산분석은 요인의 수에 따라 단일변량의 경우와 마찬가지로 일원 다변량분산분석(one-way MANOVA), 이원 다변량분산분석(two-way MANOVA) 등으로 나뉜다. 이것을 표로 나타내면 다음과 같다.

[표 8-1] 평균차이 검정 분류

		종속변수의 수	
		1개	2개 이상
독립변수의 수	2개 집단	t검정	Hotelling T^2
	2개 집단 이상	ANOVA	MANOVA

앞 장에서 학습한 일변량분산분석은 모형에서 질적인 독립변수와 양적인 종속변수 1개의 평균차이를 검정하는 방법이다. 이를 식으로 나타내면 다음과 같다.

$$\underset{(\text{양적변수})}{Y_1} = \underset{(\text{질적변수})}{X_1} + X_2 + X_3 + \cdots Xn \qquad \cdots\cdots(\text{식 } 8-2)$$

다변량분산분석(Mulitvariate Analysis of Variance: MANOVA)은 종속변수의 수가 두 개 이상인 경우에서 여러 모집단의 평균벡터를 동시에 비교하는 분석기법이다.

$$\underbrace{Y_1 + Y_2 + Y_3 + \cdots Yn}_{(\text{양적변수})} = \underbrace{X_1 + X_2 + X_3 + \cdots Xn}_{(\text{질적변수})} \qquad \cdots\cdots(\text{식 } 8-3)$$

예를 들어, 어느 동물의 암컷과 수컷에서 몸무게, 길이, 가슴너비를 각각 잰 후에 두 모집단의 크기에 차이가 있는지 여부를 연구하고자 할 때, 또는 세 종류의 산업에 속한 여러 회사들의 경영실태를 분석하기 위하여 유동성비율, 부채비율, 자본수익율 등을 자료로 하여 비교할 때 MANOVA를 이용할 수 있다. 그리고 MANOVA에서는 종속변수의 조합에 대한 효과의 동시검정을 중요시한다. 그 이유는 대부분의 경우에 종속변수들은 서로 독립적이 아니고 또한 이 변수들은 동일한 개체에서 채택되어서 상관관계가 있기 때문이다.

MANOVA는 여러 모집단을 비교 분석할 때 쓰일 뿐만 아니라, 모집단에 대하여 여러 상황을 놓고서 여러 개의 변수를 동시에 반복적으로 관찰하는 경우에도 유용하다. ANOVA와 MANOVA의 차이는 실험개체를 대상으로 놓고 변수가 단수인가 혹은 복수인가에 달려 있다. 다변량분산분석 설계의 특징은 종속변수가 벡터변수이다. 이 종속변수는 각 모집단에 대하여 같은 공분산행렬을 가지며 다변량 정규분포를 이룬다고 가정한다. 공분산행렬이 같다는 것은 ANOVA에서 분산이 같다는 가정을 MANOVA로 연장시킨 것이다. MANOVA의 연구 초점은 모집단의 중심, 즉 평균벡터 사이에 차이가 있는지 여부에 대한 것이다. 다시 말하면, 모집단들의 종속변수(벡터)에 의해 구성된 공간에서 중심(평균)이 같은지 여부를 조사하고자 한다. 다변량분산분석에서 사용하는 t통계량은 다음과 같은 식으로 계산한다.

$$t\text{통계량} = \frac{\mu_1 - \mu_2}{SE\mu_1\mu_2} \qquad \cdots\cdots(\text{식 } 8\text{–}4)$$

여기서 μ_1=집단 1의 평균, μ_2=집단 2의 평균, $SE\mu_1\mu_2$=집단 평균차이의 표준오차를 나타낸다.

연구자의 이해를 돕기 위하여 간략하게 설명하면, 가령 세 모집단에 대하여 두 개의 변수를 동시에 비교할 때, 귀무가설은 다음과 같다.

$$H_0 = \begin{bmatrix} \mu_{11} \\ \mu_{21} \\ \\ \mu_{p1} \end{bmatrix} = \begin{bmatrix} \mu_{12} \\ \mu_{22} \\ \\ \mu_{p2} \end{bmatrix} = \begin{bmatrix} \mu_{1k} \\ \mu_{2k} \\ \\ \mu_{pk} \end{bmatrix}, \text{ 모든 집단 평균벡터가 동일하다.}$$

여기서, μ_{pk}=변수 p와 집단 k의 평균을 말함.

3.2 분석 절차

다변량분산분석에서 귀무가설은 여러 모집단의 평균벡터가 같다는 것을 서술한다. 이것의 분석 절차는 일반적으로 다음의 단계를 거친다.

(1) 먼저 종속변수 사이에서 상관관계가 있는지 여부를 조사한다. 만일에 상관관계가 없다면 변수들을 개별적으로 ANOVA 검정을 한다. 반대로 상관관계가 있으면 MANOVA를 준비한다.
(2) 변수들의 기본 가정인 다변량 정규분포성과 등공분산성 등을 조사한다.
(3) 모든 요인수준의 평균벡터들이 같은가를 검정한다.
(4) 만일에 모든 평균벡터들이 같다는 귀무가설이 채택되면 검정은 여기서 끝이 난다. 그러나 귀무가설이 기각되어 모든 평균벡터들이 반드시 같지 않다면, 변수들을 개별적으로 조사하여 어떤 변수가 얼마나 다른가를 조사하며 그리고 그 차이가 의미하는 것은 무엇인가를 규명한다.

모든 분석에서 마찬가지로 연구자는 분산분석에서 실험자료들이 어떠한 성질과 정보를 가지고 있는가 파악해야 한다. 분석에 앞서 중요한 것은 연구자가 가지고 있는 정보에 따라 알맞은 실험계획법을 선택해야 한다. 또한 실험계획법의 원리를 파악하고 정확한 통계분석을 적용하는 일이다.

3.3 R을 이용한 예제 풀이

예제 SM광고대행사는 고객유형(과거고객, 현재고객)과 제품(제품 1, 제품 2)에 따른 고객의 반응(관심, 구매의도)에 대하여 관심을 갖고 있다. 이 광고대행사는 고객에 따라서 고객의 평가 정도가 다를 것이라는 기본 가정을 하고 있다. SM광고 연구부는 고객의 제품과 고객의 특성에 따른 고객의 반응을 조사하였다. 제품과 고객유형에 따른 관심도, 구매의도가 차이가 있는지 $\alpha = 0.05$에서 분석하여라.

		고객반응			
		관심 (attention)	구매의도 (purchase)	관심 (attention)	구매의도 (purchase)
		제품 1(a)		제품 2(b)	
고객유형 (customer)	과거고객 (c1)	1	3	3	4
		2	1	4	3
		2	3	4	5
		3	2	5	5
	현재고객 (c2)	4	7	6	7
		5	6	7	8
		5	7	7	7
		6	7	8	6

* 반응점수(관심, 구매의도 점수: 낮으면 1점, 높으면 10점)

1. 엑셀 프로그램상에 다음과 같이 데이터를 입력한다.

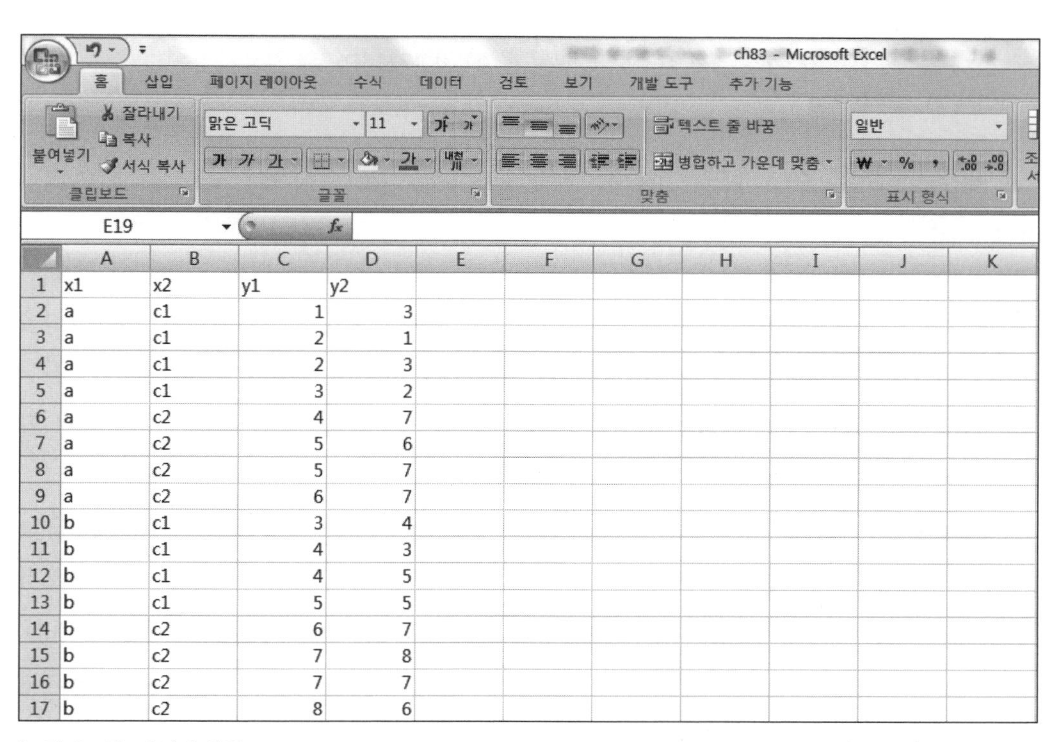

	A	B	C	D
1	x1	x2	y1	y2
2	a	c1	1	3
3	a	c1	2	1
4	a	c1	2	3
5	a	c1	3	2
6	a	c2	4	7
7	a	c2	5	6
8	a	c2	5	7
9	a	c2	6	7
10	b	c1	3	4
11	b	c1	4	3
12	b	c1	4	5
13	b	c1	5	5
14	b	c2	6	7
15	b	c2	7	8
16	b	c2	7	7
17	b	c2	8	6

[그림 8-12] 데이터 입력 [데이터] ch83.csv

2. 다변량분산분석(MANOVA)을 실행하기 위해서 다음과 같은 명령문을 입력한다.

```
ch83=read.csv("D:/data/ch83.csv")
# 2x2 Factorial MANOVA with 2 Dependent Variables.
fit<-manova(cbind(y1,y2)~x1*x2,data=ch83)
summary(fit, test="Pillai")
summary(fit, test="Wilks")
summary(fit, test="Hotelling-Lawley")
```

[그림 8-13] 다변량분산분석 명령문

3. 명령문을 실행하고 결과를 확인한다.

```
> summary(fit, test="Pillai")
          Df  Pillai approx F num Df den Df    Pr(>F)
x1         1 0.74560   16.119      2     11 0.0005375 ***
x2         1 0.92524   68.073      2     11 6.383e-07 ***
x1:x2      1 0.27374    2.073      2     11 0.1721856
Residuals 12
---
Signif. codes:  0 '***' 0.001 '**' 0.01 '*' 0.05 '.' 0.1 ' ' 1
```

[그림 8-14] "Pillai"

결과 설명 다변량분석에서는 연구자의 연구목적에 따라, '평균벡터가 같다'는 귀무가설을 검정하기 위해서 Pillai의 트레이스, Wilks의 람다, Hotelling의 트레이스, Roy의 최대근 등을 사용한다. 여기서 intercept는 상수를 의미한다. 상수는 종속변수를 독립변수를 통한 함수관계를 나타낼 때 필요하다.

제품(product, x1)과 고객(customer, x2)에 따른 관심(attention, y1)과 구매의도(attention, y2)는 차이가 있음을 알 수 있다(유의확률=0.001 < α = 0.05, 유의확률=0.000 < α = 0.05). 또한 상호작용효과를 검정하기 위하여 product*customer 난의 Pillai값과 유의확률을 확인한다. Pillai의 값이 0.27374이고 F값이 2.073이다. 유의확률 = 0.172 > α = 0.05이므로 '상호작용효과는 없다'라는 귀무가설을 채택한다.

```
> summary(fit, test="Wilks")
           Df    Wilks approx F num Df den Df     Pr(>F)    
x1          1 0.25440   16.119      2     11 0.0005375 ***
x2          1 0.07476   68.073      2     11 6.383e-07 ***
x1:x2       1 0.72626    2.073      2     11 0.1721856    
Residuals 12                                              
---
Signif. codes:  0 '***' 0.001 '**' 0.01 '*' 0.05 '.' 0.1 ' ' 1
```

[그림 8-15] Wilks

결과 설명 여기서는 Wilks 통계량을 사용한다. 각 판별함수 변량들로 설명되지 않은 분산의 적(績)으로 윌크스 람다는 다음과 같이 계산된다.

$$\Lambda = \frac{\text{그룹내 총분산}}{\text{총분산}}$$

만일 람다값이 적으면 귀무가설을 기각시킨다. 위 결과에서 제품(product)과 고객(customer)의 람다값을 확률로 나타낸 것이 $\alpha = 0.05$보다 작아 '평균벡터가 같다'는 귀무가설을 기각시킨다.

제품(product, x1)과 고객(customer, x2)에 따른 관심(attention, y1)과 구매의도(attention, y2)는 차이가 있음을 알 수 있다(유의확률=0.001 < $\alpha = 0.05$, 유의확률=0.000 < $\alpha = 0.05$). 또한 상호작용효과를 검정하기 위하여 product*customer 난의 Wilks값과 유의확률을 확인한다. Wilks의 값이 0.276이고 F값이 2.073이다. 유의확률=0.172 > $\alpha = 0.05$이므로 '상호작용효과는 없다'라는 귀무가설을 채택한다.

```
# 2x2 Factorial MANOVA with 2 Dependent Variables. > summary(fit,
test="Hotelling-Lawley")
          Df Hotelling-Lawley approx F num Df den Df    Pr(>F)
x1         1           2.9308   16.119      2     11 0.0005375 ***
x2         1          12.3769   68.073      2     11 6.383e-07 ***
x1:x2      1           0.3769    2.073      2     11 0.1721856
Residuals 12
---
Signif. codes:  0 '***' 0.001 '**' 0.01 '*' 0.05 '.' 0.1 ' ' 1
```

[그림 8-16] Hotelling-Lawley

결과 설명 Hotelling-Lawley는 판별함수 변량들의 그룹간 분산의 그룹내 분산에 대한 비율의 합을 나타내어 주는 통계량이다.

제품(product, x1)과 고객(customer, x2)에 따른 관심(attention, y1)과 구매의도(attention, y2)는 차이가 있음을 알 수 있다(유의확률 = 0.000 < α = 0.05, 유의확률 = 0.000 < α = 0.05). 또한 상호작용효과를 검정하기 위하여 product*customer 난의 Wilks값과 유의확률을 확인한다. Wilks의 값이 0.3769이고 F값이 2.073이다. 유의확률 = 0.172 > α = 0.05이므로 '상호작용효과는 없다'라는 귀무가설을 채택한다.

1. 다음은 학생들의 학업 부진정도(1 하, 2 중, 3 상)에 따른 교육효과를 알아보기 위해서 처리집단과 통제집단으로 구분하여 성취도와 수학성적을 조사한 표이다.

	하			중			상		
	성취도	수학성적	(IQ)	성취도	수학성적	(IQ)	성취도	수학성적	(IQ)
처리집단	115	108	110	100	105	115	89	78	99
	98	105	102	105	95	98	100	85	102
	107	98	100	95	98	100	90	95	100
통제집단	90	92	108	70	80	100	65	62	101
	85	95	115	85	68	99	80	70	95
	80	81	95	78	82	105	72	73	102

1) 학업부진 정도와 집단별(처리집단, 통제집단) 성취도와 수학성적에 미치는 영향을 $\alpha = 0.05$에서 언급하라.

2) IQ를 공변량으로 하고 앞의 1)번을 분석하고 올바르게 해석해 보자.

9장

상관분석

학습목표

1. 공분산의 개념을 이해하고 실행할 수 있다.
2. 상관분석, 상관계수의 개념을 이해하고 실행할 수 있다.
3. 편상관계수의 개념과 분석방법을 이해하고 실행할 수 있다.
4. 정준상관분석의 개념을 이해하고 실행할 수 있다.

1 공분산

두 변수 사이의 연관성을 설명하는 방법으로는 산포도에 의한 방법, 공분산, 상관계수 등 세 가지가 있다. 산포도(scatter diagram)는 산점도라고 불리우고 분석자는 변수 간의 전반적인 관계를 파악할 수 있다. 먼저, 공분산에 대하여 설명하여 보자.

공분산(covariance)은 두 확률변수가 어느 정도 결합되어 있는가를 측정한다. 두 변수 X와 Y 사이의 공분산은 $Cov(X, Y)$ 또는 σ_{xy}로 표기한다. 그러나 현실적으로 모집단의 특성치인 평균과 분산을 안다는 것은 쉬운 일이 아니며, 때에 따라서는 불가능하다. 그러므로 표본에 대하여 공분산을 아는 것은 중요하다.

모집단 공분산

$$Cov(X,Y) = \sigma_{XY} = E(X-\mu_x)(Y-\mu_y)$$
$$= \frac{1}{N}\Sigma(X-\mu_X)(Y-\mu_Y) \quad \cdots\cdots(식\ 9-1)$$

모집단 공분산

$$Sxy = \frac{\Sigma(x-\overline{x})(y-\overline{y})}{n-1} \quad \cdots\cdots(식\ 9-2)$$

공분산은 두 변수에 대한 편차를 서로 곱한 것임을 알 수 있다. 공분산의 부호는 세 가지로 나타낼 수 있다. 양의 값을 가지면 X와 Y는 같은 방향으로 움직이는 것을 알 수 있다.

즉, X가 커지면 Y도 커지고, X가 작아지면 Y도 작아진다. 그리고 그 값이 크면, 두 변수는 밀접하게 움직인다고 한다. 이와 반대로, 음의 값을 가지면 X와 Y는 반대 방향으로 움직이고 있음을 나타낸다. X가 커지면 Y는 작아지고, X가 작아지면 Y는 커진다. 만일 공분산의 값이 0이라면 두 변수 사이에는 아무런 증감관계도 없음을 나타낸다. 그런데 두 확률변수 X, Y가 서로 독립적이면 공분산은 0이 된다. 그러나 여기서 유의할 것은 공분산이 0이라고 해서 두 변수가 반드시 독립적인 것은 아니다.

두 확률변수 X, Y가 독립적인 경우는 다음의 경우이다.

① $E(XY) = E(X) \cdot E(Y)$

② $Cov(X, Y) = E(X-\mu_x)(Y-\mu_y) = 0$

③ $Var(X \pm Y) = Var(X) + Var(Y)$

2 상관계수

두 확률변수 X, Y가 있어 두 변수 간의 일차적인 관계가 얼마나 강한가를 지수로 측정하고 싶을 때가 있다. 이때 두 변수의 일차관계의 방향과 정도를 나타내는 측정치를 상관계수(correlation coefficient)라고 부른다. 또는 피어슨 상관계수라고도 한다. 피어슨 상관계수는 등간척도와 비율척도로 구성된 양적변수 간의 관련성을 나타낸다. 또 다른 변수들의 관계를 통제하고 두 변수 간의 순수한 관계를 상관관계를 파악하는 부분상관계수(partial correlation coefficient)가 있다. 이를 그림으로 나타내면 다음과 같다.

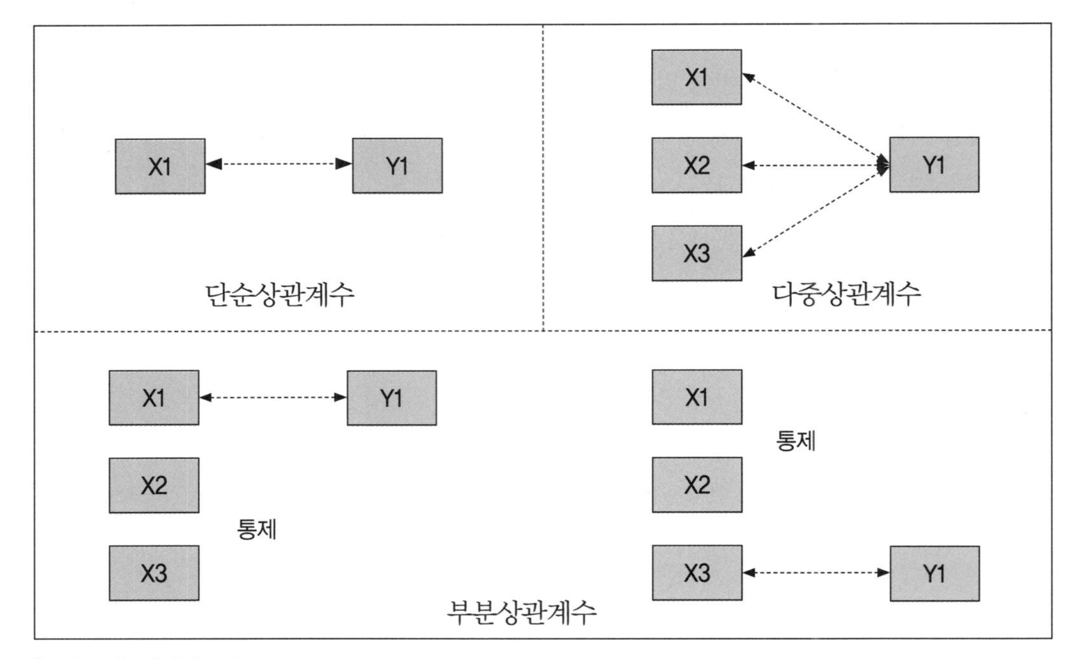

[그림 9-1] 상관계수의 종류

이와 같이 다양한 상관계수를 구하는 통계기법을 상관분석(correlation analysis)이라고 한다. 통상적으로 상관분석은 양적인 변수 간의 관련성을 파악하는 것이 일반적이다. 양적변수들 간의 관련성을 파악하는 것을 이형성 상관계수(heterogeneous correlation coefficient)라고 부른다. 양적변수와 서열변수 사이의 상관계수는 폴리시리얼 상관계수(polyserial correlation coefficient), 서열변수들 간의 상관관계는 폴릭코릭 상관계수(polychoric correlation coefficient), 두 이변량 변수 간의 관련성은 테트라코릭 상관계수(tetrachoric correlation coefficient)라고 부른다. 폴리시리얼, 폴리코릭, 그리고 테트라코릭 상관은 서열 또는 이변량 변수들이 정규분포의 기본 가정으로부터 자유롭다는 데 특징이 있다.

모집단의 경우 상관계수는 ρ(rho), 표본의 상관계수는 r로 표시한다.

모집단 상관계수

$$\rho = \frac{\sigma_{xy}}{\sqrt{\sigma_x^2}\sqrt{\sigma_y^2}} = \frac{\sigma_{xy}}{\sigma_x \sigma_y},\ -1 \leq \rho \leq +1 \qquad \cdots\cdots(식\ 9\text{-}3)$$

표본 상관계수

$$r=\frac{S_{xy}}{\sqrt{S_x^2}\sqrt{S_y^2}}=\frac{S_{xy}}{S_xS_y},\ -1\leqq r\leqq +1 \qquad \cdots\cdots(\text{식 } 9-4)$$

여기서, $S_x^2=\frac{1}{n-1}\Sigma(x-\overline{x})^2$, $S_y^2=\frac{1}{n-1}\Sigma(x-\overline{y})^2$, $S_{xy}=\frac{1}{n-1}\Sigma(x-\overline{x})(x-\overline{y})$

위의 식에서 보는 바와 같이 상관계수는 공분산을 변수 X와 변수 Y의 두 표준편차로 나누어준 값, 즉 표준화된 공분산(standardized covariance)을 의미한다. 이 상관계수는 모집단에서 두 확률변수의 일차적인 연관성을 나타내 준다.

스피어만의 서열상관계수(Spearman's rank order correlation cofficient)는 서열척도로 구성된 변수들 간의 관계를 나타내는 것이다. 스피어만 서열상관계수(r_s)를 구하는 식은 다음과 같다.

$$r_s=1-\frac{6\sum_{i=1}^{n}di^2}{n(n^2-1)} \qquad \cdots\cdots(\text{식 } 9-5)$$

여기서, di^2=서열차이의 제곱, n=표본의 개수 등을 나타낸다.

다음 예를 통해서 스피어만 서열평균을 구하는 방법을 알아보자.

[표 9-1] 브랜드 순위와 고객만족도 간의 관계

스마트폰	브랜드 순위	고객만족도 순위	서열차이(di)	서열차이 제곱
1	1	2	−1	1
2	2	3	−1	1
3	3	1	2	4
4	4	4	0	0
5	5	5	0	0
합계				6

$$r_s=1-\frac{6\times 6^2}{5(5^2-1)}=-0.8$$

이 된다.

서열상관계수의 유의성 여부를 확인하기 위해서는 t통계량을 사용한다.

$$t = r_s\sqrt{\frac{n-2}{1-r_s^2}} \quad \cdots\cdots(\text{식 } 9\text{–}6)$$

이 식을 이용한 t통계량을 구할 수 있다.

$$t = -0.8\sqrt{\frac{5-2}{1-(0.8)^2}} = -2.3094$$

자유도$(n-2)=3$, $\alpha=0.05$ 수준에서 임계치는 2.353이다.

$$H_0 : \rho = 0 \quad \cdots\cdots(\text{식 } 9\text{–}7)$$
$$H_1 : \rho \neq 0$$

임계치보다 t통계량이 작기 때문에 상관계수는 유의하지 않은 것으로 나타났다.

일반적으로 상관계수의 값을 보고 두 변수의 관련 정도를 알 수 있는데, 그 정도를 다음과 같이 평가할 수 있다.

상관계수와 변수의 관련성

1.0 ~ 0.7 (-1.0 ~ -0.7)의 경우 : 매우 강한 관련성
0.7 ~ 0.4 (-0.7 ~ -0.4)의 경우 : 상당한 관련성
0.4 ~ 0.2 (-0.4 ~ -0.2)의 경우 : 약간의 관련성
0.2 ~ 0.0 (-0.2 ~ -0.0)의 경우 : 관련이 없음

만일 두 변수가 독립적이면 공분산은 0이 되고, 따라서 상관계수도 0이 된다. 그러나 이 것의 역(逆)은 반드시 성립하지는 않는다.

이미 설명한 바와 같이 산포도를 이용하면 두 변수 사이의 변동관계를 파악할 수 있다. [그림 9–2]는 산포도와 상관계수의 관계를 나타낸 것이다. 이 그림에서 보면, 두 변수 사이의 조직적인 움직임이 있는 산포도는 정(正) 혹은 역상관을 갖는다. 그리고 관찰치가 넓게 퍼져 있어서 조직적인 움직임을 보이지 않는 경우는 일직선의 경우보다는 상관계수가 작다. 이와 같이 산포도를 통하여 우리는 두 변수의 상관관계를 짐작할 수 있다.

(a) 정상관(正相關)

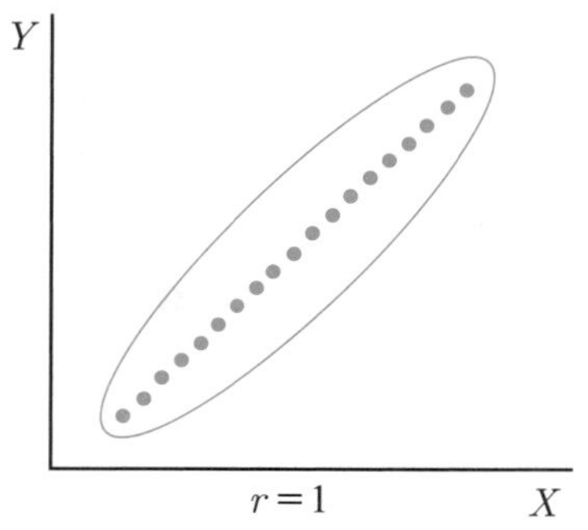

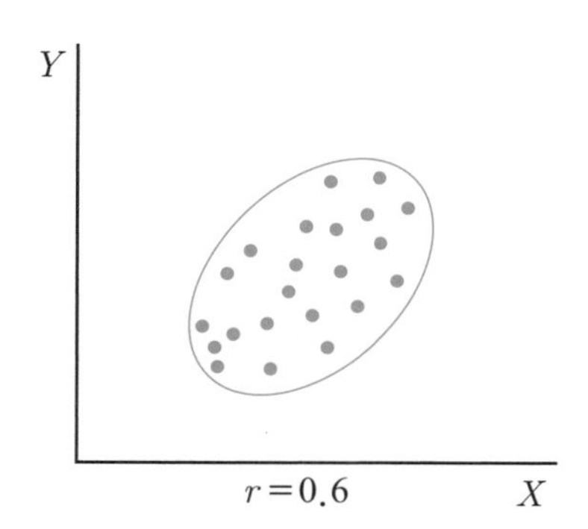

(b) 역상관(逆相關)

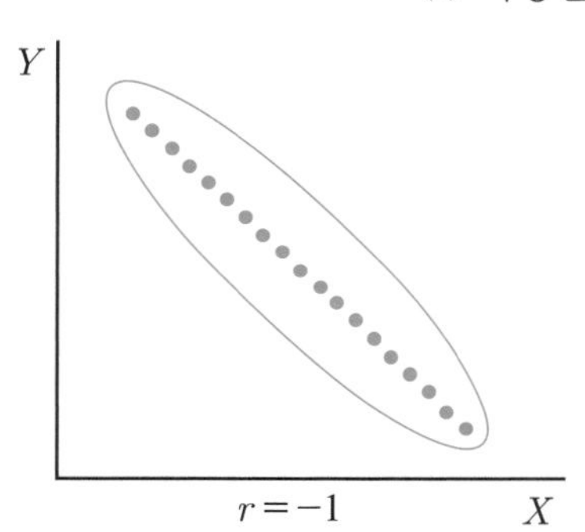

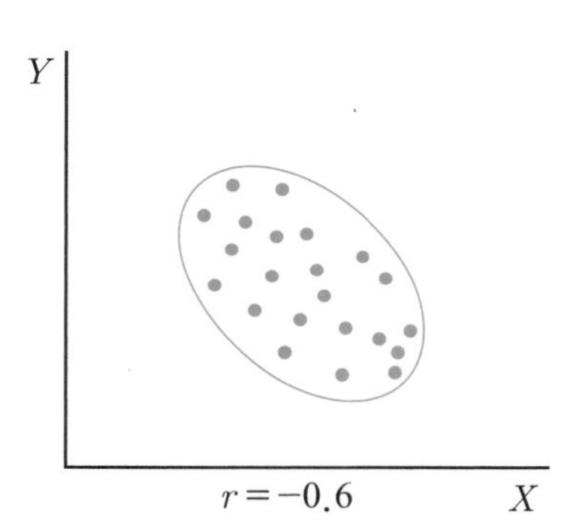

(b) 무상관(無相關)

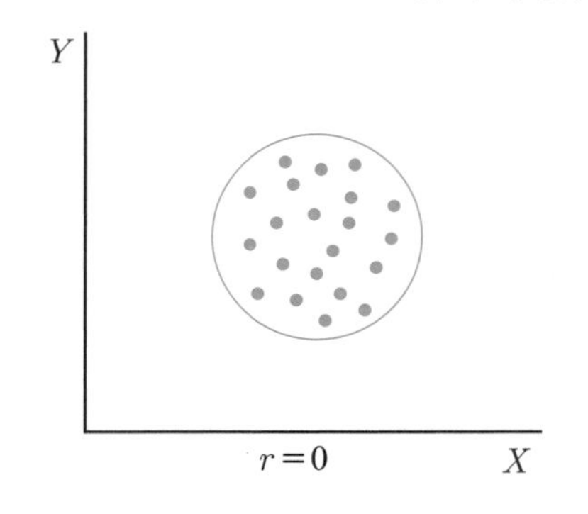

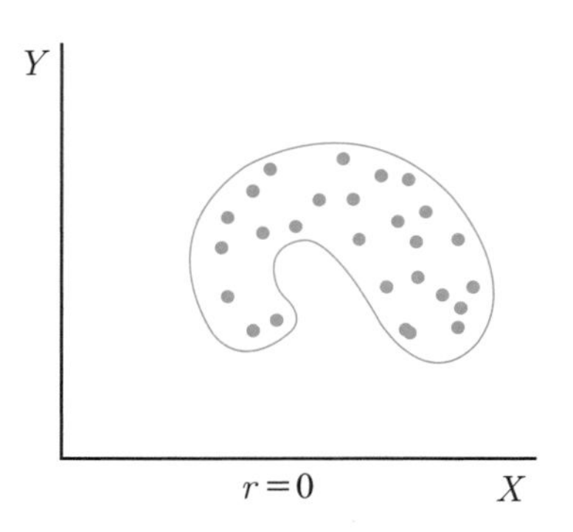

[그림 9-2] 산포도와 상관계수

한편 켄달 타우는 비모수의 서열상관계수를 구하는 데 사용된다.

예제 1 다음은 어느 도시에 거주하는 사람들 10명을 표본조사한 자료이다. 조사변수는 거주연수(X), 도시에 대한 태도(Y, 1. 매우 호의적이지 못함, 11. 매우 호의적임), 삶의 만족도(Z, 1 매우 불만족, 11 매우 만족) 등이다. 여기서 거주연수(X), 도시에 대한 태도(Y)에 관한 평균, 분산, 공분산, 상관계수를 구하여라.

	1	2	3	4	5	6	7	8	9	10
X	10	12	12	4	12	6	8	2	18	9
Y	6	9	8	3	10	4	5	2	11	9
Z	3	11	4	1	11	1	7	4	8	8

[풀이] 먼저, 이 거주연수(X), 도시에 대한 태도(Y)에 대한 평균을 구하여 보자.

$$\text{거주연수} : \overline{X} = \frac{1}{10}(10+12+\cdots+9) = 9.3$$
$$\text{도시에 대한 태도} : \overline{Y} = \frac{1}{10}(6+9+\cdots+9) = 6.7$$

다음으로, 분산과 공분산을 구하면 다음과 같다.

$$S_x^2 = \frac{1}{10-1}[(10-9.3)^2 + (12-9.3)^2 + \cdots + (9-9.3)^2] = 21.3$$

$$S_y^2 = \frac{1}{10-1}[(6-6.7)^2 + (9-6.7)^2 + \cdots + (9-6.7)^2] = 9.79$$

$$S_{xy} = \frac{1}{10-1}[(10-9.3)(6-6.7) + (12-9.3)(9-9.3) + \cdots + (9-9.3)(9-9.3)] = 13.322$$

이어 표본상관계수를 구하면 다음과 같다.

$$r = \frac{S_{xy}}{\sqrt{S_x^2}\ \sqrt{S_y^2}} = \frac{S_{xy}}{S_x S_y} \text{에서}$$

$$r = \frac{13.322}{\sqrt{21.3}\ \sqrt{9.79}}$$

$$= 0.922$$

따라서 거주연수(X), 도시에 대한 태도(Y) 간 변수는 서로 매우 강한 관련성을 갖고 있음을 알 수 있다.

3 상관계수의 가설검정

피어슨 모집단상관계수 ρ에 대한 추론을 위하여 표본상관계수 r의 표본분포 특성을 보면 다음과 같다. 모집단의 변수들 사이에 상관계수가 없다면 t통계량은 다음과 같다.

t 통계량

$$t = \frac{r-0}{S_r} \quad \cdots\cdots(\text{식 } 9-8)$$

여기서, $S_r = \sqrt{\frac{1-r^2}{n-2}}$

$df = n-2$

이 검정을 위한 귀무가설과 대립가설은 다음과 같다.

$$H_0 : \rho = 0$$
$$H_1 : \rho \neq 0 \quad \cdots\cdots(\text{식 } 9-9)$$

예제 앞의 [예제 1]의 경우를 이용하여 상관계수의 유의성을 판단하기 위하여 $\alpha = 0.05$에서 가설검정을 실시하라.

[풀이]

$$H_0 : \rho = 0$$
$$H_1 : \rho \neq 0$$

표본상관계수를 구한 결과 $r = 0.922$이었다. t통계량을 구하면

$$t = \frac{0.922-0}{0.137} = 6.73$$

이다. 임계치 $t(\frac{0.05}{2}, 10-2) = 2.306$이며 $|t| > 2.306$이므로 H_0을 기각한다. 따라서 표본상관계수는 $\alpha = 0.05$에서 유의하다고 결론을 내릴 수 있다.

4 R을 이용한 분석

4.1 공분산, 상관계수 구하기

예제 다음은 어느 도시에 거주하는 사람들 10명을 표본조사한 자료이다. 조사변수는 거주연수(X), 도시에 대한 태도(Y, 1. 매우 호의적이지 못함, 11. 매우 호의적임), 삶의 만족도(Z, 1 매우 불만족, 11 매우 만족) 등이다. 여기서, 거주연수(X), 도시에 대한 태도(Y)에 관한 평균, 분산, 공분산, 상관계수를 구하여라. 또한 상관계수의 유의성 여부를 $\alpha = 0.05$에서 판단하여라.

	1	2	3	4	5	6	7	8	9	10
X	10	12	12	4	12	6	8	2	18	9
Y	6	9	8	3	10	4	5	2	11	9
Z	3	11	4	1	11	1	7	4	8	8

1. 다음과 같이 엑셀창에 데이터를 입력한다.

ch91 - Microsoft Excel

	A	B	C
1	x	y	z
2	10	6	3
3	12	9	11
4	12	8	4
5	4	3	1
6	12	10	11
7	6	4	1
8	8	5	7
9	2	2	4
10	18	11	8
11	9	9	8
12			

[그림 9-3] 데이터 입력창 [데이터] ch91.csv

2. 다음과 같이 관련 Rstudio 창에 다음과 같은 명령어를 입력한다.

```
ch91=read.csv("D:/data/ch91.csv")
# Covariance among numeric variables in data set
cov(ch91, use="complete.obs")
# Correlations among numeric variables in data set
cor.test(ch91$x,ch91$y,method="pearson")
cor.test(ch91$x,ch91$z,method="pearson")
cor.test(ch91$y,ch91$z,method="pearson")
```

[그림 9-4] 공분산분석과 상관분석 [데이터] ch91.R

공분산(covariance)분석을 위해서 cov(ch91, use="complete.obs")을 입력한다. 여기서는 무응답치가 있는 변수가 있는 개체(case)에서 분석에서 제외하는 방식인 목록별 삭제(list wise)방식을 이용하기로 한다(complete.obs).

상관분석을 실시하기 위해서 cor.test(데이터명$변수, 데이터명$변수,method="방법")의 함수를 사용한다. method에는 pearson, spearman, kendall 등 데이터의 성격에 맞는 방법을 선택하면 된다. 피어슨(pearson)은 분석변수들이 등간척도와 비율척도로 구성된 양적변수인 경우에 사용하는 방법이다. 스피어만(spearman)은 서열척도로 나타낸 두 개 변수의 상관계수를 구하는 경우 사용되는 방법이다. 켄달(kendall)은 서열척도로 구성된 변수가 세 개 이상인 경우 이들 간의 관계를 파악하는 방법이다.

이 명령문을 실행하면 다음과 같은 결과를 얻을 수 있다.

```
> cov(ch91, use="complete.obs")
         x         y         z
x 21.34444 13.322222 10.288889
y 13.32222  9.788889  8.933333
z 10.28889  8.933333 13.955556
```

[그림 9-5] 공분산행렬

결과 설명 거주연수(X)의 공분산은 21.344(년^2)이다. 도시에 대한 태도(Y) 공분산은 9.788(점^2)이다. 삶의 만족도(Z)의 공분산은 13.955(점^2)이다.

```
> cor.test(ch91$x,ch91$y,method="pearson")
        Pearson's product-moment correlation
data:  ch91$x and ch91$y
t = 6.7184, df = 8, p-value = 0.0001498
alternative hypothesis: true correlation is not equal to 0
95 percent confidence interval:
 0.6957944 0.9816379
sample estimates:
      cor
0.9216532
```

[그림 9-6] xy 상관행렬

결과 설명 거주연수(x)와 도시에 대한 태도(y) 간의 상관계수는 0.921이다. p-value = 0.0001498 < α = 0.05이므로 두 변수의 관련성은 매우 유의하다고 할 수 있다.

```
> cor.test(ch91$x,ch91$z,method="pearson")

        Pearson's product-moment correlation

data:  ch91$x and ch91$z
t = 2.1001, df = 8, p-value = 0.06892
alternative hypothesis: true correlation is not equal to 0
95 percent confidence interval:
 -0.05359875  0.89124435
sample estimates:
      cor
0.5961458
```

[그림 9-7] xz 상관행렬

결과 설명 거주연수(x)와 삶의 만족도(z) 간의 상관계수는 0.596이다. p-value = 0.06 > α = 0.05이므로 두 변수의 관련성은 매우 유의하다고 할 수 없다.

```
> cor.test(ch91$y,ch91$z,method="pearson")

        Pearson's product-moment correlation

data:  ch91$y and ch91$z
t = 3.3525, df = 8, p-value = 0.01004
alternative hypothesis: true correlation is not equal to 0
95 percent confidence interval:
 0.2596358 0.9410688
sample estimates:
      cor
0.7643166
```

[그림 9-8] yz 상관행렬

결과 설명 도시에 대한 태도(y)와 삶의 만족도(z) 간의 상관계수는 0.764이다. p-value $= 0.001 < \alpha = 0.05$이므로 두 변수의 관련성은 매우 유의하다고 할 수 있다.

4.2 상관관계 그래프

변수들 간의 상관관계 그래프를 그리기 위해서 다음과 같은 명령문을 입력하도록 하자.

```
ch91=read.csv("D:/data/ch91.csv")
M <- cor(ch91) # get correlations
library('corrplot') #package corrplot
corrplot(M, method = "circle") #plot matrix
```

[그림 9-9] 상관관계 그래프 그리기 명령문 [데이터] ch92.R

M <- cor(ch91)는 데이터 ch91의 상관계수 행렬을 M으로 정의하고 corrplot 프로그램을 설치하고 library('corrplot')로 corrplot를 불러들인다. 이어 corrplot(M, method = "circle")로 변수의 관련성 정도를 원과 색깔로 구분하도록 하는 명령문을 작성한다. 이 내용을 실행하면 다음과 같은 결과를 얻을 수 있다.

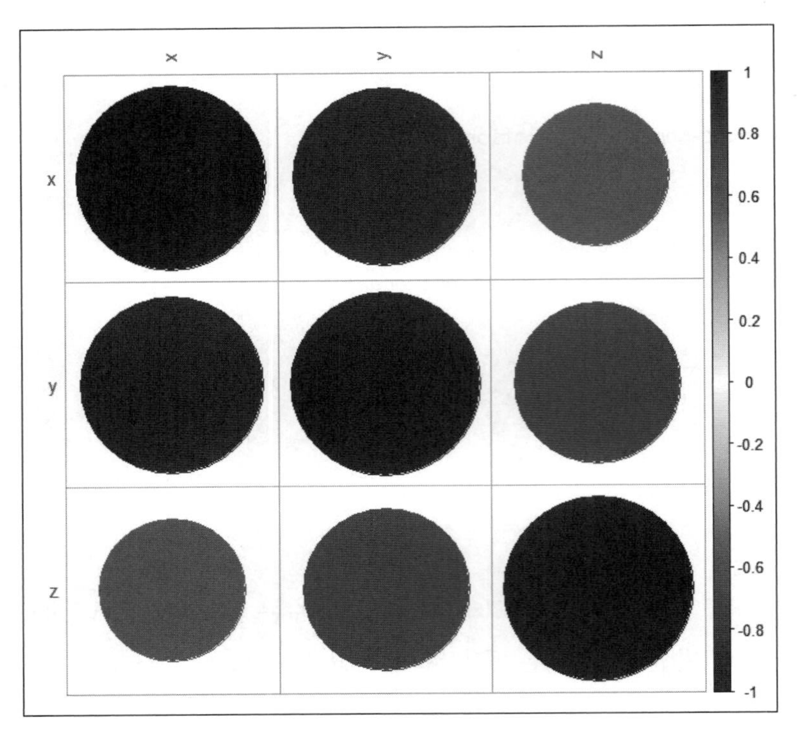

[그림 9-10] 상관관계 그래프

결과 설명 거주연수(x)와 도시에 대한 태도(y) 간의 상관 정도는 짙은 파란색으로 상관 정도가 높음을 알 수 있다. 도시에 대한 태도(y)와 삶의 만족도(z) 간의 xy의 관계보다는 옅은 파란색을 보이고 있다. 반면에 거주연수(x)와 삶의 만족도(z) 관련성은 가장 옅은 파란색을 보이고 있어 관련성이 낮음을 보이고 있다.

앞 [그림 9-9] 상관관계 그래프 그리기 명령문 뒷부분에 corrplot(M, method="number")을 입력하여 상관관계를 수치로 나타내 보자.

```
corrplot(M, method="number")
```

[그림 9-11] 상관관계 수치로 나타내기 [데이터] ch92.R

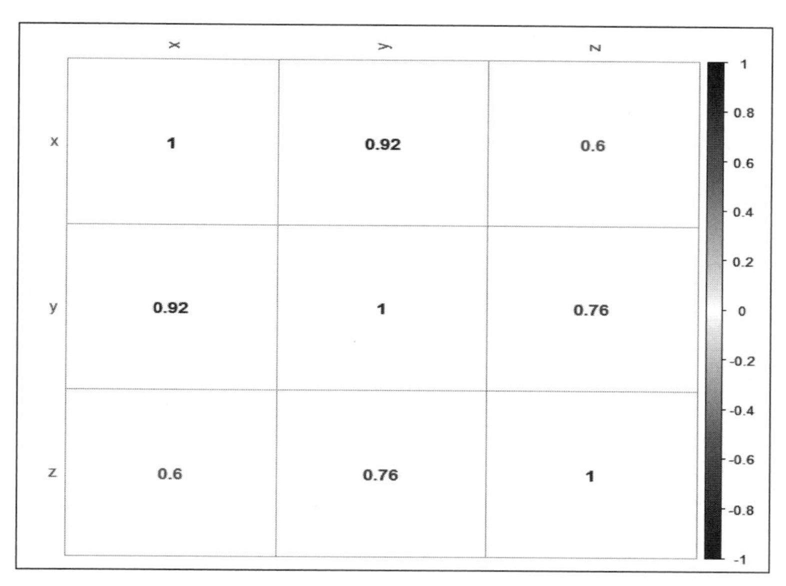

[그림 9-12] 상관관계 수치 표기

결과 설명 각 변수 간의 관련성과 이에 대한 색깔 농도가 달라짐을 알 수 있다. 상관계수의 값이 1에 근접할수록 짙은 파란색으로 변함을 알 수 있다.

5 편상관분석

5.1 편상관분석 개념

편상관분석(Partial Correlation)은 변수의 관련성을 파악하는 데 있어 단순상관분석과 유사하지만 두 변수에 영향을 미치는 제3의 변수를 통제한다는 점에서 차이가 있다. 편상관분석은 하나 또는 그 이상의 추가적인 변수의 효과를 통제(control)하고 관심 있는 변수의 관련성을 파악하는 방법이다. 편상관분석은 부분상관분석이라도 불리기도 한다.

만약, 제 3의 변수(Z)를 통제하고 X와 Y의 관련성을 계산할 경우, 관련 식은 다음과 같다.

$$\frac{r_{xy}-(r_{xz})(r_{yz})}{\sqrt{1-r_{xy}^2}\ \sqrt{1-r_{yz}^2}} \qquad \cdots\cdots(식\ 9\text{–}10)$$

예제 다음은 어느 도시에 거주하는 사람들 10명을 표본조사한 자료이다. 조사변수는 거주연수(X), 도시에 대한 태도(Y, 1. 매우 호의적이지 못함, 11. 매우 호의적임), 삶의 만족도(Z, 1 매우 불만족, 11 매우 만족) 등이다. 여기서, 삶의 만족도(Z) 변수를 통제한 상황하에서 거주연수(X)와 도시에 대한 태도(Y)의 상관계수를 구하여라.

	1	2	3	4	5	6	7	8	9	10
X	10	12	12	4	12	6	8	2	18	9
Y	6	9	8	3	10	4	5	2	11	9
Z	3	11	4	1	11	1	7	4	8	8

[풀이] 연구자는 다음 식을 이용하여 편상관계수를 구할 수 있다.

$$r_{xy\cdot z}=\frac{r_{xy}-(r_{xz})(r_{yz})}{\sqrt{1-r_{xy}^2}\ \sqrt{1-r_{yz}^2}}$$

$$r_{xy\cdot z}=\frac{0.922-(0.596)(0.764)}{\sqrt{1-(0.596)^2}\ \sqrt{1-(0.764)^2}}$$

$$r_{xy\cdot z}=0.9007$$

5.2 R을 이용한 편상관분석

1. 예제에 대한 편상관분석을 위해서는 다음과 같이 실시하면 된다.

```
ch91=read.csv("D:/data/ch91.csv")
# partial correlations
library(ggm)
# partial corr between x and y controlling for z
pcor(c("x", "y","z"), var(ch91))
```

[그림 9-13] 편상관분석 명령어 [데이터] ch93.R

데이터(ch9.csv)를 열고 ggm프로그램을 다운한다. 이어 pcor(c("x", "y","z"), var(ch91))를 입력한다. 이는 데이터 ch91에서 z를 통제한 상태한 상태에서 x와 y의 상관계수를 구하라는 것이다.

```
> # partial corr between x and y controlling for z
> pcor(c("x", "y","z"), var(ch91))
[1] 0.9001047
```

[그림 9-14] 결과창

결과 설명 앞의 수작업에 의해서 계산한 결과와 마찬가지로 Z(삶의 만족도) 변수를 통제한 상태에서 X(거주연수)와 Y(도시에 대한 태도)변수의 관련성을 확인한 결과 편상관계수는 0.900 임을 알 수 있다.

$$r_{xy \cdot z} = \frac{0.922-(0.596)(0.764)}{\sqrt{1-(0.596)^2}\ \sqrt{1-(0.764)^2}}$$

$$r_{xy \cdot z} = 0.900$$

이 결과는 앞의 단순상관계수(0.922)와 다소 차이가 있음을 알 수 있다. 이는 Z(삶의 만족도) 변수를 통제하고 상관분석을 실시하였기 때문이다. 편상관계수는 0.900은 유의확률 = 0.001 < α=0.05이므로 여전히 유의함을 알 수 있다.

6 정준상관분석

6.1 정준상관분석 개념

정준상관분석(Canonical correlation analysis)은 두 개 이상의 독립변수군(여기서는 기준변수라고 함)과 종속변수군(설명변수라고 함) 간의 상호 관련성을 파악하는 분석방법이다.

	$X_1, X_2, X_3 \cdots\cdots X_p$	$Y_1, Y_2, Y_3 \cdots\cdots Y_Q$
표본 1 표본 2 ⋮ 표본 n	X변수군(설명변수)	Y변수군(기준변수)

[그림 9-15] 정준상관분석 기본 틀

X변수군과 Y변수군에서 생성되는 정준변량을 식으로 나타낼 수 있다.

$$CV_{X1} = a_1X_1 + a_2X_2 + \cdots + a_pX_p \qquad \cdots\cdots(\text{식 } 9-11)$$
$$CV_{Y1} = b_1Y_1 + b_2Y_2 + \cdots + b_qY_q$$

분석자는 변수군에서 각 정준변량(Canonical variate)을 최대로 하는 정준상관계수(Canonical correlation coefficient)를 찾아낼 수 있다.

정준상관분석에 사용되는 변수는 등간척도와 비율척도로 구성되는 양적변수이다. 회귀분석과 정준상관분석은 종속변수에서 차이가 있다. 회귀분석은 종속변수가 1개이나 정준상관분석은 종속변수가 여러 개로 구성된다. 상관분석의 경우는 한 변수와 다른 한 변수 사이의 관련성을 파악하는 반면에 정준상관분석은 여러 변수군의 관계를 파악한다.

여러 다변량분석방법과 마찬가지로 정준상관분석은 다양한 사용 목적이 있다. 정준상관분석은 변수군 간의 관계를 파악하고 변수 간의 영향 크기를 비교할 수 있다. 또한 선형조합식에서 상관계수를 통해서 예측을 할 수 있다.

연구자는 정준상관분석 과정에서 우선 정준상관함수를 찾아내야 한다. 이어 정준상관함수의 유의성을 고찰하고 변수 간의 상대적인 영향력을 파악해야 한다.

6.2 R을 이용한 정준상관분석

예제 다음은 어느 회사의 고객별 영업사원 평가 결과이다. 근무태도는 친밀도(x1)와 대응자세(x2)로 구성되어 있다. 성과평가는 신뢰성(y1)과 서비스 만족도(y2)로 이루어져 있다. 즉, 성과평가=f(근무태도)와 관련이 있다는 연구모형을 설정할 수 있다. 변수군 간에 어떠한 상관관계가 있는지 정준상관분석을 실시하여라.

	근무태도		성과평가	
고객	친밀도 (x1)	대응자세 (x2)	신뢰성 (y1)	서비스 만족도 (y2)
1	1	1	1	1
2	7	1	7	1
3	4.6	5.6	7	7
4	1	6.6	1	5.9
5	7	4.9	7	2
6	7	7	6.4	3.8
7	7	1	7	1
8	7	1	2.4	1

1. 다음과 같이 데이터를 입력한다.

[그림 9-16] 데이터 입력 [데이터] ch92.csv

2. R 프로그램 모듈상에는 정준상관분석을 실시하기 위해서 다음과 같은 명령어를 입력한다.

```
ch92=read.csv("D:/data/ch92.csv")
a<-(ch92)
X<-a[,1:2]
Y<-a[,3:4]
cor(X) # X correlation analysis
cor(Y) # Y correlation analysis
cor(a) # correlation analysis between X and Y
cancor(X,Y) #canonical correlation analysis
```

[그림 9-17] 정준상관분석 실행 명령어 [데이터] ch94.R

ch92=read.csv("D:/data/ch92.csv")는 ch92 파일을 불러오는 명령어이다. 이어, a<−(ch92)는 ch92파일을 a로 명명한 것이다. X<−a[,1:2]는 a 파일에서 1열과 2열에 배열된 x1과 x2를 X로 묶어내는 명령어이다. 마찬가지로 Y<−a[,3:4]는 a 파일에서 3열과 4열에 배열된 y1과 y2를 묶는 명령어이다. cor(X)는 X의 상관행렬을 구하기 위한 명령어이다. cor(Y)는 Y의 상관행렬을 구하기 위한 명령어이다. cor(a)는 X와 Y의 상관관계를 구하는 것이다. cancor(X,Y)는 X군과 Y군 관련 정준상관분석을 실시하는 명령어이다.

```
> cor(X) # X correlation analysis
           x1         x2
x1  1.0000000 -0.1610515
x2 -0.1610515  1.0000000
```

[그림 9-18] X군 상관행렬

결과 설명 X군의 상관행렬이 나타나 있다.

```
> cor(Y) # Y correlation analysis
           y1         y2
y1 1.00000000 0.01079424
y2 0.01079424 1.00000000
```

[그림 9-19] Y군 상관행렬

결과 설명 Y군의 상관행렬이 나타나 있다.

```
> cor(a) # correlation analysis between X and Y
           x1         x2         y1          y2
x1  1.0000000 -0.1610515 0.75804843 -0.37232933
x2 -0.1610515  1.0000000 0.10964393  0.82231686
y1  0.7580484  0.1096439 1.00000000  0.01079424
y2 -0.3723293  0.8223169 0.01079424  1.00000000
```

[그림 9-20] X군과 Y군의 상관행렬

결과 설명 X군과 Y군의 상관행렬에 각 변수 간의 관련성이 나타나 있다.

```
> cancor(X,Y)#canonical correlation analysis
$cor
[1] 0.8967321 0.7505070
```

[그림 9-21] 정준상관분석 상관계수

결과 설명 제1 정준상관계수는 0.897로 두 집단(X, Y) 사이에는 높은 상관관계가 있음을 알 수 있다. 제2 정준상관계수는 0.751임을 알 수 있다.

```
$xcoef
           [,1]      [,2]
x1 -0.09840084 0.1006035
x2  0.08234689 0.1118306

$ycoef
           [,1]       [,2]
y1 -0.07110247 0.11239703
y2  0.13154482 0.08124059
```

[그림 9-22] 선형결합계수행렬

결과 설명 선형결합계수행렬을 보면, 집단 X군의 정준판별함수는 f1=−0.0984X1+0.082X2, f2=0.1006X1+0.1118X2이다. 집단 Y군의 정준판별함수는 g1=−0.0711Y1+0.1315Y2, g2=0.1123Y1+0.0812Y2임을 알 수 있다.

```
$xcenter
    x1     x2
5.2000 3.5125

$ycenter
    y1     y2
4.8500 2.8375
```

[그림 9-23] 정준상관분석 결과

결과 설명 $xcenter와 $ycenter는 각 변수들의 평균값이다. 각 케이스(개체)별 정준판별함수의 점수를 구하려면 각 케이스 값에서 $xcenter의 값을 빼고 구하면 된다. 예를들어, X군 첫 번째 개체의 정준판별함수는 $f1 = -0.0984(1-5.2) + 0.082(1-3.5125)$이다.

3. 두 변수군 간의 상관행렬 관련 그래프를 그리기 위해서 다음과 같은 명령어를 작성할 수 있다.

```
ch92=read.csv("D:/data/ch92.csv")
a<-(ch92)
X<-a[,1:2]
Y<-a[,3:4]
require(heplots)
# visualize the correlation matrix using corrplot()
if (require(corrplot)) {
  M <- cor(cbind(X,Y))
  corrplot(M, method="ellipse", order="hclust", addrect=2, addCoef.
col="black")
}
```

[그림 9-24] 정준상관 그래프 명령어 [데이터] ch95.R

이러한 명령어를 작성하고 실행하면 다음과 같은 그림을 얻을 수 있다.

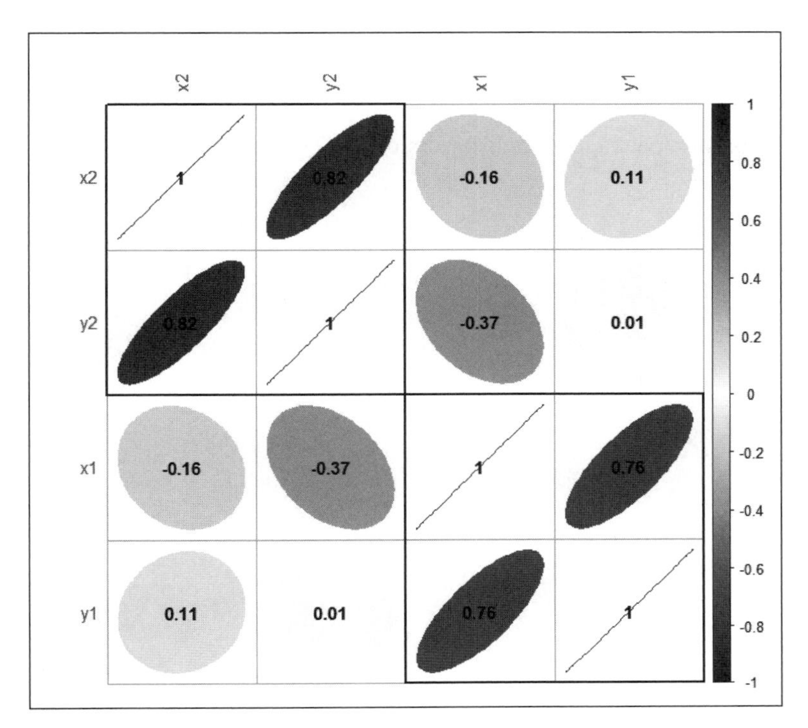

[그림 9-25] 정준상관계수 그래프

결과 설명 X군과 Y군 변수들 간의 관련성이 수치로 나타나 있고, 관련성이 높을수록 짙은 파란색으로 표시됨을 알 수 있다. 예를 들어, x2(대응자세)와 y2(서비스만족도)의 관련성은 0.82임을 알 수 있다. 또한 x1(친밀도)과 y1(신뢰성)의 상관계수는 0.76임을 알 수 있다.

https://www.rdocumentation.org/packages/candisc/versions/0.7-2/topics/cancor

1. 다음은 고등학교의 성적과 대학생활의 성과 간의 관계를 나타낸 것이다. 정준상관분석을 실시하고 해석하여라. 이를 그림으로 표현해 보자.

고등학교 성적			대학교 성적		
x1(성적)	x2(IQ)	x3(동기부여정도)	y1(필수학점)	y2(선택학점)	y3(자격증 보유개수)
72	114	17.3	0.8	2	3
78	117	17.6	2.2	2.2	2
84	117	15	1.6	2	3
95	120	18	2.6	3	2
88	117	18.7	2.7	3.2	4
83	123	17.9	2.1	3.2	3
92	118	17.3	3.1	3.7	4
86	114	18.1	3	3.1	1
88	114	16	3.2	2.6	2
80	115	16.4	2.6	3.2	2
87	114	17.6	2.7	2.8	1
94	112	19.5	3	2.4	2
73	115	12.7	1.6	1.4	1
80	111	17	0.9	1	2
83	112	16.1	1.9	1.2	2

[데이터] schooldata.csv

착안사항)

```
library(heplots)
schooldata=read.csv("D:/data/schooldata.csv")
school.mod <- lm(cbind(y1, y2, y3) ~
                    x1 + x2 + x3, data=schooldata)
X<-a[,1:3]
Y<-a[,4:6]
Anova(school.mod)
# canonical correlation analysis
school.cc <- cancor(Y,X)
school.cc
pairs(school.mod)
```

[데이터] ch96.R

10장

회귀분석

CHAPTER 10

학습목표

1. 회귀분석의 의미와 목적을 이해한다.
2. 단순회귀분석을 이해한다.
3. 중회귀분석을 이해한다.
4. Excel을 이용한 통계분석이 가능하다.

통계를 다루다 보면 두 개 혹은 그 이상의 여러 변수 사이의 관계를 분석하여야 할 때가 있다. 서로 관계를 가지고 있는 변수들 사이에는 다른 변수(들)에 영향을 주는 변수(들)가 있는 반면에 영향을 받는 변수(들)도 있다. 전자를 독립변수(independent variable 또는 predictor variable)라고 하며, 후자를 종속변수(dependent variable 또는 response variable)라고 한다. 예컨대, 광고액과 매출액의 관계에서, 전자는 후자에 영향을 미치므로 독립변수가 되고, 후자는 종속변수가 된다.

회귀분석(regression analysis)은 독립변수가 종속변수에 미치는 영향력 크기를 조사하여 독립변수의 일정한 값에 대응하는 종속변수 값을 예측하는 기법을 의미한다. 광고액과 매출액 사이에서 어떤 관계가 있을 때, 일단 광고액의 수준이 결정되면 회귀분석을 통하여 매출액을 예상할 수 있다.

회귀분석은 세 가지의 주요목적을 갖는다. 첫째, 기술적인 목적을 갖는다. 변수들, 즉 광고액과 매출액 사이의 관계를 기술하고 설명할 수 있다. 둘째, 통제목적을 갖는다. 예를 들어, 비용과 생산량 사이의 관계 혹은 결근율과 생산량 사이의 관계를 조사하여 생산 및 운영관리의 효율적인 통제에 회귀분석을 이용할 수 있다. 셋째, 예측의 목적을 갖는다. 기업에서 생산량을 추정함으로써 비용을 예측할 수 있으며 광고액을 앎으로써 매출액을 예상할 수 있다.

앞 장에서 이미 설명한 분산분석과 여기서 설명하는 회귀분석과의 차이는 다음과 같다. 회귀분석은 독립변수(들)의 수준과 평균반응치 사이의 통계적인 관계를 연구한다. 여기서 종속변수와 독립변수는 다 양적이어야 한다. 회귀분석 안에서의 분산분석은 사실 회귀계수의 검정에 관한 여러 방편 중의 한가지에 불과한 것이다. 앞 장에서 설명한 분산분석은 종속변수와 독립변수(들) 사이의 관계를 연구하는 방법이지만 회귀분석에서 쓰이는 통계적인 관련성은 필요로 하지 않는다. 그리고 독립변수는 반드시 양적일 필요가 없으며, 성, 지역적인 위치, 기계종류 등과 같은 양적인 표시도 가능하다.

회귀분석은 단순회귀분석(simple regression analysis)과 중회귀분석(multiple regression analysis)으로 나뉜다. 이에 대한 구분방법은 다음 표를 참조하면 쉽게 이해할 수 있다.

[표 10-1] 회귀분석의 종류

구분	독립변수	종속변수
단순회귀분석	1	1
중회귀분석	多	1
일반선형분석	多	多

1 단순회귀분석

단순회귀분석(simple regression analysis)의 목적은 두 변수, 즉 하나의 독립변수와 종속변수 사이의 관계를 알아내는 것이다. 단순회귀분석을 이해하기 위해서 광고액에 따른 매출액에 관한 예를 들어보자. 광고액이 매출을 결정한다고 가정하고, 어느 회사 10개월간 자료를 정리하였다.

[표 10-2] 광고액과 매출액

월별	광고액(억원)	매출액(억원)
1	25	100
2	52	256
3	38	152
4	32	140
5	25	150
6	45	183
7	40	175
8	55	203
9	28	152
10	42	198

1.1 산포도 그리기

두 변수 사이의 관계를 알아보기 위해서 연구하는 회귀분석에서 우리는 종속변수인 매출액이 독립변수인 광고액의 변화에 따라 어떻게 조직적으로 변하는가를 알고자 한다. 앞의 [표 10-2]의 상태에서 추세를 파악하기가 곤란하므로, 대략적인 관계를 나타낼 수 있도록 관찰치들을 좌표평면에 그려본다. 관찰치들을 좌표평면에 나타낸 그림을 산포도(scatter diagram)라고 하는데, 이 산포도는 회귀분석의 필수적인 첫 단계이다. [표 10-2]의 자료를 이용하여 산포도를 나타내면 [그림 10-1]과 같다.

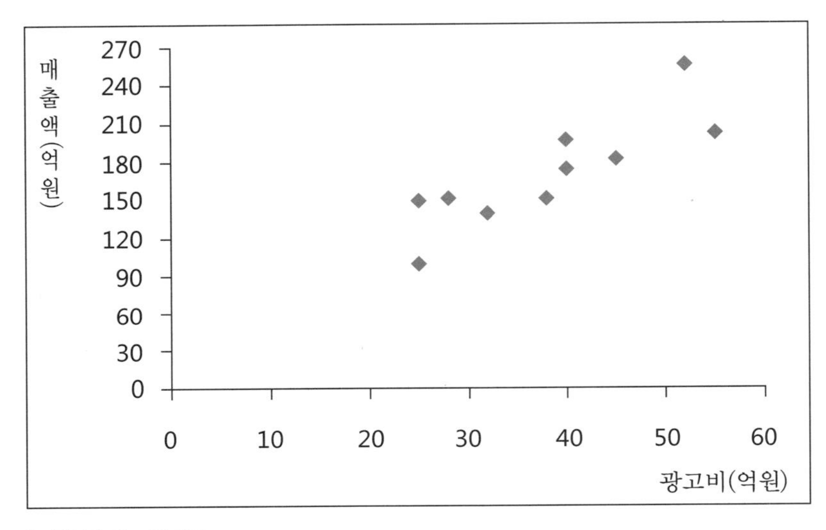

[그림 10-1] 산포도

위 그림에서 광고액을 X축에 표시하고 매출액을 Y축에 표시하였다. 우리는 이 산포도를 통하여 두 변수 간의 관계를 대체로 한눈에 파악할 수 있다. 즉, 광고액이 많을수록 매출액은 증가한다. 그리고 그 추세를 어느 정도 정확하게 추정하기 위해서 산포도 위에 일차직선을 그을 수 있다. 이 선을 회귀선(regression line)이라고 한다. 이 회귀선을 나타내면 [그림 10-2]와 같다.

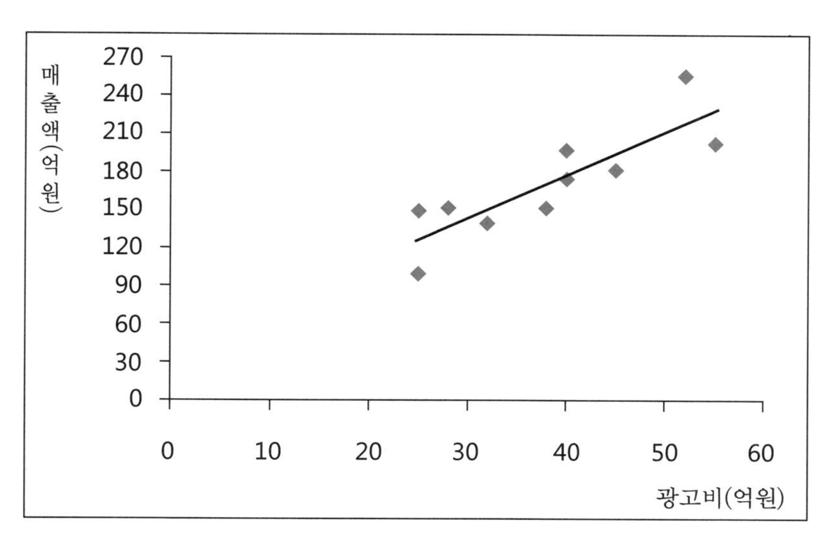

[그림 10-2] 산포도와 선형회귀직선

이 그림에서 자료의 관찰치들이 직선 모양의 회귀선에 거의 몰려 있음을 알 수 있다. 이 회귀선을 이용하면 광고액과 매출액 사이의 관계를 함수적으로 파악할 수 있을 것이다.

또 다른 예를 들어보자. 만일 나이와 체중 사이의 관계를 연구한다고 하자. 이 경우에 체중은 종속변수이고 나이는 독립변수라고 생각할 수 있다. 그런데 어느 정도 나이가 들 때까지는 체중이 증가하나 일정한 나이가 되면 어느 기간만큼은 거의 일정하게 유지된다고 볼 수 있다. 이것에 대한 산포도와 회귀선을 직선으로 나타내는 것은 바람직하지 못하다. 오히려 이 그림에서 보는 바와 같이 회귀선은 곡선(curve)으로 나타내 줌으로써 나이와 체중 사이에서 곡선관계(curvilinear relationship)를 보여주는 회귀모형이 타당할 것이다. 만일 회귀직선으로 모형을 확정한다면 두 변수 사이의 관계를 올바르게 표시한다고 볼 수 없다. 관찰치들이 회귀모형 주위에 적절하게 몰려 있어야 하기 때문이다. 이와 같이 회귀모형의 선택은 관찰치들의 산포도에 따라 이루어지므로 산포도는 상당히 중요하다고 하겠다.

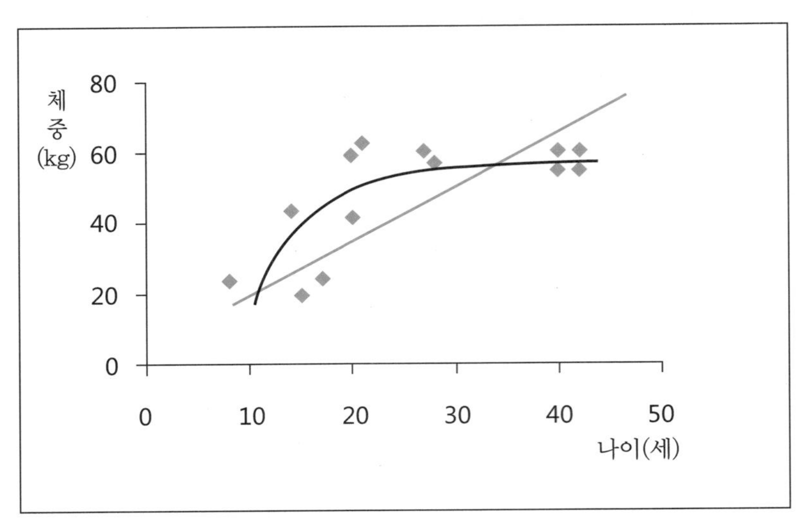

[그림 10-3] 나이와 체중 관계

회귀모형에는 두 가지 특징이 나타난다. 첫째, 표본추출된 관찰치들의 모집단에는 각 X 수준에 대하여 Y의 확률분포가 있다. 둘째, 이 확률분포들의 평균은 X값에 따라 변한다. 이것을 설명하기 위하여 회귀직선의 경우를 그림으로 나타내면 아래와 같다. 이해를 돕기 위해서 Y축은 수평, X축은 수직으로 나타내었다.

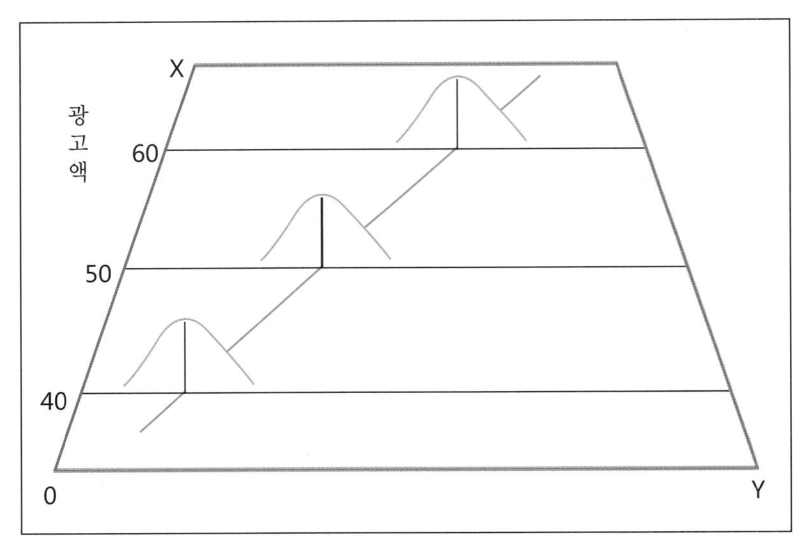

[그림 10-4] 회귀직선모형의 그림

위 그림은 예를 들어 광고액이 X=40(억원)일 때 매출액 Y의 확률분포를 나타내고 있다. [표 10-1]에서 보인 실제 매출액 175(억원) 확률분포에서 임의 채택된 것으로 간주된다. 그리고 다른 광고액의 경우에서도 매출액의 확률분포를 나타내고 있다. 그림에서 보는 바와 같이 회귀직선은 확률분포의 평균치들을 지나가고 있다. 사실, 변수 X가 회귀한다는 것은 평균값에 몰리는 경향이 있다는 것을 뜻한다. 우리는 여기서 확률분포의 평균치는 X의 수준에 대하여 조직적인 관계를 가지고 있음을 알 수 있다. 이 조직적인 관계를 X에 대한 Y의 회귀함수라고 부른다. 그리고 이 회귀함수의 그림을 회귀선이라고 부른다.

이제 모집단에 대한 단순회귀의 선형모형을 세워보자.

단순회귀직선모형

$$Y_i = \beta_0 + \beta_1 X + \varepsilon_i \qquad \cdots\cdots(\text{식 } 10-1)$$

여기서, Y_i=i번째 반응치

β_0= 절편 모수

β_1= 기울기 모수

X_i= 이미 알려진 독립변수의 i번째 값

ε_i = 오차이며 분포는 $N(0, \sigma^2)$

$Cov(\varepsilon_i, \varepsilon_j)=0$ (단 $i \neq j$)

다음으로 회귀모형의 가정을 정리하면 다음과 같다.

회귀모형의 가정

① X는 확률변수가 아니라 확정된 값이다.

② 모든 오차는 정규분포를 이루며, 평균이 0, 분산은 σ^2으로 X값에 관계없이 동일하다. 즉, $\varepsilon_i \sim N(0, \sigma^2)$

③ 서로 다른 관찰치의 오차는 독립적이다.

즉, $Cov(\varepsilon_i, \varepsilon_j)=0$ (단 $i \neq j$)

④ $Y \sim N(\beta_0 + \beta_1 X, \sigma^2)$

따라서,

$$E(Y_i) = E(\beta_0 + \beta_i X_i + \varepsilon_i) = \beta_0 + \beta_i X_i + E(\varepsilon_i) \quad \cdots\cdots(\text{식 } 10-2)$$
$$= \beta_0 + \beta_i X_i$$

그러므로 i번째에 있는 X의 값이 X_i라 하면, 종속변수 Y_i는 평균이 $E(Y_i) = \beta_0 + \beta_1 X_i$인 확률분포에서 나온 것이다.

선형회귀모형 $E(Y_i) = \beta_0 + \beta_1 X_i$에서 β_0는 절편이고 β_1은 기울기이다. 직선의 모형은 β_0와 β_1의 값에 따라 달라지며, 이 값들은 모집단을 완전히 파악하지 않으면 알 수 없는 계수들이다. 두 변수 간의 관계를 알기 위해서는 우리는 두 계수를 구해야 한다. 주어진 표본 관찰치들로부터 구해진 회귀직선을 (편의상 i를 생략)

$$\hat{Y} = b_0 + b_1 X \quad \cdots\cdots(\text{식 } 10-3)$$

라 하면 b_0와 b_1은 각각 β_0와 β_1의 추정치가 된다. 표본에 대하여 회귀모수 β_0와 β_1의 좋은 추정량을 발견하기 위해서 최소자승법(least square method)을 이용할 수 있다.

최소자승법이란 잔차(residual)제곱의 합을 최소화시키는 b_0와 b_1의 값을 구하는 방법을 말한다. 여기서 잔차란 실제 관찰치 Y_i와 예측치 $\hat{Y}_i$(Y-hat으로 읽음) 사이의 차이값을 뜻하므로, 잔차 e_i는

$$e_i = Y_i - \hat{Y}_i \quad \cdots\cdots(\text{식 } 10-4)$$

이다. 변수들 사이의 관계를 정확하게 기술하거나 예측을 하려면 이 잔차는 최소가 되어야 할 것이다. 이것을 위해서 잔차제곱의 합을 최소화한다면 같은 목적을 이룰 수 있다. 따라서 $\sum_{i=1}^{n} e_i^2$을 최소화시키는 b_0와 b_1의 값을 구하면 된다. 식 (10−5)을 Q라 놓으면,

$$Q = \sum_{i=1}^{n} e_i^2 = \sum_{i=1}^{n} (Y_i - \hat{Y}_i)^2 = \sum_{i=1}^{n} (Y_i - b_0 - b_1 X_i)^2 \quad \cdots\cdots(\text{식 } 10-5)$$

이 된다. 위 식을 b_0와 b_1에 대하여 편미분하고 그 결과를 0으로 놓으면,

$$\frac{\partial Q}{\partial b_0}=2\sum_{i=1}^{n}(Y_i-b_0-b_1X_i)(-1)=0$$

$$\frac{\partial Q}{\partial b_1}=2\sum_{i=1}^{n}(Y_i-b_0-b_1X_i)(-X_i)=0 \quad \cdots\cdots(\text{식 } 10-6)$$

의 두 식을 얻으며, 이것을 정리하면,

$$\Sigma Y_i=nb_0+b_i\Sigma X_i$$
$$\Sigma X_iY_i=b_0\Sigma X+b_1\Sigma X_i^2 \quad \cdots\cdots(\text{식 } 10-7)$$

이 얻어지며, 이 두식을 정규방정식(normal equation)이라고 한다. 이 정규방정식을 b_0와 b_1에 대하여 풀면 다음과 같다.

회귀직선모형의 기울기와 절편

$$b_1=\frac{n\Sigma X_iY_i-(\Sigma X_i)(\Sigma Y_i)}{n\Sigma X_i^2-(\Sigma X_i)^2}=\frac{\Sigma(X_i-\overline{X})(X_i-\overline{Y})}{(X_i-\overline{X}_i)^2}$$
$$b_0=\frac{1}{n}(\Sigma Y_i-b_1\Sigma X_i)=\overline{Y}-b_1\overline{X} \quad \cdots\cdots(\text{식 } 10-8)$$

예제 1 앞의 [표 10-2]에서 주어진 자료를 근거로 최소자승법을 이용하여 회귀직선을 구해 보아라.

[풀이]

월별	광고액(X_i)	매출액(Y_i)	$X_i \cdot Y_i$	X_i^2
1	25	100	2,500	625
2	52	256	13,312	2,704
3	38	152	5,776	1,444
4	32	140	4,480	1,024
5	25	150	3,750	625
6	45	183	8,235	2,025
7	40	175	7,000	1,600
8	55	203	11,165	3,025
9	28	152	4,256	784
10	42	198	8,316	1,764
합계	$\Sigma X_i = 382$	$\Sigma Y_i = 1,709$	$\Sigma X_i Y_i = 68,790$	$\Sigma X_i^2 = 15,620$

이것을 이용하여 기울기와 절편을 구하면

$$b_1 = \frac{n\Sigma X_i Y_i - (\Sigma X_i)(\Sigma Y_i)}{n\Sigma X_i^2 - (\Sigma X_i)^2} = \frac{(10)(68,790) - (382)(1,709)}{(10)(15,620) - (382)^2} = 3.413$$

$$b_1 = \overline{Y} - b_1 \overline{X} = 170.9 - (3.412)(38.2) = 40.562$$

이다. 따라서 회귀식은

$$\hat{Y} = 40.562 + 3.412X$$

가 된다. 기울기가 3.412이므로 광고액이 1억 원씩 증가함에 따라 매출액이 3.412억 원씩 증가한다고 말할 수 있다. Y절편은 40.562이므로 광고액이 0(零)일 때 매출액 40.562억 원인 셈이 된다. 그러나 이것은 현실적으로 불가능한 이야기이므로 절편의 수치는 의미가 없다고 본다. 만일 광고액이 30억 원인 경우에 매출액은 $\hat{Y} = 40.562 + 3.412(30) = 142.992$

(억 원)이라고 추정할 수 있다. 여기서 우리는 회귀모형의 적용범위를 제한하여야 할 필요성을 갖는다. 이 제한은 조사계획에 의하거나 또는 얻어진 자료의 범위에 의하여 결정된다. 이 문제의 경우를 보면 광고액이 25억~55억 사이에서 매출액이 결정되어야 할 것이다. 만일에 이 범위를 넘어간다면 회귀함수의 모양은 달라지게 되어 그 신뢰성은 매우 의심스러운 것이 된다. ■

위에서 얻어진 회귀선에서 잔차를 구하려면 $e_i = Y_i - \hat{Y}_i = Y_i - (40.562 + 3.412X_i)$ 공식을 이용한다. 예컨대, 25억 원의 경우 잔차는 100−(40.562 + 3.412×25) = −25.862가 된다.

1.2 회귀식의 정도

앞에서 주어진 자료를 바탕으로 회귀모형을 일차함수로 나타낸 후에 최소자승법에 의하여 회귀직선을 구하는 방법을 설명하였다. 그러나 회귀선만으로 관찰치들을 어느 정도 잘 설명하고 있는지 여부를 알 수 없다. 회귀선의 정도, 즉 회귀선이 관찰자료를 어느 정도로 설명하는지를 추정하여야 한다.

회귀선의 정도를 추정하는 방법으로는 추정의 표준오차(standard error the estimate), 결정계수(coefficient of determination) 두 가지가 있다. 먼저, 추정의 표준오차는 다음과 같은 식으로 계산한다.

$$S_{y \cdot x} = \sqrt{\frac{\Sigma(Y_i - \hat{Y}_i)^2}{n-2}} = \sqrt{\frac{\Sigma e_i^2}{n-2}} \quad \cdots\cdots(식\ 10-9)$$

이 값이 0에 가까울수록 회귀식이 독립변수 X와 종속변수 Y의 관계를 적절하게 설명한다고 볼 수 있다.

예제 2 앞의 [표 10−2]의 표본자료에 대하여 추정의 표준오차를 구하라.

[풀이] 앞의 [표 10−2]에서 잔차를 구한 다음 각각 제곱하여 합을 구한 후에 자유도 10−2=8로 나누면

$$S_{y\cdot x}^2 = \frac{\Sigma e_i^2}{n-2} = \frac{4,339.647}{10-2} = 542.456$$

이 된다. 따라서 ε_i의 표준편차 σ에 대한 추정의 표준오차는 다음과 같다.

$$S_{y\cdot x} = \sqrt{\frac{4,339.647}{8}} = 23.291$$

추정의 표준오차는 척도에 따라 값이 달라질 수 있어 해석이 어려운 경우가 많다. 이 문제를 어느 정도 해결해 주는 방법으로 결정계수(coefficient of determination)가 있다. 결정계수는 종속변수의 변동 중 회귀식에 의해 설명되는 비율을 의미한다. 결정계수를 구하기 전에 먼저 필요한 개념을 소개하기로 한다.

관찰치 Y_i의 총편차는 다음과 같이 두 부분으로 나눌 수 있다.

$$(Y_i - \overline{Y}) = (Y_i - \hat{Y}_i) + (\hat{Y}_i - \overline{Y}) \qquad \cdots\cdots(\text{식 } 10-10)$$

(총편차) (설명 안 되는 편차) (설명되는 편차)

등식 오른쪽의 첫 번째 편차는 회귀선에 의해서 나타낼 수 없으므로 이것을 설명 안 되는 편차라 부른다. 두 번째 편차는 회귀선으로 나타낼 수 있기 때문에 설명되는 편차라고 부른다. 관찰치 Y_i는 회귀선으로는 표현할 길이 없으며, 추정치 $\hat{Y}_i$는 회귀선에 의해 계산이 가능하며, 그리고 회귀선은 평균치 $\overline{Y}$를 지나기 때문이다. 이와 같이 총편차는 설명 안 되는 편차와 설명되는 편차로 나눌 수 있다. 이것을 그림으로 나타내면 [그림 10-5]와 같다.

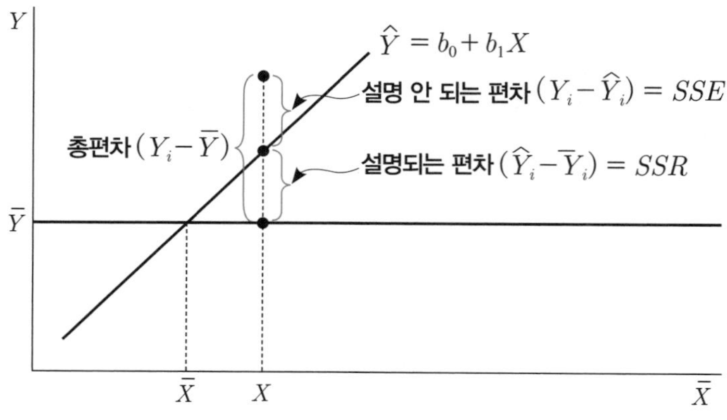

[그림 10-5] 총편차의 구분

식 (10−10)의 양변을 제곱한 후에 모든 관찰치에 대하여 합하면,

$$\begin{aligned}\sum(Y_i-\overline{Y})^2 &= \sum[(Y_i-\hat{Y}_i)+(\hat{Y}_i-\overline{Y})]^2\\ &= \sum(Y_i-\hat{Y}_i)^2+(\sum\hat{Y}_i-\overline{Y})^2+2\sum(Y_i-\hat{Y}_i)(\hat{Y}_i-\overline{Y})\end{aligned}$$

이다. 여기에서 오른쪽 마지막 항은 잔차의 성질에 의하여

$2\sum e_i(\hat{Y}_i-\overline{Y})=2(\sum\hat{Y}_ie_i-\overline{Y}\sum e_i)=0$ 이므로,

$$\underset{\text{(총편차)}}{\sum(Y_i-\overline{Y})^2}=\underset{\text{(설명 안 되는 편동)}}{\sum(Y_i-\hat{Y}_i)^2}+\underset{\text{(설명되는 편동)}}{\sum(\hat{Y}_i-\overline{Y})^2} \quad \cdots\cdots(\text{식 } 10-11)$$

이 된다.

위 식에서 $\sum(Y_i-\overline{Y})^2$은 총변동(total variation: SST), $\sum(Y_i-\hat{Y}_i)^2$은 설명 안 되는 변동(unexplained variation: SSE) 그리고 $\sum(\hat{Y}_i-\overline{Y})^2$은 설명되는 변동(explained variation: SSR)이라고 부른다. 특히 설명 안 되는 변동은 잔차에 의한 제곱합(sum of squares due to residual error : SSE), 설명되는 변동은 회귀에 의한 제곱합(sum of squares due to regression: SSR)이라고도 한다. 따라서 식 (10−11)은

$$SST = SSE + SSR \quad \cdots\cdots(\text{식 } 10-12)$$

이 된다.

이제 표본 결정계수는 다음과 같이 정의된다.

표본의 결정계수

$$r^2=\frac{SSR}{SST}=1-\frac{SSE}{SST} \quad \cdots\cdots(\text{식 } 10-13)$$

이것은 총변동 중에서 회귀선에 의하여 설명되는 비율을 나타내며, r^2의 범위는 $0 \le r^2 \le 1$이다. 만일에 모든 관찰치들과 회귀선이 일치한다면 SSE=0이 되어 r^2=1이 된다. 이렇게

되면 X와 Y 사이의 상관관계는 100% 있다고 본다. 왜냐하면 $r^2 = \pm\sqrt{r^2}$ 이기 때문이다. r^2의 값이 1에 가까울수록 회귀선은 표본의 자료를 설명하는 데 유용성이 높다. 이와 반대로, 관찰치들이 회귀선에서 멀리 떨어져 있게 된다면 SSE는 커지게 되며, r^2의 값은 0에 가까워진다. 이 경우에 회귀선은 쓸모없는 회귀모형이 되고 만다. 따라서 표본결정계수 r^2의 값에 따라 모형의 유용성을 판단할 수 있다.

예제 3 앞의 [표10-2]의 자료에 대하여 회귀모형 $\hat{Y} = 40.562 + 3.412$를 구했을 때 결정계수를 계산하라.

[풀이]

총변동 SST를 구하면,

$$SST = \Sigma(Y_i - \overline{Y})^2 = (100-170.9)^2 + (256-170.9)^2 + \cdots + (198-170.9)^2 = 16,302.9$$

이다. 그리고 SSR을 구하면

$$SSR = SST - SSE = 16,302.900 - 4,339.647 = 11,963.253$$

이다. 따라서 표본결정계수

$$r^2 = \frac{SSR}{SST} = \frac{11,963.253}{16,302.900} = 0.734$$

이다. 이 회귀선이 총변동 중에서 설명하는 부분은 73.4%이며 추정된 회귀선의 정도는 높은 편이다. 따라서 유용한 회귀모형이라고 할 수 있다. 경우에 따라 다르기는 하지만 총변동의 70% 이상을 설명할 수 있는 회귀모형은 유용한 것으로 생각할 수 있다.

1.3 회귀선의 적합성

회귀선이 통계적으로 유의한가(statistically significant)를 검정하는 것은 매우 중요하다. 회귀모형이 아무리 설명력이 높다 하더라도 유의하지 못하면 소용이 없기 때문이다. 회귀선의 적합성(goodness of fit) 여부, 즉 주어진 자료에 적합(fit)시킨 회귀선이 유의한가는 분산분석(analysis of variance)을 통하여 알 수 있다. 이를 위해 분산분석표를 만들면 다음과 같다.

[표 10-3] 단순회귀의 분산분석표

원천	제곱합(SS)	자유도(DF)	평균제곱(MS)	F
회귀	$SSR=\Sigma(\hat{Y}-\bar{Y})^2$	k	$MSR=\dfrac{SSR}{k}$	$\dfrac{MSR}{MSE}$
잔차	$SSR=\Sigma(Y-\hat{Y})^2$	$n-(k+1)$	$MSE=\dfrac{SSE}{n-k-1}$	
합계	$SST=\Sigma(Y-\bar{Y})^2$	$n-1$		

(k= 독립변수의 수이며, 그 값은 1이다.)

위 표에서 평균제곱은 제곱합을 각각의 자유도로 나눈 것이다. 통계량 MSR/MSE는 자유도(k, $n-(k+1)$)의 F분포를 한다고 알려져 있다. 회귀의 평균제곱 MSR이 잔차의 평균제곱 MSE보다 상대적으로 크다면 X와 Y의 관계를 설명하는 회귀선에 의하여 설명되는 부분이 설명 안 되는 부분보다 크기 때문이다.

회귀선의 검정에 대한 귀무가설과 대립가설은 다음과 같다.

H_0 : 회귀선은 유의하지 못하다. 또는 ($\beta_1=0$)

H_1 : 회귀선은 유의하다. 또는 ($\beta_1\neq0$)

F값을 구한 후에 부록 [부표 4]의 F분포표를 이용한 유의수준 α에서 임계치 $F_{(\alpha;1,\ n-2)}$를 비교하여서 $F>F_{(\alpha;1,\ n-2)}$이면 회귀선은 유의하다고 결론을 내린다.

예제 4 앞 [예 10-2]의 자료에서 얻어진 회귀선의 분산분석표를 작성하고 유의수준 5%에서 그 회귀선이 유의한지 여부를 검정하라.

[풀이]

분산분석표를 만들면 다음과 같다.

원천	제곱합(SS)	자유도(DF)	평균제곱(MS)	F	F(0.05)	F(0.01)
회귀	11,963.253	1	11,963.253	22.054	5.32	11.26
잔차	4,339.647	8	542.455			
합계	16,302.900	9				

유의수준 $\alpha = 0.05$에서 $F > F_{(0.05)}$이므로 식 (10-10)의 귀무가설을 기각시킨다. 따라서 회귀선 $\hat{Y} = 40.562 + 3.412X$는 유의하다고 결론을 내릴 수 있다. ■

회귀모형이 통계적으로 유의하면 계속해서 모집단의 회귀모형에 대하여 추론을 하여야 한다. 만약 분산분석에서 회귀선이 유의하지 않다고 결론이 내려지면 그 회귀모형은 폐기되어야 한다.

1.4 회귀모형의 추론

앞 절에서 개발된 회귀모형의 가정이 모두 성립하며 회귀선이 유의하다고 하자. 그런데 이 회귀선은 단지 표본에서 도출된 것이다. 우리는 표본에서 구한 표본회귀선의 방정식으로부터 모집단 회귀선을 추정해야 하는데, 이것을 회귀분석의 통계적 추론(statistical inference)이라고 한다.

단순회귀분석의 모집단 회귀모형을

$$Y_i = \beta_0 + \beta_1 X_i + \varepsilon_i \qquad \cdots\cdots(\text{식 } 10-14)$$

여기서, β_0, β_1 = 모수

X_i = 알려진 상수

ε_i = 독립적이며, $N(0,\ \sigma^2)$

$Cov(\varepsilon_i, \varepsilon_j) = 0$ (단 $i \neq j$)

이라고 하자. 실제 모집단에 속해 있는 관찰치를 모두 얻는 것은 불가능하므로, 모집단으로부터 n개의 관찰치를 추출하여서 표본회귀직선

$$\hat{Y}_i = \beta_0 + \beta_1 X_i \qquad \cdots\cdots(\text{식 } 10-15)$$

을 추정하는 것이다. 여기서 $\hat{Y}_i$는 Yi, b_0는 β_0 그리고 b_1은 β_1의 점추정량들이다. 이 추정량들은 평균과 분산을 가지고 있으므로 모수들에 대한 구간추정과 가설검정을 할 수 있는 통계적 근거를 마련해 준다.

1) β_1의 신뢰구간 추정

일반적으로 식 (10−14)의 회귀모형 기울기 β_1의 추정에 관하여 관심을 가지는 경우가 많다. 우리가 관심을 갖는 β_1에 대한 가설검정은 다음과 같다.

H_0 : $\beta_1 = 0$

H_1 : $\beta_1 \neq 0$

만약 귀무가설이 기각되지 않으면, 독립변수가 종속변수를 예측하는 데 도움이 되지 못하는 것을 나타낸다. 위의 가설검정을 위한 검정통계량은 다음과 같은 분포를 따른다.

가설검정 통계량 t분포

$$\frac{b_1-\beta_1}{S_{b_1}} \text{은 } t(n-2) \text{ 분포를 한다.} \qquad \cdots\cdots(\text{식 } 10-16)$$

n개의 표본에서 $n-2$의 자유도를 가지게 된 이유는 β_0, β_i의 두 모수가 추정되어야 하기 때문에 2개의 자유도를 잃게 된 것이다.

그리고 β_1에 대한 신뢰구간은 다음과 같다.

β_1의 신뢰구간

$$\beta_1 \in b_1 \pm t(\frac{\alpha}{2},\ n-2) \cdot S_{b_1} \qquad \cdots\cdots(\text{식 } 10-17)$$

$$\text{여기서, } S_{b_1} = \sqrt{\frac{MSE}{\sum(X-\overline{X})^2}}\ ,\ MSE = \frac{\sum(Y_i-\widehat{Y}_i)^2}{n-2}$$

위의 식에서 σ^2을 아는 경우에는 MSE 대신에 σ^2을 대치할 수 있으며, 표본의 크기가 충분히 큰 경우에는 t 대신에 Z를 쓰면 된다.

예제 5 앞의 자료에서 기울기 β_1의 95% 신뢰구간을 구하라.

[풀이]

$$S_{b_1}^2 = \frac{MSE}{\sum(X_i-\overline{X})^2} = \frac{542.455}{1,027.6} = 0.528$$

여기서, $\sum(X_i-\overline{X})^2 = \sum X_i^2 - \frac{(\sum X_i)^2}{n} = 15,620 - \frac{(382)^2}{10} = 0.528$이다. 그리고 S_{b1} $=0.727$이며 $t(\frac{0.05}{2},\ 10-2)=2.306$ 이다. 따라서 기울기 모수의 신뢰구간은

$\beta_1 \in 3.412 \pm (2.306)(0.727)$

$=[1.736,\ 5.088]$

이다. 그러므로 광고액을 1억 원 증가시키면 95% 신뢰수준에서 매출액은 1.736~5.088(억 원) 사이로 증가한다. 그러나 이 숫자는 X의 주어진 자료의 범위 25~55 사이에서만 타당하다고 본다. 이 범위를 넘어서는 경우에는 신뢰구간의 적용이 적절하지 못할 수도 있다.

2) β_0의 의 신뢰구간 추정

회귀선의 절편인 β_0의 추론은 흔한 경우가 아니다. 이것에 대한 추론은 그 모형의 기울기가 0인 경우에 하게 된다. β_0의 신뢰구간은 다음과 같다.

β_0의 신뢰구간

$$\beta_0 \in b_0 \pm t\left(\frac{\alpha}{2},\ n-2\right) \cdot S_{b_0} \qquad \cdots\cdots(\text{식 } 10-18)$$

여기서, $S_{b_0} = \sqrt{\dfrac{MSE}{n\sum(X_i-\bar{X})^2}}$, $MSE = \dfrac{\sum(Y_i-\hat{Y}_i)^2}{n-2}$

예제 6 앞의 자료에서 절편 β_0의 95% 신뢰구간을 구하라.

[풀이]

$$S_{b_0} = \sqrt{542.455 \times \frac{15{,}620}{(10)(1{,}027.6)}} = 28.715$$

$$\beta_0 \in 40.562 \pm (2.306)(28.715) = 40.562 \pm 66.217$$

$$\therefore\ -22.655 \le \beta_0 \le 106.779$$

이 경우에 비록 Y절편의 신뢰구간을 구하였지만 의미는 없다고 본다. 왜냐하면 X 수준의 통계자료를 보면 $X=0$은 그 범위 안에 포함되어 있지 않기 때문이다.

3) $E(\hat{Y}_h)$의 신뢰구간 추정

회귀분석의 중요한 목적 중의 하나는 Y 확률분포의 평균을 추정하는 것이다. 독립변수(X)의 어떤 수준치를 X_h라 하면 X_h는 회귀모형의 범위 안에 있는 값이다. $X=X_h$일 때 평균반응치를 $E(Y_h)$라고 하면 $\hat{Y}_h$는 이것의 점추정량이다.

$$\hat{Y}_h = b_0 + b_1 X_h$$

이제 $\hat{Y}_h$의 표본분포에 대하여 알아보자. $\hat{Y}_h$의 표본분포는 정규적이며, 기대치와 분산은 다음과 같다.

$\hat{Y}_h$의 기대치와 분산

$$E(\hat{Y}_h) = E(Y_h) \quad \cdots\cdots(\text{식 } 10-19)$$

$$Var(\hat{Y}_h) = \sigma^2 [\frac{1}{n} + \frac{(X_h - \bar{X})^2}{\sum(X_i - \bar{X})^2}]$$

만일 σ^2의 값을 모르는 경우 식 (10−16)에서 $\hat{Y}_h$분산의 추정치,

$$Var(\hat{Y}_h) = MSE [\frac{1}{n} + \frac{(X_h - \bar{X})^2}{\sum(X_i - \bar{X})^2}]$$

을 얻을 수 있다.

식 (10−15)에서와 마찬가지로 통계량 $\frac{\hat{Y}_h - E(\hat{Y}_h)}{S_{\hat{y}_h}}$는 자유도 $n-2$를 가진 t분포를 한다. 따라서 X의 주어진 값 X_h에 대한 $E(\hat{Y}_h)$의 신뢰구간은 다음과 같다.

X의 주어진 값 X_h에서 $E(\hat{Y}_h)$의 신뢰구간

$$E(\hat{Y}_h) \in \hat{Y}_h \pm t(\frac{\alpha}{2}, n-2) \cdot S_{\hat{Y}_h} \quad \cdots\cdots(\text{식 } 10-20)$$

여기서, $S_{\hat{y}_h} = \sqrt{MSE [\frac{1}{n} + \frac{(X_h - \bar{X})^2}{\sum(X_i - \bar{X})^2}]}$

표본이 충분히 큰 경우에는 t값 대신에 Z값을 대치하면 된다. 왜냐하면 표본의 크기가 증가할수록 분포는 표준정규분포에 가까워지기 때문이다.

예제 7 앞의 예제에서 광고액이 30억 원인 경우와 50억 원인 경우에 매출액에 대한 95% 신뢰구간을 구하라.

[풀이]

① X_h=30인 경우

$$\hat{Y}_h=40.562+3.412X=40.562+3.412(30)=142.922$$

$$S_{\hat{y}_h}=\sqrt{542.455\cdot[\frac{1}{10}+\frac{(30-38.2)^2}{1{,}027.6}]}=9.473$$

$t(\frac{0.05}{2}, 8)=2.306$이므로

$$E(\hat{Y}_h)=142.922\pm(2.306)(9.473)$$

$$=142.922\pm21.845$$

따라서 광고액이 30억 원인 경우 매출액 규모는 121.077~164.767억 원임을 예측할 수 있다.

② X_h=50인 경우

$$\hat{Y}_h=40.562+3.412X=40.562+3.412\times50=211.162$$

$$S_{\hat{y}_h}=\sqrt{542.455\cdot[\frac{1}{10}+\frac{(50-38.2)^2}{1{,}027.6}]}=11.303$$

$$E(\hat{Y}_h)=211.162\pm(2.306)(11.303)$$

$$=211.162\pm26.065$$

따라서 광고액이 50억 원인 경우 매출액의 규모는 185.097~237.227억 원임을 예측할 수 있다. ■

위의 두 가지 예에서 보면 X의 값이 평균에 가까울수록 신뢰구간이 작게 나타난다. 이것은 X의 값이 $\overline{X}$에 가까울수록 $E(\hat{Y}_h)$의 값을 비교적 정확하게 예측할 수 있다는 의미를 갖는다. 이것을 그림으로 나타내면 [그림 10-6]과 같다. 평균에서 잘룩한 모양의 영역을 얻게 되는데 이것을 신뢰대(confidence band)라고 한다.

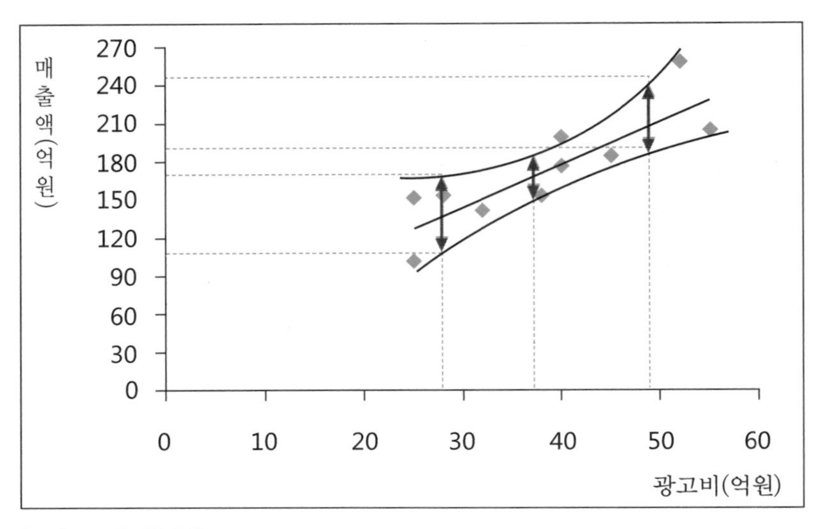

[그림 10-6] 신뢰대

지금까지 설명한 회귀분석 절차를 요약하면 다음과 같다.

회귀분석의 절차

① 산포도를 그려서 자료변동의 대략적인 추세를 살펴본다.
② 회귀모형의 형태를 결정한다. 일반적으로 곡선보다는 직선의 선형모형이 많이 이용된다.
③ 회귀모형의 계수와 정도를 구한다.
④ 회귀모형이 통계적으로 유의한가를 검정한다.
⑤ 유의한 회귀모형에 대하여 추론을 한다.

1.5 상관계수

우리는 표본 관찰치들로부터 구해진 회귀직선 $\hat{Y}_i = b_0 + b_1 X_i$을 얻을 수 있다. 이때 X_i는 주어진 값이고 Y_i만이 확률변수라고 가정하였다. 여기서 오차 $Y_i - \hat{Y}_i$의 크기를 평균 개념에 의해서 회귀의 표준오차로 측정하였다. 그러나 상관분석에서는 X, Y 두 변수를 모두 확률변수로 가정하며, 두 변수의 선형관계가 얼마나 강한가 하는 것을 지수로 측정하게 된다. 두 변수의 선형관계의 방향과 정도를 나타내는 측정치를 상관계수(correlation coefficient)라고 하는데, 모집단의 상관계수 ρ(rho)는 다음과 같다.

$$\rho = \frac{\sigma_{xy}}{\sigma_x \sigma_y}, \ - \leq \rho \leq 1 \qquad \cdots\cdots(\text{식 } 10-21)$$

여기서, σ_{xy}는 X와 Y 두 변수의 공분산이며, σ_x와 σ_y는 각각 X와 Y의 표준오차이다.

이제 $\sum(X_i - \overline{X}) = \sum X_i^*$, $\sum(Y_i - \overline{Y}) = \sum Y_i^*$이라고 하자. 모집단 상관계수는 표본상관계수를 나타내는

$$r = \frac{\sum X_i^* Y_i^*}{\sqrt{\sum X_i^{*2}} \sqrt{\sum Y_i^{*2}}} \qquad \cdots\cdots(\text{식 } 10-22)$$

에 의하여 추정된다. 최소제곱법에 의하여 얻어진 회귀직선의 기울기

$$b_1 = \frac{\sum X_i^* Y_i^*}{\sum X_i^{*2}} \qquad \cdots\cdots(\text{식 } 10-23)$$

이므로, 식 (3-21)와 식 (3-22)에서

$$r = b_1 \frac{\sqrt{\sum X_i^{*2}}}{\sqrt{\sum Y_i^{*2}}} = b_1 \frac{S_x}{S_y} \qquad \cdots\cdots(\text{식 } 10-24)$$

또는

$$b_1 = r\frac{\sqrt{\sum Y_i^{*2}}}{\sqrt{\sum X_i^{*2}}} = r\frac{S_y}{S_x}$$

여기서 알 수 있는 것은 b_1가 일정하다고 할 때 Y에 비해 X의 표준편차가 클수록 상관관계는 커진다고 할 수 있다.

식 (10−13)에서 알 수 있는 바와 같이, 상관계수는 결정계수의 제곱근의 값이며, 그 부호는 기울기의 것과 같음을 알 수 있다. 예제에서 보면 결정계수 $r^2=0.734$이므로 표본상관계수 $r=+0.857$이 되어 광고액(X)과 매출액(Y) 사이의 관계는 매우 강한 양의 상관관계가 있다고 말할 수 있다.

1.6 회귀모형의 타당성

회귀모형이 정해졌을 때, 누구도 이것이 적절하다고 쉽게 단언할 수 없다. 따라서 본격적인 회귀분석을 하기 전에 자료분석을 위한 회귀모형의 타당성을 검토하는 것은 중요하다.

첫째, 결정계수 r^2이 지나치게 작아서 0에 가까우면, 회귀선은 적합하지 못하다.

둘째, 분산분석에서 회귀식이 유의하다는 가설이 기각된 경우에는 다른 모형을 개발하여야 한다.

셋째, 적합결여검정(lack-if-fit test)을 통하여 모형의 타당성을 조사한다.

넷째, 잔차(residual)를 검토하여 회귀모형의 타당성을 조사한다.

여기서는 잔차의 분석에 대해서만 설명한다. 무엇보다도 회귀모형이 타당하려면 잔차들이 X축에 대하여 임의(random)로 나타나 있어야 한다. 다음의 [그림 10−7] 잔차 산포도 중에서 (a)만이 전형적인 산포도를 보이고 있어 회귀직선은 타당하다고 할 수 있다. 나머지는 무엇인가의 조치를 취하여야 한다.

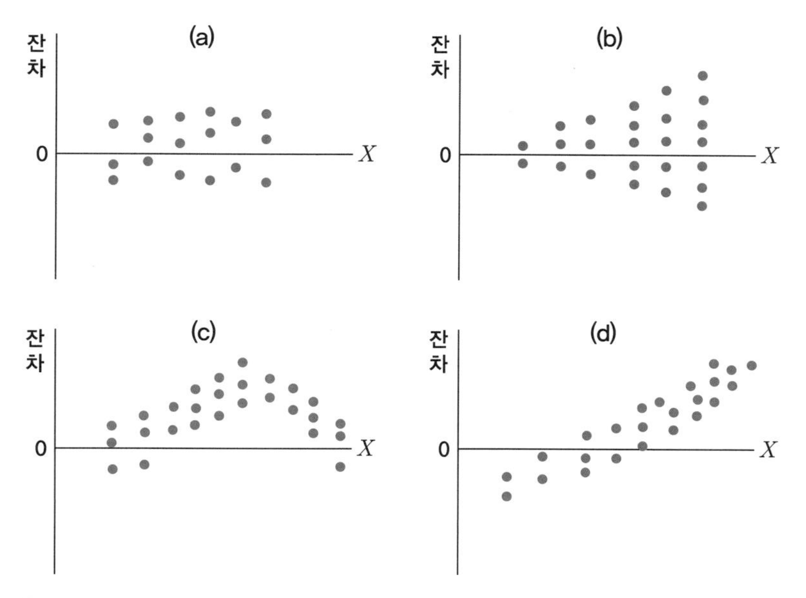

[그림 10-7] 잔차의 산포도

2 중회귀분석

2.1 중회귀모형

앞 절에서는 독립변수와 종속변수가 각각 하나인 경우의 회귀분석을 공부하였다. 여러 개의 독립변수가 있어, 독립변수들이 종속변수에 어떻게 영향을 미치고 있는가를 분석하는 것이 중회귀분석(multiple regression analysis)이다.

예를 들어, 회사의 매출액은 단지 광고액에 의존할 뿐만 아니라 추가로 영업사원 수에 의하여 영향을 받는다고 생각할 수 있다. 이 연구를 위하여 얻어진 자료가 다음과 같다. 이 자료는 앞의 [표 10-2]에다 영업사원 수를 추가한 것이다

[표 10-4] 광고액, 영업사원 수, 매출액

월별	광고액(억원)	영업사원 수(명)	매출액(억원)
1	25	3	100
2	52	6	256
3	38	5	152
4	32	5	140
5	25	4	150
6	45	7	183
7	40	5	175
8	55	4	203
9	28	2	152
10	42	4	198

위의 자료에서 $Y=$ 매출액, $X_1=$ 광고액, $X_2=$ 영업사원 수라고 할 때 선형중회귀모형을 세워보면 다음과 같다.

중회귀모형

$$Y=\beta_0+\beta_1 X_1+\beta_2 X_2+\varepsilon \quad \cdots\cdots(\text{식 } 10-25)$$

여기서, β_0, β_1, β_2는 회귀계수이다.

$\varepsilon=$ 오차항으로서 $N(0, \sigma^2)$이며 독립적이다.

β_0, β_1, β_2의 추정치 b_0, b_1, b_2는 단순회귀분석의 경우와 비슷하게 $Q=\sum e^2=\sum(Y-\hat{Y})^2$을 최소화하는 최소제곱법을 이용하여 구해진다. 이에 대한 정규방정식(normal equation)을 구하면 다음과 같다.

$$\sum Y=nb_0+b_1\sum X_1+b_2\sum X_2$$

$$\sum X_1 Y=b_0\sum X_1+b_1\sum X_1^2+b_2\sum X_1X_2$$

$$\sum X_2 Y=b_0\sum X_2+b_1\sum X_1X_2+b_2\sum X_2^2 \quad \cdots\cdots(\text{식 } 10-26)$$

방정식과 미지수가 각각 세 개이므로 β_0, β_1, β_2에 대한 추정치 b_0, b_1, b_2를 구할 수 있다. 이를 위해 표를 만들면 다음과 같다.

[표 10-5] 중회귀모형의 계수 계산

가구수	Y	X_1	X_2	$X_1 \cdot Y$	$X_2 Y$	$X_1 X_2$	Y^2	X_1^2	X_2^2
1	100	25	3	2,500	300	75	10,000	625	9
2	256	52	6	13,312	1,536	312	65,536	2,704	36
3	152	38	5	5,776	760	190	23,104	1,444	25
4	140	32	5	4,480	700	160	19,600	1,024	25
5	150	25	4	3,750	600	100	22,500	625	16
6	183	45	7	8,235	1,281	315	33,489	2,025	49
7	175	40	5	7,000	875	200	30,625	1,600	25
8	203	55	4	11,165	812	220	41,209	3,025	16
9	152	28	2	4,256	304	56	23,104	784	4
10	198	42	4	8,316	792	168	39,204	1,764	16
합계	1,709	382	45	68,790	7,960	1,796	308,371	15,620	221

그러므로

$$
\begin{aligned}
1,709 &= 10b_0 + 382b_1 + 45b_2 \\
68,790 &= 382b_0 + 15,620b_1 + 1,7696b_2 \\
7,960 &= 45b_0 + 1,796b_1 + 221b_2
\end{aligned}
\qquad \cdots\cdots(\text{식 } 10-27)
$$

에서 식과 변수가 모두 셋이므로 이 연립방정식을 풀면 b_1=3.37, b_2=0.53, b_0=39.69이다. 따라서 중회귀식은 다음과 같다.

$$\hat{Y} = 39.69 + 3.37X_1 + 0.53X_2$$

변수와 관찰치의 수가 많을 때에는 계산이 매우 복잡해진다. 이 경우에 손으로 계산하는 것은 많은 노력을 요하기 때문에 일반적으로 컴퓨터를 이용한다.

추정을 위해서 회귀식의 사용 예를 들어보자. 어느 기간의 광고비가 30억 원이고 영업사원 수가 4명이라 가정하자. 이 회사의 매출액을 추정하면 다음과 같다.

$$\begin{aligned}\widehat{Y} &= 39.69 + 3.37(30) + 0.53(4) \\ &= 142.91(\text{억 원})\end{aligned}$$

두 개의 독립변수를 가지고 있는 중회귀모형에서는 각 계수들을 단순회귀모형의 것과 비슷하게 해석한다. 상수 b_0는 절편으로서 X_1과 X_2가 모두 0일 때 갖는 $\widehat{Y}$의 값을 나타낸다. 그리고 b_1은 X_2가 고정되어 있을 때 X_1의 한 단위 증가에 따른 $\widehat{Y}$의 변화이며, b_2는 X_1이 고정되어 있을 때 X_2의 한 단위 증가에 따른 $\widehat{Y}$의 변화이다.

2.2 중회귀식의 정도

회귀식의 정도는 회귀식이 관찰 자료를 어느 정도 설명하고 있는가를 나타낸다. 이를 위해서는 추정의 표준오차와 결정계수가 있다. 전자는 앞 절에서 설명한 개념과 유사하며 흔히 사용되지는 않는다. 여기서는 연구자들이 가장 많이 이용하는 결정계수에 대해서만 설명한다.

결정계수는 표본자료로부터 추정한 회귀방정식의 표본을 어느 정도로 나타내어 설명하고 있는가를 보여준다. 단순회귀분석에서 표본결정계수 r^2은 식 (10−13)에서

$$r^2 = 1 - \frac{SSE}{SST} = \frac{SSR}{SST} \qquad \cdots\cdots(\text{식 } 10-28)$$

이다. 이 표본결정계수와 약간 다른 것을 소개하면 다음과 같다.

$$\begin{aligned} r_a^{\,2} &= 1 - \frac{S_{y\cdot x}^2}{S_y^{\,2}} = 1 - \frac{\sum(Y-\widehat{Y})^2/n-2}{\sum(Y-\overline{Y})^2/n-1} \\ &= 1 - \frac{SSE/n-2}{SST/n-1} \end{aligned} \qquad \cdots\cdots(\text{식 } 10-29)$$

이 $r_a^{\,2}$은 수정결정계수(adjusted coefficient of determination)라고 부른다. 이 결정계수는 각각

의 적절한 자유도에 의하여 수정되었기 때문이다. 모집단의 결정계수를 추정할 때에 일반적으로 r^2보다는 r_a^2이 더 많이 사용된다. 그런데 표본의 수가 큰 경우에는 두 표본결정계수는 거의 같아진다.

이제 예제에서 중회귀모형의 중회귀결정계수 R^2은 다음과 같이 계산한다.

$$R^2 = \frac{SSR}{SST} = 1 - \frac{SSE}{SST} = 1 - \frac{\sum(Y-\hat{Y})^2}{\sum(Y-\bar{Y})^2} = 0.734 \qquad \cdots\cdots(\text{식 } 10-30)$$

그리고 중회귀수정결정계수 $R^2_{y\cdot12}$을 계산하면

$$R^2_{y\cdot12} = 1 - \frac{\sum(Y-\hat{Y})^2/n-3}{\sum(y-\bar{Y})^2/n-1} = 0.658 \qquad \cdots\cdots(\text{식 } 10-31)$$

이다.

따라서 R^2을 보면 매출액에서의 변동 중에서 73.4%는 광고액과 영업사원 수에 관련된 회귀식에 의해서 설명되었다. 이 숫자는 단순회귀식의 r^2=0.734와 비교해 보면 거의 변함이 없음을 알 수 있다. 이것은 매출액의 변동을 설명하기 위하여 추가된 두 번째 변수인 영업사원 수는 도움이 되지 못함을 나타낸다. 매출액의 변동은 이미 광고액에 의하여 설명된 셈이다. 이러한 이유는 사실 독립변수들 사이의 높은 상관관계 때문이다. 일단 광고액(X_1)이 고려되면 영업사원 수(X_2)는 이 변수(X_1)와 함께 움직이게 되므로 영업사원 수는 광고액의 잔차변동을 거의 설명해주지 못한다.

중회귀분석에 있어서 고려해야 할 중요한 개념은 독립변수들 사이의 상관관계를 나타내는 다중공선성(multicollinearity)이다. 이 다중공선성은 각 독립변수의 역할을 강조하는 데에서 문제가 야기된다. 대부분의 경우 독립변수들은 종속변수에 대하여 합동으로 영향을 주며, 이 문제를 해결하려면 각 독립변수의 기여도를 개별적으로 분리해 볼 필요가 있다.

2.3 중회귀식의 적합성

회귀식이 통계적으로 유의한지 여부를 검정하기 위하여 독립변수가 k개인 중회귀식의 분산분석표를 만들면 [표 10-6]과 같다.

[표 10-6] 중회귀분석의 분산분석표

원천	제곱합(SS)	자유도(DF)	평균제곱(MS)	F
회귀	$SSR=\Sigma(\hat{Y}-\bar{Y})^2$	k	$MSR=\dfrac{SSR}{k}$	$\dfrac{MSR}{MSE}$
잔차	$SSR=\Sigma(Y-\hat{Y})^2$	$n-(k+1)$	$MSE=\dfrac{SSE}{n-k-1}$	
합계	$SSR=\Sigma(Y-\hat{Y})^2$	$n-1$		

검정 절차는 단순회귀분석에 준한다.

예제에서 선형회귀식 $\hat{Y}=39.69+3.37X_1+0.53X_2$의 유의성 여부를 유의수준 $\alpha=0.05$에서 검정하기 위하여 분산분석표를 만들면 다음과 같다.

[표 10-7] 분산분석표

원천	제곱합(SS)	자유도(DF)	평균제곱(MS)	F	F(0.05)
회귀	11,966.86	2	5983.43	9.66	4.74
잔차	4,336.04	7	619.43		
합계	16,302.90	9			

검정을 위하여 가설을 세우면

H_0: $\beta_1=\beta_2=0$

H_1: 적어도 둘 중의 하나는 0이 아니다.

F검정의 임계치 $F_{(0.05;2,\ 7)}=4.74$는 9.66보다 작으므로 H_0을 기각한다. 따라서 이 중회귀 모형은 유의하다라고 할 수 있다.

3 R을 이용한 예제 풀이

예제 1 어느 회사의 광고액에 따른 매출액에 관한 예를 들어보자. 매출액이 순전히 광고액의 크기에 달려 있다고 가정하고 10개월간 조사한 자료는 다음과 같다. 이 자료를 이용하여 산포도를 그리고 회귀분석을 하여보자.

월별	광고액(억원)	매출액(억원)
1	25	100
2	52	256
3	38	152
4	32	140
5	25	150
6	45	183
7	40	175
8	55	203
9	28	152
10	42	198

1. 회귀분석을 위해서 다음과 같이 자료를 입력하면 된다.

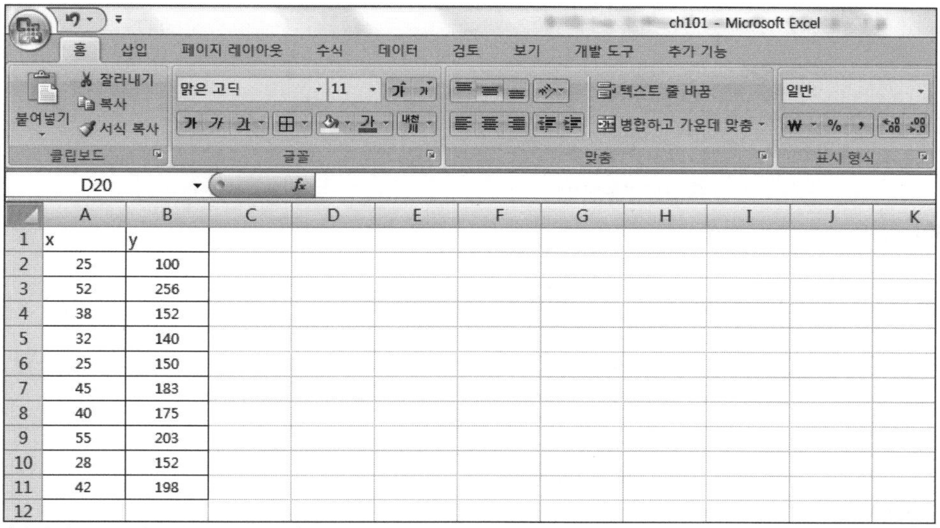

ch101 - Microsoft Excel

	A	B
1	x	y
2	25	100
3	52	256
4	38	152
5	32	140
6	25	150
7	45	183
8	40	175
9	55	203
10	28	152
11	42	198
12		

(여기서, x1=광고액, y=매출액).

[그림 10-8] 자료 입력

[데이터] ch101.csv

2. Rstudio에서 다음과 같은 명령어를 입력하여 산포도(scatter diagram)를 그린다.

```
ch101=read.csv("D:/data/ch101.csv")

# scatter diagram and add fit lines
plot(y~x,data=ch101, col="blue", main="Scatterplot",
     xlab="advertisement amount", ylab="sales amount", pch=19)
out=lm(y~x, data=ch101)# regression analysis
abline(out,col="red") # regression line (y~x)
```

[그림 10-9] 산포도 그리기 명령어 [데이터] ch101.R

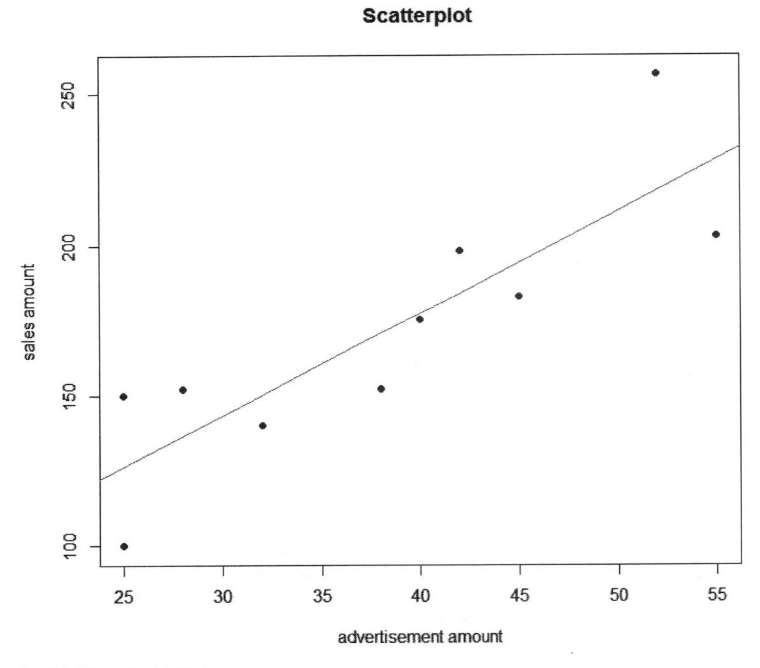

[그림 10-10] 산포도

결과 설명 독립변수인 광고액의 변화에 따라 종속변수인 매출액이 조직적으로 많아지는 추세를 파악할 수 있다. 위 결과화면에서 추정회귀선이 직선으로 나타나 있다. 이를 통해서 단순회귀분석을 실시할 수 있음을 알 수 있다.

3. 단순회귀분석을 실시하기 위해서 다음과 같은 명령어를 입력한다. 회귀분석은 lm(종속변수~독립변수) 형태로 입력한다.

```
ch101=read.csv("D:/data/ch101.csv")

# scatter diagram and add fit lines
plot(y~x,data=ch101, col="blue", main="Scatterplot",
     xlab="advertisement amount", ylab="sales amount", pch=19)
out=lm(y~x, data=ch101)# regression analysis
abline(out,col="red") # regression line (y~x)

# Simple Linear Regression
fit <- lm(y ~ x, data=ch101)
summary(fit) # show results
```

[그림 10-11] 단순회귀분석 [데이터] ch101.R

4. 단순회귀분석을 실시하면 다음과 같은 결과를 얻을 수 있다.

```
> # Simple Linear Regression Example
> fit <- lm(y ~ x, data=ch101)
> summary(fit) # show results

Call:
lm(formula = y ~ x, data = ch101)

Residuals:
    Min      1Q  Median      3Q     Max
-25.861 -16.439  -5.894  15.461  38.014

Coefficients:
            Estimate Std. Error t value Pr(>|t|)
(Intercept)  40.5605    28.7151   1.413  0.19550
x             3.4120     0.7266   4.696  0.00155 **
---
Signif. codes:  0 '***' 0.001 '**' 0.01 '*' 0.05 '.' 0.1 ' ' 1

Residual standard error: 23.29 on 8 degrees of freedom
Multiple R-squared:  0.7338,	Adjusted R-squared:  0.7005
F-statistic: 22.05 on 1 and 8 DF,  p-value: 0.001549
```

[그림 10-12] 단순회귀분석 결과

결과 설명 [Y절편 계수(Intercept) 40.51, 표준오차(Std. Error) 28.715, t통계량(t value) 1.413, P-값(Pr(> |t|)) 0.195] 회귀식의 절편(constant) = 40.51, 절편의 표준오차 = 28.715,

t = 40.51/28.715 = 1.413, 유의확률(Sig) = 0.1915 > α = 0.05이므로 절편은 유의하지 못하다. 추정 회귀선 $\hat{Y}$ = 40.562+3.412X는 유의하다고 결론을 내릴 수 있다. 따라서 그리고 광고액이 30억 원인 경우에 매출액은 $\overline{Y}$ = 40.562 + 3.412(30) = 142.992(억 원) 이라고 추정할 수 있다.

[결정계수(Multiple R-squared) 0.734, 조정된 결정계수(Multiple R-squared) 0.701, F-statistic: 22.05 on 1 and 8 DF, p-value: 0.001549] 결정계수(R^2) = 0.734, 수정결정계수(Adjusted R Square)=0.701(중회귀모형에서 설명하기로 함), 회귀와 잔차의 자유도가 1과 8인 F통계량(F-statistic: 22.05 on 1 and 8 DF)은 22.05이다.
[p-value(분산분석 유의한 F. 0.002)] 회귀식이 통계적으로 유의한지를 검정하는 분산분석표임. F통계량에 대한 유의확률 = 0.002<α=0.05이므로 회귀식은 유의하다고 할 수 있다.

예제 2 다음은 어느 회사의 광고액(x1), 영업사원 수(x2)와 매출액(y)의 자료이다. 광고액(x1)과 영업사원 수(x2)가 매출액(y)에 미치는 영향을 분석하여 보자.

월별	광고액(억원)	영업사원 수(명)	매출액(억원)
1	25	3	100
2	52	6	256
3	38	5	152
4	32	5	140
5	25	4	150
6	45	7	183
7	40	5	175
8	55	4	203
9	28	2	152
10	42	4	198

1. 회귀분석을 위해서 다음과 같이 자료를 입력하면 된다.

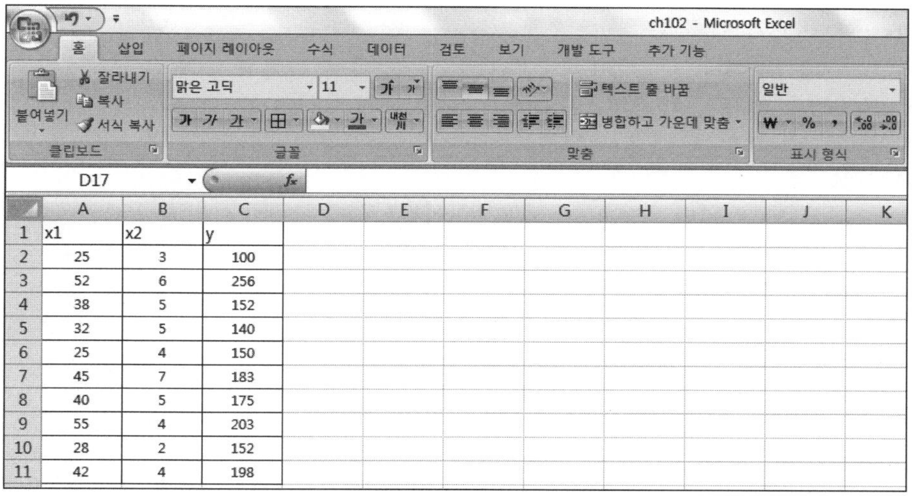

x1	x2	y
25	3	100
52	6	256
38	5	152
32	5	140
25	4	150
45	7	183
40	5	175
55	4	203
28	2	152
42	4	198

[그림 10-13] 자료 입력 [데이터] ch102.csv

2. 회귀분석을 실시하기 위해서 다음과 같은 명령어를 입력하고 실행한다.

```
ch102=read.csv("D:/data/ch102.csv")
# Multiple Linear Regression
fit<- lm(y ~ x1 + x2, data=ch102)
summary(fit) # show results
# Other useful functions
coefficients(fit) # model coefficients
confint(fit, level=0.95) # CIs for model parameters
fitted(fit) # predicted values
residuals(fit) # residuals
anova(fit) # anova table
vcov(fit) # covariance matrix for model parameters
influence(fit) # regression diagnostics
# Evaluate Collinearity
library(car)
vif(fit) # variance inflation factors
sqrt(vif(fit)) > 2 # problem
# diagnostic plots
layout(matrix(c(1,2,3,4),2,2)) # optional 4 graphs/page
plot(fit)
```

[그림 10-14] 명령문 입력

```
Call:
lm(formula = y ~ x1 + x2, data = ch102)
Residuals:
    Min      1Q  Median      3Q     Max
-25.589 -16.909  -6.247  16.258  37.766

Coefficients:
            Estimate Std. Error t value Pr(>|t|)
(Intercept)  39.6892    32.7423   1.212  0.26477
x1            3.3722     0.9360   3.603  0.00871 **
x2            0.5321     6.9756   0.076  0.94133
---
Signif. codes:  0 '***' 0.001 '**' 0.01 '*' 0.05 '.' 0.1 ' ' 1

Residual standard error: 24.89 on 7 degrees of freedom
Multiple R-squared:  0.734,    Adjusted R-squared:  0.658
F-statistic: 9.659 on 2 and 7 DF,  p-value: 0.009703
```

[그림 10-15] 중회귀분석 결과화면

결과 설명 중회귀식은 $\hat{Y}=39.689+3.372X_1+0.532X_2$로 나타낼 수 있다. 이 회귀식은 73.4%의 설명력을 갖고 있다. 독립변수 중에서 광고액이 Sig.$=0.009<\alpha=0.05$에서 통계적으로 유의한 것을 알 수 있다.

회귀계수(Coefficients)표에서 보면, 독립변수들 중에서 X_2(영업사원 수)는 유의하지 못하며 (P−값$=0.941>\alpha=0.05$), X_1(광고액)는 유의함($Sig=0.009<\alpha=0.05$)을 나타낸다. 사실상 매출액의 변동을 설명하는 데 있어서, 영업사원 수는 의미 있는 역할을 하지 못하고 있으며, 광고만이 매출액에 유의한 영향을 미치는 것으로 나타났다.

```
> anova(fit) # anova table
Analysis of Variance Table
Response: y
          Df  Sum Sq Mean Sq F value   Pr(>F)
x1         1 11963.3 11963.3 19.3132 0.003177 **
x2         1     3.6     3.6  0.0058 0.941330
Residuals  7  4336.0   619.4
---
```

```
Signif. codes:  0 '***' 0.001 '**' 0.01 '*' 0.05 '.' 0.1 ' ' 1
> vcov(fit) # covariance matrix for model parameters
            (Intercept)            x1         x2
(Intercept)  1072.05919  -17.0560467 -79.683274
x1            -17.05605    0.8760046  -3.646073
x2            -79.68327   -3.6460733  48.658505
> influence(fit) # regression diagnostics
$hat
        1         2         3         4         5         6         7         8         9        10
0.2900639 0.3023789 0.1208721 0.2104941 0.2883516 0.4562210 0.1136252 0.6176691 0.4378975 0.1624266
$coefficients
    (Intercept)           x1          x2
1  -23.66034436  0.354615852  1.44656816
2  -25.60280587  0.578533694  1.98141583
3   -0.86634255  0.067853852 -0.85090660
4   -2.68187903  0.152171803 -0.98454759
5   17.70901261 -0.527612742  1.28915004
6    9.14304869  0.114027401 -3.49672634
7    0.03501843  0.001002730 -0.07235085
8   18.94627404 -1.696123205  8.77633290
9   21.02756166  0.008695505 -4.08139544
10   1.03698996  0.144498601 -1.07098963
$sigma
       1        2        3        4        5        6        7        8        9       10
23.85262 19.54293 25.64855 26.46615 24.27216 26.02588 26.86510 21.57681 25.27303 26.08710
$wt.res
         1          2          3          4          5          6          7          8          9         10
-25.589377  37.766084 -18.491622 -10.258684  23.878516 -12.160928  -2.235934 -24.286173  16.826260  14.551859
```

[그림 10-16] 중회귀분석 진단

결과 설명 일반적으로 회귀분석을 실시하는 데 있어 간과하기 쉬운 절차는 회귀식이 지닌 가정을 검토하는 일이다. 회귀식의 가정은 변수와 잔차에 관련된 것으로 다중공선성, 잔차의 독립성, 등분산성 등이 해당된다. 이러한 가정의 검토를 위해서 잔차의 값과 산점도를 확인한다. 실제치와 추정치의 차이인 잔차가 나타나 있다. 잘 적합된 모형에서 나온 잔차는 정규분포를 따르고 분산이 일정하며 특별한 추세를 보이지 않는 것이 일반적이다. 회귀직선으로부터 떨어져 있는 특이(잔차)를 확인한 결과($wt.res), 예를 들어 관측수 1의 잔차 −25.5894 = 125.5893774 − 100의 계산 결과이다.

```
> vif(fit) # variance inflation factors
      x1       x2
1.453232 1.453232
```

[그림 10-17] 분산추출지수

결과 설명 분산추출지수(variance inflation factors)는 분산확대지수로 10보다 작으면 다중공선성이 없다고 해석한다. 다중공선성(multicollinearity)는 독립변수 간의 상관관계가 존재하는 것을 의미한다. 회귀식에서 독립변수의 수를 많이 투입할수록 다중공선성은 증가한다.

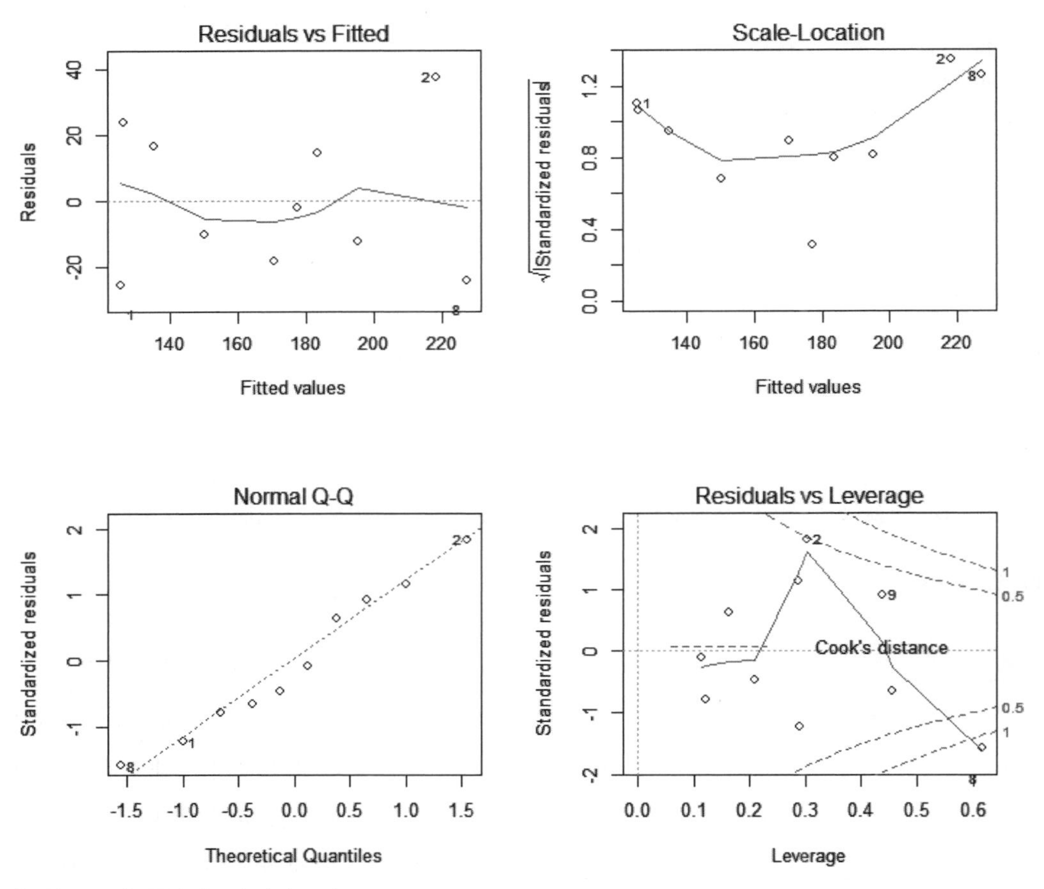

[그림 10-18] 중회귀분석 진단 그림

결과 설명 10개 잔차값의 평균이 0인 정규분포에서 얻어진 값들이다. 산점도의 분포가 일정한 패턴을 보이지 않고 고르게 분포되어 있음을 알 수 있다. 소위 잔차의 독립성을 만족한다고 할 수 있다. 잔차의 정규분포성 가정을 검정하기 위하여 누적확률분포와 정규분포의 누적확률분포의 산포를 그린 것이다. 표준화된 잔차의 Normal Q-Q plot이 대각선 직선(45°)의 형태를 지니고 있으며 다른 그림들은 특별한 형태를 보이지 않고 있어 잔차가 정규분포를 한다고 할 수 있다.

3. 단순회귀분석과 중회귀분석 모형을 비교하기 위해서 다음과 같은 명령어를 입력하여 보자. 모델 1(단순회귀분석)과 모델 2(중회귀분석)를 비교하기 위해서 F-테스트를 실시해 보기로 하자.

```
ch102=read.csv("D:/data/ch102.csv")
#compare models
fit1 <- lm(y ~ x1, data=ch102)
fit2 <- lm(y ~ x1 + x2, data=ch102)
anova(fit1, fit2)
```

[그림 10-19] 모형비교 [데이터]ch103.R

```
> anova(fit1, fit2)
Analysis of Variance Table

Model 1: y ~ x1
Model 2: y ~ x1 + x2
  Res.Df    RSS   Df  Sum of Sq      F     Pr(>F)
  1     8   4339.6
  2     7   4336.0  1   3.6044    0.0058   0.9413
```

[그림 10-20] 모형비교 결과

결과 설명 $p=0.9413>\alpha=0.05$이므로 추가된 x2 변수의 기여도가 거의 없음을 알 수 있다. 모형의 비교는 변수의 투입 수가 적은 모형에서 시작하여 변수의 수가 점차 증가하는 모형 순서로 하면 된다.

1. 가정에서 의료비 지출에 영향을 주는 요인을 결정하기 위한 연구로서 우선 가족 수(X)와 월평균 의료비(Y) 사이의 관계를 알아보기로 하였다. 다음은 7가지의 예비표본에 관한 자료이다. R 프로그램을 이용하여 분석하여 보자.

X(단위: 명)	3	4	5	2	3	4	7
Y(단위: 천원)	5.6	6.4	8.4	5.2	5.9	7.0	11.2

① 산포도를 그리고 직선관계의 타당성을 말하라.

② 직선의 타당함을 가정하고 최소자승법에 의한 회귀모형을 구하라.

③ 가족의 수가 4명일 때 의료비 지출을 추정하라.

2. 다음은 어느 제조회사의 작업자 중 7명에 대한 1년간 무단결근일수와 월평균생산량을 조사한 표이다.

결근일수	3	2	4	2	1	6	3
생산량	75	88	82	93	90	70	83

① 산포도를 그려라.

② 최소자승법에 의한 회귀직선모형을 구하고 각 계수가 갖는 의미를 말하라. 그리고 이 회귀선을 산표도에 적합시켜라.

③ 추정의 표준오차 $S_{X \cdot Y}$를 구하라.

④ 분산분석표를 작성하고 $\alpha=0.05$에서 회귀직선의 유의성을 검정하라.

⑤ 결정계수 γ^2를 구하고 그 의미를 말하라.

⑥ 잔차 $e_i = Y_i - \hat{Y}_i$를 구하고, 잔차의 합이 0임을 확인하라.

⑦ $\Sigma X_i e_i$와 $\Sigma \hat{Y}_i e_i$를 구하라.

⑧ β_1의 신뢰구간을 구하라. 그리고 $H_0 : \beta_1 = 0$인 경우와 $H_0 : \beta_1 = -5$인 경우 두 가지 가설을 각각 $\alpha = 0.05$에서 검정하라.

⑨ 결근일수가 2일인 작업자의 월평균 생산량은 얼마인가? 이때 $E(\hat{Y}_h)$의 95% 신뢰구간을 결정하라.

⑩ 두 변수 X, Y를 표준화시킨 후에 회귀직선을 구하라. 그리고 그 회귀계수가 두 변수 X, Y 사이의 상관계수와 같음을 밝혀라.

3. 다음은 과거 7년간 어느 회사의 매출액을 조사한 것이다.

연도	매출액(억원)
t_1	88
t_2	95
t_3	102
t_4	100
t_5	125
t_6	154
t_7	148

① 최소자승법을 이용하여 회귀직선모형을 구하라.

② 결정계수 γ^2를 구하라.

③ 올해 2018년($t8$)의 매출액을 예상하여 보아라. 그리고 이 예상매출액에 대한 95% 신뢰구간을 구하라.

4. 어느 공장에서는 공업의 소비량을 조사하기 위하여 물 소비량(Y), 작업인원(X_1), 작업일수(X_3)에 관한 자료를 얻었다.

물 소비량(만톤)	작업인원(명)	작업일수(일)	생산량(천개)
1.7	9	20	32
2.8	23	27	40
2.8	24	29	48
2.5	27	25	14
2.6	14	27	37
2.0	17	26	22
2.3	21	27	17
3.3	21	26	56
3.0	11	24	49
3.0	14	30	23

위의 자료에서 두 개의 독립변수만을 취하였을 때 물 소비량에 대한 각각의 선형회귀모형을 적합시켜라.

① $\hat{Y} = b_0 + b_1 X_1 + b_2 X_2$

② $\hat{Y} = b_0 + b_1 X_1 + b_3 X_3$

③ $\hat{Y} = b_0 + b_2 X_2 + b_3 X_3$

위의 각 모형의 R^2을 구하고 R^2이 가장 큰 것을 선택하라. 그리고 모델을 비교하여라.

5. 한국복지패널 자료 2016년 koweps_hp01_11_wide_170331.sav 자료를 다운한 다음에 x8 = f(x1, x2, x3, x4, x5, x6, x7, x8) 간의 회귀분석을 실시하고 유의한 변수를 언급하라. 여기서, x8 = 전반적인 만족도, x1 = 건강 만족도, x2 = 가족수입 만족도, x3 = 주거환경 만족도, x4 = 가족관계 만족도, x5 = 직업관계 만족도, x6 = 사회적 친분 만족도, x7 = 여가생활 만족도 등을 나타낸다.

힌트)

```
library(foreign) # Read SPSS data file
library(dplyr) # Apply raw data to data frames
library(ggplot2)
satis<-read.spss(file="D:/data/koweps_hp01_11_wide_170331.sav",
                   to.data.frame = T)
satis1<-rename(satis,
                    x1 = p0303_5, # 건강 만족도
                    x2 = p0303_6, # 가족수입 만족도
                    x3 = p0303_7, # 주거환경 만족도
                    x4 = p0303_8, # 가족관계 만족도
                    x5 = p0303_9, # 직업관계 만족도
                    x6 = p0303_10, # 사회적 친분 만족도
                    x7 = p0303_11, # 여가생활 만족도
                    x8 = p0303_12) # 전반적인 만족도
satis1<- na.omit(satis1)# create new dataset without missing data
fit<- lm(x8 ~ x1 + x2 + x3 + x4 + x5 + x6 + x7, data=satis1)
summary(fit) # show results
```

[데이터] exch10-3.R

3부
고급 과정

빅데이터는 의사결정의 원천이자 연료이다.

김계수

11장

로지스틱 회귀분석

CHAPTER 11

학습목표

1. 로지스틱 회귀분석의 개념을 이해한다.
2. R 프로그램을 통해서 로지스틱 회귀분석을 하는 방법을 터득한다.
3. 로지스틱 회귀분석 결과 후 해석방법을 이해한다.
4. 과대산포 계산방법을 이해하고 결과를 제대로 해석할 수 있다.

1 로지스틱 회귀모형 기본 설명

1.1 로지스틱 회귀모형 개념

회귀분석은 앞에서 설명한 바와 같이 변수 간의 종속 구조, 즉 독립변수와 종속변수의 관계를 규명하는 기법이다. 이 분석기법은 독립변수와 종속변수가 주로 연속적으로 측정된 경우에 사용된다. 종속변수가 질적인 경우에는 회귀분석을 사용하는 데에 무리가 따르므로, 판별분석이나 로지스틱 회귀분석의 사용을 권한다. 판별분석은 종속변수(주로 집단)를 주어진 것으로 보고 집단 간의 차이를 가장 크게 하는 독립변수들의 선형결합을 추출하여 집단분류에 이용한다. 로지스틱 회귀분석은 종속변수가 질적인 경우(이변량 자료)에 사용되는 분석방법이다.

판별분석과 로지스틱 회귀분석의 차이점을 살펴보면 다음과 같다. 첫째, 판별분석은 독립변수들이 정규분포를 하며, 집단 간 분산-공분산이 동일하다고 가정하나, 로지스틱 회귀분석에서는 이러한 가정을 엄격하게 적용하지 않는다. 둘째, 판별분석에서 그 가정이 충족된다고 할지라도 많은 연구가들이 로지스틱 회귀분석을 선호한다. 그 이유는 로지스틱 회귀분석이 선형회귀분석과 유사하고, 비선형적인 효과를 통합하고, 전반적인 진단을 내릴 수 있다는 데 있다.

로지스틱 회귀모형(logistic regression model)은 종속변수가 이변량의 값을 가지는, 즉 (0, 1)을 가지는 질적인 변수일 경우에 사용된다. 이 점에서 다중회귀분석과 근본적인 차이점이 있다. 현실적으로 이변량의 경우는 많이 발견된다. 예를 들어, 의사결정(예와 아니오), 건강상태가 양호하거나 양호하지 않은 경우(생존과 죽음), 고객들이 회사의 제품을 구매하는 경우와 구매하지 않는 경우, 성공기업과 실패기업 등이 있다. 이러한 예는 정규분포를 가정하는 회귀분석을 이용하는 데에 무리가 있다.

그런데 로짓모형(logit model)은 두 개의 반응범주를 취하는 Y를 공변량(covariate) X로 설명하기 위한 모형이다. 예를 들어, 소득 수준(X)에 따라서 외식을 하는지(1), 못하는지(0) 여부를 예측하기 위한 확률 비율을 승산율(odds ratio)라고 부른다.

$$\frac{P(Y=1\backslash X)}{P(Y=0\backslash X)}=e^{\beta_0+\beta_1 X} \qquad \cdots\cdots(\text{식 } 11-1)$$

이 승산율에 자연로그를 취하면 다음과 같은 로짓모형이 된다.

$$ln=\frac{P(Y=1\backslash X)}{P(Y=0\backslash X)}=\beta_0+\beta_1 X \qquad \cdots\cdots(\text{식 } 11-2)$$

여기서 회귀계수는 확률비율, 즉 승산율의 변화를 측정한다. 이것은 로그로 표현되었기 때문에, 결과 수치가 나오면 앤티로그를 취해서 해석을 하여야 한다. 사실, 로지스틱 회귀분석은 로짓분석에서 파생되었으며, 양자는 동일한 개념으로 쓰이기도 한다.

로지스틱 회귀분석은 독립변수들의 효과를 분석하기 위해서, 어떤 사건이 발생한 경우(1)와 발생하지 않은 경우(0)을 예측하기보다는, 사건이 발생할 확률을 예측한다. 종속변수는 0(실패)과 1(성공)로 나타내며, 따라서 예측값은 0과 1 사이의 값을 갖는다. 로지스틱 회귀분석에서는 종속변수의 값을 0과 1로 한정하기 위해서 독립변수와 종속변수 사이의 관계를 다음 그림과 같이 나타낸다.

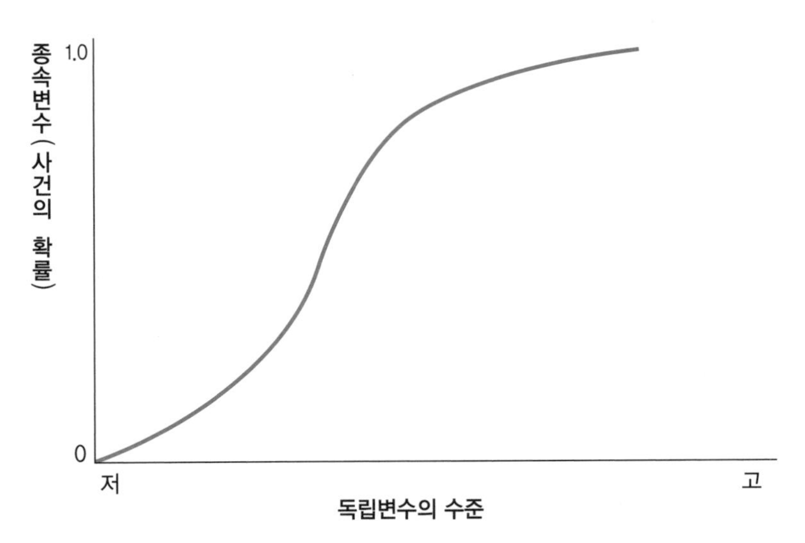

[그림 11-1] 로지스틱 반응함수

위의 그림에서 보는 바와 같이, 로지스틱 반응함수에서 독립변수와 종속변수의 관계는 S자의 비선형(nonlinear)을 보이고 있다. 독립변수의 수준이 높으면 성공할 확률은 증가한다. 독립변수가 하나인 로지스틱 회귀모형을 나타내면 다음과 같다.

$$E(Y) = \frac{exp(\beta_0 + \beta_1 X)}{1 + exp(\beta_0 + \beta_1 X)} = \pi \qquad \cdots\cdots(식\ 11-3)$$

여기서 $E(Y)$는 특별한 의미를 갖는다. 즉, Y가 1의 값을 취할 확률, 즉 어떤 사건이 발생할 확률 π을 의미한다. $E(Y)$은 X가 커짐에 따라(작아짐에 따라) 확률 $E(Y)$의 증가율(감소율)이 낮아지는 S자 형태의 비선형(nonlinear)관계를 가정한다. 로지스틱 반응함수는 회귀계수 β에 대하여 비선형이기 때문에, 선형화하기 위하여 자연로그를 취하는 로짓변환(logit transformation)을 사용한다. π의 로짓변환이란 $ln(\pi / 1 - \pi)$를 의미한다. 독립변수가 두 개인 경우의 선형 로지스틱 모형은 다음과 같다.

$$ln(\frac{\pi}{1 - \pi}) = \beta_0 + \beta_1 X_1 + \beta_2 X_2 \qquad \cdots\cdots(식\ 11-4)$$

예컨대, β_1의 해석은 다른 독립변수들(X_2)의 수준을 일정하게 하였을 때, 해당 독립변수(X_1)를 한 단위 증가하였을 때, $exp(\beta_1)$만큼 평균적으로 증가하게 된다는 의미이다. 만약

$\beta_1=2.0$이라면 독립변수를 한 단위 증가하면 어떤 사건이 발생할 확률이 발생하지 않을 확률보다 2.0배 높아진다는 것을 의미한다.

1.2 로지스틱 회귀계수의 추정과 검정

로지스틱 회귀계수는 다른 선형회귀계수와 마찬가지로 종속변수와 독립변수들 사이의 관계를 설명하고 주어진 독립변수의 수준에서 종속변수를 예측하는 데 사용된다. 그러나 회귀계수의 추정방법에 차이가 있다. 선형회귀분석에서는 잔차의 제곱합을 최소화하지만, 로지스틱 분석은 우도(likelihood), 즉 사건발생 가능성을 크게 하는 데 있다.

이러한 목적을 달성하기 위하여, 자료로부터 로지스틱 회귀계수(β_0, β_1, $\cdots$ β_k)를 추정하는 방법에 대하여 살펴보자. 로지스틱 회귀계수를 추정하는 방법은 독립변수의 수준에서 반복적인 종속변수 관측여부에 따라 달라지는데, 각 독립변수의 수준에서 비교적 많은 종속변수의 반복적인 관측이 있으면 가중최소자승법을 사용하고 반복적인 관찰이 없거나 아주 작은 경우에는 최대우도추정을 사용한다.

1) 가중최소자승법

가중최소자승 추정방법은 주어진 독립변수의 수준에서 반복적인 종속변수의 관측자료가 주어진 경우에 사용된다. 예를 들어, 독립변수가 하나인 경우 관찰된 X수준이 c개 있다고 가정하자. 각 수준 X_i(i=1, 2, $\cdots$, c)에서 종속변수 Y에 대한 반복적인 관찰횟수를 n_i라 하자. 이때 독립변수 X_i 수준에서 Y값이 1인 횟수를 r_i(i=1, 2, $\cdots$, c)라 하였을 때 X_i에서 Y값이 1을 취할 표본비율은 $p_i=r_i/\ n_i$가 된다. 이때 어떤 사건이 발생할 확률 π_i는 표본비율 p_i로 대체하여 사용된다. 따라서 가중최소자승추정 방법에서는 표본비율 p_i를 로짓변환시킨 $ln(p_i/\ 1-p_i)$ 것을 종속변수로 사용한다. 로짓변환은 비선형함수를 선형함수로 변환할 수 있으나 종속변수의 분산이 일정하지 않기 때문에 가중치 $w_i=n_i\,p_i\,(p_i/\ 1-p_i)$를 사용하여 분석을 하게 된다. 표본비율을 사용한 로짓반응함수는 다음과 같다.

$$p_i' = ln(\frac{p_i}{1-p_i}) = \beta_0 + \beta_1 X_{1i} + \cdots \beta_k X_{ki} \qquad \cdots\cdots(\text{식 } 11-5)$$

2) 최대우도추정법

독립변수의 각 수준에서 Y의 반복적인 관측이 아주 작거나 없으면, 표본비율을 사용할 수 없기 때문에 독립변수의 각 수준에서 하나의 Y값에 대하여 최대우도추정법을 사용하여 로지스틱 반응함수를 추정한다. 일단 최대우도추정법에 의하여 회귀계수가 추정되면 로지스틱 회귀모형이 자료에 대하여 어느 정도 설명력이 있는지를 검정한다. 로지스틱 회귀모형에서는 다중회귀모형에서 사용한 F−검정과 유사한 우도값 검정(likelihood value test)을 실시한다. 그 절차는 다음과 같다.

(1) 가설설정

H_0 : $\beta_1 = \beta_2 = \cdots = \beta_k = 0$

H_1 : 적어도 하나는 0이 아니다

(2) 우도비 검정통계량

전반적으로 추정된 모형의 적합성은 우도값 검정에 의해 판단된다. 우도값은 로그 −2배 또는 −2LL(또는 −2Log Likelihood)이라고 한다. −2 Log 우도는 자료에 모형이 얼마나 적합한지에 대한 정도를 나타낸다. 값이 작을수록 더 적합하다. 단계적 선택법에서 −2 log 우도의 변화량은 모형에서 삭제된 항의 계수가 0이라는 가설을 검정한다.

우도값의 식은 다음과 같다.

$$\Lambda = -2 ln \frac{L_0}{L} = -2 lnL_0 + 2 lnL \quad \cdots\cdots (식\ 11-6)$$

여기서 L은 k개의 독립변수들의 정보를 모두 이용한 우도를 나타내며, L_0는 k개 독립변수들이 종속변수의 변화에 전혀 영향을 미치지 못한다고 가정했을 때의 우도를 나타낸다. 따라서 모형에 포함된 독립변수들이 중요한 변수가 아니라면 우도비 L_0 / L는 거의 같아져서, 우도비 대수함수인 검정통계량 Λ의 값이 0에 가까운 작은 값을 갖게 된다. 이 경우에 우리는 모형이 적합하지 못하다고 결론을 내릴 수 있다. 반면에, 중요한 독립변수가 포함되어 있을 때에는 검정통계량 Λ의 값은 커지게 된다. 검정통계량 Λ의 표본분포는 귀무가설이 참일 때 $df=k$인 χ^2분포에 따른다.

(3) 기각치 설정 및 의사결정

유의수준 α 에서 기각치 $\chi^2(df = k)$과 검정통계량의 값을 비교하여 귀무가설 채택 여부를 결정한다.

만약, $\Lambda \le \chi^2$이면 H_0를 채택한다.

$\Lambda > \chi^2$이면 H_0를 기각한다.

그리고 추정된 계수의 통계적 유의성 판단은 Wald 통계량으로 한다.

(4) P-값 계산

R 프로그램에서는 추정회귀계수의 유의성을 검정하는 값을 자동적으로 계산하여 준다.

2 로지스틱 회귀분석의 예

2.1 예제

예제 H자동차의 마케팅 부서에서는 새로운 차량의 구매의사를 조사하기 위하여 30명에 대하여 구매태도 조사를 실시하였다. 설문항목은 다음과 같다.

설문지

Y --- 귀하의 자동차 소유 여부는? 예(1) 아니오(0)
X1 --- 귀하의 가족 수는? (   )명
X2 --- 귀하의 월급? (   )만원
X3 --- 월평균 여행 횟수는? (   )회

로지스틱 분석을 위해 다음과 같은 연구가설을 설정하였다.

[연구가설 1] 가족 수는 자동차의 소유 여부에 유의적인 영향을 준다.
[연구가설 2] 월급은 자동차의 소유 여부에 유의적인 영향을 준다.
[연구가설 3] 여행 횟수는 자동차의 소유 여부에 유의적인 영향을 준다.

2.2 R을 이용한 예제 풀이

H자동차의 마케팅 부서에서 수집한 자료를 다음과 같이 정리하였다.

번호	Y	x1	x2	x 3	번호	Y	x1	x2	x3
1	1	3	150	5	16	1	5	196	6
2	1	4	190	4	17	1	4	183	5
3	0	3	100	3	18	0	4	177	2
4	0	3	90	5	19	1	5	170	4
5	0	3	90	5	20	0	3	175	3
6	1	5	200	4	21	0	5	177	5
7	0	3	150	5	22	1	3	174	3
8	0	2	200	4	23	0	4	140	2
9	0	3	112	3	24	0	3	145	2
10	1	4	187	5	25	1	2	200	6
11	1	4	196	6	26	0	3	132	5
12	0	3	123	1	27	0	3	140	4
13	0	4	125	2	28	1	5	199	5
14	0	3	100	2	29	1	4	176	4
15	1	5	208	5	30	1	3	170	5

[표 11-1] 자료 정리

이를 엑셀창에 저장하면 다음과 같다.

	A	B	C	D	E	F	G	H	I	J	K
1	y	x1	x2	x3							
2	1	3	120	5							
3	1	4	190	4							
4	0	3	100	3							
5	0	3	90	5							
6	0	3	90	5							
7	1	5	200	4							
8	0	3	150	5							
9	0	2	200	4							
10	0	3	112	3							
11	1	4	187	5							
12	1	4	196	6							
13	0	3	123	1							
14	0	4	125	2							
15	0	3	100	2							

[그림 11-2] 데이터 일부 입력화면 [데이터] ch11.csv

R 프로그램에서 로지스틱 회귀분석을 실시하기 위해서 다음과 같은 명령어를 입력한다.

```
# Logistic Regression
ch11=read.csv("D:/data/ch11.csv")
# where y is a binary factor and
# x1-x3 are continuous predictors
fit.full<-glm(y~.,family=binomial(),data=ch11)
summary(fit.full) # display results
confint(fit.full) # 95% CI for the coefficients
# diagnostics plots
layout(matrix(c(1,2,3,4),2,2)) #optional 4 graphs/page
plot(fit.full)
```

[그림 11-3] 로지스틱 명령문 창 [데이터] ch11-1.R

ch11=read.csv("D:/data/ch11.csv")는 ch11.csv 데이터를 불러오라는 명령어이다.

fit.full<-glm(y~., family=binomial(), data=ch11)은 로지스틱 회귀분석을 위해서 glm(Generalized Linear Model, 일반선형모델)을 명령어로 사용함을 보여준다. glm의 작성형식은 다음과 같다.

glm(이변량 종속변수~.독립변수, family=형식, data=)

여기서 종속변수 ~(물결 표시)를 하고 점(.)을 찍은 이유는 데이터 파일에 있는 모든 변수를 독립변수로 간주하기 위한 것이다. 분석자는 y~x1+x2+x3으로 입력할 수 있다. glm의 다양한 형식(function)은 다음 표로 나타낼 수 있다.

형식(function)	자동연결함수
binomial	logit
gaussian	identity
gamma	inverse
inverse.gaussian	1/mu^2
poisson	log
quasi	indentity, variance=constant
quasibinomial	logit
quasipoisson	log

[표 11-2] glm 형식

summary(fit.full)는 로지스틱 회귀분석의 결과를 나타내는 명령어이다. confint(fit.full)

는 앞에서 설정한 fit.full 모델에 대한 95% 신뢰구간을 나타내는 것이다. 로지스틱 회귀모델을 진단하기 위해서 layout(matrix(c(1,2,3,4),2,2))를 설정하였다. 진단에 사용되는 산포도 4가지 유형을 2×2 행렬로 나타내라는 명령어이다. plot(fit.full)는 앞에서 설정한 로지스틱 회귀분석 모델의 진단 그래프를 나타내라는 명령어이다.

앞의 명령어를 실행하면 다음과 같은 결과를 얻을 수 있다.

```
Call:
glm(formula = y ~ ., family = binomial(), data = ch11)
Deviance Residuals:
     Min        1Q     Median        3Q        Max
-2.23855   -0.38291  -0.09996   0.46116   1.76950
Coefficients:
              Estimate     Std. Error z value  Pr(>|z|)
(Intercept) -13.55186     4.67211     -2.901   0.00372 **
x1            0.69300     0.68099      1.018   0.30885
x2            0.04150     0.02002      2.073   0.03813 *
x3            1.03232     0.56146      1.839   0.06597 .
---
Signif. codes:  0 '***' 0.001 '**' 0.01 '*' 0.05 '.' 0.1 ' ' 1

(Dispersion parameter for binomial family taken to be 1)
    Null deviance: 41.455  on 29  degrees of freedom
Residual deviance: 20.480  on 26  degrees of freedom
AIC: 28.48
Number of Fisher Scoring iterations: 6
> confint(fit.full) # 95% CI for the coefficients
Waiting for profiling to be done...
                   2.5 %      97.5 %
(Intercept)  -25.301147686 -6.19217046
x1            -0.645884121  2.22190763
x2             0.008123568  0.09095761
x3             0.083331695  2.45061779
```

[그림 11-4] 로지스틱 결과물

결과 설명 [(Intercept) Estimate −13.55186, Pr(>|z|)=0.00372] 회귀식의 상수이며, 비표준화 계수(Estimate)는 13.55186이며 Pr(>|z|)=0.00372<α=0.05이므로 통계적으로 유의하다.

[x1 Estimate 0.69300, Pr(>|z|) 0.30885] x1(가족 수)의 회귀계수는 0.69300이며, 이 회귀계수의 통계적 유의성을 검정하는 값인 Z통계량 1.018의 확률적 표시인 Pr(>|z|)가

0.30885이므로, $\alpha = 0.05$에서 통계적으로 유의하지 않다.

[x2 Estimate 0.04150, Pr(> |z|) 0.03813] x2(월평균 소득)의 회귀계수는 0.04150이며, 이 회귀계수는 통계적으로 유의하다(Sig $0.03813 < \alpha = 0.05$).

[x3 Estimate 1.03232, Pr(> |z|) 0.06597] x3(월평균 여행 횟수)의 회귀계수는 1.03232이고, 이 회귀계수는 통계적으로 유의하지 않다(Pr(> |z|) $0.06597 > \alpha = 0.05$). 그러나 $\alpha = 0.1$인 경우는 유의함을 알 수 있다($\alpha = 0.1$에서 유의하기 때문에 점(.)으로 표시함).

그리고 추정 회귀식은 다음과 같다.

$$\hat{Y} = -13.55 + 0.69X_1 + 0.04X_2 + 1.03X_3$$

이 추정 회귀식의 AIC(Akaike Information Criterion)는 주어진 데이터의 통계모델의 상대적인 품질의 수치를 나타내는 수치로 28.48임을 알 수 있다.

[x2 2.5% 0.008123568, 97.5% 0.09095761]는 $\alpha = 0.05$ 회귀계수의 신뢰수준을 나타낸다. 예를 들어, x2의 경우는 [0.008123568 0.09095761]임을 알 수 있다.

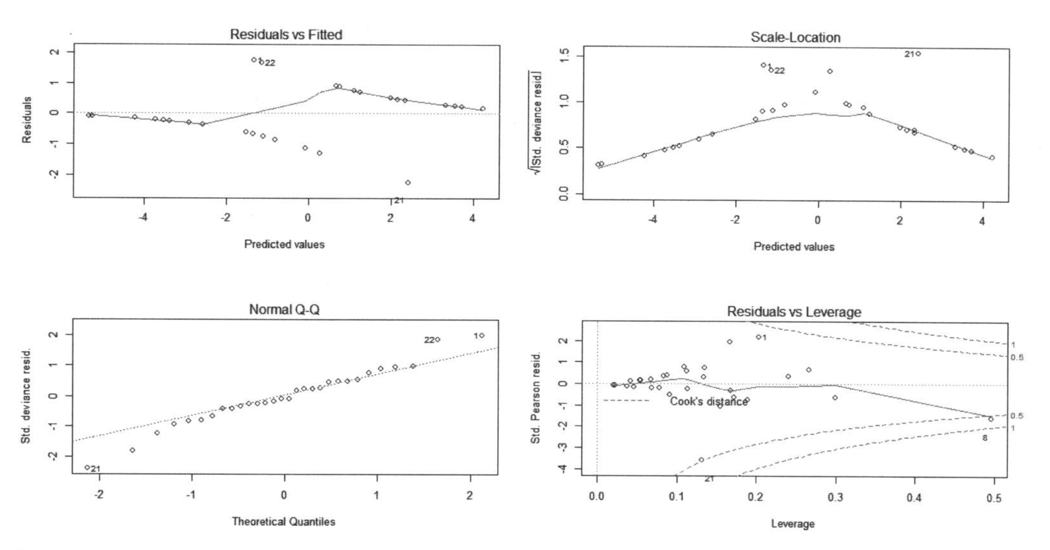

[그림 11-5] 로지스틱 회귀모델 진단

결과 설명 표본 30개의 잔차값이 평균이 0인 정규분포에서 얻어진 값들이다. 산점도의 분포가 일정한 패턴을 보이지 않고 고르게 분포되어 있음을 알 수 있다. 소위 잔차의 독립성을 만족한다고 할 수 있다. 잔차의 정규분포성 가정을 검정하기 위하여 누적확률분포와 정규분포의 누적확률분포의 산포를 그린 것이다. 표준화된 잔차의 Normal Q-Q plot이 대각선 직선(45°)의 형태를 지니고 있으며 다른 그림은 들은 특별한 형태를 보이지 않고 있어 잔차가 정규분포를 한다고 할 수 있다.

이어 유의한 독립변수만 투입된 로지스틱 회귀분석 모형(fit.reduced)을 분석하고 전체 독립변수가 투입된 모형(fit.full)과 비교하여 보자.

```
# Logistic Regression
ch11=read.csv("D:/data/ch11.csv")
# where y is a binary factor and
# x1-x3 are continuous predictors
fit.full<-glm(y~.,family=binomial(), data=ch11)

# x2 is continuous predictors at 5% level
fit.reduced<-glm(y~x2,family=binomial(),data=ch11)
summary(fit.reduced)
```

[그림 11-6] 로지스틱 회귀모형(유의한 변수만 투입) [데이터] ch11-2..R

이를 명령어를 실행하면 다음과 같은 결과물을 얻을 수 있다.

```
> summary(fit.reduced)

Call:
glm(formula = y ~ x2, family = binomial(), data = ch11)

Deviance Residuals:
    Min       1Q   Median       3Q      Max
-2.0087  -0.6212  -0.1718   0.6637   2.2912

Coefficients:
            Estimate Std. Error  z value  Pr(>|z|)
(Intercept) -9.18591    3.34075   -2.750  0.00597 **
x2           0.05530    0.01949    2.838  0.00454 **
---
Signif. codes:  0 '***' 0.001 '**' 0.01 '*' 0.05 '.' 0.1 ' ' 1

(Dispersion parameter for binomial family taken to be 1)

    Null deviance: 41.455  on 29  degrees of freedom
Residual deviance: 26.088  on 28  degrees of freedom
AIC: 30.088
```

[그림 11-7] 로지스틱 회귀모형(유의한 변수만 투입) 결과

결과 설명 추정회귀식은 아래와 같다.

$$\hat{Y} = -9.18591 + 0.05530X_2$$

[x2 Estimate −9.18591, Pr(>|z|) 0.00454] x2(월평균 소득)의 회귀계수는 0.00454이며, 이 회귀계수는 통계적으로 유의하다(Pr(>|z|) 0.00454 < α =0.05).

이제 전체 독립변수가 투입된 모델(fit.full)과 유의한 독립변수만 투입된 모델(fit.reduced) 간의 차이검정을 실시하여 보자. 이를 위해서 anova() 함수와 카이제곱검정(chi-square test)를 실시한다.

```
# Logistic Regression
ch11=read.csv("D:/data/ch11.csv")
# where y is a binary factor and
# x1-x3 are continuous predictors
fit.full<-glm(y~.,family=binomial(),data=ch11)

# x2 is continuous predictors at 5% level
fit.reduced<-glm(y~x2,family=binomial(),data=ch11)
summary(fit.reduced)

anova(fit.reduced,fit.full,test="Chisq")
```

[그림 11-8] 모형비교 [데이터] ch11-3.R

이를 실행하면 다음과 같은 결과를 얻을 수 있다.

```
> anova(fit.reduced,fit.full,test="Chisq")
Analysis of Deviance Table

Model 1: y ~ x2
Model 2: y ~ x1 + x2 + x3
  Resid. Df Resid. Dev Df Deviance Pr(>Chi)
1        28     26.088
2        26     20.480  2   5.6082  0.06056 .
---
Signif. codes:  0 '***' 0.001 '**' 0.01 '*' 0.05 '.' 0.1 ' ' 1
```

[그림 11-9] 모형비교 결과

결과 설명 Pr(>Chi)=0.06 > α=0.05이므로 전체 독립변수가 투입된 모델(fit.full)과 유의한 독립변수만 투입된 모델(fit.reduced) 간에 차이가 없음을 알 수 있다. 즉, 'H_0 : 두 모델은 차이가 없을 것이다'라는 귀무가설을 채택하게 된다. 이는 분석자가 독립변수만 투입된 모델을 근간으로 추정회귀식을 수립하고 해석하면 된다는 의미가 될 수 있다.

이어, 회귀계수를 해석하는 방법에 대하여 알아보자. 비표준화된 회귀계수만을 추출하기 위해서 다음과 같은 명령어를 입력한다.

```
# Logistic Regression
ch11=read.csv("D:/data/ch11.csv")
# where y is a binary factor and
# x1-x3 are continuous predictors
fit.full<-glm(y~.,family=binomial(),data=ch11)

# x2 is continuous predictors at 5% level
fit.reduced<-glm(y~x2,family=binomial(),data=ch11)
summary(fit.reduced)

anova(fit.reduced,fit.full,test="Chisq")

coef(fit.reduced)
```

[그림 11-10] 로지스틱 비표준화 계수 추출 명령문 [데이터] ch11-4.R

이 명령문을 입력하고 실행하면 다음과 같은 결과를 얻을 수 있다.

```
> coef(fit.reduced)
(Intercept)          x2
-9.18591025  0.05530304
```

[그림 11-11] 비표준화 회귀계수

결과 설명 이는 다른 변수가 고정된 상태에서 x2 변수를 한 단위 증가시키면 변화하는 log(odds)이다. 즉 다른 변수의 값을 일정하게 놓고, 소득이 1 단위 증가하면, 자동차를 구매할 확률은 구매하지 않을 확률보다 얼마나 높은지를 알 수 있게 해준다. 이는 해석이 어렵기 때문에 분석자는 지수화하여 알 수 있다. 이를 위해서 exp(coef(fit.reduced)) 명령어를 입력한다. 그러면 다음과 같은 결과를 얻을 수 있다.

```
> exp(coef(fit.reduced))
 (Intercept)           x2
0.0001024731 1.0568608344
```

[그림 11-12] 로지스틱 회귀계수 지수

결과 설명 회귀식에서는 x2(월평균 소득)의 계수가 유의하므로 이에 관하여만 알아보면,

Exp(0.05530304) = 1.057이며, 다른 변수의 값을 일정하게 놓고, 소득이 1 단위 증가시키면, 자동차를 구매할 확률은 구매하지 않을 확률보다 1.057배 늘어남을 알 수 있다.

다음은 유보표본에 대하여 예측방법을 다뤄보기로 하자. 이를 위해서 다음 x2(월평균 소득)가 170, 350, 340, 400, 450인 경우의 확률을 알아보자.

이를 위해서 먼저 엑셀창에 다음과 같이 입력하고 testdata.csv로 저장한다.

	A	B	C	D	E	F	G	H	I	J	K
1	x2										
2	300										
3	350										
4	340										
5	400										
6	450										
7											

[그림 11-13] 유보표본 데이터 입력 [데이터] testdata.csv

월평균 소득에 따른 확률을 예측하기 위해서 다음과 같은 명령어를 입력한다.

```
ch11=read.csv("D:/data/ch11.csv")
# where y is a binary factor and
# x1-x3 are continuous predictors
fit.full<-glm(y~.,family=binomial(),data=ch11)
# x2 is continuous predictors at 5% level
fit.reduced<-glm(y~x2,family=binomial(),data=ch11)
summary(fit.reduced)
anova(fit.reduced,fit.full,test="Chisq")
coef(fit.reduced)
exp(coef(fit.reduced))
testdata=read.csv("D:/data/testdata.csv")
testdata$prob<-predict(fit.reduced, newdata=testdata,type="response")
testdata
```

[그림 11-14] 유보표본 예측 명령어 [데이터] ch11-5.R

맨 하단의 3행이 예측관련 명령어이다. testdata=read.csv("D:/data/testdata.csv")는 유보표본이 저장되어 있는 testdata를 불러오는 명령어이다. testdata$prob < −predict(fit.

reduced, newdata=testdata, type="response")는 앞에서 설정한 fit.reduced 모델과 testdata를 비교하여 예측확률을 계산하기 위한 명령어이다. testdata는 앞에서 진행한 내용의 결과를 보여주기 위한 명령어이다.

이를 실행하면 다음과 같은 결과를 얻을 수 있다.

```
> testdata=read.csv("D:/data/testdata.csv")
> testdata$prob<-predict(fit.reduced, newdata=testdata,type="response")
> testdata
   x2      prob
1 300  0.9993922
2 350  0.9999617
3 340  0.9999334
4 400  0.9999976
5 450  0.9999998
```

[그림 11-15] 유보표본 결과 실행

결과 설명 다섯 명의 월평균 소득자에 대한 차량 구입확률이 각각 나타나 있다. 본 예제에서 사용된 데이터의 월평균액이 158만 원임을 고려할 때, 다섯 가구 유보표본의 월소득은 평균보다 높기 때문에 자동차 구입확률이 높음을 알 수 있다.

2.3 과대산포 검정

이변량 분포의 분산(σ^2)=$n\pi$으로부터 데이터에 대한 기대분산을 구할 수 있다. 여기서, n=관찰자 수이고 π는 Y=1 그룹에 속할 확률을 말한다. 과대산포(overdispersion)는 개별 변수의 관찰분산이 이변량분포로부터 기대되는 분산보다 큰 경우를 말한다. 과대산포는 유의성 검정의 부정확성과 표준오차의 왜곡을 발생시킬 수 있다.

과대산포가 발생하였을 때, 분석자는 glm() 함수를 사용하여 로지스틱 회귀분석 적합을 시도할 수 있다. 그러나 이 경우 분석자는 이변량분포(binomial distribution)보다는 준이항분포(quasibinomial distribution)를 사용해야 한다. 이변량분포의 확률밀도함수(p.d.f : Probability density function)는 다음과 같다.

$$P(X=k)=\binom{n}{k}p^k(1-p)^{n-k} \qquad \cdots\cdots(\text{식 } 11-7)$$

준이항분포의 확률밀도함수(p.d.f: Probability density function)는 다음과 같다.

$$P(X=k)=\binom{n}{k}(p+k\varphi)^{k-1}(1-p-k\varphi)^{n-k} \qquad \cdots\cdots(\text{식 } 11-8)$$

과대산포를 확인하는 방법은 분석자의 이항분포 모델에서 자유도의 잔차와 잔차의 편차를 비교하는 것이다. 만약,

$$\varphi = \text{잔차의 편차/잔차 자유도} \qquad \cdots\cdots(\text{식 } 11-9)$$

의 비율이 1보다 크다면 과대산포를 가지고 있다는 증거이다.

```
# Logistic Regression
ch11=read.csv("D:/data/ch11.csv")
# where y is a binary factor and
# x1-x3 are continuous predictors
fit.full<-glm(y~.,family=binomial(),data=ch11)

# x2 is continuous predictors at 5% level
fit.reduced<-glm(y~x2,family=binomial(),data=ch11)
summary(fit.reduced)
anova(fit.reduced,fit.full,test="Chisq")
coef(fit.reduced)
exp(coef(fit.reduced))
deviance(fit.reduced)/df.residual(fit.reduced)
```

[그림 11-16] 과대산포 명령어 [데이터] ch11-6.R

이를 실행하면 다음과 같은 결과를 얻을 수 있다.

```
> deviance(fit.reduced)/df.residual(fit.reduced)
[1] 0.9317249
```

[그림 11-17] 과대산포 결과

결과 설명 과대산포(φ = 잔차의 편차/잔차 자유도)의 비율이 1보다 작기 때문에 과대산포가 없음을 알 수 있다.

또 다른 방법으로 과대산포를 확인하여 보자. 첫 번째 모형(fit)에는 family=binomial()를 사용하기로 한다. 두 번째 모형(fit.od)에서는 family=quasibinomial()를 사용한다. 과대산포를 알아보기 위해서 다음과 같은 명령어를 입력한다.

```
# Logistic Regression
ch11=read.csv("D:/data/ch11.csv")
# where y is a binary factor and
# x1-x3 are continuous predictors in binomial
fit<-glm(y~.,family=binomial(),data=ch11)

# x1-x3 are continuous predictors in quasibinomial
fit.od<-glm(y~.,family=quasibinomial(),data=ch11)

pchisq(summary(fit.od)$dispersion*fit$df.residual,
       fit$df.residual, lower = F)
```

[그림 11-18] 과대산포 계산 명령어 [데이터] ch11-7.R

이를 실행하면 다음과 같은 결과를 얻을 수 있다.

```
> pchisq(summary(fit.od)$dispersion*fit$df.residual,
+ fit$df.residual, lower = F)
[1] 0.5672268
```

[그림 11-19] 과대산포 결과

결과 설명 과대산포를 확인하기 위해서 다음과 같은 귀무가설과 연구가설을 설정할 수 있다.

H_0 : $\varphi = 1$

H_1 : $\varphi \neq 1$

분석 결과, p=0.567>α=0.05이므로 과대산포는 문제가 되지 않음을 알 수 있다.

2.4 로지스틱 회귀모형 적합선

로지스틱 회귀모형의 적합선을 그리기 위해서 다음과 같은 명령어를 입력하도록 하자. 선명한 그림을 얻기 위해서 Rstudio에서 미리 ggplot2를 설치하도록 하자.

```
# Logistic Regression
data<-read.csv("D:/data/ch11.csv")
data
# Do the logistic regression
logr_vm<-glm(y~x2,data, family=binomial())
logr_vm
summary(logr_vm)
# Plot with ggplot2 of ogistic regression model
library(ggplot2)
ggplot(data, aes(x=x2, y=y)) + geom_point() +
  stat_smooth(method="glm", method.args=list(family="binomial"),
color="black", se=FALSE)
```

[그림 11-20] 로지스틱 회귀모형 적합선 [데이터] ch11-8.R

위의 명령어를 입력하고 Run 단추를 누르면 다음과 같은 결과를 얻을 수 있다.

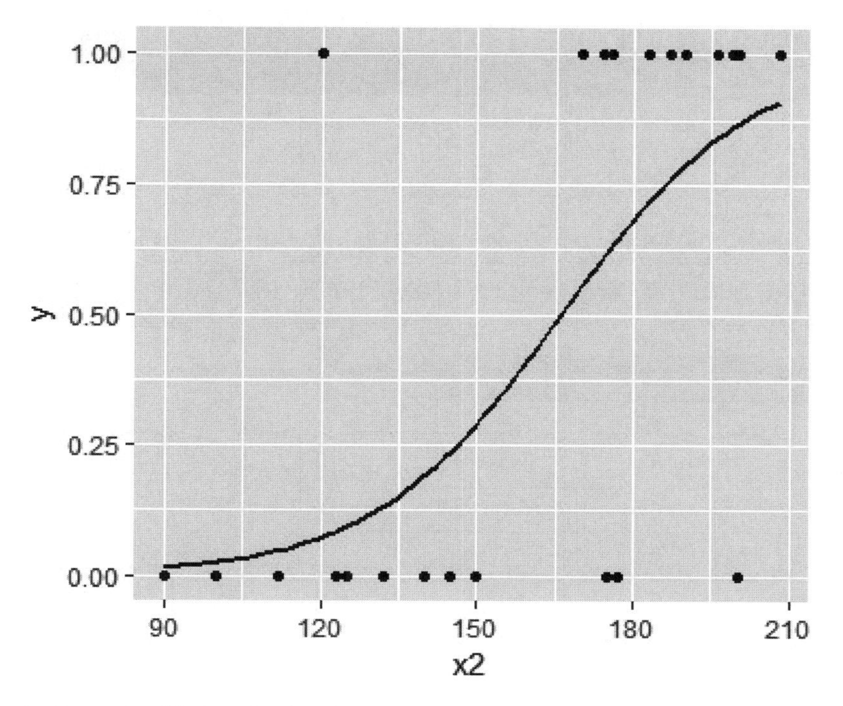

[그림 11-21] 적합된 로지스틱 모델

결과 설명 자동차를 소유하는 경우(1)와 소유하지 않은 경우(0)의 사건이 발생할 확률을 예측값은 0과 1 사이의 값을 갖는다. 로지스틱 회귀분석에서는 종속변수의 값을 0과 1로 한정하기 때문에 x2(월급) 변수와는 S자형 커브를 보임을 알 수 있다.

1. 다음 자료는 특정 쇼핑몰의 방문여부(y, 1=방문, 0=방문하지 않음)을 알아보기 위해서 서비스 품질수준(x1), 가성비(x2), 다양한 볼거리(x3) 정도를 나타낸 것이다(1=매우 낮음, 7=매우 높음).

x1	x2	x3	y
6	4	5	0
7	5	6	1
4	6	6	0
4	6	6	0
7	5	6	1
4	6	5	0
7	5	6	1
6	6	6	1
4	6	4	0
3	6	3	0
4	6	4	0
5	5	5	1
3	7	3	0
5	6	5	1

[데이터] test11.csv

1) 로지스틱 회귀분석 후 추정식을 언급하시오.

2) 다음 유보집단 표본을 이용하여 쇼핑몰 쇼핑 여부를 확인하여라.

[유보집단 표본]

x1	x2	x3
7	7	7
7	7	6
4	3	3

[데이터] holdout.csv

힌트)

```
# Logistic Regression
test11=read.csv("D:/data/test11.csv")
fit.full<-glm(y~.,family=binomial(),data=test11)
summary(fit.full)

coef(fit.full)
exp(coef(fit.full))

holdout=read.csv("D:/data/holdout.csv")
holdout$prob<-predict(fit.full, newdata=holdout, type="response")
holdout
```

[데이터] ch11ex.R

12장

판별분석

CHAPTER 12

학습목표

1. 판별분석의 개념을 이해한다.
2. 판별함수의 개념의 이해한다.
3. R 프로그램을 이용하여 판별분석을 실시하고 이를 해석할 수 있다.
4. 판별함수를 이용하여 유보표본을 분류할 수 있다.

1 판별분석 개념

1.1 판별분석의 의의

판별분석(判別分析, Discriminant Analysis)은 기존의 자료를 이용하여 관찰개체들을 몇 개의 집단으로 분류하고자 하는 경우에 사용된다. 이 분석은 등간척도나 비율척도로 이루어진 독립변수를 이용하여 여러 개의 집단으로 분류하는 방법이다. 예를 들어, 한 고객이 신용카드 발급을 은행에 신청한 경우 신용카드를 발급할 것인가 혹은 거절할 것인가를 결정한다든지, 혹은 생물학자가 새의 몸 크기, 색깔, 날개 크기, 다리 길이 등을 측정하여 암수를 구별하고자 할 때에 판별분석이 이용된다.

판별분석의 목적은 각 관찰대상들이 어느 집단에 속하는지를 알 수 있는 판별식을 구하고, 그리고 이 판별식을 이용하여 새로운 대상을 어느 집단으로 분류할 것인가를 예측하는 데 있다. 즉, 두 개 이상의 집단을 구분하는 데 있어 분류 오류를 최소화할 수 있는 선형결합을 도출하는 것이 주요 목적이다. 이 선형결합을 선형판별식 또는 선형판별함수(Linear Discriminant Function)라고 하는데, 아래의 식과 같이 P개의 독립변수에 일정한 가중치를 부여한 선형결합 형태를 갖고 있다.

$$D = W_1X_1 + W_2X_2 + \cdots + W_PX_P \qquad \cdots\cdots(식\ 12-1)$$

여기서, D는 판별점수(Discriminant Score), W_i는 i번째의 독립변수의 판별가중치, X_i는 i번

째의 독립변수를 나타낸다.

이와 같이 판별분석에서는 독립변수를 선형결합의 형태로 판별식을 구하고, 이로부터 판별대상의 판별점수를 구한다. 그리고 이 판별점수를 기준으로 하여 집단 분류를 한다. 그런데 판별함수의 목적이 종속변수를 정확하게 분류할 수 있는 예측력을 높이는 데 있다면, 일단 판별함수로부터 판별력이 유의한 독립변수들을 선택한 다음 판별함수로부터 계산된 판별점수나 분류함수로부터 계산된 분류점수를 이용할 수 있다. 변수가 2개일 때 관찰개체를 판별하는 것을 그림으로 나타내면 다음과 같다.

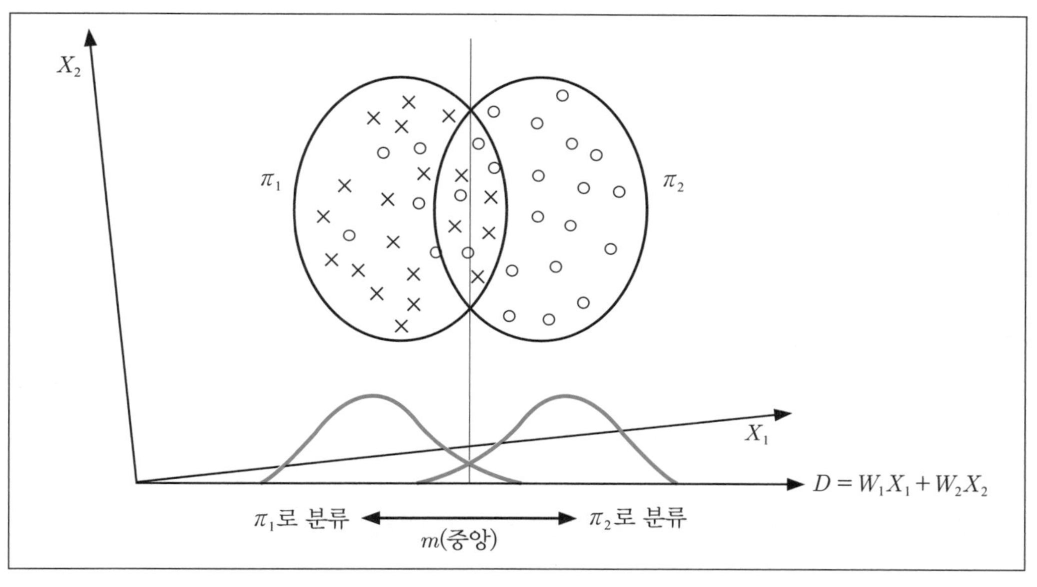

[그림 12-1] 판별분석의 기하학적 예시

위 그림에서 ×표는 집단 1의 구성원에 대한 측정치이며 ○표는 집단 2의 구성원에 대한 측정치이다. ×표와 ○표를 둘러싸고 있는 두 타원은 각 집단에서 90% 정도를 포함한다고 할 수 있다. 위 산포도는 각 관찰치들의 위치를 알려주며 두 개의 타원은 두 집단을 분류하는 이변량 집합군을 나타낸다.

판별분석에서 필요한 기본가정은 독립변수들의 결합분포는 다변량정규분포이며, 각 변수들 간의 공분산행렬은 같다는 것이다. 그리고 판별분석의 절차는 다음과 같으며, 각 단계는 예제를 통하여 설명하기로 한다.

판별분석의 절차

① 변수의 선정
② 표본의 선정
③ 판별식의 수 결정
④ 상관관계 및 기술통계량의 계산
⑤ 판별함수의 도출
⑥ 판별함수의 타당성 검정
⑦ 검증된 판별함수의 해석
⑧ 판별함수를 이용한 예측

2 R을 이용한 판별분석 실행

예제 1 비움과채움 콘도의 마케팅부에 근무하는 김 대리는 지난 2년 동안 여름철 휴가 기간 동안 콘도를 이용하는 고객들의 특성을 파악하고, 어떠한 특성을 가진 고객들이 콘도를 이용하는지 파악하기 위해 30명에 대하여 조사를 실시하였다.

변수명	내용	코딩
id	고객번호	
x1	방문여부	1=방문, 2=방문안함
x2	월평균소득	만원
x3	여행성향	1–10(1:매우 싫어함, 10:매우 좋아함)
x4	가족여행에 대한 중요성	1–10(1:매우 중요치 않음, 10:매우 중요)
x5	가족 구성원수	( )명
x6	가장의 연령	( )세

[표 12-1] 콘도 방문 정보

Id	x1	x2	x3	x4	x5	x6
1	1	330	5	8	3	43
2	1	400	6	7	4	61
3	1	340	6	5	6	52
4	1	350	7	5	5	36
5	1	320	6	6	4	55
6	1	300	8	7	5	68
7	1	310	5	3	3	62
8	1	330	2	4	6	51
9	1	320	7	5	4	57
10	1	200	7	6	5	45
11	1	310	6	7	5	44
12	1	300	5	8	4	64
13	1	320	1	8	6	54
14	1	350	4	2	3	56
15	1	400	5	6	2	58
16	2	170	5	4	3	58
17	2	200	4	3	2	55
18	2	240	2	5	2	57
19	2	290	5	2	4	37
20	2	300	6	6	3	42
21	2	250	6	6	2	45
22	2	300	1	2	2	57
23	2	260	3	5	3	51
24	2	290	6	4	5	64
25	2	220	2	7	4	54
26	2	240	5	1	3	56
27	2	250	8	3	2	36
28	2	230	6	8	2	50
29	2	235	3	2	3	48
30	2	240	3	3	2	42

[데이터] ch121.csv

1. 다음과 같이 엑셀창에 데이터를 입력하고 확장자 .csv 형태로 저장한다.

	A	B	C	D	E	F	G	H	I	J
1	x1	x2	x3	x4	x5	x6				
2	1	330	5	8	3	43				
3	1	400	6	7	4	61				
4	1	340	6	5	6	52				
5	1	350	7	5	5	36				
6	1	320	6	6	4	55				
7	1	300	8	7	5	68				
8	1	310	5	3	3	62				
9	1	330	2	4	6	51				
10	1	320	7	5	4	57				
11	1	200	7	6	5	45				
12	1	310	6	7	5	44				
13	1	300	5	8	4	64				
14	1	320	1	8	6	54				
15	1	350	4	2	3	56				

[그림 12-2] 데이터 입력 [데이터] ch121.csv

2. ch121.csv 데이터를 불러오기 위해서 다음과 같은 명령어를 작성한다. 프로그램 car과 rattle를 설치하고 변수의 성격을 알아보기 위해 head(ch121)를 입력한다.

```
ch121=read.csv("D:/data/ch121.csv")
library(car)
library(rattle)
data(ch121, package='rattle')
attach(ch121)
head(ch121)
```

[그림 12-3] 명령어 입력

앞 명령어를 실행하면 다음과 같은 결과를 얻을 수 있다.

```
> head(ch121)
  x1  x2 x3 x4 x5 x6
1  1 330  5  8  3 43
2  1 400  6  7  4 61
3  1 340  6  5  6 52
4  1 350  7  5  5 36
5  1 320  6  6  4 55
6  1 300  8  7  5 68
```

결과 설명 케이스(개체) 여섯 명과 여섯 개 변수에 대한 자료가 나타나 있다.

[그림 12-4] 데이터 변수명 기본 자료

3. 변수에 대한 산포도를 그리기 위해서 다음과 같은 명령어를 입력한다. 그러면 다음 산포도가 나타난다.

```
scatterplotMatrix(ch121[1:6])
```

[그림 12-5] 산포도 작성 명령어

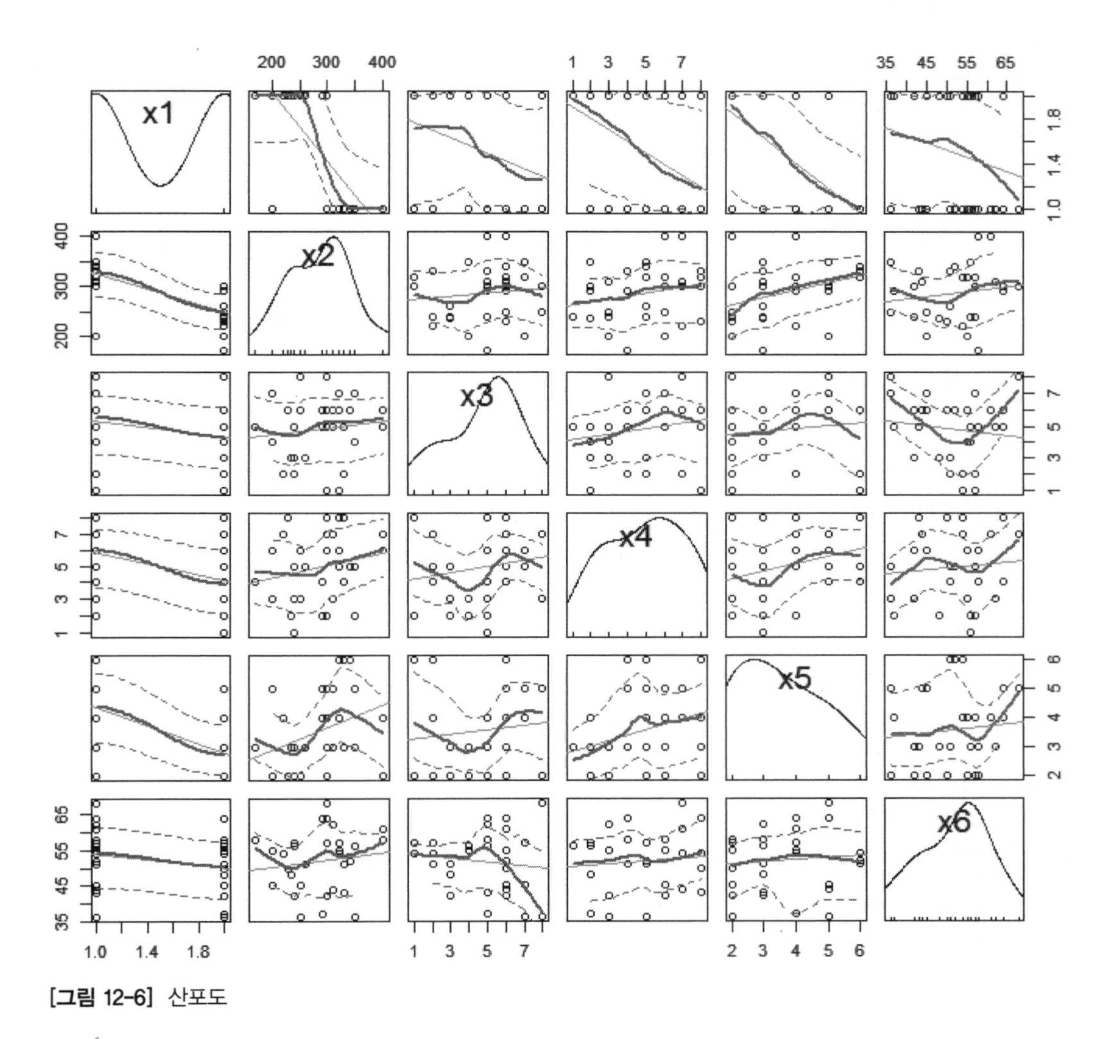

[그림 12-6] 산포도

결과 설명 여섯 개 변수는 x1 변수만을 제외하고 대체로 정규분포를 보임을 알 수 있다. 따라서 분석자는 선형판별분석(LDA: Linear Discriminant Analysis)을 실시하면 된다. 선형판별분석은 정준판별분석(canonical discriminant analysis) 또는 판별분석(discriminant analysis)이라고 부른다. 2차 판별함수를 얻기 위해서는 lda() 함수 대신 qda() 함수를 사용해야 한다. 2차 판별함수는 분산–공분산의 동일성(homogeneity of variance–covariance)을 가정하지 않는다.

4. 이어 데이터 판별함수의 적재치를 얻기 위해서 다음과 같이 명령어를 입력할 수 있다.

```
# install.packages('MASS')
library(MASS)
Mda.lda <- lda(x1~ ., data=ch121)
Mda.lda
```

[그림 12-7] 적재치를 구하는 명령어 [데이터] ch12-1.R

5. 이를 실행하면 다음과 같은 결과를 얻는다.

```
> library(MASS)
> Mda.lda <- lda(x1~ ., data=ch121)
> Mda.lda
Call:
lda(x1 ~ ., data = ch121)
Prior probabilities of groups:
  1   2
0.5 0.5

Group means:
        x2        x3        x4        x5       x6
1 325.3333  5.333333 5.800000 4.333333 53.73333
2 247.6667  4.333333 4.066667 2.800000 50.13333

Coefficients of linear discriminants:
           LD1
x2 -0.01883296
x3 -0.15368082
x4 -0.16834364
x5 -0.53592737
x6 -0.02806546
```

[그림 12-8] 선형판별함수

결과 설명 각 집단별 변수에 대한 평균이 나타나 있다. 각 변수별 선형함수로 다음의 선형판별식을 구할 수 있다. 선형판별식은 $D = -0.01883296 \times x2 - 0.15368082 \times x3 - 0.16834364 \times x4 -$

$0.53592737 \times x5 - 0.02806546 \times x6$이다.

6. 집단별 선형판별함수를 나타내기 위해서 누적 히스토그램(stacked histogram)을 그릴 수 있다. 먼저 1집단의 누적 히스토그램을 그리기 위한 명령어는 다음과 같다.

```
Mda.lda.values <- predict(Mda.lda)
ldahist(data = Mda.lda.values$x[,1], g=x1)
```

[그림 12-9] 집단별 선형판별함수 누적 히스토그램 [데이터] ch12-1.R

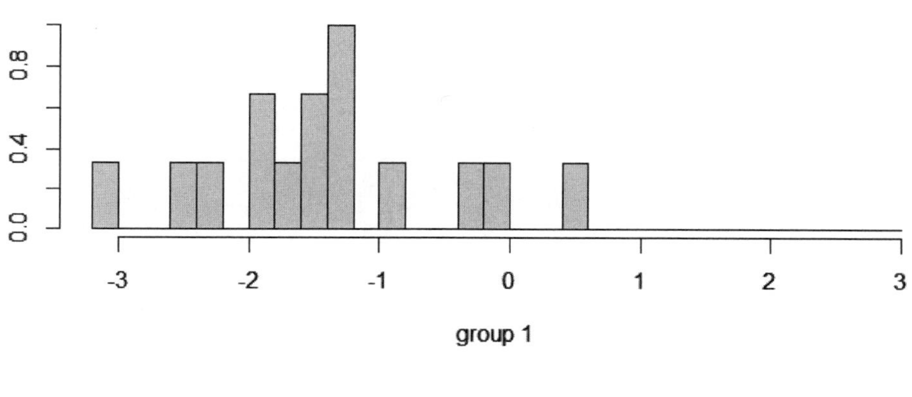

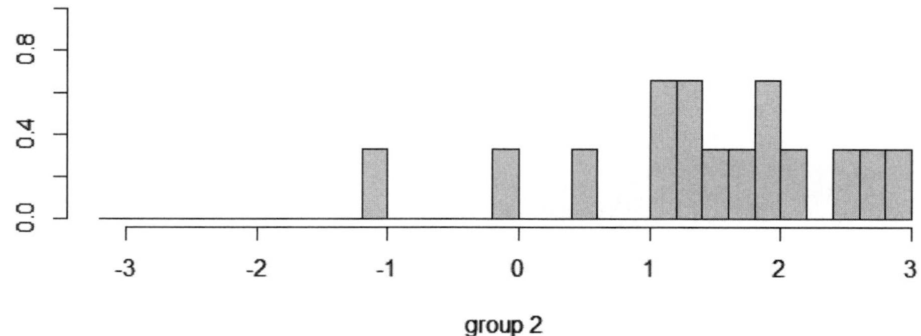

[그림 12-10] 누적 히스토그램

결과 설명 0을 기준으로 0보다 크면 1집단(콘도 이용고객), 0보다 작으면 2집단에 분류되는데 여기서는 1개의 개체가 2집단으로 잘못 판별하고 있는 것을 보여주고 있다. 여기서 막대의 높이는 비율을 의미한다.

7. 이어 최적 판별함수의 산포도를 얻기 위해서 다음과 같은 명령어로 개체별 타점을 할 수 있다. 이를 위해서 다음과 같은 명령어를 입력하면 된다.

```
plot(Mda.lda.values$x[,1]) # make a scatterplot
text(Mda.lda.values$x[,1],cex=0.7,pos=4,col="red") # add labels
```

[그림 12-11] 개체별 산포도 그리기 명령어 [데이터] ch12-1.R

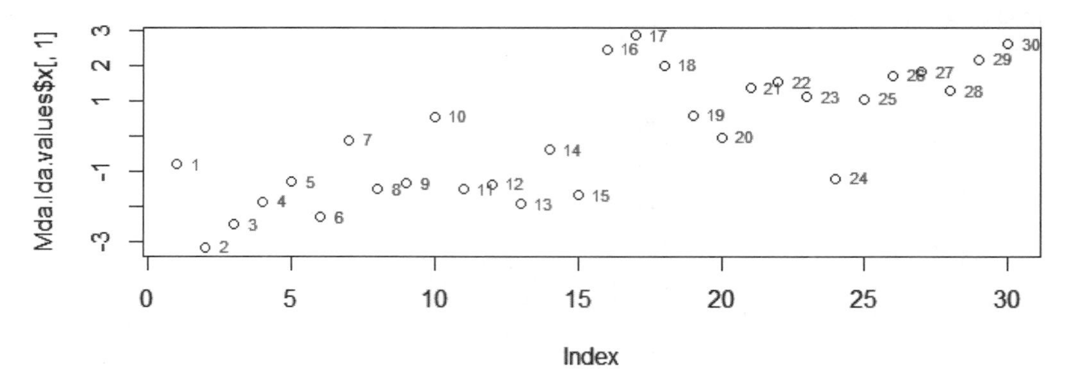

[그림 12-12] 개체별 산포도

결과 설명 개체별 산포도가 나타나 있다. 0을 기준으로 0보다 낮은 값을 갖는 경우는 1집단, 0보다 큰 값은 2집단으로 분류됨을 예측할 수 있다.

3 새로운 개체의 판별(예측)

예제 2 지금까지의 얻어진 정보를 근거로 하여 무작위로 표본을 추출하여 다음 소비자 5명을 조사하여 비움과채움 콘도 이용 여부를 판별하여 보자.

x2	x3	x4	x5	x6
330	6	8	8	50
450	6	8	3	55
340	2	3	2	52
400	2	3	3	55
500	6	7	8	60

[데이터] testdatach12.csv

1. 앞의 다섯 표본 데이터를 아래와 같이 엑셀창에 입력한다.

	A	B	C	D	E	F	G	H	I	J
1	x2	x3	x4	x5	x6					
2	330	6	8	8	50					
3	450	6	8	3	55					
4	340	2	3	2	52					
5	400	2	3	3	55					
6	500	6	7	8	60					
7										

[그림 12-13] 유보표본 데이터 입력 [데이터] testdatach12.csv

2. 다음의 음영으로 되어 있는 부분과 같이 명령어를 입력한다.

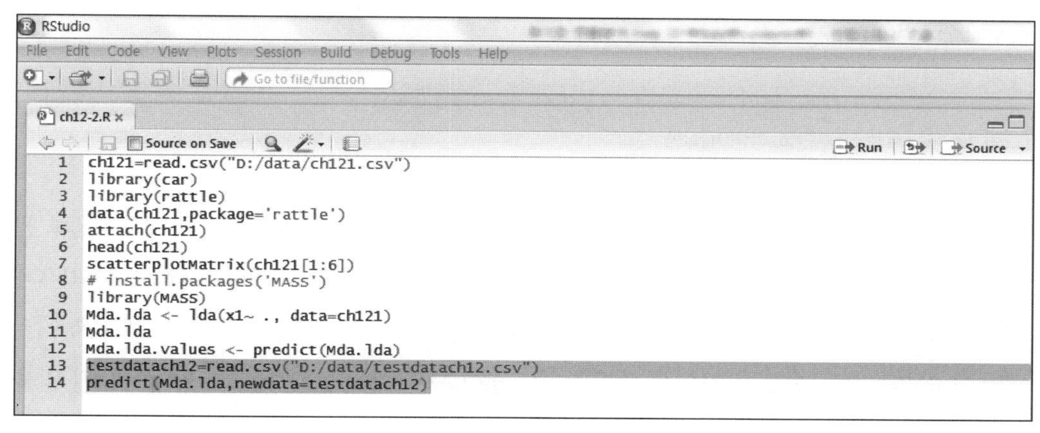


```
1  ch121=read.csv("D:/data/ch121.csv")
2  library(car)
3  library(rattle)
4  data(ch121,package='rattle')
5  attach(ch121)
6  head(ch121)
7  scatterplotMatrix(ch121[1:6])
8  # install.packages('MASS')
9  library(MASS)
10 Mda.lda <- lda(x1~ ., data=ch121)
11 Mda.lda
12 Mda.lda.values <- predict(Mda.lda)
13 testdatach12=read.csv("D:/data/testdatach12.csv")
14 predict(Mda.lda,newdata=testdatach12)
```

[그림 12-14] 유보집단 판별 명령어 입력 [데이터] ch12-2.R

위 명령어에서 testdatach12=read.csv("D:/data/testdatach12.csv")는 유보표본 데이터를 불러오는 명령어이다. predict(Mda.lda, newdata=testdatach12)는 판별분석을 실시한 Mda.lda에 새로운 데이터(newdata=testdatach12)를 적용하여 집단을 판별하라는 명령어이다.

3. 위 명령어를 실행하면 다음과 같은 결과를 얻을 수 있다.

```
> testdatach12=read.csv("D:/data/testdatach12.csv")
> predict(Mda.lda,newdata=testdatach12)
$class
[1] 1 1 2 1 1
Levels: 1 2

$posterior
          1            2
1 0.9999808  1.919417e-05
2 0.9999577  4.232701e-05
3 0.1579820  8.420180e-01
4 0.9637763  3.622366e-02
5 1.0000000  1.617404e-09

$x
         LD1
1 -3.8364665
2 -3.5571118
3  0.5910787
4 -1.1590225
5 -7.1503802
```

[그림 12-15] 유보집단 판별 명령어 실행 결과

결과 설명 유보표본 1, 2, 4, 5는 1그룹(1 class) 즉 콘도 이용 가능성이 있는 잠재고객으로 분류되고, 표본 3은 콘도 이용 가능성이 없는 고객으로 분류된다. $posterior의 값은 1번 고객의 경우 1그룹에 속할 확률이 100%이고 2그룹에 포함될 확률은 0%임을 알 수 있다. $x에서 LD1이 0보다 작은 음수를 보이는 경우는 콘도를 방문할 경우, 0보다 큰 경우는 오지 않을 경우를 나타낸다.

참고문헌

http://rstudio-pubs-static.s3.amazonaws.com/35817_2552e05f1d4e4db8ba87b334101a43da.html

굿모닝 Bigdata 빅데이터

최근 여론조사에 대한 관심도가 높아지고 있다. 주요 여론조사기관과 언론 매체들이 출마 예상후보의 지지율을 연일 발표하고 있다. 여론조사 결과는 국민의 생각 물줄기를 가늠하는 잣대라고 할 수 있어 이를 보는 국민들도 다양한 생각을 하면서 판단의 기준점으로 삼는다. 따라서 정확한 여론조사와 올바른 해석이 중요하다. 정확한 여론조사는 오차 줄이기와 깊은 관련이 있다.

여론조사에서 오차는 표본오차와 비표본 오차에서 발생한다. 표본오차는 모집단의 일부를 선택해 모수를 추정하기 때문에 생기는 오차이다. 비표본오차는 질문자와 응답자 사이의 이해 부족, 부정확한 설문지 작성, 자료의 수집, 처리, 수행과정에서의 오류, 정보를 제공하는 응답자의 응답거부, 그리고 대상 모집단을 대표하지 못하는 표본의 추출 등 다양한 원인에서 발생한다. 대표적인 예가 1936년 미국 대통령선거에 대한 리터러리 다이제스트(Literary Digest)사의 여론조사다. 이 기관은 여론조사를 위해서 전화번호부와 자동차등록대장에서 추출한 유권자에게 설문지를 발송했다. 발송 설문지 가운데 5분의 1에 해당하는 약 200만명 이상의 유권자가 응답을 했다.

이 회사는 랜든 후보가 루스벨트 후보를 누르고 승리할 것으로 예측했다. 그러나 결과는 루스벨트의 압도적인 승리였다. 1936년은 미국 대공항 때였으므로 많은 서민층은 전화와 자동차를 가지고 있지 못했다. 즉 표본조사에서 대부분의 서민이 제외되었다. 이와 같은 결과는 이번 미국대선에서도 나타났다. 언론기관에서는 힐러리 클린턴이 무난하게 승리할 것으로 예상했으나 결과는 도널드 트럼프의 승리였다. 여론조사에서 서민들의 민심을 제대로 읽어내지 못한 것이다.

최근 이런 여론조사의 대안으로 떠오르는 것이 빅데이터를 이용한 트렌드 파악이다. 포털사이트에서 사용할 수 있는 트렌드 분석은 네이버 트렌드와 구글 트렌드가 있다.

구글 트렌드 경우는 구글 이용자들이 특정 키워드로 검색한 횟수를 지수화해 해당 주제에 대한 대중적 관심도를 보여주는 빅데이터 기반 지표이다. 대상 기간 중 검색횟수가 가장 많았던 때를 100으로 정하고 시기별로 상대적 수치를 나타낸다. 인물이나 사건에 대한 대중적 관심 수준을 보여준다. 포털 사이트 중 점유율이 높은 트렌드 분석은 수백만 명의 인터넷 검색 결과를 바탕으로 한 것이어서 500~1천명의 표본을 대상으로 하는 여론조사보다 민심을 더 정확하게 반영한다고 할 수 있다.

여론조사의 생명은 예측치와 실제치의 차이, 즉 오차를 줄이는 데 있다. 최근 빅데이터를 이용한 트렌드 분석이 여론조사의 오차를 줄이는 대안으로 떠오르고 있다. 실제 여론조사 결과와 앞에서 언급한 네이버 트렌드 지수와 구글 트렌드 지수를 확인해 보자. 여론조사 결과와 트렌드 지수가 강한 상관성이 있음을 확인할 수 있다. 여론조사 결과와 빅데이터 트렌드 지수를 함께 판단해야 하는 이유가 여기에 있다.

[출처] 충청매일(2017년 02월 17일), 여론조사와 빅데이터.

1. 다음 자료는 국내 기업들의 재무제표이다. 다음을 입력하고 분석 결과를 토대로 판별식을 구하라(20점).

건전기업			부도기업		
x1	x2	x3	x1	x2	x3
3	110	200	3	90	400
7	120	300	2	80	300
9	130	200	–2	100	500
3	100	400	4	120	600
6	160	200	1	100	450
4	125	204	2	95	300
8	160	190	3	110	380
7	180	250	2	95	320
6	190	230	1	150	300

참고: x1(매출액 순이익률)=(순이익/매출액)×100

x2(유동비율)=(유동자산/유동부채)×100

x3(부채비율)=(타인자본/자기자본)×100

1) 판별식을 구하라.

2) x1=4, x2=2, x3=300인 기업의 부도 여부를 예측하라.

13장

요인분석

CHAPTER 13

학습목표

1. 주성분분석 개념을 이해한다.
2. 요인분석의 기본 개념을 이해한다.
3. R 프로그램을 이용하여 요인분석을 실시할 수 있다.
4. 요인분석을 실시하고 요인명칭을 부여할 수 있다.

1 요인분석 개념

1.1 요인분석의 의의

요인분석(要因分析, Factor Analysis)은 여러 변수들 사이의 상관관계를 기초로 하여 정보의 손실을 최소화하면서 변수의 개수보다 적은 수의 요인(factor)으로 자료 변동을 설명하는 다변량 기법이다. 예를 들어, 어떤 회사에서 직무만족도를 측정하기 위하여 100개의 질문항목을 사용했을 때, 이를 10개 정도의 요인으로 묶어 직무만족의 특성을 분석할 수 있을 것이다. 요인분석에서 사용하는 요인은 7장과 8장 분산분석의 요인과는 의미가 전혀 다르다. 분산분석의 요인은 단일 변수의 의미를 가지지만, 요인분석의 요인은 여러 변수들이 공통적으로 가지고 있는 개념적 특성을 뜻한다.

요인분석이 회귀분석이나 판별분석 등과 같은 다른 다변량분석 방법과 차이가 나는 것은 독립변수와 종속변수가 지정되지 않고 변수들 간의 상호작용을 분석하는 데 있다. 요인분석에서는 예컨대, 100개의 측정변수를 묶을 때 상관관계가 높은 것끼리 동질적인 몇 개의 요인으로 묶기 때문에 다음과 같은 경우에 사용한다.

① 자료의 양을 줄여 정보를 요약하는 경우
② 변수들 내에 존재하는 구조를 발견하려는 경우
③ 요인으로 묶여지지 않는 중요도가 낮은 변수를 제거하려는 경우
④ 동일한 개념을 측정하는 변수들이 동일한 요인으로 묶여지는지를 확인(측정도구의 타당성 검

정)하려는 경우

⑤ 요인분석을 통해 얻어진 요인들을 회귀분석이나 판별분석에서 변수로 활용하려는 경우

요인분석을 실시하는 경우에 표본의 수는 적어도 변수 개수의 4~5배가 적당하며, 대체로 50개 이상은 되어야 한다. 그리고 등간척도나 비율척도로 측정된 것이어야 한다. 요인분석을 실시하기 전에 연구자가 가지고 있는 자료가 요인분석에 적합한 것인가를 조사해 보아야 하는데 이것을 검토하는 방법에는 다음과 같은 세 가지 방법이 있다.

첫째, 상관행렬의 상관계수를 살펴본다. 만일 모든 변수 간의 상관계수가 전체적으로 낮으면 요인분석에 부적합하다고 본다. 그러나 일부 변수들 사이에는 비교적 높은 상관관계를 보이고, 다른 변수들 사이에서는 낮은 상관관계를 보인다면, 그 자료는 요인분석에 적합하다고 할 수 있다. 둘째, 모상관행렬이 단위행렬인지를 검정해 보아야 한다. 이를 위해서는 바틀렛(Bartlett) 검정이 사용된다. 즉, KMO and Bartlett's test of sphericity를 이용하여 "모상관행렬은 단위행렬이다"라는 귀무가설을 검정할 수 있다. 전체변수에 대한 표본적합도를 나타내주는 KMO(Kaiser-Meyer-Olkin) 통계량을 이용하여 이 귀무가설이 기각되어야 변수들의 상관관계가 통계적으로 유의하다고 볼 수 있어 요인분석을 적용할 수 있다. 셋째, 최초 요인추출 단계에서 얻은 고유치를 스크리 차트(scree chart)에 표시하였을 때, 지수함수분포와 같은 매끄러운 곡선이 나타나면 요인분석에 적합하지 않고, 반대로 한 군데 이상에서 크게 꺾이는 곳이 있어야 요인분석에 적합하다고 볼 수 있다.

1.2 요인분석의 절차

요인분석을 실행하는 절차는 다음에서와 같이 여섯 단계로 나누어 설명할 수 있다.

(1) 상관관계 계산

자료를 입력한 후 요인분석을 실시하려면, 변수 혹은 응답자 간의 상관관계를 계산해야 한다. 이때 변수들 간의 상관관계를 계산하여 몇 개 차원으로 묶어내는 경우를 R-유형, 응답자들 간의 상관관계를 계산하는 경우를 Q-유형이라 한다. 일반적으로 사회과학 분야에서는 R-유형이 많이 사용되며, Q-유형을 사용해야 되는 경우에는 대개 이와 유사한 군집분석

이 이용된다. Q-유형 요인분석은 군집분석과 유사한 방법으로 상이한 특성을 갖는 평가자들을 몇몇의 동질적인 몇 개의 집단으로 묶어내는 방식이다.

(2) 요인추출모형 결정

요인추출모형에는 주성분석분석(PCA: Principle Component Analysis), EFA(Explotate Factor Analysis), ML(Maximum Likelihood), GLS(Generalized Least Square) 등이 있으나 PCA(주성분분석) 방식이나 CFA(공통요인분석) 방식이 널리 이용되고 있다. PCA(주성분분석) 방식과 CFA(공통요인분석) 방식의 차이점은 측정 결과 얻어진 자료에 나타난 분산 구성요소 가운데 어떤 분산을 분석의 기초로 이용하는가에 있다. 분산은 다른 변수들과 공통으로 변하는 공분산(Common variable), 변수 자체에 의해서 일어나는 특정분산(Specific Variable), 그리고 기타의 외생변수나 측정오류에 의하여 발생하는 오류분산(error Variance)으로 나뉜다. PCA 방식은 정보의 손실을 최소화하면서 보다 적은 수의 요인을 구하고자 할 때에 주로 이용되며, 자료의 총분산을 분석한다. 즉, PCA는 관련성이 많은 변수를 주성분이라 불리는 관련성이 작은 요인의 수로 변환시키는 방법이다. 예를 들어, 연구자는 30개의 상관성이 있는 환경변수를 최초의 정보를 유지한 채 5개의 조합변수(composite variables)로 변화할 수 있다. 첫 번째 주성분(pc1)을 식으로 나타내면 다음과 같다.

$$PC_1 = a_1X_1 + a_2X_2 + \cdots + a_kX_k \qquad \cdots\cdots(\text{식 } 13-1)$$

여기서, PC_1=성분 1, a_k=변수의 적재치, X_k=k번째 변수를 나타낸다.

EFA 방식은 변수들 간에 내재하는 차원을 찾아냄으로써 변수들 간의 구조를 파악하고자 할 때 이용된다. 이 방식에서는 자료의 공통분산만을 분석한다. 따라서 총분산에서 공통분산이 차지하는 비율이 크거나, 자료의 특성에 대하여 아는 바가 없으면 EFA(탐색요인분석) 방식을 선택하는 것이 좋다. 탐색요인분석을 식으로 나타내면 다음과 같다.

$$F_1 = a_1F_1 + a_2F_2 + \cdots + a_pX_p + e_i \qquad \cdots\cdots(\text{식 } 13-2)$$

여기서, F_1=요인 1, a_p=요인 적재치, e_i= 오차항을 나타낸다.

PCA 방식과 확인요인분석의 일반적인 방식인 EFA를 그림으로 나타내면 다음과 같다.

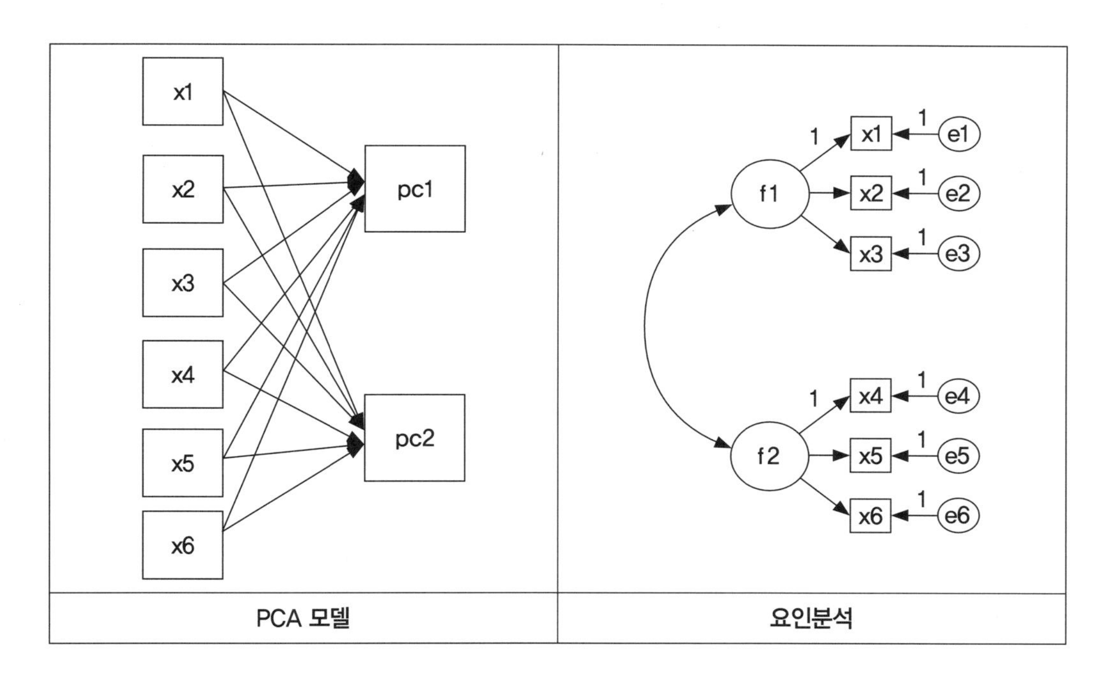

[그림 13-1] 주성분분석과 요인분석 비교

(3) 요인수 결정

최초 요인을 추출한 뒤 회전시키지 않은 요인행렬로부터 몇 개의 요인을 추출해야 할 것인가를 결정한다. 요인수를 결정하는 방법에는 연구자가 임의로 요인의 수를 미리 정하는 것 이외에 세 가지 정도로 설명할 수 있다.

① 고유치 기준

고유치(eigen value)는 요인이 설명할 수 있는 변수들의 분산 크기를 나타낸다. 고유치가 1보다 크다는 것은 하나의 요인이 변수 1개 이상의 분산을 설명해 준다는 것을 의미한다. 따라서 고유치 값이 1 이상인 경우를 기준으로 해서 요인수를 결정하게 된다. 고유치가 1보다 적다는 것은 1개의 요인이 변수 1개의 분산도 설명해 줄 수 없다는 것을 의미하므로 요인으로서의 의미가 없다고 볼 수 있다.

② 공통분산의 총분산에 대한 비율

공통분산(communality)은 총분산 중에서 요인이 설명하는 분산비율을 의미한다. 일반적으로 사회과학 분야에서는 공통분산 값이 적어도 총분산의 60% 정도를 설명해 주고 있는 요인까지를 선정하며, 자연과학 분야에서는 95%까지 포함시키는 경우가 많다. 여기서 60%를 기준으로 요인의 수를 결정한다는 것은 40%의 정보손실을 감수해야 함을 의미한다.

③ 스크리검정

스크리검정(scree test)은 각 요인의 고유치를 세로축에, 요인의 개수를 가로축에 나타내는 것을 말한다. 고유치를 산포도로 표시한 스크리 차트를 지수함수와 비교하였을 때 적어도 한 지점에서 지수함수 분포의 형태에 크게 벗어나는 지점이 추출하여야 할 요인의 개수가 된다.

(4) 요인부하량 산출

요인부하량(factor loading)은 각 변수와 요인 사이의 상관관계 정도를 나타내므로, 각 변수는 요인부하량이 가장 높은 요인에 속하게 된다. 사실 요인부하량의 제곱값은 결정계수를 의미하므로, 요인부하량은 요인이 해당 변수를 설명해 주는 정도를 의미한다. 일반적으로 요인부하량의 절대값이 0.4 이상이면 유의한 변수로 간주하고 0.5를 넘으면 아주 중요한 변수라고 할 수 있다. 그러나 표본의 수와 변수의 수가 증가할수록 요인부하량 고려 수준은 낮추어야 할 것이다.

(5) 요인회전 방식 결정

변수들이 여러 요인에 대하여 비슷한 요인부하량을 나타낼 경우, 변수들이 어느 요인에 속하는지를 분류하기가 힘들다. 따라서 변수들의 요인부하량이 어느 한 요인에 높게 나타나도록 하기 위하여 요인축을 회전시킨다. 회전방식은 크게 직각회전(直角回轉, orthogonal rotation)과 사각회전(斜角回轉, oblique rotation)으로 나뉜다. 다음은 직각회전의 예를 그림으로 나타낸 것이다. 이 그림에서 보면 회전 후 변수들이 두 집단으로 나뉘는 형태는 회전 전보다 더 명확하다.

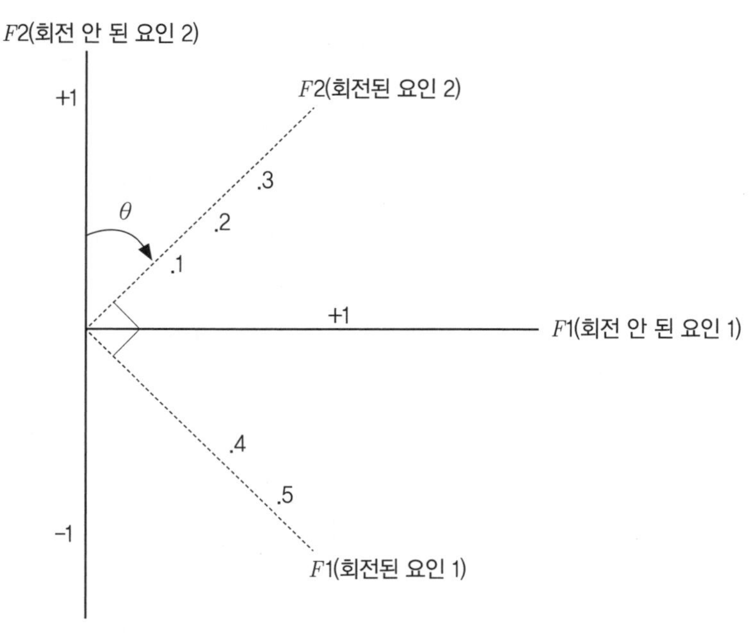

[그림 13-2] 직각회전

① 직각회전 방식

회전축이 직각(orthogonal)을 유지하며 회전하므로 요인들 간의 상관계수가 0이 된다. 따라서 요인들의 관계가 서로 독립적이어야 하거나 서로 독립적이라고 간주할 수 있는 경우, 또는 요인점수를 이용하여 회귀분석이나 판별분석을 추가적으로 실시할 때 다중공선성을 피하기 위한 경우 등에 유용하게 사용된다. 그러나 사회과학 분야에서는 서로 다른 두 개의 개념(요인)이 완전히 독립적이지 못한 경우가 대부분이므로 사각회전 방식이 이용된다. 직각회전 방식에는 Varimax, Quartimax, Equimax 등이 있는데 Varimax 방식이 가장 많이 이용된다. Varimax 방식은 요인분석의 목적이 각 변수들의 분산구조보다 각 요인의 특성을 알고자 하는 데 있을 때 더 유용하다.

② 사각회전 방식

대부분의 사회과학 분야에서는 요인들 간에 어느 정도의 상관관계가 항상 존재하게 마련이다. 사각회전 방식은 요인을 회전시킬 때 요인들이 서로 직각을 유지하지 않으므로 직각회전 방식에 비해 높은 요인부하량은 더 높아지고, 낮은 요인부하량은 더 낮아지도록 요인을 회전시키는 방법이다. 비직각회전방식에는 Oblimin(=oblique), Covarimin, Quartimin,

Biquartimin 등이 있는데 주로 Oblimin 방식이 많이 이용된다.

(6) 결과 해석

요인행렬에서 우선 각 요인별로 검토하여, 어떤 변수들이 높은 부하량, 혹은 낮은 부하량을 가지고 있는지를 조사한다. 다음에는 변수들을 검토하여 어떤 변수가 한 요인에 대한 부하량은 높고 다른 모든 요인에 대한 부하량은 낮은가를 점검해 본다. 요인이 추출되면 어느 특정 요인에 함께 묶여진 변수들의 공통된 특성을 조사하여 연구자가 주관적으로 요인 이름을 붙인다. 따라서 요인에 대한 해석은 연구자마다 다르게 나타나고, 요인의 추출이 과연 의미가 있는가에 대한 해석도 각자의 판단에 의존하게 된다. 그러나 주의해야 할 점은 추출된 요인이 보편적인 지식과 어느 정도 일치해야 한다는 것이다. 요인이 추출되면 각 사례별로 변수들이 선형 결합되어 이루어진 요인점수를 산정할 수 있다. 그리고 이 요인을 새로운 변수로 취급하여 회귀분석이나 판별분석에서 활용할 수 있다.

요인분석 실행

다음 자료는 고려피자에 대해 느끼는 속성에 관한 자료이다. 이 자료를 이용하여 요인분석을 하여 보기로 한다.

설 문 지

[설문 1] 고려피자점에 대해 느끼는 만족도에 표시하여 주십시오.

	매우 불만			보통			매우 중요
	1	2	3	4	5	6	7
1. 가격에 대한 만족도(x1)							
2. 고려피자점 이미지(x2)							
3. 가격의 유연성(x3)							
4. 배달사원 이미지(x4)							
5. 피자맛(x5)							
6. 브랜드파워(x6)							

다음의 [표 13-1]은 설문결과를 모은 25명에 대한 자료치이다.

[표 13-1] 설문결과 자료

응답치	응답치
6 4 7 6 5 4	6 3 5 5 7 3
5 7 5 6 6 6	3 4 4 3 2 2
5 3 4 5 6 4	2 7 5 5 4 4
3 3 2 3 4 3	3 5 2 7 2 5
4 3 3 3 2 2	6 4 5 5 7 4
2 6 2 4 3 3	7 4 6 3 5 2
1 3 3 3 2 1	5 6 6 3 4 3
3 5 3 4 2 2	2 3 3 4 3 2
7 3 6 5 5 4	3 4 2 3 4 3
6 4 3 4 4 5	2 6 3 5 3 5
6 6 2 6 4 6	6 5 7 5 5 5
3 2 2 4 2 3	7 6 5 4 6 5
5 7 6 5 2 6	

[데이터] ch13.csv

2.1 주성분분석

1. 주성분분석을 실시하기 위해서 RStudio에서 다음과 같은 명령어를 입력한다.

```
#read data
ch13=read.csv("D:/data/ch13.csv")
# Prepare Data
mydata <- na.omit(ch13) # listwise deletion of missing
# Pricipal Components Analysis
# entering raw data and extracting PCs
# from the correlation matrix
fit <- princomp(mydata, cor=TRUE)
summary(fit) # print variance accounted for
loadings(fit) # pc loadings
plot(fit,type="lines") # scree plot
fit$scores # the principal components
biplot(fit)
```

[그림 13-3] 주성분분석 명령어 [데이터] ch13-1.R

2. 이 명령어를 실행하면 다음과 같은 결과를 얻을 수 있다.

```
> cor(mydata)
           x1          x2        x3        x4          x5        x6
x1 1.00000000 0.027350850 0.6285654 0.2477124 0.683487343 0.4290944
x2 0.02735085 1.000000000 0.2204101 0.3552441 0.008760331 0.6017254
x3 0.62856540 0.220410066 1.0000000 0.1830732 0.508590117 0.2109953
x4 0.24771245 0.355244110 0.1830732 1.0000000 0.271971682 0.7341227
x5 0.68348734 0.008760331 0.5085901 0.2719717 1.000000000 0.3119752
x6 0.42909439 0.601725446 0.2109953 0.7341227 0.311975164 1.0000000
```

[그림 13-4] 상관관계표

결과 설명 x1과 x2의 상관관계가 0.027이고 x1과 x3의 상관관계는 0.628로 관계가 높음을 알 수 있다. 분석자는 상관관계가 높은 변수끼리 묶일 가능성이 높음을 알 수 있다.

```
> summary(fit) # print variance accounted for
Importance of components:
                         Comp.1    Comp.2    Comp.3     Comp.4     Comp.5     Comp.6
Standard deviation     1.689535 1.2423570 0.8649329 0.63951699 0.58410830 0.32209587
Proportion of Variance 0.475755 0.2572418 0.1246848 0.06816366 0.05686375 0.01729096
Cumulative Proportion  0.475755 0.7329968 0.8576816 0.92584529 0.98270904 1.00000000
```

[그림 13-5] 요인의 중요성

결과 설명 여섯 개 요인의 표준편차(Standard deviation), 분산비율(Proportion of Variance), 누적비율(Cumulative Proportion) 등이 나타나 있다. 모두 여섯 개의 변수를 측정한 경우라서 여섯 개의 요인이 나타나 있다. 이 중 두 개의 요인의 분산비율이 각각 0.475, 0.257이기 때문에 두 개의 요인을 선택할 필요가 있다. 일반적으로 분석자는 요인들의 설명력의 합을 60~80%로 해서 요인을 추출하는데 여기서는 두 개 요인(Comp.1, Comp.2)의 누적 분산비율이 73.3%이므로 두 개 요인으로 결정하면 적당하다.

```
> loadings(fit) # pc loadings
Loadings:
   Comp.1  Comp.2  Comp.3  Comp.4  Comp.5  Comp.6
x1 -0.454  -0.397          -0.166   0.622  -0.468
x2 -0.286   0.515   0.626  -0.313  -0.175  -0.364
x3 -0.395  -0.346   0.543   0.580           0.294
x4 -0.402   0.373  -0.481   0.546  -0.220  -0.348
x5 -0.415  -0.401  -0.220  -0.441  -0.647
x6 -0.472   0.396  -0.171  -0.213   0.332   0.660

               Comp.1 Comp.2  Comp.3  Comp.4  Comp.5  Comp.6
SS loadings     1.000  1.000   1.000   1.000   1.000   1.000
Proportion Var  0.167  0.167   0.167   0.167   0.167   0.167
Cumulative Var  0.167  0.333   0.500   0.667   0.833   1.000
```

[그림 13-6] 요인 적재량

결과 설명 요인 적재량은 요인과 변수의 상관관계를 나타낸다. 요인 1(Comp.1)과 변수(x1)의 경우는 −0.454이다. 이 값의 제곱값(-0.454^2)=0.206, 즉 x1의 분산(Variance)의 20.6%를 요인 1에서 설명됨을 알 수 있다.

두 변수 간의 상관관계는 요인들에의 적재량을 곱한 것의 합이다. 즉, x1과 x2의 상관관계는 (−0.454)×(−0.286)+(−0.397)×(0.515)+(0)×(0.626)+(−0.166)×(−0.313)+(0.622)×(−0.175)+(−0.468)×(−0.364)=0.02735085이며 이는 앞 [그림 13−4] 상관관계표를 보고 확인할 수 있다.

요인과 변수 간의 관계를 보면 요인 1에는 변수 (x1, x3, x5)가 주로 관련이 있고 요인 2에는 변수 (x2. x4, x6)이 관련되어 있음을 알 수 있다. 이 결과를 가지고 연구자는 변수의 공통점을 발견하여 각 요인(성분)의 이름을 정하게 된다. 여기서는 1요인(성분)을 '피자제품요인,' 2요인(성분)을 '기업이미지요인'이라고 부를 수 있다. x1(가격수준), x3(가격의 유연성), x5(피자의 맛)은 1요인인 피자제품요인, x2(피자점의 이미지), x4(배달사원의 이미지), x6(브랜드 파워)은 제2요인(성분)인 기업이미지요인이라고 말할 수 있다. 이 요인명칭을 부여하는 것은 분석자가 임의로 내릴 수 있다. 요인명칭 부여는 창의적인 감각이 있어야 하는 사항이다.

```
> plot(fit,type="lines") # scree plot
> fit$scores # the principal components
      Comp.1       Comp.2       Comp.3      Comp.4      Comp.5      Comp.6
1  -1.9641872 -0.805851244 -0.17094143  1.43033791 -0.16248042 -0.07565684
2  -2.7500403  1.192011606  0.10410521 -0.39187025 -0.69150006  0.06749516
3  -0.7106859 -0.891078939 -1.25477218 -0.07009840 -0.44594431  0.24763065
4   1.8229487 -0.482119579 -0.59623319 -0.85288439 -0.07455786  0.46614152
5   2.1871993 -0.691605577  0.09186766  0.10483716  0.78392833 -0.16863638
6   1.3920859  1.363114451  0.42403732 -0.64334083 -0.56374672 -0.37007095
7   3.2679486 -0.321183224  0.31457563  0.52845902 -0.47256819  0.12993072
8   1.6926312  0.554894470  0.55049011  0.25308632  0.01215699 -0.71473245
9  -1.4256839 -1.493972270 -0.53152188  0.72051545  0.53898124  0.04640413
10 -0.3801176 -0.100221068 -0.61367703 -0.80900913  1.05656295  0.25905555
11 -1.5759084  1.748788040 -1.06263602 -0.76946580  0.71506248 -0.55847086
12  2.1768095 -0.004227243 -1.17340006  0.38995848  0.65247551  0.31911360
13 -1.6022209  1.649626649  1.40265084  0.56981039  1.05939250  0.38028647
14 -1.1192430 -1.847508137 -0.97638172  0.06614804 -0.79126624 -0.25801139
15  2.0039375 -0.333167670  0.87767731  0.33199745  0.27665895  0.01731110
16 -0.4634986  1.449202040  1.14680314  0.24841658 -1.18714621  0.11838344
17 -0.1412983  2.597102728 -1.41709492  0.89699893  0.18559932 -0.40693167
18 -1.6484860 -1.216244288 -0.67292430 -0.29805967 -0.67407249 -0.03548579
19 -0.2384064 -2.366607457  0.98725546 -0.15398537  0.33691760 -0.52384349
20 -0.2070084 -0.701987435  1.91975258 -0.27560216  0.05628325 -0.07932507
21  2.0712909 -0.176281335 -0.40254003  0.49497081 -0.49194390  0.07850966
22  1.6290515 -0.132366663 -0.17115527 -1.06541503 -0.19324475  0.21907041
23  0.1283203  2.047193330  0.08260302 -0.11499015 -0.33455490  0.43807800
24 -2.1381887 -0.504270515  0.55774520  0.58346803  0.14890561  0.45487721
25 -2.0072499 -0.533240671  0.58371455 -1.17428340  0.26010132 -0.05112273
```

[그림 13-7] 주성분 점수

결과 설명 각 개체(표본)와 요인 간의 주성분 점수가 나타나 있다.

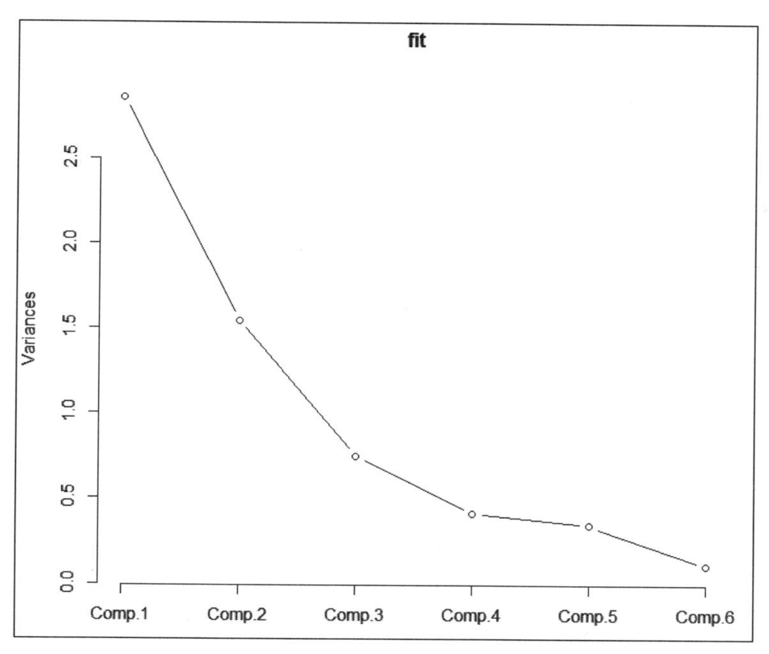

[그림 13-8] 스크리 도표

결과 설명 분석자는 요인을 결정하는 데 있어 스크리 도표를 이용할 수 있다. 스크리 도표는 하나의 요인을 더 추가하여 얻어지는 한계치가 하나의 요인을 추가할 정도로 큰지를 비교하는 것이다. 앞 그림에서 아이겐값과 요인의 수가 나타나 있다. 일반적으로 아이겐값(variance)이 1 이상인 곳에서 요인이 결정되는데, 여기서는 팔꿈치 모양으로 꺾인 곳 1.0 이상인 곳을 살펴보면 Comp.2임을 알 수 있다. 또한 그런데 요인(성분) 3부터는 고유값이 크게 작아지고 있음을 확인할 수 있다.

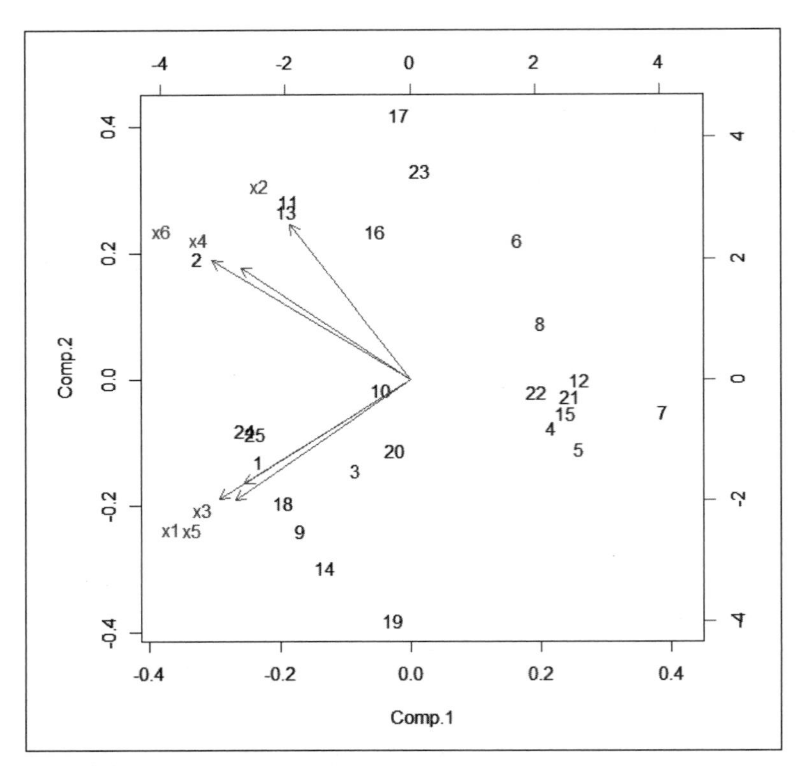

[그림 13-9] 요인과 관찰치 관계

결과 설명 앞에서 1요인(성분)을 피자제품요인, 제2요인(성분)을 기업이미지요인이라고 명명하였다. 1요인은 x1(가격수준), x3(가격의 유연성), x5(피자의 맛)으로 구성되고, x2(피자점의 이미지), x4(배달사원의 이미지), x6(브랜드 파워)은 2요인(성분)으로 구성됨을 알 수 있다. 또한 각 표본은 주로 어느 요인과 관련성이 높은지를 표로 나타내고 있다.

3. 주성분분석에서 변수들과 요인의 그림을 나타내기 위해서 다음과 같은 명령어를 추가할 수 있다. 이 명령어를 실행하기 앞서 FactoMineR 프로그램을 설치한다.

```
#read data
ch13=read.csv("D:/data/ch13.csv")
# Prepare Data
mydata <- na.omit(ch13) # listwise deletion of missing
# correlation matrix
# Pricipal Components Analysis
# entering raw data and extracting PCs
# from the correlation matrix
cor(mydata)
fit <- princomp(mydata, cor=TRUE)
summary(fit) # print variance accounted for
loadings(fit) # pc loadings
plot(fit,type="lines") # scree plot
fit$scores # the principal components
biplot(fit)

# PCA Variable Factor Map
library(FactoMineR)
result <- PCA(mydata) # graphs generated automatically
```

[그림 13-10] 주성분분석 도표 그리기 명령어 [데이터] ch13-2.R

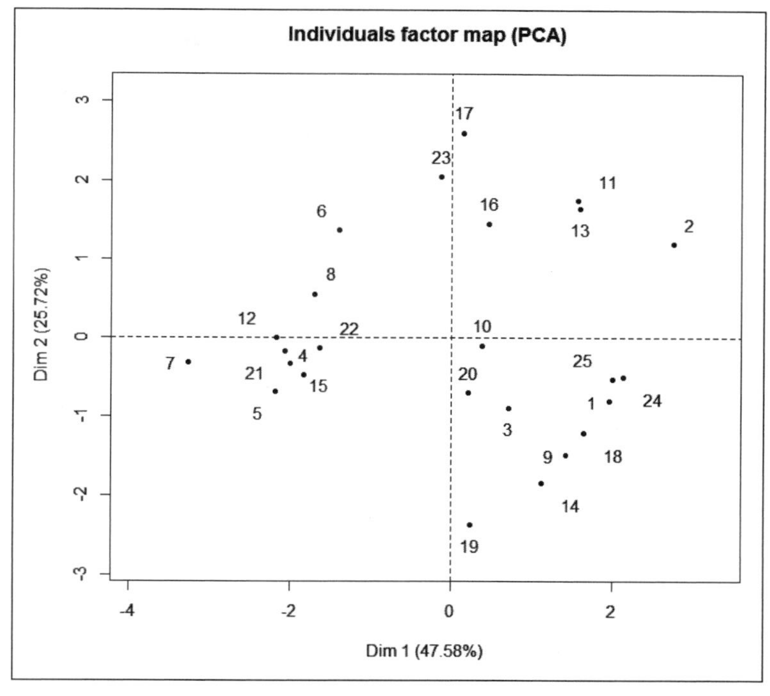

[그림 13-11] 요인과 관찰치의 관계도표

> **결과 설명**
> 요인 1(Dim 1)과 요인 2(Dim 2)에 주로 관련 있는 관찰치들이 나타나 있다. 요인 1은 47.5% 요인 2는 25.72%의 분산을 설명함을 알 수 있다.

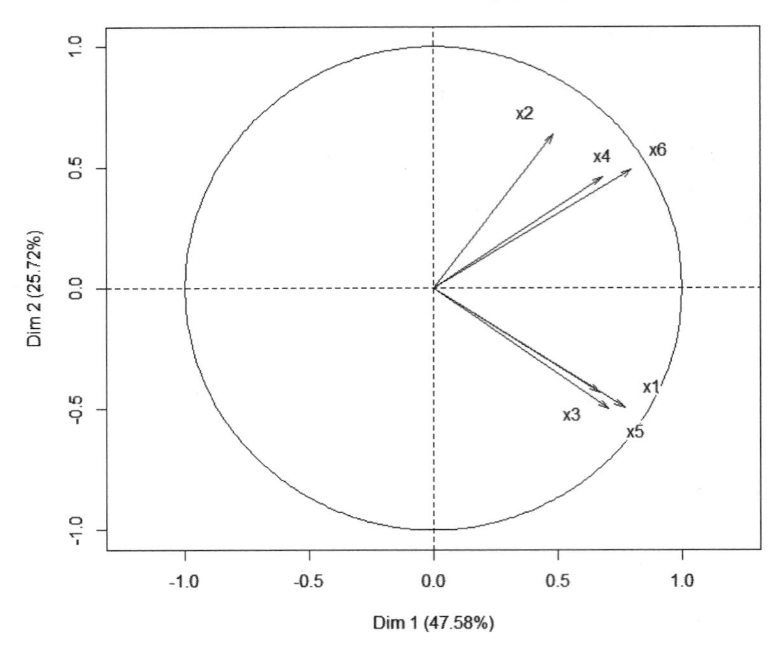

[그림 13-12] 주성분분석 도표

결과 설명 요인 1(Dim 1)과 요인 2(Dim 2)에 주로 관련 있는 관찰치들이 나타나 있다. 요인 1은 47.58%, 요인 2는 25.72%의 분산을 설명함을 알 수 있다. 요인 1은 x1, x3, x5 변수로 구성되어 있으며, 요인 2는 x2, x4, x6으로 구성되어 있음을 알 수 있다.

2.2 탐색적 요인분석

1. 분석자는 최대우도 탐색요인분석을 실시하기 위해서 factanal() 함수를 사용하기로 한다. 이에 대한 명령어는 다음과 같다.

```
#read data
ch13=read.csv("D:/data/ch13.csv")
# Maximum Likelihood Factor Analysis
# entering raw data and extracting 2 factors,
# with varimax rotation
fit <- factanal(ch13, 2, rotation="varimax")
print(fit, digits=2, cutoff=.3, sort=TRUE)
# plot factor 1 by factor 2
load <- fit$loadings[,1:2]
plot(load,type="n") # set up plot
text(load,labels=names(ch13),cex=.7) # add variable names
```

[그림 13-13] 탐색적 요인분석 명령어 [데이터] ch13-3.R

주요 명령어를 살펴보면 fit<- factanal(ch13, 2, rotation="varimax")는 직각회전 방식의 베리맥스(varimax) 회전방식에 의해서 요인 2개를 추출하라는 명령어이다. print(fit, digits=2, cutoff=.3, sort=TRUE)는 적재치의 기준치가 0.3으로 하여 각 요인에 적재된 것을 보여주라는 것이다.

2. 앞 명령어 범위를 지정하고 실행하면 다음과 같은 결과를 얻을 수 있다.

```
> #read data
> ch13=read.csv("D:/data/ch13.csv")
> # Maximum Likelihood Factor Analysis
> # entering raw data and extracting 2 factors,
> # with varimax rotation
> fit <- factanal(ch13, 2, rotation="varimax")
> print(fit, digits=2, cutoff=.3, sort=TRUE)

Call:
factanal(x = ch13, factors = 2, rotation = "varimax")

Uniquenesses:
    x1   x2   x3   x4   x5   x6
  0.00 0.57 0.60 0.45 0.53 0.00

Loadings:
   Factor1 Factor2
x1  0.99
x3  0.63
x5  0.68
x2          0.65
x4          0.72
x6          0.95

               Factor1 Factor2
SS loadings       1.95    1.89
Proportion Var    0.32    0.31
Cumulative Var    0.32    0.64

Test of the hypothesis that 2 factors are sufficient.
The chi square statistic is 7.11 on 4 degrees of freedom.
The p-value is 0.13
```

[그림 13-14] 요인분석 결과화면

결과 설명 요인분석을 실시한 결과, 요인 1(Factor1)에는 변수 x1, x3, x5가 적재되어 있음을 알 수 있다. 요인 2(Factor2)에는 x2, x4, x6이 적재되어 있음을 알 수 있다.

분석자는 요인적재치와 변수의 상관계수의 값을 제곱한 아이겐값(eigen value)을 구할 수 있다. 1요인의 아인겐 값은 $(0.99)^2+(0.63)^2+(0.68)^2=1.95$이다. 총 요인의 아이겐값을 합산하면 변수의 개수인 6이 된다. 1요인 아이겐값을 변수의 수 6으로 나눈 값은 0.32로 분산비율을 나타낸다.

요인분석의 모형 적합도를 검정하는 통계량을 살펴보면, 카이제곱통계량이 7.11이고 자유도는 4이며 이에 대한 확률값은 $p=0.13>\alpha=0.05$로 "H_0 : 2요인으로 구성된 모형은 적합하다"라는 귀무가설을 채택하게 된다(Test of the hypothesis that 2 factors are sufficient.).

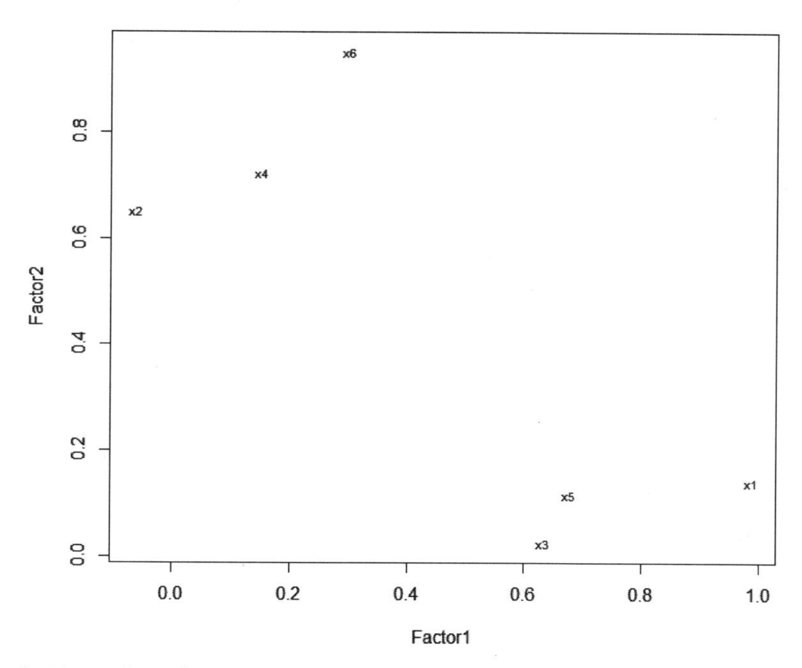

[그림 13-15] 요인도표

결과 설명 요인(성분)이 2개로 구성되어 각 6개의 변수들이 공간에 위상을 차지하고 있다. 여기서, x1(가격수준), x3(가격의 유연성), x5(피자의 맛)는 요인 1인 피자제품요인과 x2(피자점의 이미지), x4(배달사원의 이미지), x6(브랜드 파워)의 요인 2인 기업이미지요인은 서로 다른 위상에 위치하고 있는 것을 볼 수 있다.

1. S커피전문점에서는 신제품과 서비스 개발방향을 살피기 위해서 소비자 10명을 임의로 추출하여 다음과 같은 설문조사를 실시하였다. 설문지에는 커피점 이용 시 중요하게 생각하는 다섯 가지의 속성에 대한 내용이 포함되어 있다. 각 속성별로 아주 중요한 경우는 7점, 전혀 중요하지 않은 경우는 1점에 표시하도록 하였다. 10명의 설문결과를 입력하고 주성분 요인분석, 베리맥스 회전방식의 탐색요인분석을 각각 실시하고 비교하여 보자.

설 문 지

[설문 1] S커피전문점 이용 시 중요하게 생각하는 요인에 표시하여 주세요.

	매우 중요하지 않음			보통			매우 중요함
	1	2	3	4	5	6	7
1. 가격에 대한 만족도(x1)							
2. 내부 분위기(x2)							
3. 가격 대비 품질(x3)							
4. 서빙직원 이미지(x4)							
5. 커피맛(x5)							

x1	x2	x3	x4	x5
3	1	4	1	5
4	1	3	2	4
3	2	3	2	4
3	2	2	2	4
4	3	2	3	5
3	4	1	3	6
3	4	1	3	6
2	4	1	4	5
1	5	1	5	1
2	5	2	6	6

[데이터] exch13.csv

[주성분분석 명령어]

```
#read data
exch13=read.csv("D:/data/exch13.csv")
# Prepare Data
mydata <- na.omit(exch13) # listwise deletion of missing
# correlation matrix
# Pricipal Components Analysis
# entering raw data and extracting PCs
# from the correlation matrix
cor(mydata)
fit <- princomp(mydata, cor=TRUE)
summary(fit) # print variance accounted for
loadings(fit) # pc loadings
plot(fit,type="lines") # scree plot
fit$scores # the principal components
biplot(fit)

# PCA Variable Factor Map
library(FactoMineR)
result <- PCA(mydata) # graphs generated automatically
```

[탐색요인분석 명령어]

```
#read data
exch13=read.csv("D:/data/exch13.csv")
# Maximum Likelihood Factor Analysis
# entering raw data and extracting 2 factors,
# with varimax rotation
fit <- factanal(exch13, 2, rotation="varimax")
print(fit, digits=2, cutoff=.3, sort=TRUE)
# plot factor 1 by factor 2
load <- fit$loadings[,1:2]
plot(load,type="n") # set up plot
text(load,labels=names(exch13),cex=.7) # add variable names
```

14장

군집분석

학습목표

1. 군집분석의 개념을 이해하고 적용분야를 알아본다.
2. 군집수 계산방법을 이해한다.
3. 군집명칭을 부여하는 방법을 알아본다.

1 군집분석 개념

군집분석은 데이터 축소기법으로 데이터셋 내에 관찰치를 소그룹(군집)으로 디자인하는 방법이다. 군집은 유사성에 의해서 묶인 집단을 말한다. 군집분석은 생물학, 행동과학, 마케팅, 그리고 의학연구 등에서 주로 사용한다.

사물을 관찰하다 보면 다양한 특성들을 지닌 개체들을 동질적인 집단으로 분류할 필요성이 생긴다. 예를 들어, 동물의 경우 외형적인 조건에 따라 성별을 구분하는 경우에는 명확한 분류기준이 있어 비교적 쉽다고 할 수 있으나, 변수가 많거나 또는 명확한 분류기준이 없는 경우에는 관찰대상들을 분류하는 것이 쉬운 일이 아닐 것이다. 군집분석(Cluster Analysis)은 다양한 특성을 지닌 관찰대상을 유사성을 바탕으로 동질적인 집단으로 분류하는 데 쓰이는 기법이다.

군집분석은 12장에서 설명한 판별분석과는 다르다. 판별분석에서는 분류하기 전에 미리 집단의 수를 결정할 뿐만 아니라 새로운 관찰대상을 이미 정해진 집단들 중의 하나에 할당하는 것을 목적으로 한다. 그러나 군집분석에서는 집단의 수를 미리 정하지 않는다.

단지 전체 대상들에 대한 유사성이나 거리에 의거하여 동질적인 집단으로 분류한다. 군집분석은 시장세분화 등에 사용된다. 분류규칙이 불명확하거나 또는 집단의 수를 미리 정하지 않는 경우에는 군집분석이 매우 유용하다. 군집분석은 자료탐색, 자료축소, 가설정립, 군집에 근거한 예측 등과 같은 여러 가지 목적을 가진다.

2 군집분석의 절차

군집분석은 특성들의 유사성, 즉 특성자료가 얼마나 비슷한 값을 가지고 있는지를 거리로 환산하여 거리가 가까운 대상들을 동일한 집단으로 편입시키게 된다. 요인분석이나 판별분석 등은 자료의 상관관계를 이용하여 유사한 집단분류를 하게 되지만 군집분석은 단지 측정치의 차이를 이용하는 방법이다. 따라서 군집분석에서는 다음과 같은 질문이 중요시 된다.

① 어떠한 특성에 대한 측정치의 차이를 비교할 것인가? (변수 선정문제)
② 어떻게 유사성의 차이를 측정할 것인가? (유사성 측정방법)
③ 어떻게 동질적인 집단으로 묶을 것인가? (군집화 방법)

2.1 변수 선정

변수 선정은 군집분석에서 가장 중요한 문제이다. 중요한 변수가 빠지거나 불필요한 변수가 추가되면 변수값들의 유사성 평가에 오류를 범하게 된다. 군집분석에서는 회귀분석이나 판별분석과 같이 의미 없는 변수를 제거할 수 있는 방법이 없기 때문에 선정된 변수는 모두가 동일한 비중으로 유사성 평가에 이용된다. 따라서 변수의 선정이 잘못되면 엉뚱한 결과가 나타날 수 있다. 또한 군집분석에서는 다른 분석방법들과는 달리 최종결과에 대한 통계적 유의성을 검정할 수 있는 방법이 없기 때문에 더욱 문제가 될 수 있다.

2.2 유사성 측정방법

유사성은 각 대상이 지니고 있는 특성에 대한 측정치들을 하나의 거리로 환산하여 측정하게 된다. 거리의 측정방식에는 다음과 같은 세 가지 방식들이 있다.

(1) 유클리드 거리(Euclidean distance)

변수값들의 차이를 제곱하여 합산한 거리, 다차원 공간에서 직선 최단거리를 말한다.

가장 일반적으로 사용되는 거리측정 방법이다.

$$d=\sqrt{\sum_{i=1}^{p}(X_{1i}-X_{2i})^2}$$

X_{ji} = 개체 j의 변수 i의 좌표

(2) 유클리드 제곱거리(Squared Euclidean distance)

유클리드 거리를 제곱한 거리이다.

$$d=\sum_{i=1}^{p}(X_{1i}-X_{2i})^2$$

(3) 민코프스키 거리(Minkowski distance)

거리를 산정하는 일반식으로서 함수에 포함된 지수들을 조정해 줌으로써 앞에서 언급된 거리뿐만 아니라 다양한 방식의 거리를 구해낼 수 있다.

$$d=\left[\sum_{i=1}^{p}|X_{1i}-X_{2i}|m\right]^{\frac{1}{m}}$$

민코프스키 거리는 절대값을 사용하는데, 특히 $m=1$일 때 p차원의 두 점 거리는 '도시블럭' 거리라고 한다. 그리고 $m=2$일 때에는 유클리드 거리가 된다. 이 식은 거리를 재는 일반식으로서 m은 자주 여러 가지로 변할 수 있어서 다양한 방식의 거리를 구하는 데에 이용된다. 그런데 실제로 대상을 특징짓는 변수의 측정단위는 다른 경우가 대부분이다. 이러한 경우에는 측정자료를 표준화하여서 거리를 측정해야 한다.

2.3 군집화 방법

대상을 군집화하는 방법에는 알고리즘이 다양하게 있어 여러 가지가 소개되고 있다. 이 방법을 크게 두 가지로 나누어 보면, 계층적 군집화 방법과 비계층적 군집화 방법이 있는데 계층적 군집화 방법이 널리 이용된다. 계층적 방법에서 군집화 과정은 가까운 대상끼리 순차적으로 묶어 가는 Agglomerative Hierarchical Method(AHM)와 전체 대상을 하나의 군집으로 출발하여 개체들을 분할해 나가는 Devisive Hierarchical Method(DHM)가 있다. 여기에서는 AHM의 방식만을 세 가지 소개하겠다.

(1) 단일기준 결합방식(single linkage, nearest neighbor)

어느 한 군집에 속해 있는 개체와 다른 군집에 속해 있는 개체 사이의 거리가 가장 가까운 경우에 두 군집이 새로운 하나의 군집으로 이루어지는 방식을 의미한다. 거리가 가장 가깝다는 것은 가장 유사하다는 것을 의미한다.

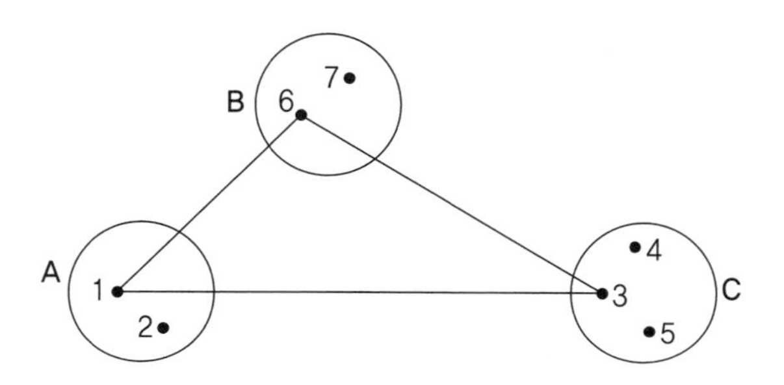

위의 그림에서 대상 1과 6이 가장 가깝기 때문에 군집 A와 군집 B는 새로운 군집을 만들게 된다.

(2) 완전기준 결합방식(complete linkage, furthest neighbor)

완전기준 결합방식은 각 단계마다 한 군집에 속해 있는 대상과 다른 군집에 속해 있는 대상 사이의 유사성이 최대거리로 정해진다는 것이다. 따라서 앞의 단일기준 결합방식에서 유사성이 최소거리로 정해지는 것과 대조를 보인다.

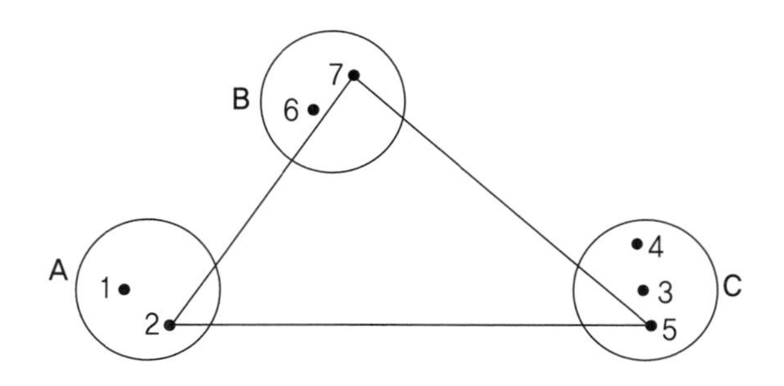

(3) 평균기준 결합방식(average linkage)

평균기준 결합방식은 한 군집 안에 속해 있는 모든 대상과 다른 군집에 속해 있는 모든 대상의 쌍집합에 대한 거리를 평균적으로 계산한다. 이러한 특성만 제외하고는 앞에서 설명한 결합방식과 비슷하다. 즉, 제1단계로 거리행렬에서 가까운 거리에 있는(유사한) 두 대상, 예를 들어 A와 B를 선발하여 한 군집 (AB)에 편입시킨다.

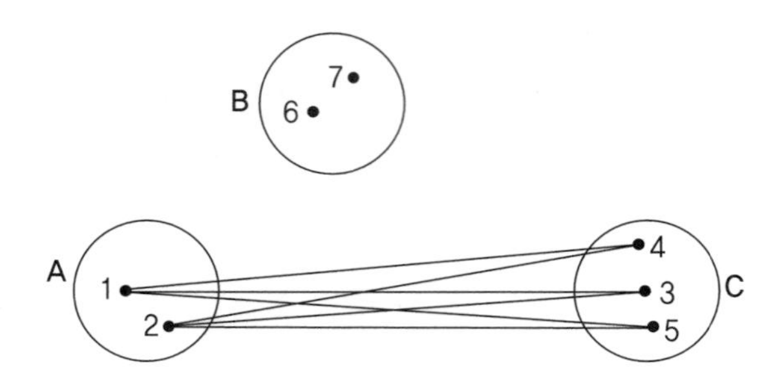

그 다음으로 그 군집 (AB)와 다른 군집 (K) 사이의 거리를 다음 식에 의하여 계산한다.

$$d_{(AB)K} = \sum_{i} \sum_{j} d_{ij} / N_{(AB)} N_K$$

ij는 군집 (AB)의 개체 i와 군집 K의 개체 j 사이의 거리를 의미하며, $N(AB)$와 NK는 각각 군집 (AB)와 군집 (K)에 포함된 개체들의 수를 의미한다.

그런데 비계층적 군집분석은 일반적으로 사용되는 계층적인 군집분석과 달리 군집화 과정이 순차적으로 이루어지지 않는 군집분석법을 말한다. 비계층적인 군집화 방법을 실행하기 위해서는 중심을 기준으로 군집의 수와 최초 시작점을 지정하여야 한다. 비계층적인 군집방법을 일반적으로 K-평균 군집분석방법이라고 한다. 비계층적인 군집화 방법에서 K-평균 군집분석방법이 가장 많이 사용되고 있기 때문이다. K-평균 군집분석방법은 군집화의 각 단계가 끝나면서 발생하는 오류를 계산하여 주고 오류가 발생하지 않는 방향으로 군집화를 계속하는 것이 특징이다.

2.4 군집분석의 신뢰성 평가

군집분석에 있어서 수반하는 문제는 신뢰성과 타당성에 관한 것이다. 신뢰성과 타당성이 없는 군집분석은 수용할 수 없다. 군집분석의 해에 대한 신뢰성과 타당성을 검정하는 것은 매우 어렵다. 그러나 다음과 같은 절차에 의해 군집분석의 효과를 판단해야 한다.

① 같은 데이터를 상이한 거리측정 방법을 통해 군집분석을 실시한 후 결과를 비교한다.

② 상이한 군집분석방법을 적용하여 각 방법으로 얻어진 결과를 비교한다.

③ 응답자가 답변한 데이터를 2개로 나누어 제1의 군집의 반분결과와 제2의 군집의 반분결과를 전체의 결과와 비교한다.

④ 비계층적인 방법을 통해, 사례 수에 따라 결과가 달라지므로 다양한 방법을 적용한다.

본 군집분석에서는 예를 통하여 일반적으로 사용되는 계층적인 군집분석을 실시하고, 나중에 비계층적인 군집분석을 실행하도록 해보자.

3 계층적인 군집분석 시행

다음은 SM 백화점의 쇼핑고객 성향을 조사한 것이다. 이에 해당하는 설문지와 조사자료는 다음과 같다.

설 문 지

SM 백화점은 쇼핑고객에 대한 성향에 근거하여 고객들을 군집하려 하고 있다. 과거의 연구결과를 근거로 하여, 6개의 변수를 측정하기로 하였다.

응답번호(ID:)

	적극 동의 안함			보통			적극 동의
(x1) 쇼핑은 흥미 있음	①	②	③	④	⑤	⑥	⑦
(x2) 쇼핑은 당신의 소득에 영향을 끼침	①	②	③	④	⑤	⑥	⑦
(x3) 쇼핑을 하면서 외식을 즐김	①	②	③	④	⑤	⑥	⑦
(x4) 쇼핑 시 최고 제품을 구입하기 위한 노력	①	②	③	④	⑤	⑥	⑦
(x5) 쇼핑에 관심이 없음	①	②	③	④	⑤	⑥	⑦
(x6) 쇼핑 시 가격비교를 통해 많은 돈 절약함	①	②	③	④	⑤	⑥	⑦

위와 같은 설문서를 통해서 소비자 10명 대한 조사결과는 다음과 같다.

[표 14-1] 학생 조사자료

소비자 번호	x1	x2	x3	x4	x5	x6
1	6	4	7	3	2	3
2	2	3	1	4	5	4
3	7	2	6	4	1	3
4	4	6	4	5	3	6
5	1	3	2	2	6	4
6	6	4	6	3	3	4
7	5	3	6	3	3	4
8	7	3	7	4	1	4
9	2	4	3	3	6	3
10	3	5	3	6	4	6

[데이터] ch14.csv

3.1 명령어 입력

1. 왈드 계층적 군집분석(Ward Hierarchical Clustering)을 실시하기 위해서 다음과 같은 명령어를 입력한다.

```
#read data
redata=read.csv("D:/data/ch14.csv")
# Prepare Data
mydata <- na.omit(redata) # listwise deletion of missing
# Ward Hierarchical Clustering
d <- dist(mydata, method = "euclidean") # distance matrix
fit <- hclust(d, method="ward")
plot(fit) # display dendogram
groups <- cutree(fit, k=3) # cut tree into 3 clusters
# draw dendogram with red borders around the 3clusters
rect.hclust(fit, k=3, border="red")
```

[그림 14-1] 왈드 계층적 군집분석 명령어 [데이터] ch14-1.R

이 명령어는 군집수를 3으로 해서 군집을 형성하고 각 군집 간의 구분은 붉은색으로 경계(border)를 표시하라는 명령어이다.

2. 이를 실행하면 다음과 같은 결과가 나타난다.

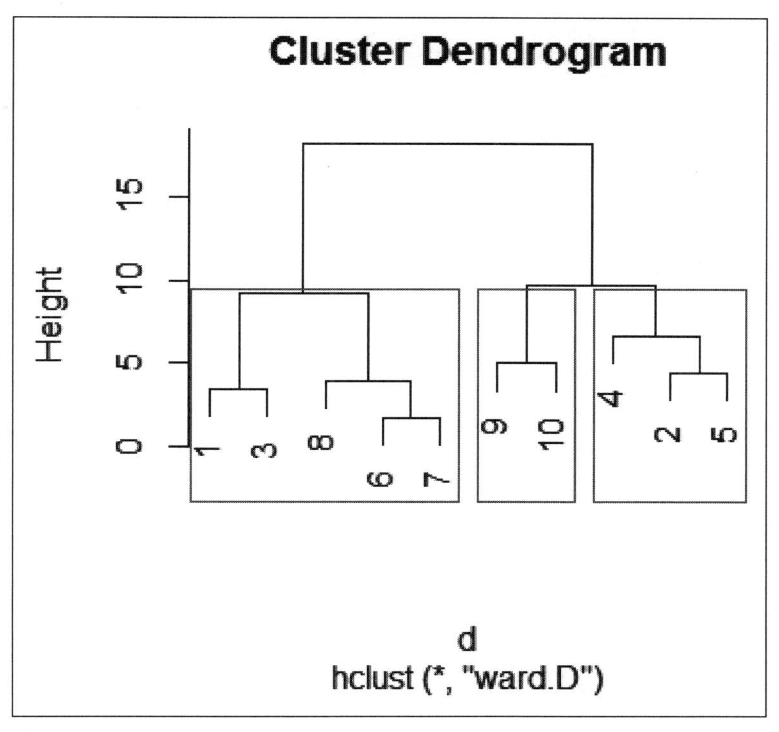

[그림 14-2] 덴드로그램

결과 설명 덴드로그램으로 군집화 상태를 나타낸 것이다. 여기서 수직축은 표본의 크기(Height), 수평축은 고객의 고유번호를 나타낸다. 군집화 과정을 살펴보면 소비자 6과 7이 처음으로 묶이고 다음에는 1과 3이 묶이며, 마지막 단계에서는 소비자 4와 2, 그리고 5가 묶임을 알 수 있다. 만약 이 소비자들을 세 집단으로 나눈다면, (1, 3, 6, 7, 8), (9, 10), (2, 4, 5)가 된다. 그리고 두 집단으로 나눈다면, (1, 3, 6, 7, 8), (2, 4, 5, 9, 10)으로 된다.

3. 군집명칭을 부여하기 위해서 기술통계량을 확인하도록 한다. 이를 위해서는 먼저 psych 프로그램을 설치하도록 한다. 그리고 다음과 같은 명령어를 입력하고 실행하면 기술통계량 결과물을 얻을 수 있다.

```
library(psych)
describe.by(mydata, groups)
```

[그림 14-3] 기술통계량 명령어 [데이터] ch14-2.csv

```
> library(psych)
> describe.by(mydata, groups)
$`1`
   vars n mean   sd median trimmed  mad min max range  skew kurtosis   se
id    1 5  5.0 2.92      6     5.0 2.97   1   8     7 -0.29    -1.98 1.30
x1    2 5  6.2 0.84      6     6.2 1.48   5   7     2 -0.25    -1.82 0.37
x2    3 5  3.2 0.84      3     3.2 1.48   2   4     2 -0.25    -1.82 0.37
x3    4 5  6.4 0.55      6     6.4 0.00   6   7     1  0.29    -2.25 0.24
x4    5 5  3.4 0.55      3     3.4 0.00   3   4     1  0.29    -2.25 0.24
x5    6 5  2.0 1.00      2     2.0 1.48   1   3     2  0.00    -2.20 0.45
x6    7 5  3.6 0.55      4     3.6 0.00   3   4     1 -0.29    -2.25 0.24

$`2`
   vars n mean   sd median trimmed  mad min max range  skew kurtosis   se
id    1 3 3.67 1.53      4    3.67 1.48   2   5     3 -0.21    -2.33 0.88
x1    2 3 2.33 1.53      2    2.33 1.48   1   4     3  0.21    -2.33 0.88
x2    3 3 4.00 1.73      3    4.00 0.00   3   6     3  0.38    -2.33 1.00
x3    4 3 2.33 1.53      2    2.33 1.48   1   4     3  0.21    -2.33 0.88
x4    5 3 3.67 1.53      4    3.67 1.48   2   5     3 -0.21    -2.33 0.88
x5    6 3 4.67 1.53      5    4.67 1.48   3   6     3 -0.21    -2.33 0.88
x6    7 3 5.33 1.15      6    5.33 0.00   4   6     2 -0.38    -2.33 0.67

$`3`
   vars n mean   sd median trimmed  mad min max range skew kurtosis  se
id    1 2  9.5 0.71    9.5     9.5 0.74   9  10     1    0    -2.75 0.5
x1    2 2  2.5 0.71    2.5     2.5 0.74   2   3     1    0    -2.75 0.5
x2    3 2  4.5 0.71    4.5     4.5 0.74   4   5     1    0    -2.75 0.5
x3    4 2  3.0 0.00    3.0     3.0 0.00   3   3     0  NaN      NaN 0.0
x4    5 2  4.5 2.12    4.5     4.5 2.22   3   6     3    0    -2.75 1.5
x5    6 2  5.0 1.41    5.0     5.0 1.48   4   6     2    0    -2.75 1.0
x6    7 2  4.5 2.12    4.5     4.5 2.22   3   6     3    0    -2.75 1.5
```

[그림 14-4] 기술통계량 결과

결과 설명 군집 1(1, 3, 6, 7, 8)은 x1(쇼핑의 흥미), x3(쇼핑을 하면서 외식을 즐김)은 각각 평균 6.20, 6.40으로 높은 편이고, x5(쇼핑에 관심이 없음)은 평균 2.00으로 낮게 평가되고 있다. 그러므로 군집 1은 '쇼핑 애호가군(群)'이라고 명명할 수 있다.

군집 2(9, 10) x5(쇼핑에 관심이 없음)의 평균점수는 4.67, x6(쇼핑시 가격비교를 통해 많은 돈 절약함)은 5.33점으로 높은 편이기 때문에 '경제적 소비자군(群)'으로 명명할 수 있다.

군집 3(2, 4, 5)을 보면, x1(쇼핑의 흥미)와 x3(쇼핑을 하면서 외식을 즐김)은 낮은 평균 점수를 보이고 있고 x5(쇼핑에 관심이 없음)는 높은 점수를 보이고 있어 '냉담한 소비자군(群)'으로 명칭을 붙일 수 있다.

연구자는 인구 통계학적인 변수, 제품 사용수, 매체에 대한 사용 등 다른 변수를 조사하여 생성된 군집과 비교할 수 있다.

계층적인 군집분석

4.1 비계층적인 K-평균 군집분석법

비계층적인 군집화 방법은 앞에서 다룬 계층적인 군집화 방법보다 군집화 속도가 빨라 군집화를 하려는 대상이 다수인 경우 신속하게 처리할 수 있는 방법이다. 비계층적인 군집화의 방법으로 가장 많이 사용되고 있는 방법은 K-평균 군집화 방법이다. K-평균 군집화 방법은 순차적으로 군집화 과정이 반복되므로 순차적인 군집화 방법(Sequential threshold method)이라고도 한다. K-평균 군집화 방법은 변수를 군집화하기보다는 대상이나 응답자를 군집화하는 데 많이 사용된다. 여기서 K의 의미는 미리 정하는 군집의 수로 보면 되겠다.

K-평균 군집화 방법은 계층적인 군집화의 결과를 토대로 미리 군집의 수를 정해야 하며, 군집의 중심(cluster center)을 정하여야 한다. 군집의 중심을 잘 선정하여야 정확한 군집의 결과를 얻을 수 있다.

K-평균 방법에서는 한 번의 군집이 묶일 때마다 각 군집별로 그 군집의 평균을 중심으로 군집 내 대상들 간의 유클리드 거리의 합을 구하는데 이 값을 군집화 과정에서 발생하는 오류라고 할 수 있다. 이 값이 낮을수록 군집화에 따른 오류가 낮은 것이며, 따라서 대상들이 보다 타당성 있게 군집화되었다고 볼 수 있다. K-평균 방법에서는 각 군집화 과정에서 발생하는 오류를 최소하는 방향으로 군집화를 계속하며, 오류가 발생하지 않는 군집화 단계에서 군집화가 종료된다.

4.2 비계층적인 군집화 방법의 종류

(1) 순차적인 군집화 방법

군집의 중심이 선택되고 사전에 지정된 값의 거리 안에 있는 모든 속성들은 동일한 군집으로 분류된다. 한 군집이 형성되고 난 후 새로운 군집의 중심이 결정되면 이 중심을 기준으로 일정 거리 안에 있는 모든 대상이나 속성은 또 다른 군집으로 분류된다. 이러한 과정은 모든 속성이 최종적으로 군집화될 때까지 반복된다. 그래서 이러한 군집화 방법을 순차적 군집화 방법(Sequential threshold method)이라고 한다.

(2) 동시 군집화 방법

사전에 지정된 값 안에 속성이나 응답자가 속하는 경우, 몇 개의 군집이 동시에 결정되는 경우를 말한다. 동시 군집화 방법(Paralled threshold method)은 몇 개의 군집이 곧바로 결정되는 방법으로 연구자는 작은 속성 또는 많은 속성이 군집에 포함되도록 사전에 거리를 조정할 수도 있다.

(3) 최적할당 군집화 방법

최적할당 군집화 방법(Optimizing partitioning method)은 사전에 주어진 군집의 수를 위한 군집 내 평균거리를 계산하는 최적화 기준에 의해 최초의 군집에서 다른 군집으로 재할당될 수 있다는 점에서 앞에서 언급한 순차적 군집화 방법과 동시 군집화 방법과 다르다.

4.3 K-평균 군집분석 실행의 예

앞의 계층적 군집분석 실행에서 적용된 예의 데이터를 가지고 K-평균 군집분석을 실행하기로 한다.

1. 다음과 같이 군집 3개를 만들기 위해서 명령어를 입력한다.

```
#read data
redata=read.csv("D:/data/ch14.csv")
# Prepare Data
mydata <- na.omit(redata) # listwise deletion of missing
# K-Means Clustering with 3clusters
fit <- kmeans(mydata, 3)
# Cluster Plot against 1st 2 principal components
# vary parameters for most readable graph
library(cluster)
clusplot(mydata, fit$cluster, color=TRUE, shade=TRUE,
         labels=2, lines=0)
# Centroid Plot against 1st 2 discriminant functions
library(fpc)
plotcluster(mydata, fit$cluster)
```

[그림 14-5] K-평균 군집분석 명령어 [데이터] ch14-2.csv

R 프로그램은 효율적인 알고리즘을 제공한다. 즉 할당된 중심점에서 관찰치 간의 거리의 제곱합(SS: Sum of Square)을 최소화하게 된다.

$$ss_{(k)}=\sum_{i=1}^{n}\sum_{j=0}^{n}(x_{ij}-\bar{x}_{kj})^2$$

2. 군집별 개체를 확인하기 위해서 그림 도표를 확인할 수 있다.

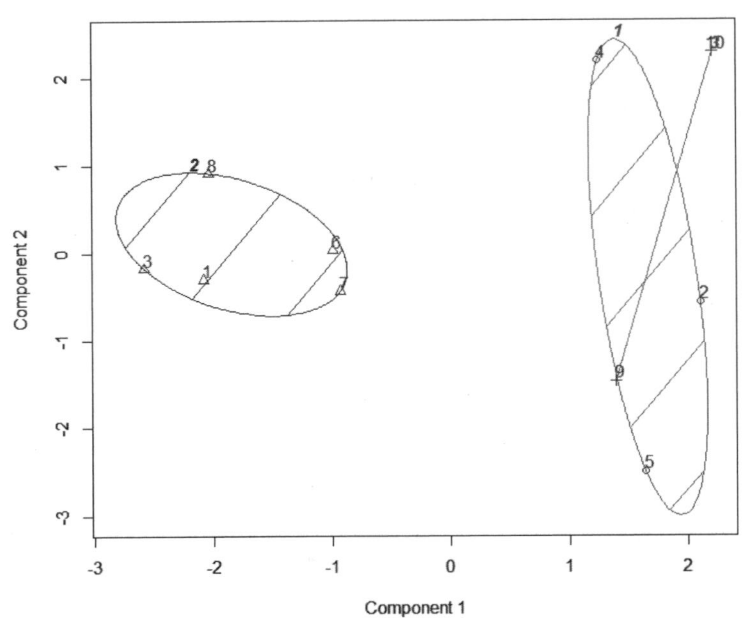

[그림 14-6] 군집도표

결과 설명 이 그림은 단일기준 결합방식을 이용하여 소비자들이 군집화된 것을 보여주고 있다. 1군집은 2, 4, 5번 고객이, 2군집은 1, 3, 6, 7, 8고객이, 3군집은 9,10 고객이 군집을 이루는 것으로 나타났다. 또한 2군집은 1요인과 연관이 깊고 군집 1과 군집 3은 요인 2와 관련이 높임을 알 수 있다.

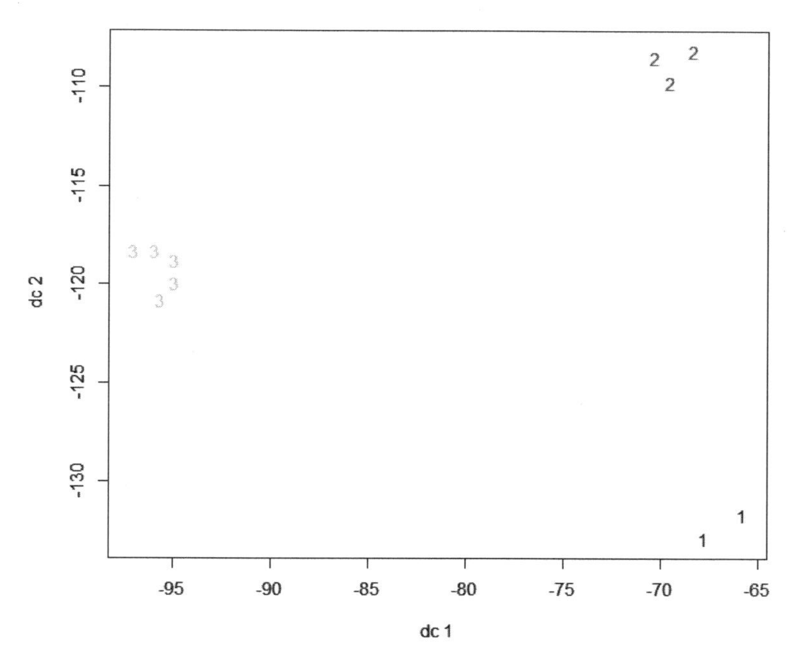

[그림 14-7] 군집과 요인의 관련성 화면

결과 설명 1군집과 2군집은 차원 1(dc1)과, 3군집은 차원 2(dc2)와 관련이 있음을 알 수 있다.

3. 차원별 요인명칭을 확인하기 위해서 요인분석을 실시하기로 하자. 이를 위해서는 다음과 같은 명령어를 작성한다.

```
#factor analysis
#read data
ch14=read.csv("D:/data/ch14.csv")
# Maximum Likelihood Factor Analysis
# entering raw data and extracting 2 factors,
# with varimax rotation
fit <- factanal(ch14, 2, rotation="varimax")
print(fit, digits=2, cutoff=.3, sort=TRUE)
# plot factor 1 by factor 2
load <- fit$loadings[,1:2]
plot(load,type="n") # set up plot
text(load,labels=names(ch14),cex=.7) # add variable names
```

[그림 14-8] 요인분석 명령어 [데이터] ch14-3.R

```
Call:
factanal(x = ch14, factors = 2, rotation = "varimax")

Uniquenesses:
  id   x1   x2   x3   x4   x5   x6
0.91 0.00 0.68 0.09 0.00 0.04 0.32

Loadings:
   Factor1 Factor2
x1  0.98
x3  0.89   -0.34
x5 -0.98
x2          0.55
x4          0.97
x6          0.78
id

               Factor1 Factor2
SS loadings       2.89    2.06
Proportion Var    0.41    0.29
Cumulative Var    0.41    0.71

Test of the hypothesis that 2 factors are sufficient.
The chi square statistic is 9.79 on 8 degrees of freedom.
The p-value is 0.28
```

[그림 14-9] 요인분석 결과

결과 설명 요인분석을 실시한 결과, 요인 1(Factor1)에는 변수 x1, x3, x5가 적재되어 있음을 알 수 있다. 요인 2(Factor2)에는 x2, x4, x6이 적재되어 있음을 알 수 있다. 따라서 1요인은 쇼핑에 관심 있는 변수(x1, x3)는 높은 적재치를 보이고 반면에 쇼핑에 관심이 없음(x5)은 음수를 보이고 있어 '쇼핑흥미 요인'이라고 명명할 수 있다. 요인 2(Factor2)는 x2, x4, x6의 적재치가 0.5 이상으로 높게 적재되어 있어 '경제적 소비관심 요인'이라고 할 수 있다.

5 Medoids 클러스터링

5.1 개념

평균에 근거한 k-평균 클러스터링은 이상치(outlier)에 민감하기 때문에 보다 강력한 해결책은 Partitioning around medoids(PAM)이다. PAM은 기존에 하는 방식인 중심치(변수의 평균벡터)를 사용하여 가장 대표적인 군집을 나타내는 것이 아닌 대표 관찰치(소위 medoid라고 부름)를 중심으로 계산을 한다. K평균이 유클리드 거리를 사용하는 반면에 PAM은 어떤 거리수치에 근거하여 계산된다. PAM 알고리즘은 다음 계산방법에 의해서 계산된다.

[1단계] 초기화 단계로 랜덤화하게 k개의 관찰치(medoid라 부름)를 선택한다.
[2단계] 각 medoid에 모든 관찰치의 거리와 비유사성을 계산한다.
[3단계] 가장 근거리 medoid에 관찰치를 할당한다.
[4단계] 가장 근접한 medoid에 각 관찰치까지의 거리합을 계산한다.
[5단계] medoid가 아닌 점을 선택하고 새로운 medoid로 대체한다.
[6단계] 가장 근거리 medoid에 관찰치를 재할당한다.
[7단계] 총비용을 계산한다.
[8단계] 총비용이 가장 작다면 새로운 점을 medoid로 선택한다.
[9단계] medoid가 변하지 않을 때까지 5~8단계를 반복한다.

5.2 R 프로그램을 이용한 계산

1. clusteR 패키지를 설치한다. 이어 pam 함수를 입력한다. pam의 형식은 pam(x, k, metric="euclidean", stand=FALSE)이다. 여기서, x=데이터 행렬이나 데이터 프레임이다. k=군집수, metric은 거리의 유형, Stand는 변수값이 표준화된 것인지(TRUE) 아닌지(FALSE)를 나타낸다.

```
#read data
redata=read.csv("D:/data/ch14.csv")
library(cluster)
set.seed(1234)
fit.pam<-pam(ch14[-1], k=3, stand=FALSE)
fit.pam$medoids
clusplot(fit.pam,main = "Bivariate Cluster Plot")
ct.pam<-table(ch14$id, fit.pam$clustering)
library(flexclust)
randIndex(ct.pam)
```

[그림 14-10] medoid로부터의 분할 명령어 [데이터] ch14-4.R

2. 위 명령어를 실행하면 다음과 같은 결과물을 얻을 수 있다.

```
> #read data
> redata=read.csv("D:/data/ch14.csv")
> library(cluster)
> set.seed(1234)
> fit.pam<-pam(ch14[-1],k=3,stand=FALSE)
> fit.pam$medoids
     x1 x2 x3 x4 x5 x6
[1,]  6  4  7  3  2  3
[2,]  1  3  2  2  6  4
[3,]  3  5  3  6  4  6
> clusplot(fit.pam,main = "Bivariate Cluster Plot")
> ct.pam<-table(ch14$id, fit.pam$clustering)
> library(flexclust)
> randIndex(ct.pam)
ARI
  0
```

[그림 14-11] 결과물

결과 설명 비표준화된 데이터를 이용하여 군집분석을 실시한 결과, 각 군집별 medoids가 나타나 있다. 수정된 랜드 지수(ARI: Adjusted Rand Index)가 0으로 떨어짐을 확인할 수 있다. 이 경우는 PAM이 K-mean보다 큰 성과를 내지 못함을 나타낸다.

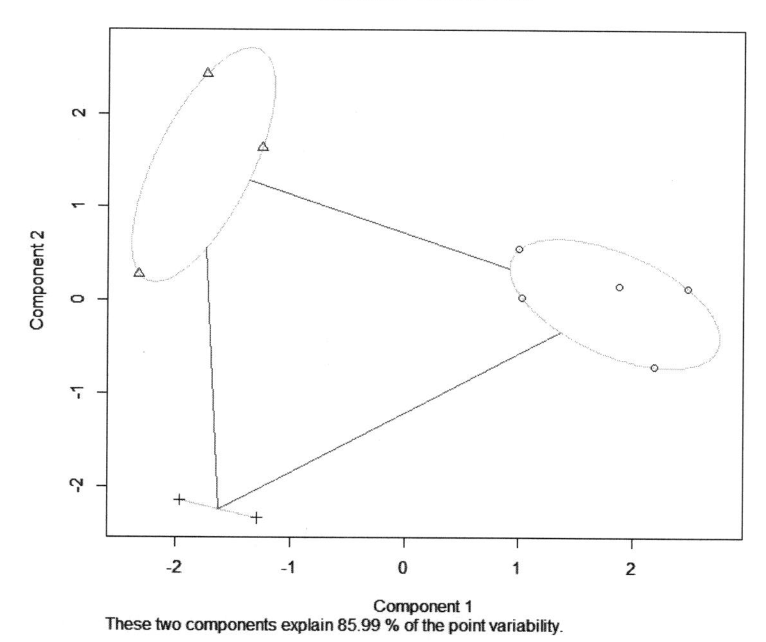

[그림 14-12] 세 군집 PAM 클러스터링

결과 설명 ch14.csv 데이터에 적용된 Partitioning around medoids(PAM)이 나타나 있다.

굿모닝 Bigdata 빅데이터

조직이 온·오프라인 통합 서비스를 제공하려면 모바일, 소셜미디어, 사물인터넷(IOT), 위치기반 정보, 빅데이터 등을 통해 고객의 삶과 연결시켜야 한다.
모든 조직은 고객의 성별, 연령, 소득, 지역, 소비패턴 등의 빅데이터 분석을 통해서 고객 맞춤형 서비스인 사용자 인터페이스(UI : User Interface)와 사용자 경험(UX : User Experience)을 개발하여 제공하는 것이 관건이다.

연습문제

1. 군집분석의 개념을 설명하고 응용 가능한 분야를 말하고 이유를 말하라.

2. 덴드로그램의 개념을 설명하고 덴드로그램이 사용되는 이유를 설명하라.

3. 판별분석, 요인분석, 군집분석의 유사성과 다른점은 무엇인지 서로 토론해 보자.

4. 앞 13장 연습문제에 다른 S커피전문점에 관한 문제를 응용해 보자. S커피전문점은 신제품과 서비스의 개발방향을 살피기 위해서 소비자 10명을 임의로 추출하여 다음과 같은 설문조사를 실시하였다. 설문지는 커피점 이용 시 중요하게 생각하는 다섯 가지의 속성에 대한 내용이 포함되어 있다. 각 속성별로 아주 중요한 경우는 7점, 전혀 중요하지 않은 경우는 1점에 표시하도록 하였다. 10명의 설문결과를 입력하고 주성분 요인분석, 베리맥스 회전방식의 탐색요인분석을 각각 실시하고 비교하여 보자.

설 문 지

[설문 1] S커피전문점 이용 시 중요하게 생각하는 요인에 표시하여 주세요.

	매우 중요하지 않음			보통			매우 중요함
	1	2	3	4	5	6	7
1. 가격에 대한 만족도(x1)							
2. 내부 분위기(x2)							
3. 가격 대비 품질(x3)							
4. 서빙직원 이미지(x4)							
5. 커피맛(x5)							

x1	x2	x3	x4	x5
3	1	4	1	5
4	1	3	2	4
3	2	3	2	4
3	2	2	2	4
4	3	2	3	5
3	4	1	3	6
3	4	1	3	6
2	4	1	4	5
1	5	1	5	1
2	5	2	6	6

[데이터] exch13.csv

15장

데이터마이닝
– 분류분석

학습목표

1. 의사결정나무분석을 통해서 분류분석하는 방법을 알아본다.
2. 랜덤포레스트(random forests)를 통해서 분류분석하는 방법을 알아본다.
3. 서포트 벡터 머신(support vector machine)를 만들어 보자.
4. 분류의 정확성을 평가해 보자.

1 분류분석 기본 설명

데이터 분석가는 예측변수 구성에서 분류 결과를 평가할 경우가 자주 있다. 분류분석의 예는 다음과 같다.

- 주어진 인구학적 변수와 재무 상태를 고려하여 개인이 대출금을 지불할 수 있을지 없을지를 예측하는 경우
- 환자의 증상과 생체 사인을 근거하여 심장마비 증상을 보이는 응급환자가 어떤 상태인지를 결정하는 경우
- 메일의 키워드, 이미지, 하이퍼텍스트, 머리말 정보, 그리고 내용들을 통해서 이메일이 스팸성 메일인지 아닌지를 결정하는 경우

이러한 경우는 이변량 예측변수를 포함한다. 예를 들어 신용도는 0= 불량 신용, 1= 우량 신용으로 표시한다. 심장마비의 경우는 0=심장마비, 1=심장마비가 아님으로 나타낸다. 스팸메일 여부는 0=스팸 메일, 1=스팸 메일이 아님 등으로 표시한다.

분류분석의 목표는 실험집단의 데이터를 통해서 발견한 패턴에 새로운 케이스를 대입하여 새로운 케이스의 경우를 정확하게 분류해 내는 데 있다. 분류분석으로 자주 이용되는 것이 관리지도학습(supervised machine learning)이다. 관리지도학습에는 로지스틱 회귀분석, 의사결정나무(decision tree), 랜덤포레스트(random forests), 서포트 벡터 머신(support vector machine), 그리고 신경망(neural network) 등이 있다.

관찰지도학습 출발은 예측 변수들과 성과를 위한 값을 포함하는 관찰군으로부터 시작한다. 데이터셋은 훈련표본(training sample)과 검정표본(validation sample)으로 구분된다. 예측모델(prediction model)은 훈련표본에서 데이터 분석을 통해서 얻어진다. 이어 예측모델에 검정표본을 적용하여 예측모델의 정확성을 검정한다. 훈련표본과 검정표본은 예측의 정확성을 최대화하기 위해 필요하다.

의사결정나무를 시각화하기 위해서 분석자는 rpart, rpart.plot과 party 패키지가 필요하다. randomForest 패키지는 랜덤포레스트를 적합시키기 위해 사용한다. 그리고 e1071 패키지는 서포트 벡터 머신(support vector machine)을 구축하기 위해서 이용된다. 앞에서 다룬 로지스틱 회귀분석은 R 프로그램 기본 설치에 포함되며 glm() 함수를 사용한다. 이번 장을 시작하기에 앞서 다음과 같이 필요 패키지를 설치하도록 하자.

```
pkgs<-c("rpart","rpart.plot","party","randomForest","e1071")
install.packages(pkgs,depend=TRUE)
```

[그림 15-1] 분류분석 필요 프로그램 설치 명령어

1.1 데이터 준비

이번 장에서 사용되는 주요 예제는 위스콘신 유방암 센터의 원천 데이터가 유씨아이 머신러닝 리포지터리(UCI Machine Learning Repository)에 저장된 것을 이용하기로 한다. 여기서의 기본 목표는 세침흡인세포검사(fine-needle aspiration cytology)로부터 유방암 환자의 특성을 파악하는 예측모델을 개발하는 데 있다.

위스콘신 유방암 센터 데이터셋은 UCI 머신 학습 서버에 콤마로 구분된 텍스트 파일로 이용가능하다(htt://archive.ics.uci.edu/ml). 데이터는 699명의 세침흡인세포 검사자료이다. 이 중 458명(65.5%)은 양성이고 241명(34.5%)은 악성이다. 데이터셋은 총 11개 변수로 파일에 변수명은 표시되어 있지 않다. 16명의 표본은 무응답치가 있고 이 데이터는 물음표(?)로 표시되어 있다.

변수명은 다음과 같다.

- ID
- Clump thickness
- Uniformity of cell size
- Uniformity of cell shape
- Maginal adhesion
- Single epithelial cell size
- Bare nuclei
- Bland chromatin
- Normal nucleoli
- Mitoses
- Class

첫 번째 변수는 ID이다. 이를 생략할 수도 있다. 그리고 마지막 변수인 class는 성과(2=양성, 4=악성)를 포함하고 있다.

각 표본에서 아홉 가지 세포특성은 악성과 상관관계가 있다. 이 변수들은 1점(양성에 가까움), 10점(악성)으로 코딩되었다. 단일 예측변수로 양성과 악성 표본을 판별하는 것은 아니다. 여기서 주된 도전 사항은 아홉 개의 변수 조합을 통해서 악성을 정확하게 분류하는 것이다. 데이터에서 70%는 훈련표본이고 30%는 검정표본이다. 유방암 데이터 준비를 위한 명령어는 다음과 같다.

```
loc<-"http://archive.ics.uci.edu/ml/machine-learning-databases/"
ds<-"breast-cancer-wisconsin/breast-cancer-wisconsin.data"
url<-paste(loc, ds, sep="")
breast<-read.table(url, sep=",", header=FALSE, na.strings = "?")
names(breast)<-c("ID", "ClumpTHickness","sizeUniformity",
                 "shapeUniformity","maginalAdhesion",
                 "SingleEpithelialCellsize","bareNuclei",
                 "BlandChromatin","normalNucleoli","mitosis","class")
df<-breast[-1]
df$class<-factor(df$class, levels=c(2,4),
                 labels=c("benign", "malignant"))
set.seed(1234)
train<-sample(nrow(df), 0.7*nrow(df))
df.train<-df[train,]
df.validate<-df[-train,]
table(df.train$class)
table(df.validate$class)
```

[그림 15-2] 유방암 데이터 준비 명령어 [데이터] ch15-1.R

이 명령어를 실행하면 다음과 같은 결과를 얻을 수 있다.

```
> table(df.train$class)

   benign malignant
      329       160
> table(df.validate$class)

   benign malignant
      129        81
```

[그림 15-3] 표본 내용

결과 설명 훈련표본은 489개체(329개체는 양성, 160개체는 악성)이다. 검정표본은 210 케이스(129는 양성, 81은 악성)이다. 훈련표본은 분류분석 방법에 의해서 분류전략을 마련한다. 검정표본은 분류 전략의 효과성을 평가하는 데 사용한다.

1.2 로지스틱 회귀분석

로지스틱 회귀분석은 양적인 독립변수들과 이변량 종속변수 간의 예측을 위한 일반 선형 모델 유형이다. 본 예제는 아홉 개 변수로 유방암 유형(class)을 예측하는 것이다. 이에 대한 명령어와 실행 결과는 다음과 같다.

```
#Logistic regression with glm()
fit.logit<-glm(class~.,data=df.train,family = binomial())



summary(fit.logit)
prob<-predict(fit.logit, df.validate,type="response")
logit.pred<-factor(prob >.5, levels=c(FALSE, TRUE),
                   labels=c("benign", "malignant"))
logit.pref<-table(df.validate$class,logit.pred,
                  dnn=c("Actual","Predicted"))
logit.pref
logit.fit.reduced<-step(fit.logit)
```

[그림 15-4] 로지스틱 회귀분석 명령어 [데이터] ch15-2.R

```
> #Logistic regression with glm()
> fit.logit<-glm(class~.,data=df.train,family = binomial())#1Fits the logistic
regression
> summary (fit.logit)#2 Examine the model
Call:
glm(formula = class ~ ., family = binomial(), data = df.train)
Deviance Residuals:
     Min        1Q    Median        3Q       Max
-2.75813  -0.10602  -0.05679   0.01237   2.64317
Coefficients:
                          Estimate Std. Error z value Pr(>|z|)
(Intercept)              -10.42758    1.47602  -7.065 1.61e-12 ***
ClumpTHickness             0.52434    0.15950   3.287  0.00101 **
sizeUniformity            -0.04805    0.25706  -0.187  0.85171
shapeUniformity            0.42309    0.26775   1.580  0.11407
maginalAdhesion            0.29245    0.14690   1.991  0.04650 *
```

```
SingleEpithelialCellsize   0.11053    0.17980   0.615  0.53871
bareNuclei                 0.33570    0.10715   3.133  0.00173 **
BlandChromatin             0.42353    0.20673   2.049  0.04049 *
normalNucleoli             0.28888    0.13995   2.064  0.03900 *
mitosis                    0.69057    0.39829   1.734  0.08295 .
---
Signif. codes:  0 '***' 0.001 '**' 0.01 '*' 0.05 '.' 0.1 ' ' 1
(Dispersion parameter for binomial family taken to be 1)
    Null deviance: 612.063  on 482  degrees of freedom
Residual deviance:  71.346  on 473  degrees of freedom
  (6 observations deleted due to missingness)
AIC: 91.346
Number of Fisher Scoring iterations: 8
> prob<-predict(fit.logit, df.validate,type="response")
> logit.pred<-factor(prob >.5, levels=c(FALSE, TRUE),
+                     labels=c("benign", "malignant"))#3Classifies new cases
> logit.pref<-table(df.validate$class,logit.pred,
+                    dnn=c("Actual","Predicted"))#4 Evaluates the predictive
accuracy
> logit.pref
           Predicted
Actual      benign malignant
  benign       118         2
  malignant      4        76
```

[그림 15-5] 로지스틱 회귀분석 결과

결과 설명 분석 결과 118 표본은 양성으로 76 표본은 악성으로 분류되었다. 이는 (118+76)/200 =97%의 적중률을 보이고 있다.

예측변수가 많을 경우, 단계별 로지스틱 회귀분석(step wise logistic regression)을 사용하여 유의한 변수만을 나타내는 로지스틱 회귀식을 추출할 수 있다. AIC값이 낮은 모델이 선택되기 위해서 예측변수들이 추가되거나 제거될 수도 있다. 이에 대한 명령어는 다음과 같다.

```
logit.fit.reduced<-step(fit.logit)
```

[그림 15-6] 단계별 로지스틱 회귀분석 [데이터] ch15-3.R

이를 실행하면 다음과 같은 결과를 얻을 수 있다.

```
Start:  AIC=91.35
class ~ ClumpTHickness + sizeUniformity + shapeUniformity + maginalAdhesion +
    SingleEpithelialCellsize + bareNuclei + BlandChromatin +
    normalNucleoli + mitosis
                           Df Deviance     AIC
- sizeUniformity            1   71.380   89.380
- SingleEpithelialCellsize  1   71.720   89.720
<none>                          71.346   91.346
- shapeUniformity           1   73.713   91.713
- mitosis                   1   74.578   92.578
- maginalAdhesion           1   75.289   93.289
- BlandChromatin            1   75.860   93.860
- normalNucleoli            1   76.066   94.066
- bareNuclei                1   82.485  100.485
- ClumpTHickness            1   84.701  102.701

Step:  AIC=89.38
class ~ ClumpTHickness + shapeUniformity + maginalAdhesion +
    SingleEpithelialCellsize + bareNuclei + BlandChromatin +
    normalNucleoli + mitosis
                           Df Deviance     AIC
- SingleEpithelialCellsize  1   71.727   87.727
<none>                          71.380   89.380
- mitosis                   1   74.588   90.588
- shapeUniformity           1   75.086   91.086
- maginalAdhesion           1   75.308   91.308
- BlandChromatin            1   75.863   91.863
- normalNucleoli            1   76.166   92.166
- bareNuclei                1   82.511   98.511
- ClumpTHickness            1   85.112  101.112

Step:  AIC=87.73
class ~ ClumpTHickness + shapeUniformity + maginalAdhesion +
    bareNuclei + BlandChromatin + normalNucleoli + mitosis
                  Df Deviance    AIC
<none>                 71.727  87.727
- mitosis          1   74.912  88.912
- shapeUniformity  1   76.248  90.248
- BlandChromatin   1   76.712  90.712
- maginalAdhesion  1   76.778  90.778
- normalNucleoli   1   77.183  91.183
- bareNuclei       1   82.967  96.967
- ClumpTHickness   1   85.316  99.316
```

[그림 15-7] 간명모델 결과

결과 설명 AIC값이 높은 로지스틱 회귀모형에서부터 AIC값이 낮은 로지스틱 회귀모형이 제시되어 있다. 설명력이 우수하고 모형이 간단한 정도를 나타내는 간명모델(parsimonious model)의 결과가 나타나 있다. 일반적으로 아카이정보지수(AIC: Akaike information criterion)는 주어진 데이터를 설명하는 통계모델의 상대적 품질을 나타내는 수치로, 낮은 값을 보일수록 설명력도 우수하고 간단한 모형임을 나타낸다. 결과에서 두 개의 변수(sizeUniformity, SingleEpithelialCellsize)를 제거한 모델이 설명력도 우수하고 간명성도 높은 모델임을 알 수 있다. 이 간명모델은 검정데이터에서 성과를 예측하는 데 사용될 수 있고 이 간명모델(축소된 모델)이 오차를 적게 발생시킬 수 있다.

1.3 의사결정나무

의사결정자는 불확실한 상황에서 끊임없이 신속하고 정확한 의사결정을 내려야 한다. 고객과 관련한 수많은 행동결과 자료를 이용하여 자료 간의 관련성, 유사성 등을 고려해서 고객을 분류하고 예측할 필요가 있다. 또한 고객이 우량고객인지 불량고객인지를 분류하여 이들 고객군마다 상이한 전략을 구사할 수 있다. 최근에는 고객 관련 자료를 분류하고 예측하는 것을 넘어 고객과의 관계를 강화하는 것이 업계의 흐름이다. 고객과의 관계를 강화하여 고객에게는 만족을 제공하고, 그 결과 고객충성도를 유도하여 기업은 수익을 창출하는 경영방법이 소위 고객관계경영(CRM: Customer Relationship Management)이다. 의사결정나무분석(decision tree analysis)은 자료를 탐색하여 분류·예측하고, 이를 모형화하여 고객과의 관계를 강화하기 위한 방법이다. 의사결정나무의 한계점으로 많은 수준과 무응답 값이 많이 가지고 있는 독립변수를 선택할 경우, 왜곡이 발생할 수 있다는 점이다.

고객과의 관계의사결정나무는 말 그대로 나무를 거꾸로 세워 놓은 구조라고 생각하면 된다. 즉 뿌리(root)가 상단에 위치하고, 하단에는 나뭇가지(branch)와 잎(leaf)이 연결되어 있다. 의사결정나무에서 상단에 놓인 뿌리를 뿌리마디(root node) 또는 부모마디(parent node)라고 하고, 뿌리마디와 끝마디(terminal node) 사이를 중간마디(internal node)라고 부른다. 의사결정나무에서는 이를 자식마디(child node)라고 부르며, 마디와 마디는 가지(branch)로 연결되어 있다. 의사결정나무와 관련된 명칭은 다음 그림으로 나타낼 수 있다.

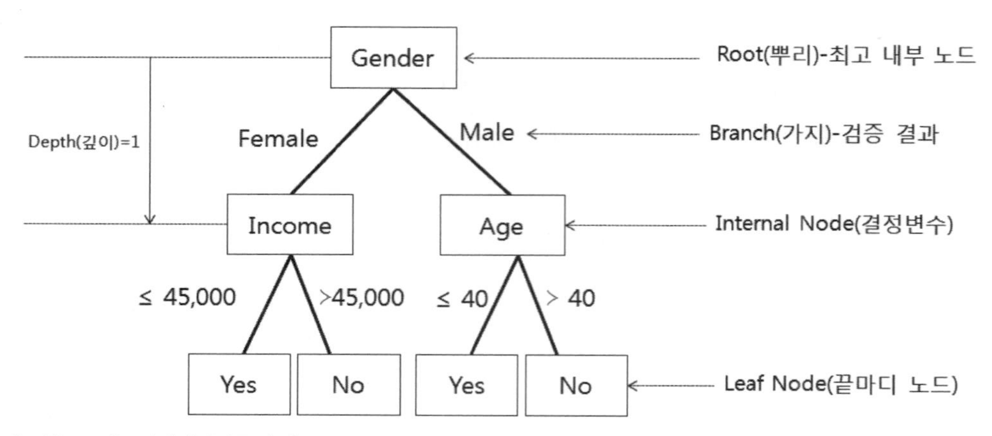

[그림 15-8] 의사결정나무의 예

의사결정나무(decision tree)는 데이터마이닝에서 가장 인기 있는 분석도구이다. 의사결정나무는 다양한 상황에서 적용될 수 있다. 의사결정나무는 예측변수로 이변량 분할의 나무를 만드는 데 주목적이 있다. 여기서는 고전적인 의사결정나무(classical decision tree)와 조건적인 추론 나무(conditional inference trees)에 대하여 알아본다.

1) 고전적인 의사결정나무

고전적인 의사결정나무의 구축 절차는 이변량 결과변수(이 경우 양성, 악성)와 세포 관련 9개의 예측변수로 시작한다.

[1단계] 예측변수를 선택하여 분류의 순도를 높이기 위해서 두 개 집단으로 나눈다. 만약 예측변수가 연속형이라면 순도를 극대화하기 위해서 차단점을 이용하여 2개 그룹으로 나눈다.

[2단계] 데이터를 두 개 그룹으로 나눈다. 그리고 각 하위 그룹에 대하여 이런 프로세스를 지속한다.

[3단계] 관찰치의 최소 수보다 작은 하위그룹이 생성되도록 [1단계]와 [2단계]를 지속한다. 마지막 군에서 하위그룹을 완결노드(terminal node)라고 부른다. 각 완결노드는 성과변수의 한 부류로 분류되거나 노드에서 샘플의 성과의 가장 빈번한 값에 근거하여 분류한다.

[4단계] 케이스(개체)를 분류하기 위해서 완결노드에까지 나무구조를 구축한다. [3단계]에 할당된 성과값을 배정한다.

불행스럽게도 이런 프로세스는 과적합(overfitting)으로 나무가 너무 커져 고생할 수 있다. 결과적으로 신규 케이스는 잘 분리되지 않을 수 있다. 이를 보완하기 위해서 당신은 교차타당성 예측을 10배 이상 낮추는 곳에서 나무를 전지할 수 있다. 이 전지된 나무는 미래 예측을 위해서 사용된다.

R에서 의사결정나무는 크기를 통제할 수 있다. rpart 패키지에서 rpart( )와 prune() 함수를 사용하여 전지할 수 있다. 다음 리스트는 양성과 악성의 세포 데이터로 의사결정나무분석을 실시한 것이다.

앞의 예제를 가지고 rpart() 프로그램 이용 의사결정나무분석을 실시해 보자. 이에 대한 명령어는 다음과 같다.

```
library(rpart)
set.seed(1234)
dtree<-rpart(class~.,data=df.train,method="class",
             parms=list(split="information"))#grow the tree

dtree$cptable
plotcp(dtree)
dtree.pruned<-prune(dtree,cp=.0125)#prune the tree#prune the tree

library(rpart.plot)
prp(dtree.pruned, type=2, extra=104,
    fallen.leaves = TRUE, main="Decision Tree")
dtree.pred<-predict(dtree.pruned, df.validate,type="class")#classfies new case
dtree.perf<-table(df.validate$class, dtree.pred,
                  dnn=c("Actual", "Predicted"))
dtree.perf
```

[그림 15-9] rpart( ) 프로그램 이용 의사결정나무분석 명령문 [데이터] ch15-4.R

```
> dtree$cptable
        CP nsplit rel error  xerror       xstd
1 0.800000      0   1.00000 1.00000 0.06484605
2 0.046875      1   0.20000 0.30625 0.04150018
3 0.012500      3   0.10625 0.20625 0.03467089
4 0.010000      4   0.09375 0.18125 0.03264401
```

[그림 15-10] 요약 정보

결과 설명 복잡성 모수(cp: complexity parameter)는 의사결정나무의 크기를 통제하는 데 사용되고 최적의 나무크기를 결정하는 데 사용한다. 현재 노드로부터 의사결정나무에 또다른 변수를 추가했을 경우 비용발생이 cp 이상이면 의사결정나무를 구축 진행을 할 수 없다. 일반적으로 xerror가 가장 낮은 split 개수(nsplit)를 선택하면 된다. 여기서는 xerror가 0.18125로 가장 낮은 4단계의 가지 절단의 개수는 4인 곳에서 의사결정나무분석이 멈추게 된다.

```
> dtree.perf
           Predicted
Actual      benign  malignant
  benign       122          7
  malignant      2         79
```

[그림 15-11] 예측

결과 설명 예측결과 122표본은 양성으로 79표본은 악성으로 분류되었다. 이는 (122+79)/200 =95.7%의 적중률을 보이고 있다.

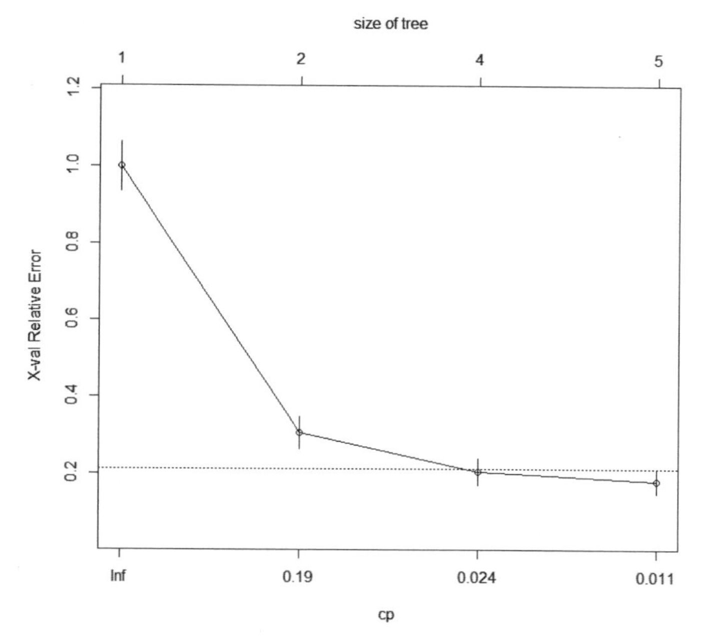

결과 설명

가장 낮은 error를 보이는 4개에서 분절하면 된다.

[그림 15-12] CP와 교차 확증 오차 그래프

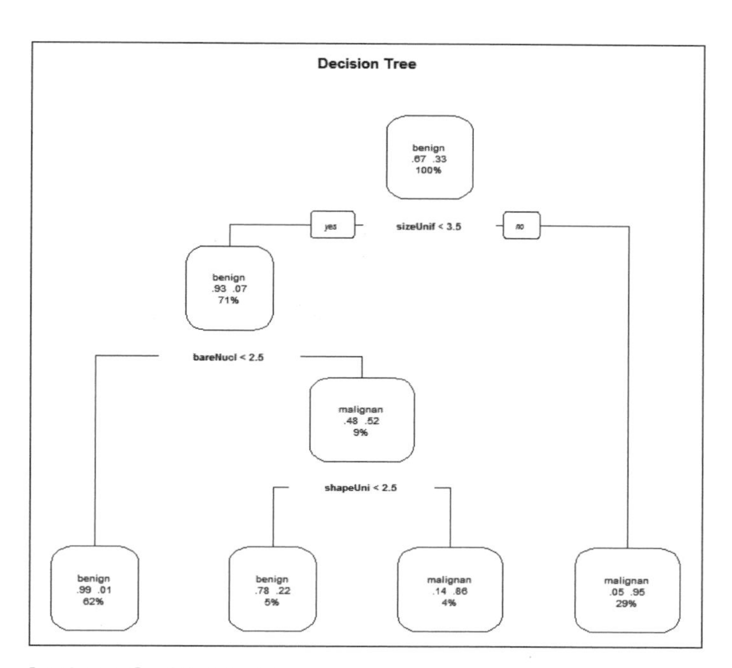

[그림 15-13] 의사결정나무

결과 설명 암 상태 예측을 위한 최종 의사결정 나무 구조가 그림으로 표현되어 있다. 최상

단의 뿌리에서 시작하여 세포의 크기가 3.5 미만인 경우(Yes) 왼쪽 하단으로 이동한다. 마지막 노드에 도달하면 분류가 이루어지고 각 노드는 표본의 비율과 함께 분류 확률을 포함한다.

2) 조건적 추론 나무

조건적 추론 나무(conditional inference tree)는 전통적인 의사결정나무 구조와 유사하다. 조건적 추론 나무는 순도와 유사성 수치보다는 유의성 검정(significance test)에 근거하여 선택된다. 유의성 검정은 permutation test는 랜덤화(randomization) 또는 재-랜덤화 검정(re-randomization tests)이라고 부른다. 이 경우는 데이터가 알려져 있지 않은 분포에서 표본추출된 경우나 표본의 크기가 작은 경우 이상치(outliers)가 발생한 경우에 유용하다. permutation test는 알려져 있지 않은 표본에서 표본의 근사치를 구하여 permutation 분포의 구체적인 수의 집합을 만들고 이 통계량의 확률을 비교하는 것이다. 알고리즘은 다음의 절차에 의해서 운영된다.

① 독립변수와 결과변수 관계를 위한 p값을 계산한다.
② 가장 낮은 p값을 보이는 독립변수를 선택한다.
③ 독립변수와 종속변수에 의해 permutation test를 통해 이지분리(binary split)를 선택하고 가장 중요한 분리를 선택한다.
④ 데이터를 두 개 집단으로 분리하고 각 하위 집단 분류를 지속한다.
⑤ 더 이상 유의하지 않거나 최소 노드수에 도달할 때까지 분리를 계속한다.

조건적 추론 나무는 party 패키지 내에서 ctree() 함수에 의해서 제공된다. 다음 명령어는 유방암 데이터를 이용한 조건적 추론 나무 분석을 위한 명령어이다.

```
loc<-"http://archive.ics.uci.edu/ml/machine-learning-databases/"
ds<-"breast-cancer-wisconsin/breast-cancer-wisconsin.data"
url<-paste(loc, ds, sep="")
breast<-read.table(url, sep=",", header=FALSE, na.strings = "?")
names(breast)<-c("ID", "ClumpTHickness","sizeUniformity",
                 "shapeUniformity","maginalAdhesion",
                 "SingleEpithelialCellsize","bareNuclei",
                 "BlandChromatin","normalNucleoli","mitosis","class")
df<-breast[-1]
df$class<-factor(df$class, levels=c(2,4),
                 labels=c("benign", "malignant"))
set.seed(1234)
train<-sample(nrow(df), 0.7*nrow(df))
df.train<-df[train,]
df.validate<-df[-train,]
table(df.train$class)
table(df.validate$class)


#Creating a conditional inference tree with ctree()
library(party)
fit.ctree<-ctree(class~.,data=df.train)
plot(fit.ctree, main="Conditional Inference Trees")
ctree.pred<-predict(fit.ctree,df.validate,type="response")
ctree.perf<-table(df.validate$class,ctree.pred,
                  dnn=c("Actual", "Predicted"))
ctree.perf
```

[그림 15-14] 조건적 추론 나무 분석을 위한 명령어 [데이터] ch15-5.R

위 명령어를 실행하면 다음과 같은 결과를 얻을 수 있다.

```
            Predicted
Actual       benign  malignant
  benign        122          7
  malignant       3         78
```

[그림 15-15] 예측결과

결과 설명 예측결과 122 표본은 양성으로 78 표본은 악성으로 분류되었다. 이는 (122+78)/200

= 95.2%의 적중률을 보이고 있다.

조건적 추론 나무(conditional inference tree)는 전지(pruning)를 필요로 하지 않는다. 조건적 추론 나무는 자동적으로 이루어진다. 추가적으로 party 패키지는 매력적인 그림 그리기가 포함되어 있다. 조건적 추론 나무 그림은 다음에 나타나 있다.

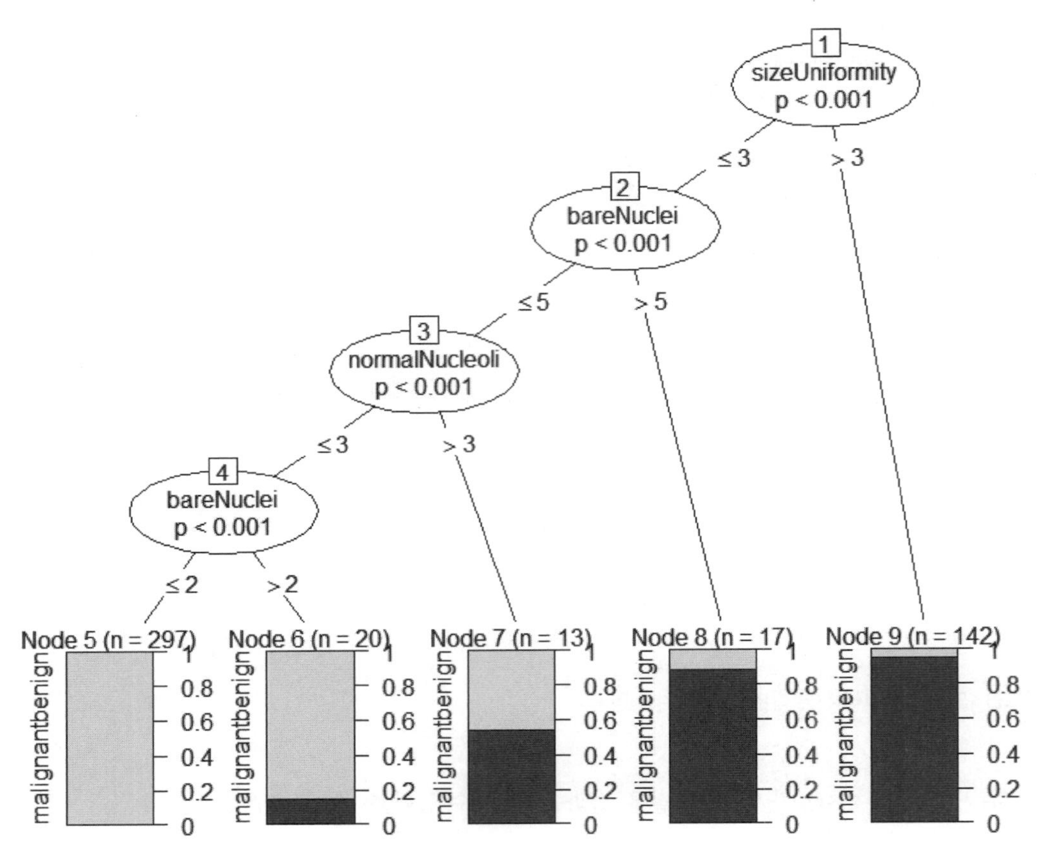

[그림 15-16] 조건적 추론 나무

결과 설명 암 상태 예측을 위한 최종 의사결정나무 구조가 그림으로 표현되어 있다. 최상단의 뿌리에서 시작하여 세포의 크기(sizeUniformity)가 3 미만인 경우(Yes) 왼쪽 하단으로 이동한다. 마지막 노드에 도달하면 분류가 이루어지고 각 노드는 표본의 비율과 함께 분류 확률을 포함한다.

2 rattle 패키지를 사용한 데이터마이닝

2.1 기본 설명

Rattle(R Analytic Tool to Learn Easily)는 R에서 데이터마이닝을 위한 GUI(graphic user interface)를 제공한다. 이것은 수많은 R 함수에 포인트와 클릭을 제공하고 비지도 데이터 모델(unsupervised data model)과 지도데이터 모델(supervised data model)을 제공한다. Rattle는 데이터를 변환하고 점수화하는 능력을 지원한다. Rattle는 평가모델을 위한 다양한 데이터 시각화 도구를 제공한다.

Rattle 패키지를 사용하기 위해서 install.packages("rattle") 이용하여 Rattle 패키지를 설치한다. Rattle를 설치하고 나서, Rattle 인터페이스를 이용하기 위해서 다음과 같은 명령어를 입력한다. 그러면 다음과 같은 rattle 화면을 얻을 수 있다.

```
library(rattle)
rattle()
```

[그림 15-17] Rattle 불러오기 명령어 [데이터] ch15-6.R

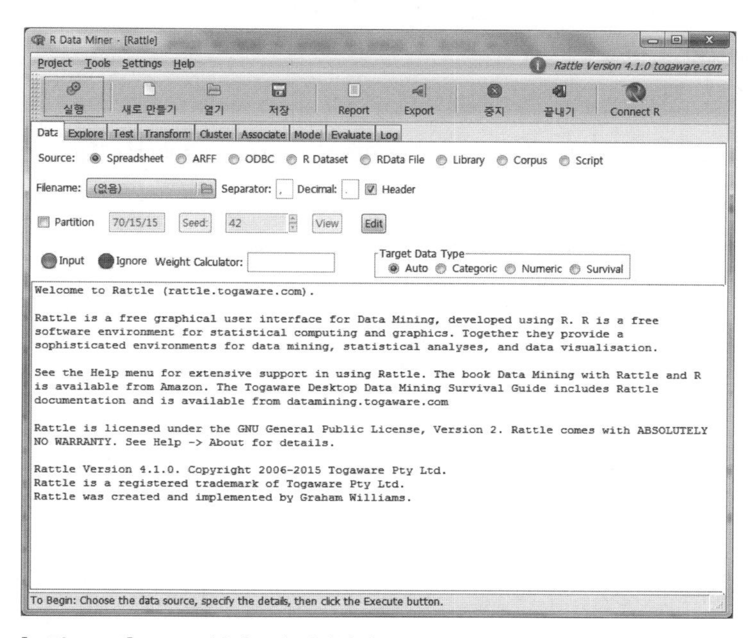

[그림 15-18] Rattle 불러오기 결과화면

2.2 실행

분석자는 Rattle를 사용하여 당뇨 예측을 위한 조건적 추론 나무를 개발해 보도록 하자. 데이터는 UCI 기계 학습 리포지터리(Machine Learning Repository)로부터 불러오기로 한다. 이 데이터는 당초 국립 당뇨, 소화, 간 질병센터에서 조사된 것으로 Pima Indians Diabetes 데이터로 저장되어 있는 것이다. 당뇨병 데이터는 768명의 기록을 포함하고 있다. 변수명은 다음과 같다.

- Number of times pregnant
- Plasma glucose concentration at 2 hours in oral glucose tolerance test
- Distolic blood pressure(mm Hg)
- Triceps skin fold thickness(mm)
- 2–hour serum insulin(mu U/ml)
- Body mass index(weight in kg/(height in m)^2
- Diabets pedigree function
- Age(years)
- Class varibles(0=non–diabetic or 1=diabetic)

이 표본의 34%가 당뇨병으로 판명되었다. Rattle에서 이 데이터에 접근하기 위해서 다음과 같은 명령문 코드를 작성해야 한다.

```
diabetes$class<-factor(diabetes$class,levels=c(0,1),labels=c("normal","diabetic"))
library(rattle)
rattle
loc<-"http://archive.ics.uci.edu/ml/machine-learning-databases/"
ds<-"pima-indians-diabetes/pima-indians-diabetes.data"
url<-paste(loc, ds, sep="")
diabetes<-read.table(url, sep=",", header=FALSE)
names(diabetes)<-c("npregant", "plasma","bp", "tricpes",
"insulin","bmi", "pedigree","age",
"class")
diabetes$class<-factor(diabetes$class,levels=c(0,1),labels=c("normal","diabetic"))
library(rattle)
rattle()
```

[그림 15-19] Rattle에서 데이터 불러오기 명령어　　[데이터] ch15-7.R

이 명령어를 작성하고 실행하면 다음과 같은 화면을 얻을 수 있다. 이것은 UCI 리포지터리로부터 데이터를 다운하고 변수명을 부여하고 결과변수에 레이블을 부착하고 Rattle를 불러오는 것이다.

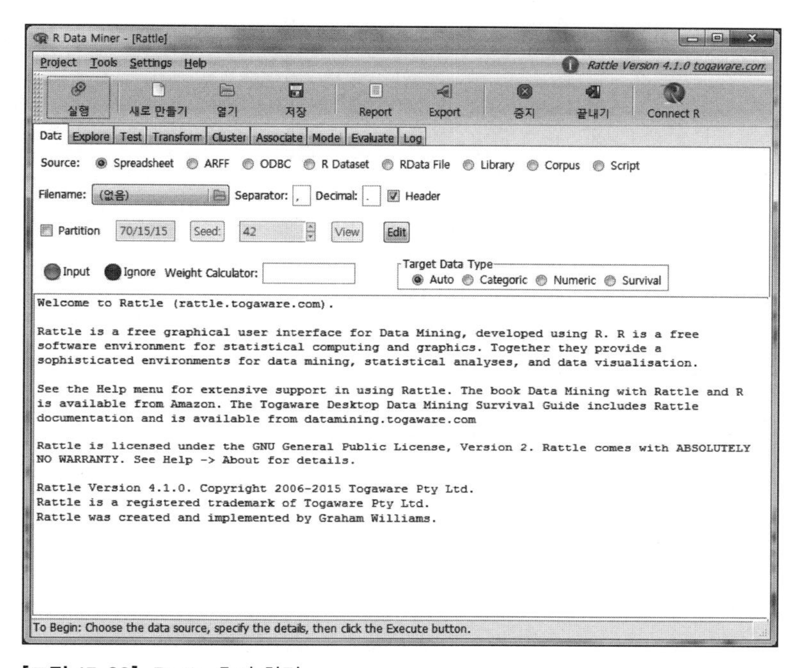

[그림 15-20] Rattle 초기 화면

1. 당뇨병 데이터셋에 접근하기 위해서 R Dataset 라디오 버튼을 누른다.

2. 드롭다운 단추를 이용하여 Diabetes 데이터를 선택한다.

3. 왼쪽 상단 코너에서 실행(Execute)을 누른다. 그러면 다음과 같은 그림을 얻을 수 있다.

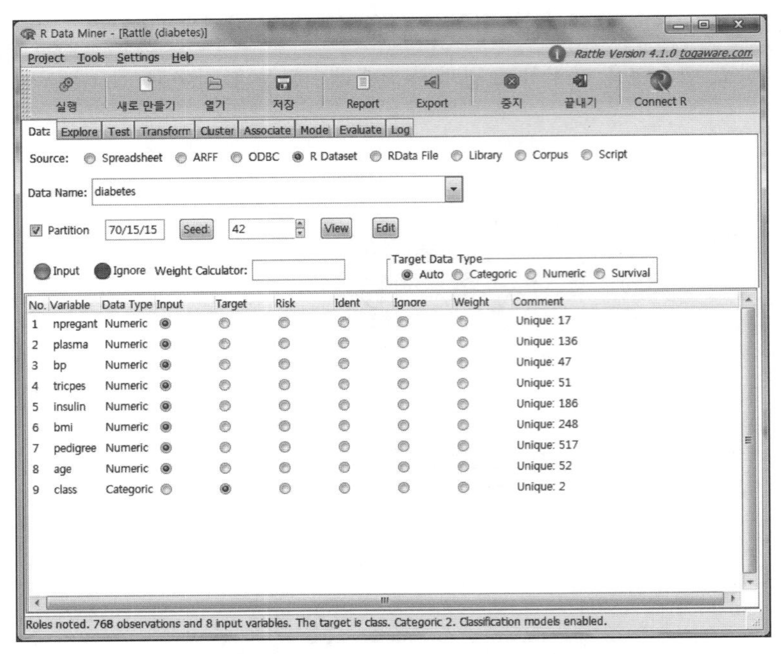

[그림 15-21] 각 변수를 구체화하기 위한 데이터 탭 선택화면

결과 설명 변수 9개 중 8개는 입력(예측)변수이고 나머지 변수 class는 목표(또는 예측된) 성과변수이다.

4. 분석자는 훈련표본(training sample)과 검정표본(validation sample), 그리고 테스팅 표본(testing sample)을 구체화할 수 있다. Rattle는 초기값으로 70/15/15로 분할하고 여기서 시드 배정은 42이다.

5. 분석자는 데이터를 훈련표본과 검정표본으로 분리하도록 한다. 여기서 테스팅 표본은 건너뛰기로 한다. 그러므로 Partition test 박스에서 70/30/0를, Seed text박스에서는1234를 입력하고 다시 왼쪽상단 코너에서 다시 실행(Execute)를 누른다.

6. 예측모델(prediction model)을 적합시켜 보도록 한다. 조건적 추론 나무를 생성하기 위해서, [model] 탭을 선택한다.

7. Tree 라디오 버튼이 선택되어 있는지 확인한다. 알고리즘(Algorithm)을 선택하기 위해서

조건적(Conditional) 라디오 버튼을 선택한다. party 패키지에서 ctree() 함수를 사용한 모델을 구축하기 위해서 실행(Execute) 단추를 누른다. 그러면 다음과 같은 결과화면을 얻을 수 있다.

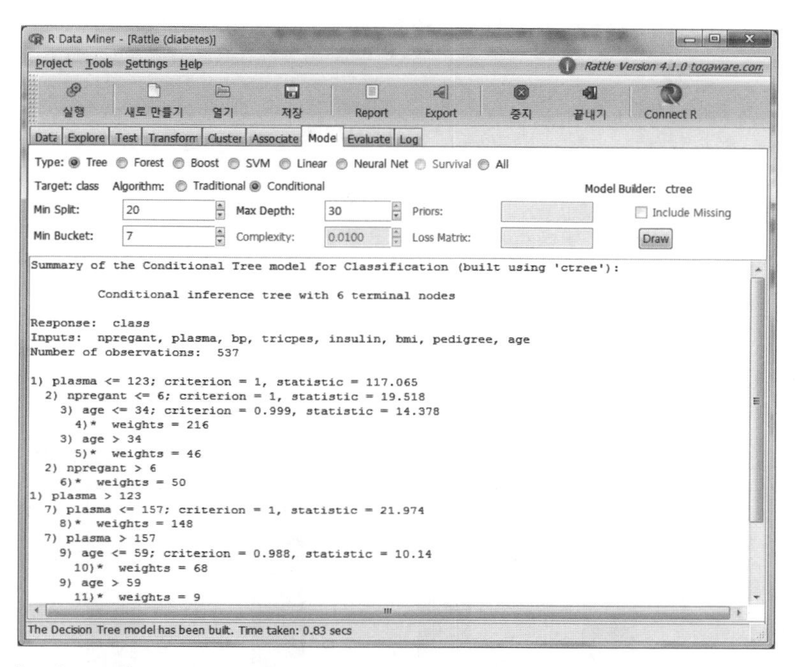

[그림 15-22] 조건적 추론 나무 모델 탭

결과 설명 각 변수별 분리값이 나와 있고 통계적인 유의도로 표시되어 있다. 임신 횟수가 적고 나이가 34세 이하인 경우가 당뇨가 덜 발생하는 것으로 나타났다. 플라즈마(혈액 속의 유형성분인 적혈구, 백혈구, 혈소판 등을 제외한 액체 성분으로 담황색을 띠는 중성액체를 말함)가 157이상이고 나이가 59 이하인 경우가 당뇨일 가능성이 매우 높음을 알 수 있다.

8. 매력적인 그래프를 그리기 위해서 Draw 단추를 클릭하도록 한다(힌트: 매력적인 그래프를 얻기 위해서 Draw 단추를 누르기 전 Settings 모듈에서 Use Cairo Graphics를 누른다). 그러면 다음과 같은 그림을 R 화면에서 얻을 수 있다.

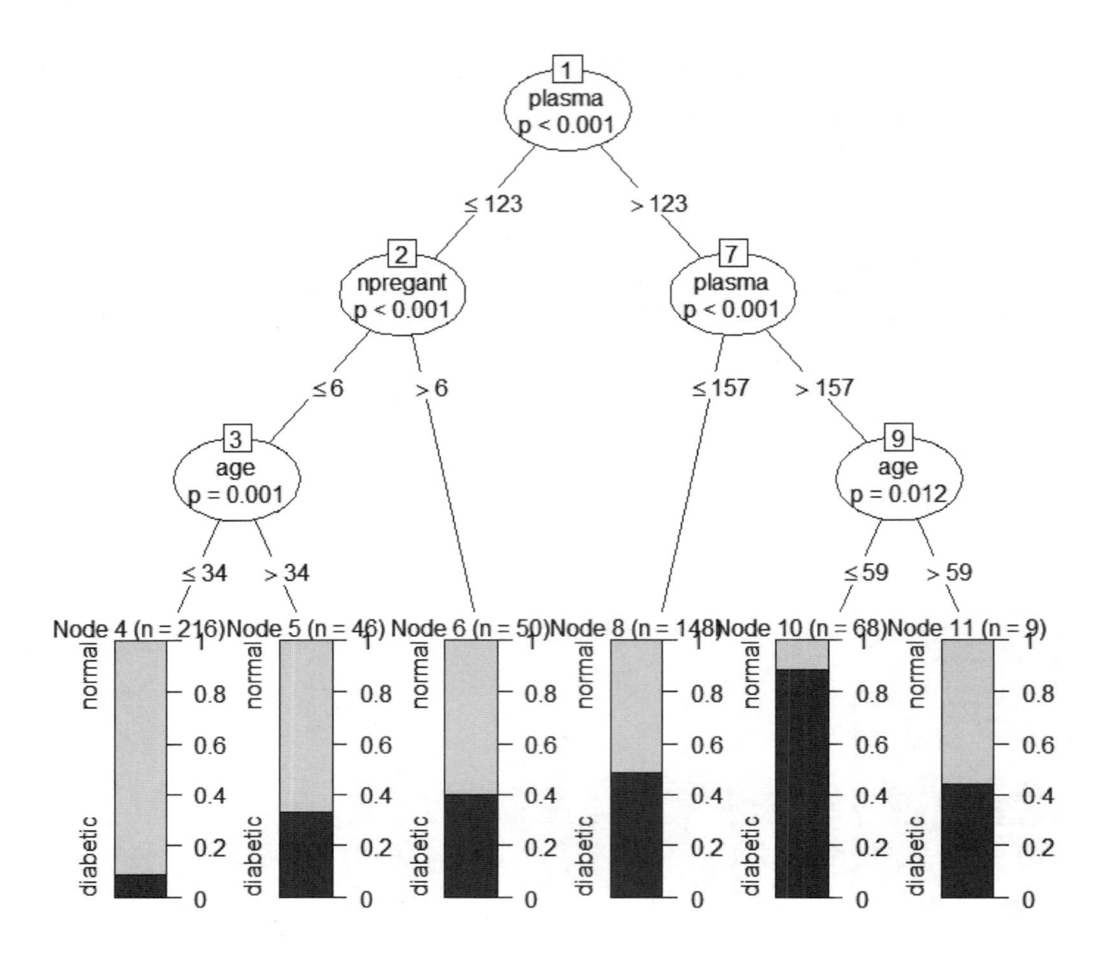

[그림 15-23] 당뇨 훈련표본을 사용한 조건적 추론 나무 그림

9. 적합모델을 평가하기 위해서 Evaluate 탭을 선택하도록 한다. 여기서 분석자는 평가 기준 수와 표본(training, validation)을 구체화하도록 한다. 초기치로 오차 매트릭스(confusion matrix 라고도 함)가 선택되었다. (Execute) 단추를 누르면 다음과 같은 결과를 얻을 수 있다.

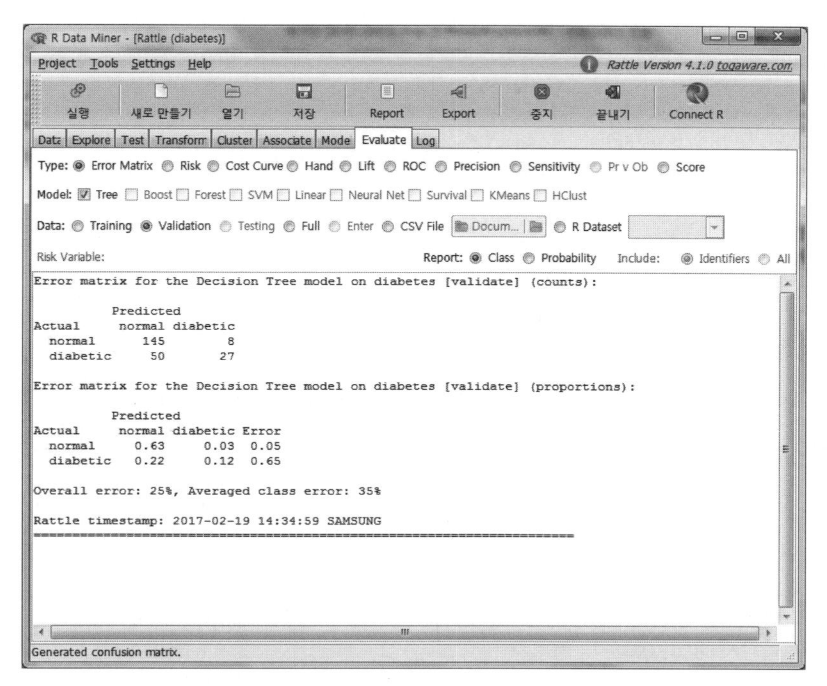

[그림 15-24] 검정표본 평가를 위한 조건적 추론 나무의 오차 매트릭스 평가 탭

분석자는 정확 통계치를 얻기 위해서 performance() 함수를 이용하여 오차 행렬(error matrix)를 불러 들일 수 있다.

```
cv<-matrix(c(145, 50, 8, 27), nrow=2)
performance(as.table(cv))
library(ROCR)
cv <- matrix(c(145, 50, 8, 27), nrow=2)
performance(as.table(cv))
```

[그림 15-25] performance( ) 함수 사용 명령어

그러면 다음과 같은 결과를 얻을 수 있다.

```
Sensitivity = 0.35
Specificity = 0.95
Positive Predictive Value = 0.77
Negative Predictive Value = 0.74
Accuracy = 0.75
```

[그림 15-26] 결과화면

결과 설명 전반적인 정확도(75%)는 그리 나쁜 편은 아니다. 당뇨병 환자 35%만이 정확하게 확인되었다. 랜덤포레스트(ranom forest)나 서포트 벡터 머신(support vector machine)을 사용하여 보다 나은 분류전략을 세우는 것이 좋을 것이다.

Rattle를 사용한 중요 장점은 같은 데이터를 적용하여 다양한 모델에 적합시켜 볼 수 있고 평가 탭에서 각각의 모델을 비교할 수 있다는 점이다. 분석자는 비교하고자 하는 방법을 탭 상에서 체크해 볼 수 있고 실행 단추를 눌러 확인할 수 있다. 추가적으로 데이터마이닝이 진행되는 동안 로그 탭과 재사용 목적의 텍스트 파일을 볼 수 있도록 R 코드가 실행된다.

굿모닝 Bigdata 빅데이터

알파고와 장인의 대결

최근 바둑계를 평정한 알파고가 바둑계 은퇴를 선언했다. 인터넷 기업 구글의 인공지능 바둑 프로그램 '알파고(AlphaGo)' 이야기다.
지난달 중국 저장성(浙江省) 우전(烏鎭)에서 열린 '바둑의 미래 서밋'에서 세계 최강의 프로 기사 커제 9단을 꺾은 알파고는 곧바로 바둑계 은퇴를 선언한 것이다.
머신러닝(machine learning · 컴퓨터가 스스로 학습해 깨우치는 기술)을 탑재한 알파고가 바둑계를 은퇴했다고 해서 안심할 일이 아니다. 이러한 예측은 그간 인간이 개발한 과학기술의 역사를 살펴보면 예측이 가능하다. 우리가 맞이하게 될 미래는 다른 이름으로 복귀하는 새로운 알파고라고 할 수 있다.
최근 한 신문에서 올봄에 TV 프로그램 '윤식당'으로 사랑받은 신구(申久 · 81)씨를 인터뷰한 내용을 보았다. 기자가 "배우를 열망하는 청년이 있다면 어떤 말을 들려주실 건가요?"라고 질문을 했다.
이에 대해 신구씨는 "언제나 10년을 묵혀라. 10년 공부다"라고 말했다. "나운규 선생이나 제임스 딘 같은 천재 말고는 사람 재능이 거의 비슷하다고 봐요. 누가 더 진정성 있게 하느냐에 따라 격차가 생기죠. 그러니 성실해라, 먼저 인간이 돼라, 고독할 테지만 길게 보고 참을 줄도 알아야 한다 말하죠. 어느 분야나 장인(匠人)이 되려면 시간이 필요한데 환경이 좋아지는 바람에 인내심은 약해지고 조급해진 거요. 참고 견디는 자가 끝에는 이길 거야"라고 답했다.
우리가 맞이할 4차 산업시대는 정답이 없는 문제를 해결할 수 있는 능력이 필요할 것이다. 업에 따라 차이가 있겠지만 더 이상 100% 직업의 안정성을 보장하는 일은 없을 것이다. 따라서 사회생활을 하는 우리는 심한 압박감을 가질 필요는 없다고 생각한다. 자신이 좋아하는 일을 찾고 이 일을 통해서 조직과 사회에 공헌하면서 자부심을 갖는 것만으로도 행복을 느낄 것이다.
신기술이 도입되면 단순 노무 종사자의 일자리는 빼앗아 가지만 오히려 숙련된 노동의 일자리는 늘어날 것이라는 의견이 대세이다. 이제 업의 본질을 다시 생각해 봐야 하는 상황에 처해 있다. 이는 먼 미래의 일이 아니다. 개인은 하는 일에 대해 다시 정의하고 업의 본질이 무엇인지 고민해 봐야 한다.
미래 일자리 걱정으로 상담을 요청하는 4학년생들이 연구실을 찾아온다. 미래를 기약하기 위해서 최선을 다하는 학생들이 안쓰럽다. 그렇지만 안이한 생각으로 시간이 지나면 어떻게 되거나 누가 추천해 주겠지 하는 소극적인 마음가짐을 갖는 학생들을 보면 아직 멀었구나 하는 생각을 할 때가 한두 번이 아니다.
이런 학생들에게 해주고 싶은 이야기가 있다. 미래는 현재 노력 정도의 누적이다. 일정한 직업에 전념하거나 일에 정통한 사람을 장인(匠人)이라고 한다. 아무리 과학기술이 발전하고 시대가 바뀌어도 혼(魂)과 열정(熱情)을 다해 10년 이상 공부하고 경험한 사람을 이겨내지 못한다. 나 자신은 혼과 열정을 다하고 있는지 반문해 봐야 할 시점이다.

[출처] 충청매일, 2017년 06월 08일(금)

연습문제

1. 데이터마이닝의 정의를 말하고 분류분석 관련 종류와 특징을 이야기해 보자.

2. 고객 관련 정보를 입수하여 고객을 분류해 보고 적합한 전략을 수립해 보자.

16장

고급 그래프 그리기

CHAPTER 16

학습목표

1. ggplot2 패키지를 능수능란하게 다룰 수 있다.
2. 다변량 데이터를 시각화하기 위해 모양, 색깔, 크기를 사용할 수 있다.
3. 집단별 비교 그래프를 그릴 수 있다.
4. 커스터마이징 ggplot2을 이해할 수 있다.

1 ggplot2

1.1 ggplot2 개요

R에서 그래프를 만들 때 자주 사용하는 것이 ggplot2이다. ggplot2는 Wilkinson이 2005년에 만든 ggplot()를 근거하여 Hadley Wickham이 발전시켰다. ggplot2는 grammar of graphics plot의 약자이다. ggplot2는 패키지 명칭이고 ggplot()는 그래프를 그리는 함수명이다. ggplot2 패키지는 통합적이고, 문법에 기반한 그래픽을 생성해 주기 때문에 새롭고 혁신적인 데이터 시각화를 가능하게 한다. 분석자가 ggplot를 사용하면 다양한 종류의 그래프와 색상, 크기, 폰트 등이 색다른 그래프를 만들 수 있다. 차별적인 그래프를 그리기 위해서 연구자는 ggplot2 프로그램을 설치해야 한다.

1.2 기본 그래프 그리기

ggplot2를 이용하여 그래프를 그리기 위해서 앞 10장에서 사용한 데이터를 이용하기로 하자.

예제 다음은 어느 회사의 광고액에 따른 매출액에 관한 예를 들어보자. 매출액이 순전히 광고액의 크기에 달려 있다고 가정하고 10개월간 조사한 자료는 다음과 같다. promo는 판촉 여부로 판촉을 안한 경우는 0, 판촉을 한 경우는 1로 표시한다. 이 자료를 이용하여 산포도를 그리고 추정회귀선을 그리도록 하자.

(단위: 억원)

월별	x1(광고액)	x2(매출액)	promo(판촉 여부)
1	25	100	0
2	52	256	1
3	38	152	0
4	32	140	0
5	25	150	0
6	45	183	1
7	40	175	1
8	55	203	1
9	28	152	0
10	42	198	1

[데이터] ch161.csv

1. Rstudio에서 ggplot2 프로그램을 이용하여 그래프를 그리기 위해서 다음과 같은 명령어를 입력한다.

```
ch161=read.csv("D:/data/ch161.csv")
# ggplot2 examples
library(ggplot2)
ggplot(data=ch161, aes(x=x, y=y)) +
  geom_point() +
  labs(title="Advertisement and Sales data", x="Advertisement amount",
y="Sales amount")
```

[그림 16-1] ggplot2 명령어 [데이터] ch16-1.R

[명령어 설명]

명령어 체계가 어떻게 되는지 확인해 보자. ch161=read.csv("D:/data/ch161.csv")는 ch161.csv 파일을 불러오라는 명령어이다. library(ggplot2)는 설치된 ggplot2 프로그램을 읽어들이는 명령어이다. 사용변수는 x와 y이다. ggplot2 명령어는 플러스(+) 기호를 사용하여 이어 쓴다. aes() 함수는 데이터의 시각적이며 미적인 특징을 나타내는 것이다. aes는 aesthetic의 약자이다. geom은 데이터의 기하학적인(geometric) 속성을 나타내는 것으로 점(points), 선(lines), 막대(bars), 박스(boxs), 그림자가 있는 영역(shaded regions)을 표시할 때 사용한다. 여기서 ggplot() 함수에 대하여 표를 통하여 설명하기로 한다.

[표 16-1] ggplot( ) 함수 설명

기능(Function)	추가(Add)	선택(Option)
geom_bar( )	Bar chart	color, fill, alpha
geom_boxplot( )	Box plot	color, fill, alpha, notch, width
geom_density( )	Density plot	color, fill, alpha, linetype
geom_histogram( )	Histogram	color, fill, alpha, linetype, binwidth
geom_hline( )	Horizontal lines	color, alpha, linetype, size
geom_jitter( )	Jittered points	color, size, alpha, shape
geom_line( )	Line graph	color, alpha, linetype, size
geom_point( )	Scatterplot	color, alpha, shape, size
geom_rug( )	Rug plot	color, side
geom_smooth( )	Fitted line	method, formula, color, fill, line type, size
geom_text( )	Text annotations	Many(다양함)
geom_violin( )	Violin plot	color, fill, alpha, linetype
geom_vline( )	Vertical lines	color, alpha, linetype, size

이어 앞의 [표 16-2]의 geom 함수의 일반적인 옵션을 표로 설명하면 다음과 같다.

[표 16-2] geom 함수의 옵션

옵션(Option)	설명
color	점의 색깔, 채워진 영역
fill	막대그림, 밀도 영역 색깔 채우기
alpha	색깔의 투명도, 범위는 0(완전 투명)부터 1(불투명)까지 있음
linetype	선의 패턴(1=solid, 2=dashed, 3=dotted, 4=dotdash, 5=longdash, 6=twodash)
size	점 크기와 선 넓이
shape	점 모양(pch로 나타냄, 숫자로 표시함)

옵션(Option)	설명
position	막대와 점과 같은 속성 설명 위치
binwidth	히스토그램의 저장공간 넓이
notch	눈금 표시(TRUE/FALSE)
sides	rug plot(1차원 데이터의 밀도에 따른 띠 모양의 1차원 정보를 좌표축에 표시하는 함수)의 위치["b"=bottom(아래), "1"=left(왼쪽), "t"=top(위), "r"=right(오른쪽), "b1"=bottom(아래)와 left(왼쪽)]를 나타냄
width	박스플롯의 너비

본 예제에서는 산포도를 그리기 위해서 geom_point()를 사용하였다. labs() 함수는 선택 사항이며 주석(x축과 y축 라벨과 제목)을 달 수 있다.

위 명령어를 실행하면 다음과 같은 그림을 얻을 수 있다.

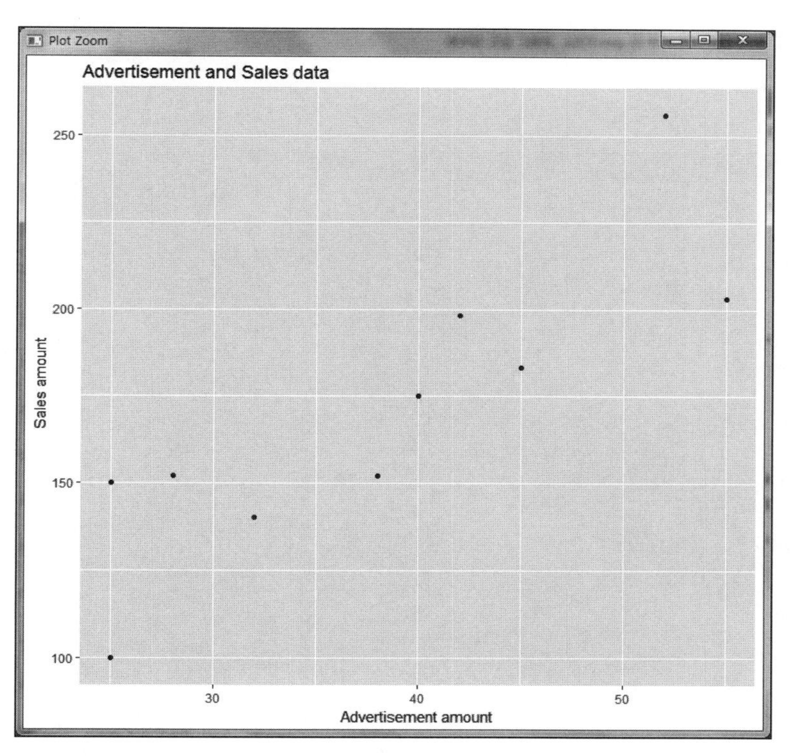

[그림 16-2] 그래프 그림

2. 이어 ggplot2에서 다양한 기능을 실행할 수 있다. 대부분은 선택 모수가 포함되어 있다.

```
ch161=read.csv("D:/data/ch161.csv")
# ggplot2 examples
library(ggplot2)
ggplot(data=ch161, aes(x=x, y=y)) +
  geom_point(pch=17, color="blue", size=2) +
  geom_smooth(method = "lm", color="red", linetype=2)
  labs(title="Advertisement and Sales data", x="Advertisement amount",
y="Sales amount")
```

[그림 16-3] 추정회귀선 적합과 95% 신뢰구간 명령어 [데이터] ch16-2.R

[명령어 설명] geom_point()에서 점을 삼각형으로 표시하기 위해서 pch=17, 중복점(.)의 크기는 size=2로, 색상은 파란색으로 나타내기 위해서 color="blue"로 나타낸다. geom_smooth() 함수는 평활선(smoothed line)을 추가하는 것이다. 여기서 추정회귀선을 나타내기 위해서 method="lm"을 추가하고 추정회귀선의 색상을 붉은색을 처리하기 위해서 color="red"로 선 타입은 점선으로 나타내기 위해서 linetype=2로 하면 된다. 초기 지정에 의해서 95%의 신뢰구간을 나타낸다.

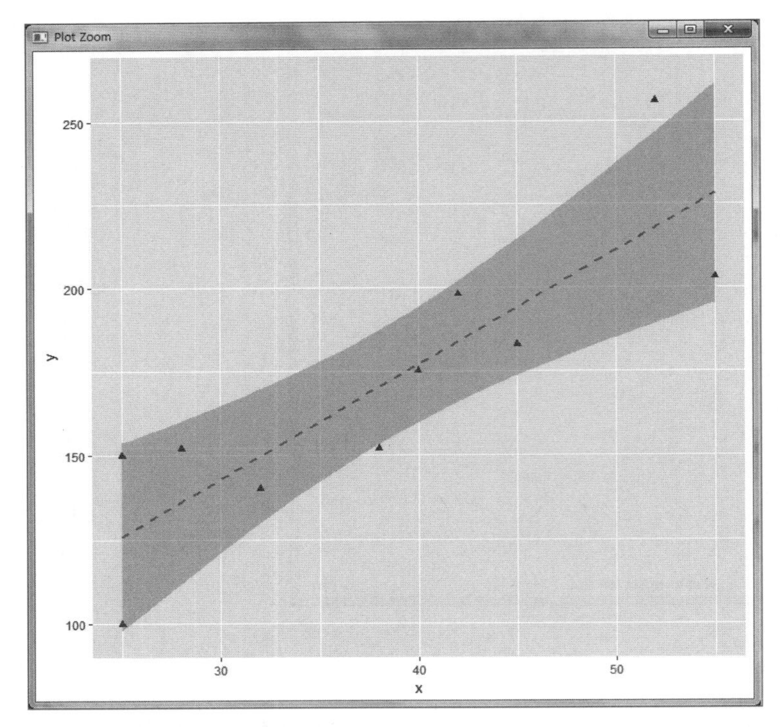

[그림 16-4] 추정회귀선 적합과 95% 신뢰구간

3. 다음으로 promotion(판촉)을 실시한 달과 판촉을 실시하지 않은 달의 광고액(x)과 매출액(y) 관련 그래프를 한눈에 들어오도록 그려보자. 이에 대한 명령어는 다음과 같다. 먼저 판촉 관련 변수 promo에 대한 정의를 내려주는 것이 중요하다.

```
ch161=read.csv("D:/data/ch161.csv")
ch161$promo<- factor(ch161$promo,levels=c(0,1),
                      labels=c("promotion zero","promotion month"))
# ggplot2 examples
library(ggplot2)
ggplot(data=ch161, aes(x=x, y=y, shape=promo)) +
  geom_point(aes(color=promo)) +
  facet_grid(y~x)
  geom_smooth(method = "lm", color="red", linetype=2)
  labs(title="Advertisement and Sales data", x="Advertisement amount",
y="Sales amount")
```

[그림 16-5] 판촉 유무에 따른 광고액과 매출액 산포도 명령어 [데이터] ch16-3.R

4. 위 명령어를 실행하면 다음과 같은 그림을 얻을 수 있다.

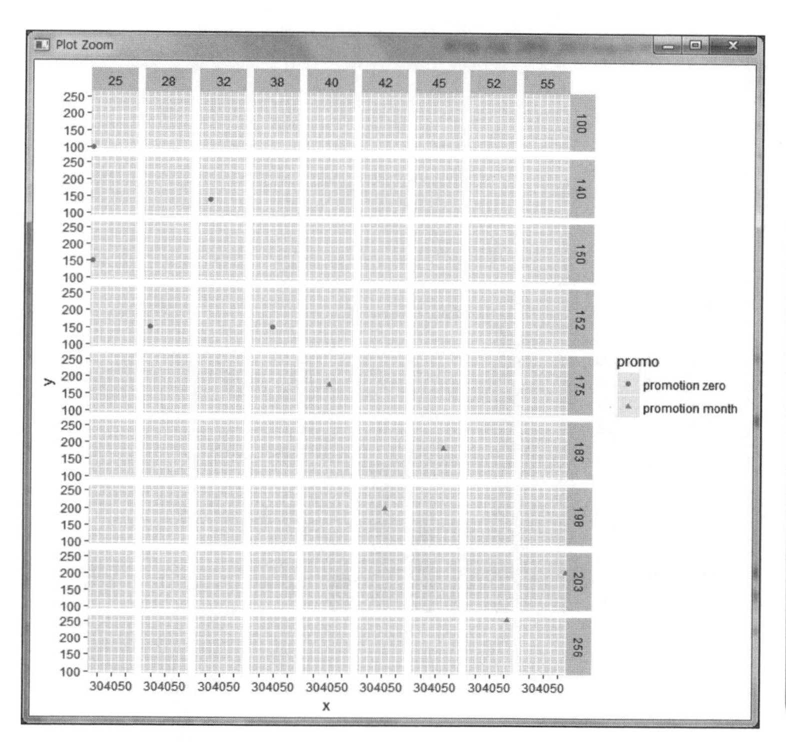

결과 설명

산포도를 보면 판촉을 실시한 달이 판촉을 실시하지 않은 달에 비해서 광고액(x)과 매출액(y)이 상승한 것을 확인할 수 있다. 판촉을 한 달과 판촉을 하지 않은 달의 광고액과 매출액이 확연한 차이가 있음을 알 수 있다.

[그림 16-6] 판촉 유무에 따른 광고액과 매출액 산포도

2 다양한 유형의 그래프 그리기

2.1 히스토그램

1. 히스토그램을 그려보기로 하자. 여기서는 R 프로그램을 설치하면 자동적으로 설치되는 singer 데이터를 이용하기로 한다.
2. 히스토그램을 그리기 위해서 lattice 프로그램을 설치하고 geom_histogram() 함수를 사용하기로 한다. 명령어는 다음과 같다.

```
data(singer, package="lattice")
library(lattice)
ggplot(singer, aes(x=height)) + geom_histogram()
```

[그림 16-7] 막대그림표 그리기 명령어 [데이터] ch16-4.R

3. 앞 명령어를 실행하면 다음과 같은 결과를 얻을 수 있다.

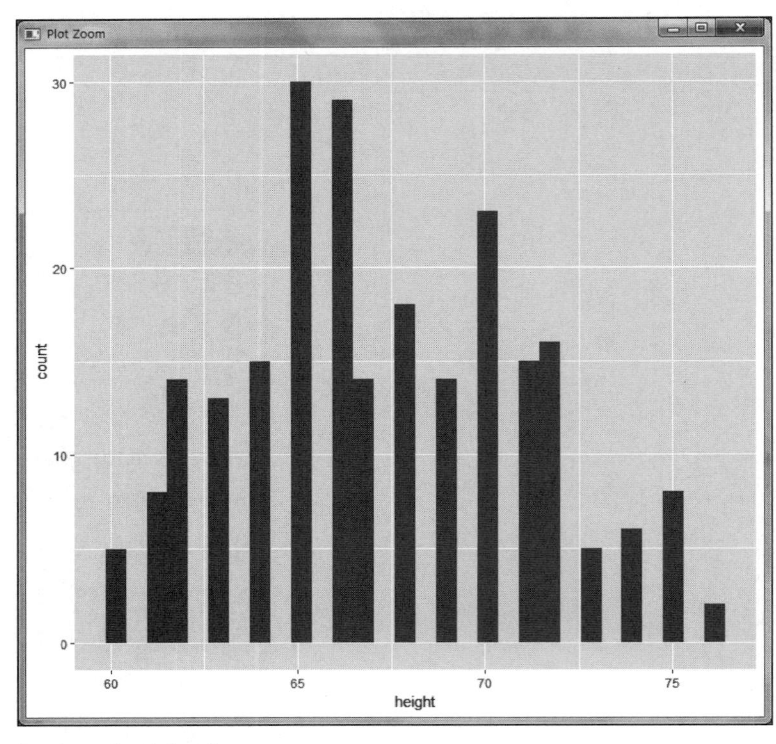

[그림 16-8] 막대그림

2.2 박스플롯(Box Plot)

Box Plot는 집단 간의 양적 수치를 보여줄 수 있어 유용하다. 일반적으로 x축은 질적변수를 y축에는 양적 수치를 배열한다.

1. 박스플롯을 그려보기로 하자. 앞에서 이용한 singer 데이터를 이용하기로 한다.

```
ggplot(singer, aes(x=voice.part, y=height)) + geom_boxplot()
```

[그림 16-9] 박스플롯 그리기 명령어

[데이터] ch16-5.R

2. 실행 단추를 누르면 다음과 같은 결과를 얻을 수 있다.

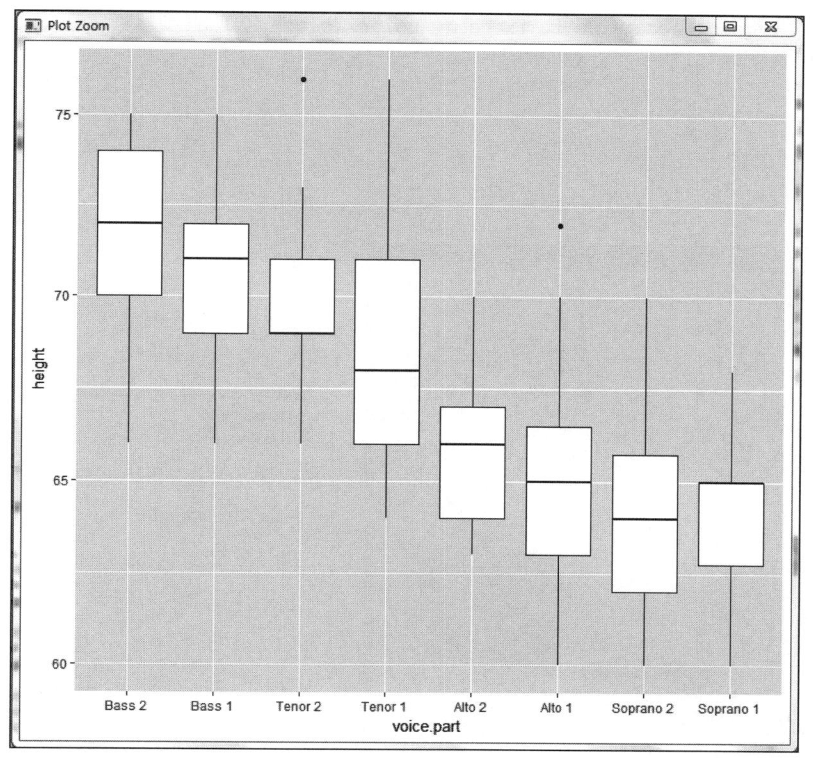

[그림 16-10] 박스플롯

결과 설명 베이스, 테너, 알토, 소프라노 순으로 음성 높이가 작은 것으로 나타났다.

2.3 Notched box plot

Box Plot는 집단 간의 양적 수치를 보여줄 수 있어 유용하다. 일반적으로 x축에는 질적변수를 y축에는 양적 수치를 배열한다. Notched Box Plot를 그리기 위해서 Salaries 데이터를 이용하기로 한다.

1. Salaries 데이터셋을 이용하여 Notched box plot을 그리기 위해서 다음과 같은 명령어를 작성한다. 이 명령어는 학력(rank)에 따른 급여(salaries)를 알아보기 위한 것이다.

```
data(Salaries, package="car")
library(ggplot2)
ggplot(Salaries, aes(x=rank, y=salary)) +
  geom_boxplot(fill="cornflowerblue",
               color="black", notch=TRUE)+
              geom_point(position = "jitter", color="blue", alpha=0.5)+
              geom_rug(side="1", color="black")
```

[그림 16-11] Notched Box Plot 명령어 [데이터] ch16-6.R

2. 명령어를 실행하면 다음과 같은 그래프를 얻을 수 있다.

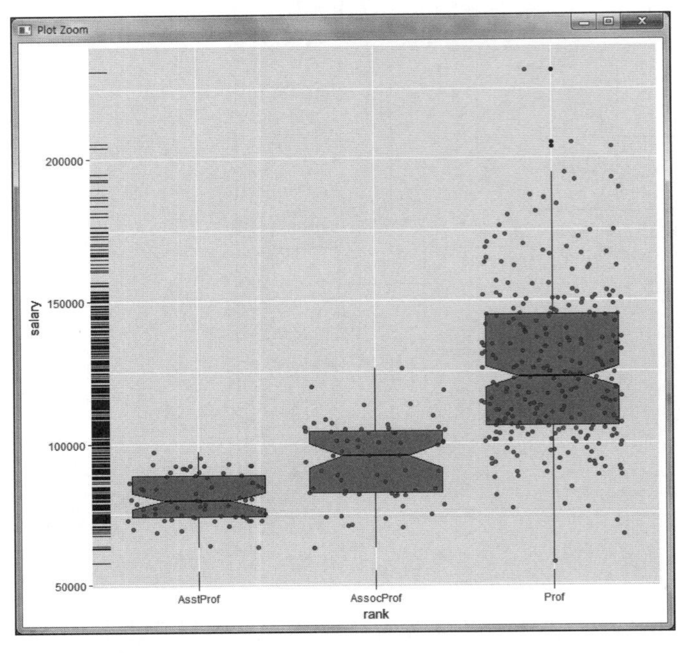

[그림 16-12] Notched Box Plot

결과 설명

조교수(Assistant Professor), 부교수(Associate Professor), 그리고 정교수(full Professor)의 순으로 평균 급여가 높아짐을 알 수 있다. 그러나 적어도 한 사람의 정교수(full Professor) 급여가 조교수나 부교수보다도 낮은 경우가 있다.

2.4 2개 이상의 그래프 조합

ggplot2의 강력한 힘은 두 개 이상의 그림을 조합해서 나타낼 수 있다는 데 있다. 앞에서 이용한 singer 데이터를 이용하기로 하자.

1. 명령문을 작성하면 다음과 같다. 여기서는 바이올린 그림과 박스플롯을 조합한 그림을 그리는 데 목적이 있다.

```
library(ggplot2)
data(singer, package="lattice")
ggplot(singer, aes(x=voice.part, y=height)) +
  geom_violin(fill="lightblue") +
  geom_boxplot(fill="lightgreen", width=.2)
```

[그림 16-13] 두 개 이상의 그림 조합 명령어 [데이터] ch16-7.R

2. 앞의 명령어를 실행하면 다음과 같다.

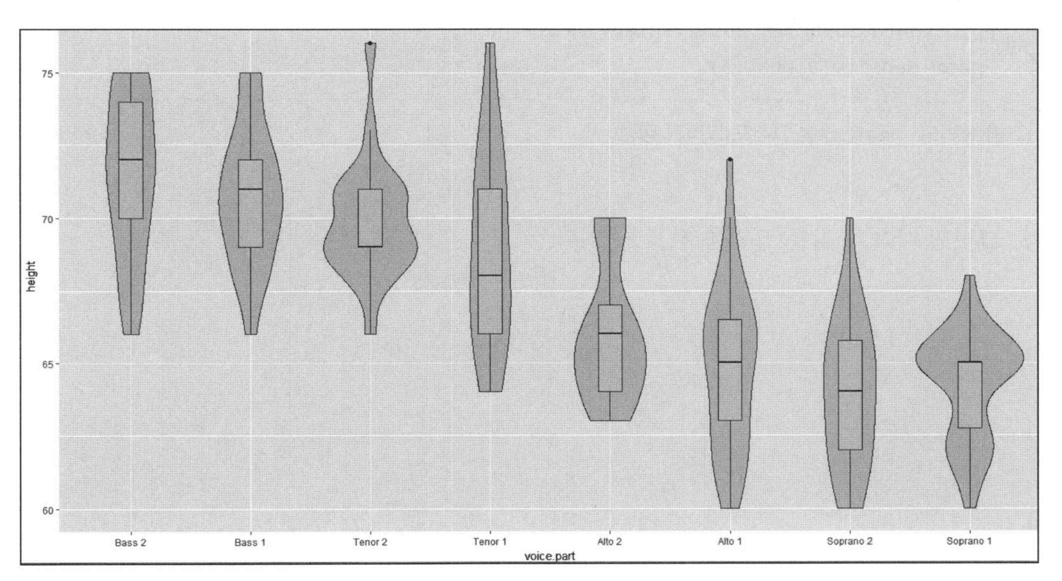

[그림 16-14] 결과화면

결과 설명 박스플롯은 25분위, 50분위, 75분위 점수를 나타내 준다. 바이올린 플롯은 음성 높이를 나타낸다.

2.5 집단별 그래프 그리기

데이터를 이야기하기 위해서 같은 데이터에서 2개 이상의 집단의 그림을 그리는 것이 도움이 될 수 있다. R 프로그램에서 집단들은 종종 명목변수(categorical variable)로 정의된다. ggplot2 그래프에서 시각적인 특성은 shape, color, fill, size, 그리고 line type로 완성된다. ggplot에서 aes() 함수는 기하학적인 특성을 나타낸다.

1. 여기서는 Salaries 데이터를 이용하기로 한다. 이 데이터는 2008~2009년 동안 미국에서 교수의 급여 관련 자료이다. rank(AsstProf, AssocProf, Prof), sex(female, Male), yrs.since Ph.D), yrs.service(years of service), 그리고 salary(9개월간 급여) 등의 변수로 구성되어져 있다.

2. 교수 직급(rank)에 따른 급여(salaries)를 알아보기 위해서 다음과 같은 명령어를 입력한다.

```
data(Salaries, package="car")
library(ggplot2)
ggplot(data=Salaries,aes(x=salary, fill=rank)) +
  geom_density(alpha=.3)
```

[그림 16-15] 직급별 급여 그래프 그리기 명령어 [데이터] ch16-8.R

3. 그러면 다음과 같은 그림을 얻을 수 있다.

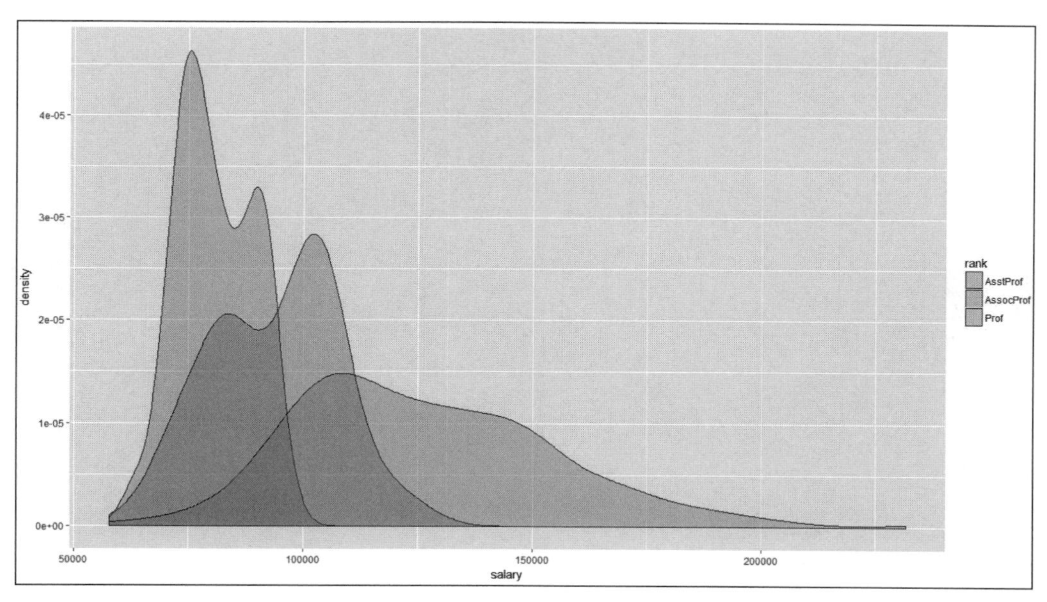

[그림 16-16] 직급별 교수 급여

결과 설명 density(밀도)는 구간에서의 빈도수라고 생각하면 된다. 1e−05의 의미는 1*0.00001=0.00001라는 것이다. 급여는 직급이 높아질수록 증가함을 알 수 있다. 조교수(Assistant Professor)와 정교수(full Professor) 급여가 비슷한 사람도 있어 겹쳐 보이는 경우도 있다. 정교수의 급여는 범위(큰값−작은값)는 넓게 분포되어 있음을 알 수 있다.

4. 성별(sex; female, Male)과 직급(rank; AsstProf, AssocProf, Prof)에 의한 박사학위 후 연수(yrs. since Ph.D)와 salary(9개월간 급여) 관계를 그림으로 나타내 보는 명령어를 작성해 보자.

```
data(Salaries, package="car")
library(ggplot2)
ggplot(data=Salaries,aes(x=yrs.since.phd, y=salary, color=rank,
                         shape=sex)) + geom_point()
```

[그림 16-17] 박사학위 이후와 직급에 따른 급여 [데이터] ch16-9.R

5. 앞의 명령어를 실행하면 다음과 같은 화면을 얻을 수 있다.

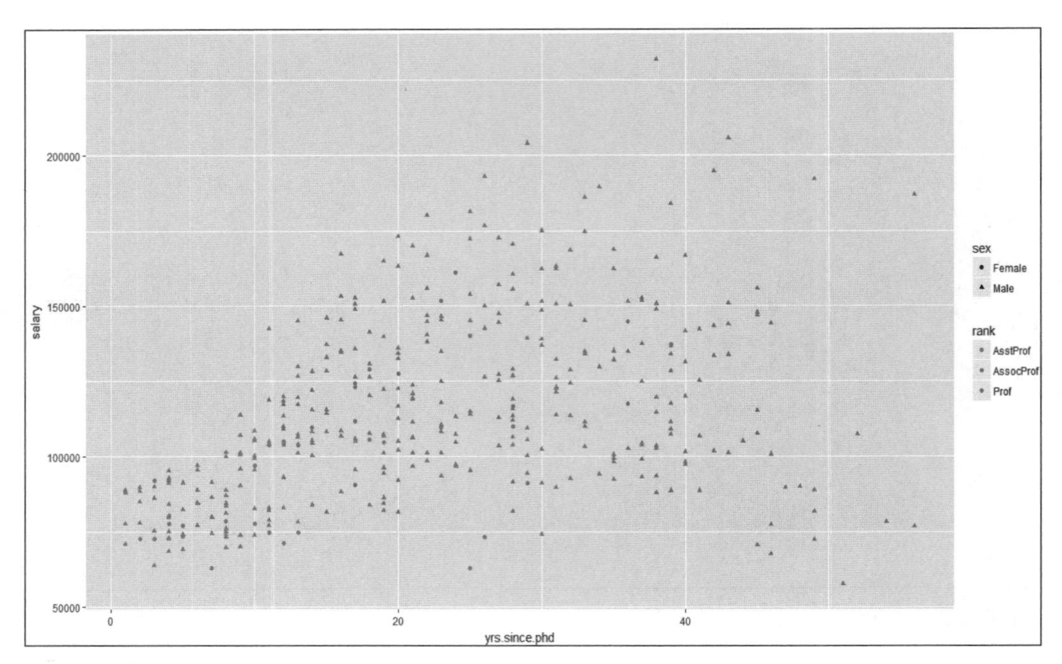

[그림 16-18] 결과화면

결과 설명 직급별 조교수(AsstPro)는 빨간색, 부교수(AssocProf)는 초록색, 정교수는 파란색으로 표시되어 있다. 성별의 경우 여자(female)는 원으로 남자(Male)는 삼각형으로 표시되어 있다. 결과를 자세히 보면, 졸업 이후 연수가 증가할수록 급여가 증가함을 알 수 있다. 그러나 이러한 관계는 선형이 아님을 알 수 있다.

6. 이어 직급(rank)과 성별(sex)에 의한 교수수를 시각화하기 위한 방법을 알아보기 위해 다음과 같은 명령어를 작성하도록 하자.

```
data(Salaries, package="car")
library(ggplot2)
ggplot(data=Salaries,aes(x=rank, fill=sex)) +
  geom_bar(position="stack") + labs(title='position="stack"')

ggplot(Salaries,aes(x=rank, fill=sex)) +
  geom_bar(position="dodge") + labs(title='position="dodge"')

ggplot(Salaries,aes(x=rank, fill=sex)) +
  geom_bar(position="fill") + labs(title='position="fill"')
```

[그림 16-19] 집단별 현황 그리기 명령어 [데이터] ch16-10.R

7. 앞의 명령어를 실행하면 다음과 같은 결과를 얻을 수 있다.

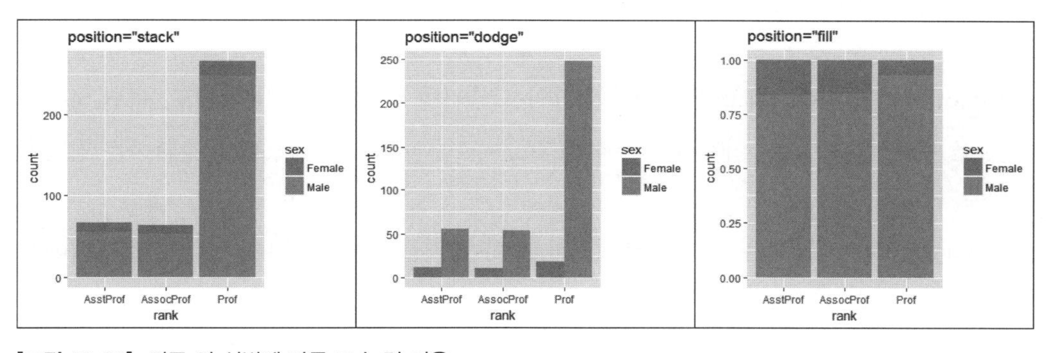

[그림 16-20] 직급 및 성별에 따른 교수 및 비율

결과 설명 다른 직급의 교수 수보다 정교수의 수가 많음을 알 수 있다. 추가적으로 여자 교수 수보다 남자 교수가 더 많음을 알 수 있다. 세 번째 그래프에서 정교수 중 남자 비중이 다른 조교수나 부교수보다 훨씬 많음을 알 수 있다. 세 번째 그림에서 엄밀하게 말하면 count가 아니라 비율로 나타내야 한다. 이럴 경우는 다음과 같이 세 번째 그림을 나타내기 위해 labs 난에 y="Proportion"를 추가하면 된다. 이에 대한 명령어는 다음과 같다.

```
data(Salaries, package="car")
library(ggplot2)
ggplot(data=Salaries,aes(x=rank, fill=sex)) +
  geom_bar(position="stack") + labs(title='position="stack"')

ggplot(Salaries,aes(x=rank, fill=sex)) +
  geom_bar(position="dodge") + labs(title='position="dodge"')

ggplot(Salaries,aes(x=rank, fill=sex)) +
  geom_bar(position="fill") + labs(y="Proportion", title='position="fill"')
```

[그림 16-21] 비율 표시 명령어 삽입

2.6 추세선 추가하기

ggplot 패키지에서 그래프에 통계적인 요약을 추가할 수 있다. 계산된 밀도, 곡면, 4분위수 등을 나타낼 수 있다. 여기서는 추세선(직선, 비선형, 비모수)을 산포도에 추가하는 방법을 알아보자.

geom_smooth() 함수는 다양한 추세선과 신뢰 영역을 나타낼 수 있다. 직선회귀식에서 함수는 다음 표로 나타낼 수 있다.

[표 16-3] geom_smooth 함수의 옵션

옵션	설명
method	평활선을 나타내는 방법으로 초기치는 smooth이다. lm(선형인 경우), glm(일반 선형), smooth(누적), rlm(로버스트 선형) 그리고 gam(일반 가산 모델링)으로 나타낼 수 있음
formula	평활함수에 사용하는 공식을 말함. 예를 들어 y~x, y~log(x), n번째의 다항 분포 y~poly(x,n), 자유도 n의 스플라인 적합(spline fit)
se	추세선의 신뢰구간(TRUE/FALSE). TRUE는 초기값임
level	신뢰구간 수준(초기 지정은 95%임)
fullrange	접합의 면적을 전체로 할 경우는 TRUE, 데이터에 국한된 경우는 FALSE로 처리함. FALSE가 초기 지정값임

1. Salaries 데이터를 이용하여 박사학위 취득 후 연수와 대학 급여 간의 관계를 알아보자. 분석자는 95%의 신뢰수준과 비선형 추세선(loess)을 사용하기로 한다. 이에 대한 명령문 코드는 다음과 같다.

```
data(Salaries, package="car")
library(ggplot2)
ggplot(data=Salaries, aes(x=yrs.since.phd, y=salary)) +
  geom_smooth() + geom_point()
```

[그림 16-22] 추세선 및 95% 신뢰구간 추가 명령문 [데이터] ch16-11.R

2. 이 명령문을 실행하면 다음과 같은 그림을 얻을 수 있다.

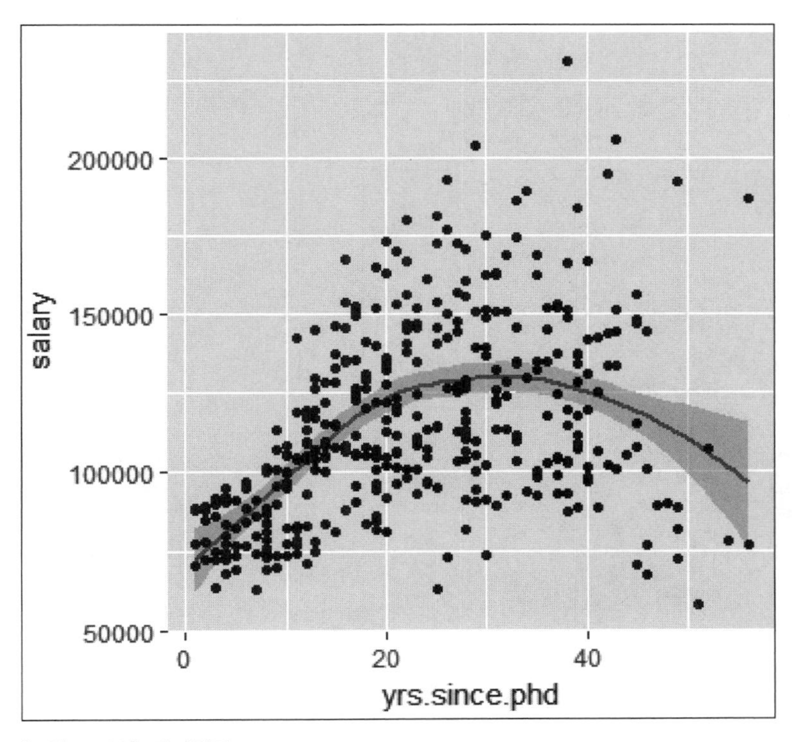

[그림 16-23] 결과화면

결과 설명 그림에서 보면 경험(yrs.since.phd)과 급여(salary)의 관계는 선형이 아님을 알 수 있다.

3. 성별에 따른 2차 다항 회귀 적합(quadratic polynomial regression)을 시켜보자. 이에 대한 명령어는 다음과 같다. 여기서 압축에 의해서 신뢰구간 제한을 위해서 se=FALSE로 입력한다. 성별(gender)은 색깔에 위해서 구분이 이루어지고 심볼은 shape, 점선 유형(line type) 등으로 구분된다.

```
data(Salaries, package="car")
library(ggplot2)
ggplot(data=Salaries, aes(x=yrs.since.phd, y=salary,
                          linetype=sex, shape=sex, color=sex)) +
  geom_smooth(method=lm, formula=y~poly(x,2),
              se=FALSE, size=1) +
  geom_point(size=2)
```

[그림 16-24] 2차 회귀선 적합 [데이터] ch16-12.R

4. 이 명령어를 실행하면 다음과 같은 그림을 얻는다.

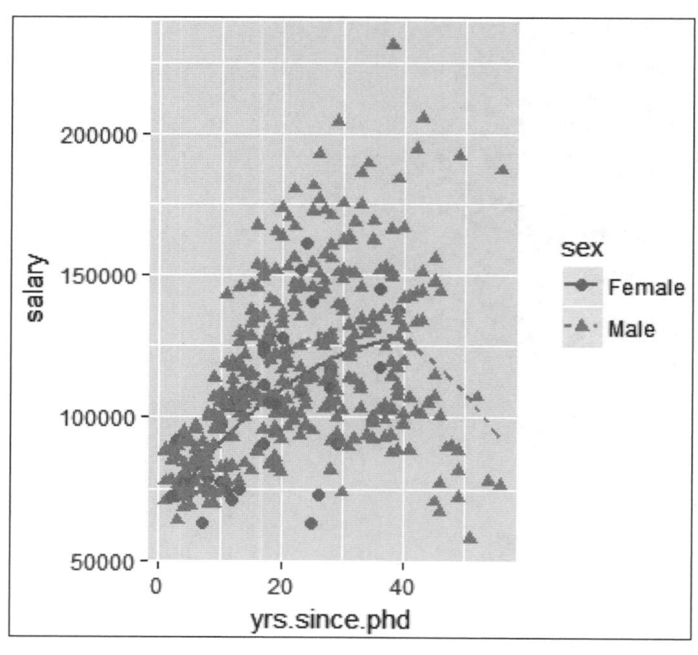

[그림 16-25] 집단별 2차 회귀선 적합

결과 설명 남성의 곡선은 0부터 30년까지 증가하다가 감소한다. 여성의 경우는 0부터 40년까지 증가하다가 감소한다. 데이터에서 여성의 경우는 40년 이상이 없다. 전 연령대에서 남성이 여성에 비해 급여를 더 많이 받는 것으로 나타났다.

5. 추가적으로 연구자는 명령문 마지막에 stat_smooth()를 추가하여 적합선과 신뢰구간을 확인할 수 있다.

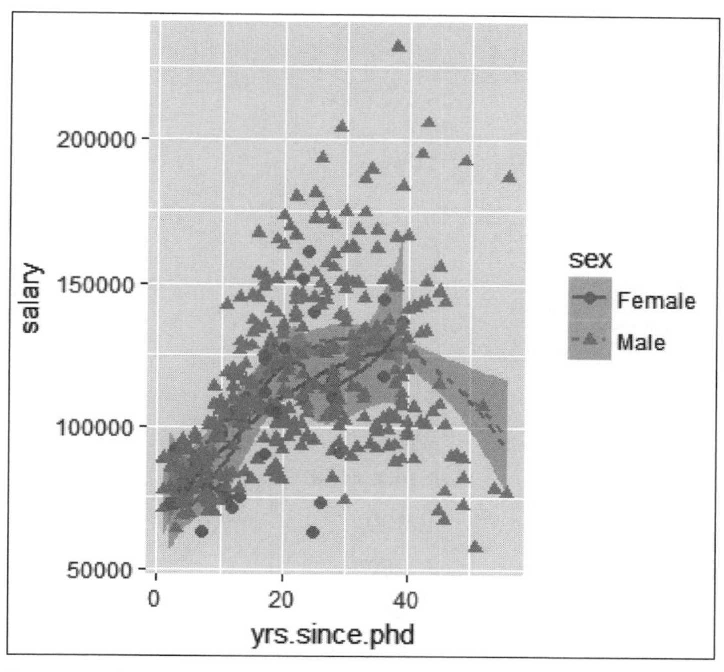

[그림 16-26] 신뢰구간 표시

결과 설명 성별에 따른 신뢰구간대가 그림으로 표시되어 있다.

2.7 스케일 그림표

ggplot2 패키지는 데이터를 시각적인 공간으로 보여주는 것이 뛰어나다. 스케일은 연속형 변수(continuous variables)와 이산형 변수(discrete variable) 모두에 적용될 수 있다.

1. mtcars 자료를 이용하여 연속형 변수끼리 데이터를 나타내 보자. 이에 대한 명령어는 다

음과 같다.

```
library(ggplot2)
ggplot(mtcars, aes(x=wt, y=mpg, size=disp)) +
    geom_point(shape=21, color="black", fill="cornsilk") +
     labs(x="Weight", y="Miles Per Gallon",
          title="Bubble Chart", size="Engine\nDisplacement")
```

[그림 16-27] 스케일 그림 명령어 [데이터] ch16-13.R

2. 이 명령문을 실행하면 다음과 같은 그림을 얻을 수 있다.

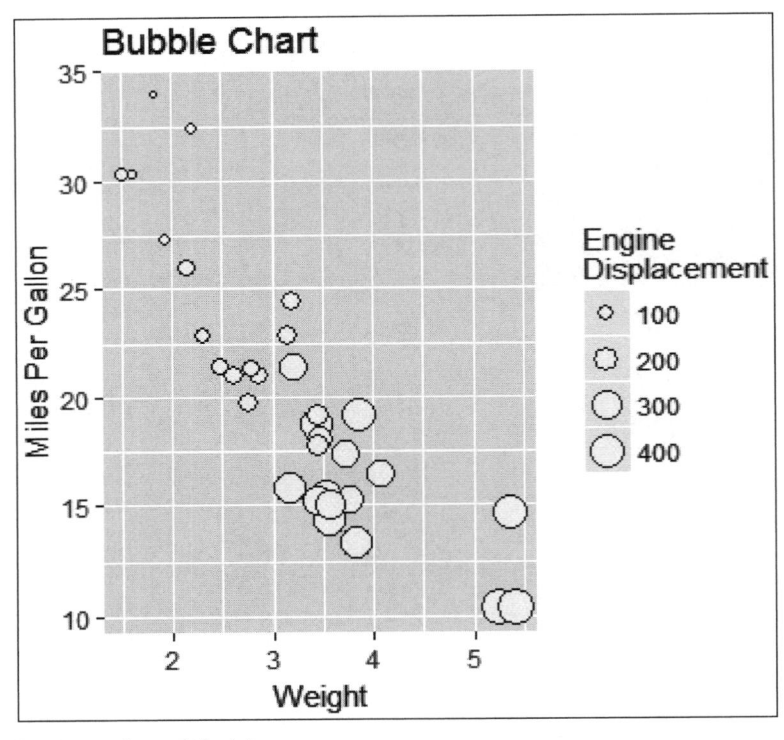

[그림 16-28] 스케일 결과

결과 설명 분석 결과, 거품 차트가 나타나 있다. 주행거리(auto mileage)는 차량무게(weight)와 엔진 배기량(engine displacement)이 커지면 낮아지는 것을 알 수 있다.

2.8 그래프 저장하기

분석자는 ggplot2에 의해서 만들어진 그래프를 저장할 수 있다. 그래프를 저장하기 위해서는 ggsave() 함수를 사용하면 된다. 그림을 저장하는 방법이나 형식 그리고 어디에 저장할 것인지는 옵션을 통해서 지정할 수 있다. 현재 워킹 디렉토리에 5인치(inch)와 높이(height=4) 4인치의 확장자 PNG 파일 myplot를 저장하기 위한 명령어이다. 분석자는 확장자(ps, tex, jpeg, pdf, jpeg, tiff, png, bmp, svg, wmf)를 달리하여 다양한 형태의 파일을 저장할 수 있다. wmf는 윈도우 환경하에서만 가능하다. 예를 들면 다음 명령어와 같다. 이를 실행하면 워킹 디렉토리에 다음과 같은 그림이 저장된다.

```
library(ggplot2)
myplot<-ggplot(mtcars, aes(x=wt, y=mpg, size=disp)) +
    geom_point(shape=21, color="black", fill="cornsilk") +
     labs(x="Weight", y="Miles Per Gallon",
          title="Bubble Chart", size="Engine\nDisplacement")
ggsave(file="mygraph.png", plot=myplot, width=5, height=4)
```

[그림 16-29] 그래프 저장 명령어 [데이터] ch16-14.R

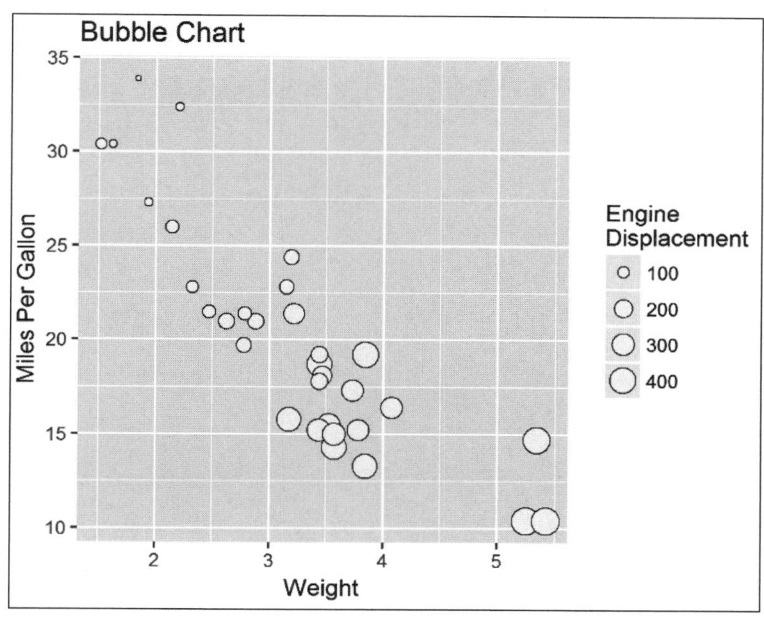

[그림 16-30] 그래프(myplot.png) 저장

2.9 대화형 그래프

대화형 그래프는 영어 표현으로는 인터랙티브 그래프(Interactive Graph)라고 부른다. 분석자가 그래프 위에 마우스를 올려놓고 움직이면 곧바로 반응한다. 대화형 그래프를 제작하기 위해서는 plotly 패키지 설치가 필요하다.

앞 2.7 스케일 그림표에서 다룬 데이터를 이용하여 대화형 그래프를 그려보도록 하자. 대화형 그래프를 그리기 위해서는 plotly 패키지를 설치하고 함수 ggplotly()를 이용하면 된다. 결과화면에서 버블 차트의 점에 따라 다른 색으로 나타내기 위해서 col=drv라는 명령어를 삽입한다. 이에 대한 명령어는 다음과 같다.

```
library(ggplot2)
library(plotly)
ig <-ggplot(mtcars, aes(x=wt, y=mpg, size=disp, col=drv)) +
  geom_point(shape=21, color="black", fill="cornsilk") +
  labs(x="Weight", y="Miles Per Gallon",
       title="Bubble Chart", size="Engine\nDisplacement")
ggplotly(ig)
```

[그림 16-31] 대화형 그래프 명령어 [데이터] ch16-15.R

앞 명령어를 지정한 실행하고 그림 화면에 마우스를 올려 놓으면 다음과 같은 화면을 얻을 수 있다.

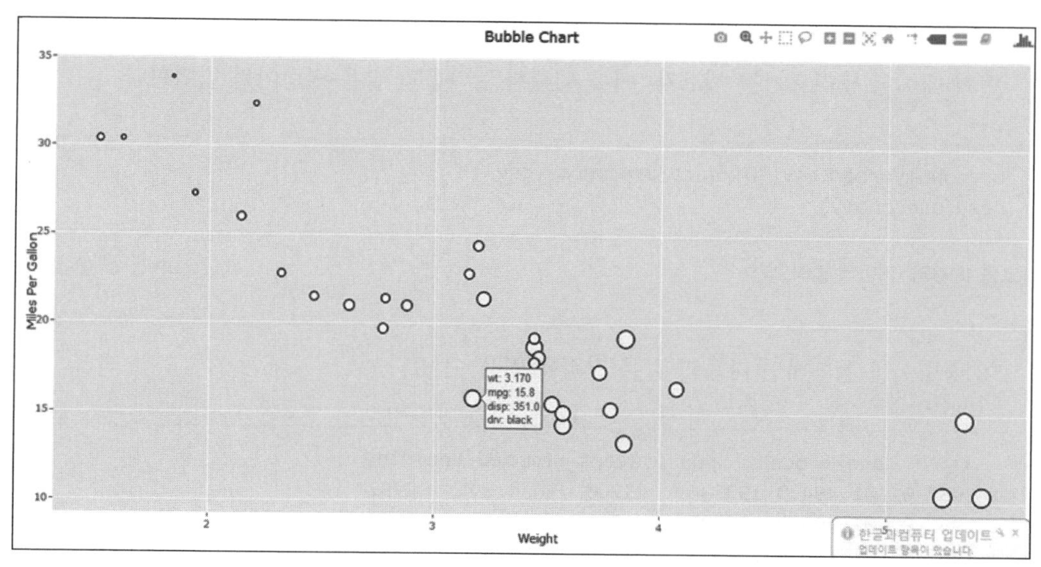

[그림 16-32] 대화형 결과화면

결과 설명 분석자가 마우스를 특정 버블(점)에 올려 놓으면 해당 값이 나타남을 알 수 있다.

이어, 분석자는 Viewer 모듈의 Export▼ 창에서 Save as Image 단추를 눌러 이미지로 저장하거나 클립보드로 저장하기 위해서 Copy to Clipboard 단추를 누를 수 있다. 또한 대화형 결과화면을 HTML을 웹상에 공지하기 위해서 Save as Web Page를 누를 수 있다.

2.10 대화형 시계열 그래프

대화형 시계열 그래프는 이용자가 마우스를 움직이면서 시간축에 따른 데이터의 변화를 동적으로 보여준다. 대화형 그래프를 만들기 위해서는 먼저 dygraphs 패키지를 설치해야 한다.

이 책에서는 대화형 시계열 그래프를 제작하는 방법을 다루기 위해서 미국 월별 경제지표 중 1967년 1월 1일부터 2017년 1월 1일까지의 데이터를 다룰 것이다. 이 데이터는 필자가 미국의 월별 데이터 지표 사이트(Economic Research, https://research.stlouisfed.org)의 데이터를 정리한 것이다(useconomy.csv). 데이터에 포함되는 변수는 date(날짜), psavert(personal savings rate, 개인 저축률), pce(personal consumption expenditures, 개인 소비지출, 단위 : 10억 달러), unemploy(number of unemployed in thousands, 실업자 수, 단위: 천 명), uempmed(median duration of unemployment, 실업

상태 기간(단위: 주)) 등이다.

먼저 데이터 불러오기를 해보자. 이를 위해서는 다음과 같은 명령어를 입력한다.

```
useconomy=read.csv("D:/data/useconomy.csv")
head(useconomy)
```

[그림 16-33] 데이터 불러오기 [데이터] ch16-16.R

이 명령어를 실행하면 다음과 같은 결과를 얻을 수 있다.

```
        date   pce    pop psavert uempmed unemploy
1 1967-01-01 494.9 197736    12.0     4.5     2992
2 1967-02-01 493.7 197892    12.4     4.7     2944
3 1967-03-01 496.6 198037    12.6     4.6     2945
4 1967-04-01 502.1 198206    11.7     4.9     2958
5 1967-05-01 503.0 198363    11.9     4.7     3143
6 1967-06-01 507.5 198537    11.7     4.8     3066
```

[그림 16-34] 데이터 변수 내용

이어 대화형 시계열 그래프를 제작하도록 하자. 이를 위해서는 dygraphs 패키지를 이용한다. dygraphs 패키지를 설치해야 한다. dygraphs 패키지로 대화형 시계열 그래프를 그리기 위해서는 데이터를 xts(eXtensible Time Series) 데이터 유형으로 바꿔줘야 한다. xts 패키지는 R 프로그램에 내장되어 있어 별도 설치하지 않아도 된다. xts 데이터란 데이터가 시계열 속성(time series object)을 보이는 것을 말한다. xts는 데이터를 시계열 분석에 맞게 신속하게 만들어 주고 결점이 없도록 해준다. xts()로 useconom 데이터의 unemploy(실업자 수) 변수를 xts 형식으로 변경하도록 한다. 이에 대한 명령문은 다음과 같다.

```
library(dygraphs)
useconomy=read.csv("D:/data/useconomy.csv")
head(useconomy)
library(xts)
useco<-xts(useconomy$unemploy, order.by=as.POSIXct(useconomy$date))
head(useco)
```

[그림 16-35] xts 유형 변환 명령어 [데이터] ch16-17.R

명령문에서 POSIXct 날짜나 시간 속성을 받아들여 투입 속성으로 사용되도록 하는 기능을 한다. 앞의 명령어를 실행하면 다음과 같은 결과를 얻을 수 있다.

```
           [,1]
1967-01-01 2992
1967-02-01 2944
1967-03-01 2945
1967-04-01 2958
1967-05-01 3143
1967-06-01 3066
```

[그림 16-36] xt 유형 변환 명령어

대화형 시계열 그래프를 제작하기 위해서 dygraphs 패키지의 dygraph()를 이용하기로 하자. 명령문은 다음과 같다.

```
library(dygraphs)
useconomy=read.csv("D:/data/useconomy.csv")
head(useconomy)
library(xts)
useco<-xts(useconomy$unemploy, order.by=as.POSIXct(useconomy$date))
head(useco)
dygraph(useco)
```

[그림 16-37] 대화형 시계열 그래프 생성 명령문 [데이터] ch16-18.R

이 명령문을 실행하면 다음과 같은 그림을 얻을 수 있다.

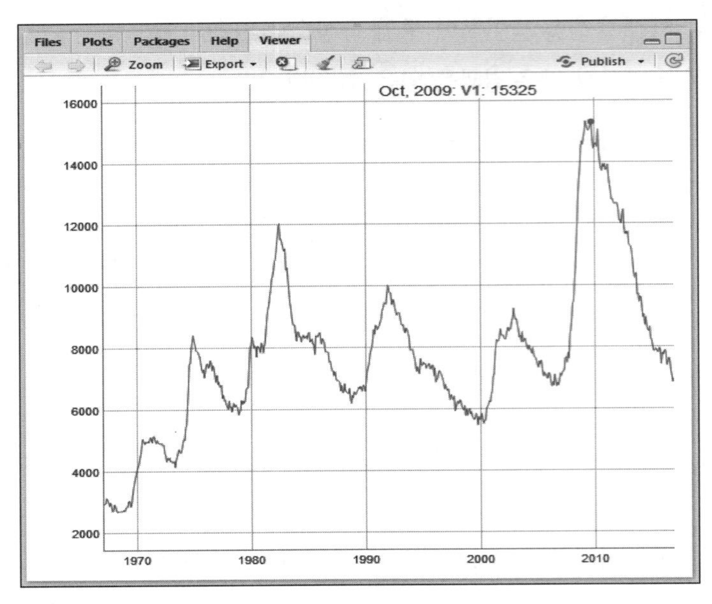

[그림 16-38] 결과화면

결과 설명 x축에는 연도, y축에는 실업자 수가 나타나 있다. 분석자가 마우스를 그래프 선상에 올려 놓으면 날짜별 실업자 수가 표시되게 된다.

분석자가 왼쪽 마우스를 누르고 끌어 당기기를 하면 특정 구간을 확대해서 볼 수 있다. 이에 대한 그림 화면은 다음과 같다.

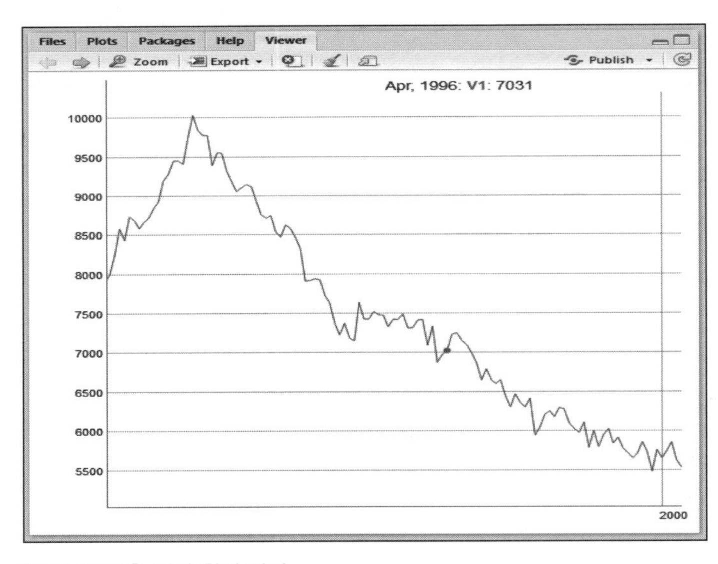

[그림 16-39] 기간 확대 화면

분석자는 그래프의 x축에 날짜 범위를 선택할 수 있는 기능을 추가할 수 있다. 이에 대한 명령은 %>% dyRangeSelector( )이다. 여기서 %>%는 파이프 연산자(pipe operator)이다. 이는 함수를 연결하는 역할을 한다. dygraph(useco) %>% dyRangeSelector()에서 useco 데이터를 출력하라는 의미이다.

```
library(dygraphs)
useconomy=read.csv("D:/data/useconomy.csv")
head(useconomy)
library(xts)
useco<-xts(useconomy$unemploy, order.by=as.POSIXct(useconomy$date))
head(useco)
dygraph(useco) %>% dyRangeSelector()
```

[그림 16-40] 날짜 범위 선택 명령어 [데이터] ch16-19.R

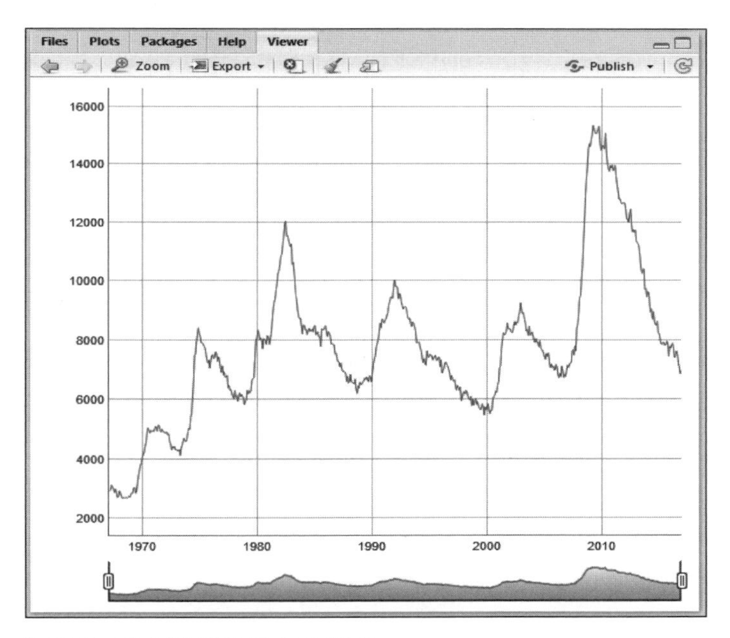

[그림 16-41] 날짜 범위 선택 결과화면

분석자는 화면 하단에서 특정 기간 범위를 정하여 시간축에 따라 데이터의 변화 양상을 확인할 수 있다. 이에 대한 화면은 다음과 같다.

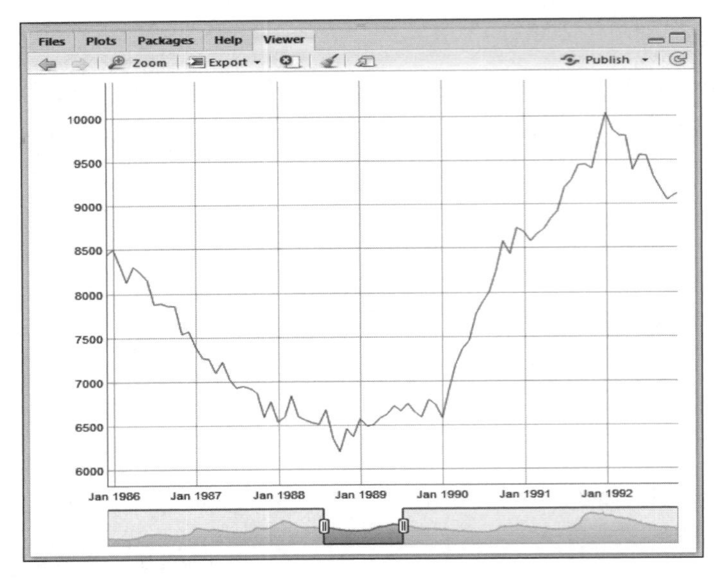

[그림 16-42] 날짜 선택 결과화면

이제 2개 이상의 데이터를 한 화면에 표시하는 방법에 대하여 알아보도록 하자. psavert (personal savings rate, 개인 저축률)와 uempmed(median duration of unemployment, 실업상태 기간(단위: 주))를 동시에 나타내 보도록 하자. 이를 위해서는 다음과 같이 두 변수를 xts로 전환해야 한다. 명령어는 다음과 같다.

```
library(xts)
usecoA<-xts(useconomy$psavert, order.by=as.POSIXct(useconomy$date))
usecoB<-xts(useconomy$uempmed, order.by=as.POSIXct(useconomy$date))
useco2<-cbind(usecoA,usecoB)
colnames(useco2)<-c("usecoA","usecoB")
head(useco2)
```

[그림 16-43] 데이터 결합 및 변수명 변환 [데이터] ch16-20.R

이 명령어에 대한 실행 결과는 다음과 같다.

```
           usecoA usecoB
1967-01-01   12.0    4.5
1967-02-01   12.4    4.7
1967-03-01   12.6    4.6
1967-04-01   11.7    4.9
1967-05-01   11.9    4.7
1967-06-01   11.7    4.8
```

[그림 16-44] 데이터 결합 및 변수명 결과화면

결합한 데이터에 대한 그래프를 그리기 위해서 dygraph() 함수를 이용하도록 하자. 이에 대한 명령어는 다음과 같다.

```
library(dygraphs)
useconomy=read.csv("D:/data/useconomy.csv")
head(useconomy)
library(xts)
usecoA<-xts(useconomy$psavert, order.by=as.POSIXct(useconomy$date))
usecoB<-xts(useconomy$uempmed, order.by=as.POSIXct(useconomy$date))
useco2<-cbind(usecoA,usecoB)
colnames(useco2)<-c("usecoA","usecoB")
head(useco2)
dygraph(useco2) %>% dyRangeSelector() %>%
dyHighlight(highlightSeriesOpts = list(strokeWidth = 3))
```

[그림 16-45] dygraph 명령어 [데이터] ch16-21.R

이 명령문을 실행하면 다음과 같은 결과를 얻을 수 있다.

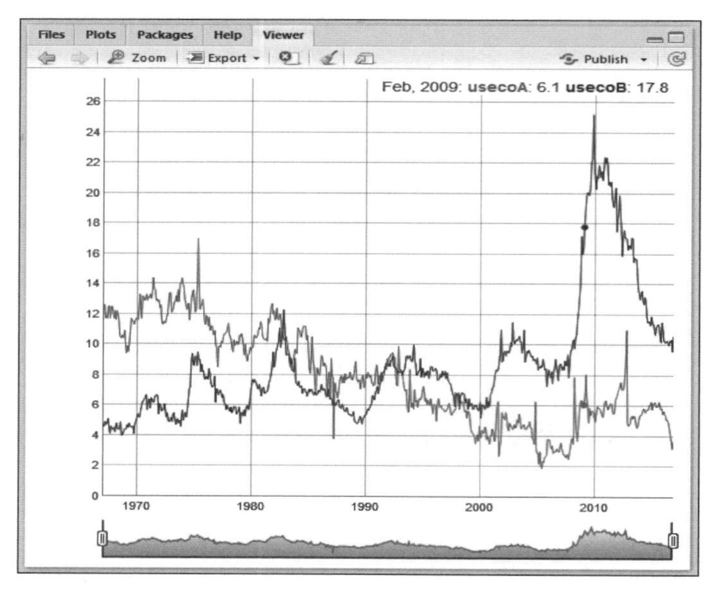

[그림 16-46] dygraph 결과화면

결과 설명 psavert(개인 저축률)와 uempmed(실업상태 기간)의 대화형 시계열 그래프를 볼 수 있다. 분석자가 특정한 선 위에 마우스를 올려 놓으면 두 변수의 데이터를 확인할 수 있다.

분석자가 마우스를 특정선에 올려 놓으면 다음 그림과 같이 진한 색의 그래프를 얻을 수 있다. 이는 특정선을 부각시키기 위한 명령어를 입력하였기 때문이다(dyHighlight(highlightSeriesOpts = list(strokeWidth = 3))).

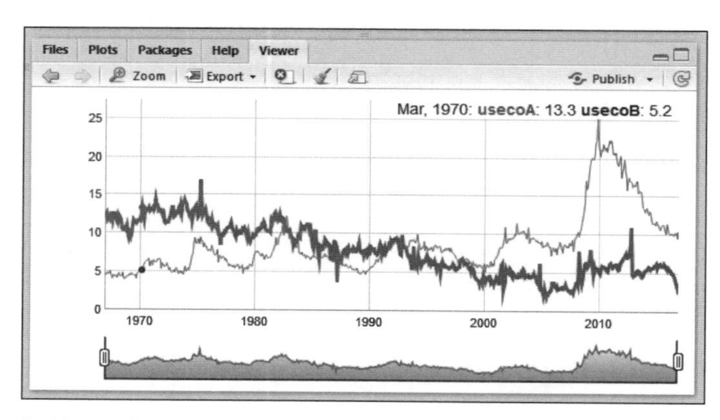

[그림 16-47] dygraph 결과화면

다음은 실제치와 예측치를 그래프상 동시에 나타내는 명령어를 표시한 것이다. 이는 https://rstudio.github.io/dygraphs/index.html 사이트 내용을 인용한 것이다. 여기서는 HoltWinters 예측방법을 사용한 것이다. HoltWinters 모형은 데이터가 선형으로 일정하게 증가하는 추세를 나타내거나, 추세선 없이 선형으로 균등하게 나타내는 경우 그 적합성이 뛰어난 장점이 있다.

```
library(dygraphs)
library(forecast)
hw <- HoltWinters(ldeaths)
p <- predict(hw, n.ahead = 36, prediction.interval = TRUE)
all <- cbind(ldeaths, p)

dygraph(all, "Deaths from Lung Disease (UK)") %>%
  dySeries("ldeaths", label = "Actual") %>%
  dySeries(c("p.lwr", "p.fit", "p.upr"), label = "Predicted")
```

[그림 16-48] 실제치와 예측치 명령어 [데이터] ch16-22.R

이 명령어를 실행하면 다음과 같은 결과를 얻을 수 있다.

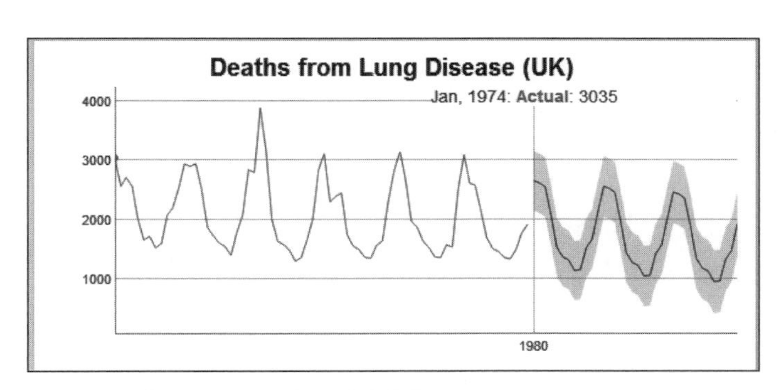

[그림 16-49] 실제치와 예측치 결과화면

결과 설명 그림 앞부분은 실제치를 나타낸다. 1980년 이후는 예측치의 신뢰구간과 함께 상한값과 하한값이 나타나 있다.

연습문제

1. 빅데이터 시각화 장점에 대해 서로 토론해 보자.

2. 다음 자료는 2010년 기준 노동인력 상위 10개국의 고용 비중이다. 이를 ggplot 프로그램을 이용하여 막대그래프로 처리해 보자.

country	y
중국	35
인도	23
미국	78
인도네시아	39
브라질	53
러시아	65
일본	69
나이지리아	20
방글라데시	26
독일	69

[자료원] http://www.nationmaster.com

힌트)

```
library(ggplot2)
tg1<-read.csv("D:/data/tg1.csv")
ggplot(tg1,aes(x=country, y=y)) + geom_bar(stat="identity") +
geom_text(aes(label=y), vjust=-0.2, color="blue")
```

17장

생산적인 리포터 제작

학습목표

1. 웹에 결과물을 출판하는 방법을 이해한다.
2. R 결과물을 MS-워드나 오픈 문서 기록으로 통합하는 방법을 이해한다.
3. 다이나믹 리포트를 생성하고 여기서 데이터가 변할 때 결과물도 변화하는 방법을 알아보자.
4. R, Markdown, 그리고 Latex 등으로 품질이 우수한 출판물을 생성해 보자.

1 기본 개념 설명

연구자의 기본 역할은 연구와 저술에 있다. 연구자는 연구결과를 이해관계자에 맞게 리포트나 논문을 제출하여 연구결과를 인정받고 수정 요청사항이 있을 경우, 적절한 대응을 해야 한다. 이렇듯 단순한 분석에 머무르지 않고 최종 리포트나 논문이 출판될 때까지 긴장의 끈을 놓으면 안 된다.

R 프로그램을 운용하면서 데이터가 바뀌면 분석자는 분석과정을 다시 실행하고 리포트 작성과정을 처음부터 다시 해야 할 경우가 발생한다. 이러한 한계점 때문에 R 프로그램 분석자들은 R 프로그램이 유용하지 않다고 생각할 수 있다. 그러나 걱정할 필요가 없다.

분석자가 R Markdown을 활용하면 분석과정의 내용을 분석보고서로 만들 수 있다. R은 다양한 R 코드를 통합하는 기능을 갖고 있다. R 코드와 결과물은 리포트로 통합된다. 추가적으로 데이터는 리포트에 연결되어 있어 데이터가 변하면 리포트도 변경되게 된다. 이러한 다이나믹 리포트는 웹페이지, 마이크로소프트 워드 문서, 오픈 문서 파일, 출판준비 PDF나 포스트 스크립트 문서 등으로 저장된다.

분석자가 R을 이용한 통계, 도표를 통합하여 서로 연동되는 문서를 제작하면 보다 효율적이고 생산적인 보고서를 만들 수 있다.

2 새로운 프로젝트 준비

1. RStudio 화면의 오른쪽 상단에 있는 Project 버튼을 클릭한다.

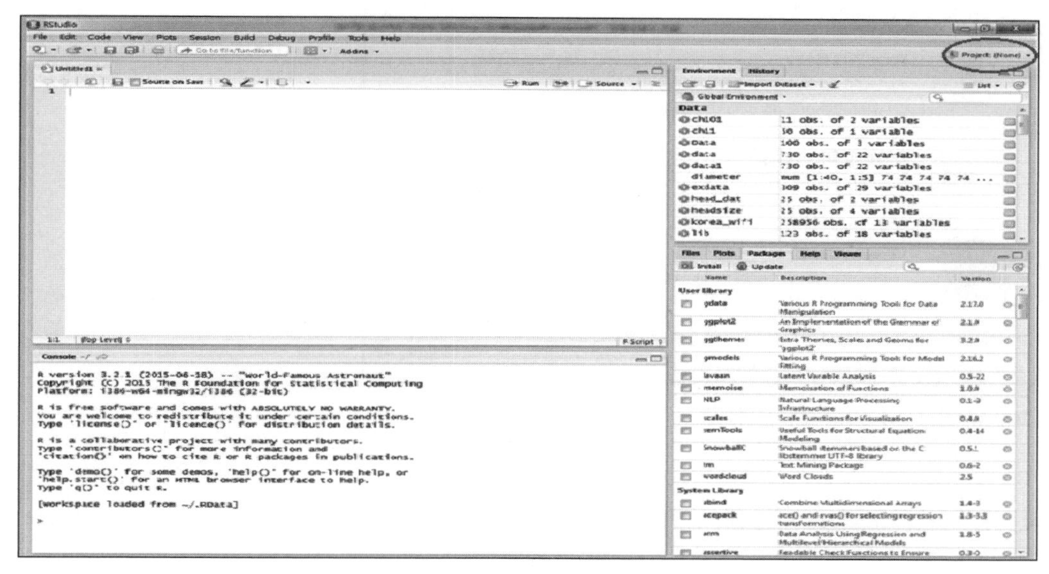

[그림 17-1] R Studio 화면

2. New Project...를 클릭한다.

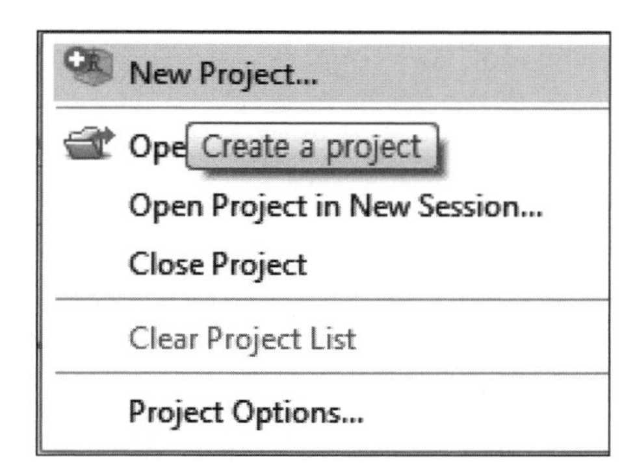

[그림 17-2] New Project... 화면

3. New directory...Empty Project를 선택한다.

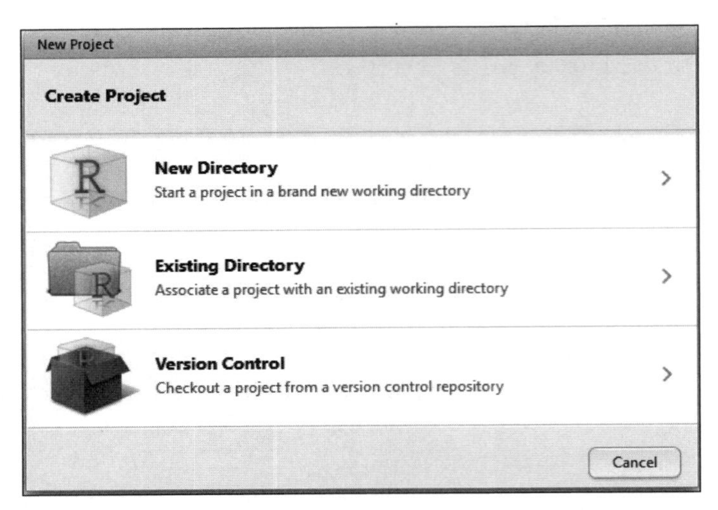

[그림 17-3] New Directory 선택화면

4. 새로운 프로젝트 이름을 부여한다. 여기서는 Directory name에는 'example' Create project as subdirectory of:에 'D:/data'를 지정한다.

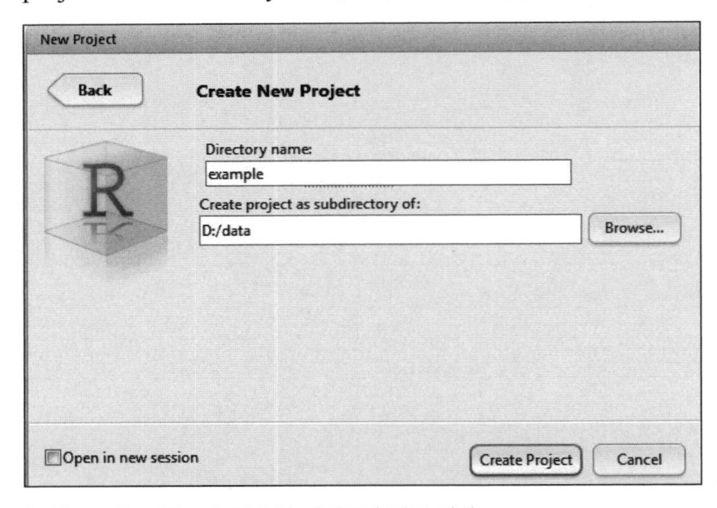

[그림 17-4] 디렉토리 이름 및 디렉토리 경로 지정

5. Create Project 단추를 누른다. 그러면 다음과 같은 화면을 얻을 수 있다. 우측 상단에는 'example'이라는 명칭이, 오른쪽 하단 창에는 example.Proj 파일이 생성된다.

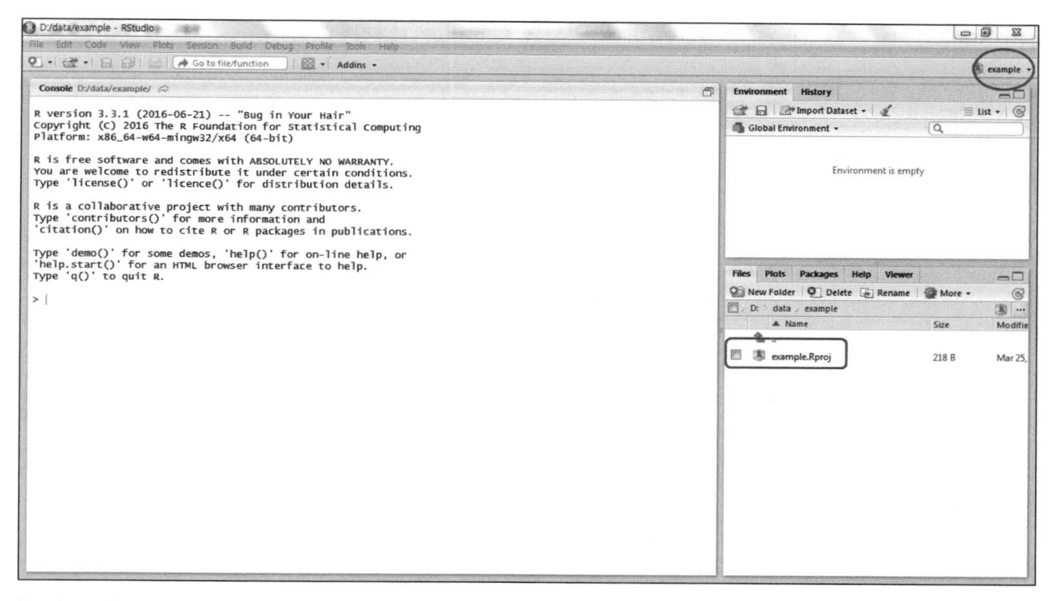

[그림 17-5] 프로젝트 파일명과 경로 지정 화면

3 R markdown 파일 시작하기

1. File → New File → R markdown을 지정한다.

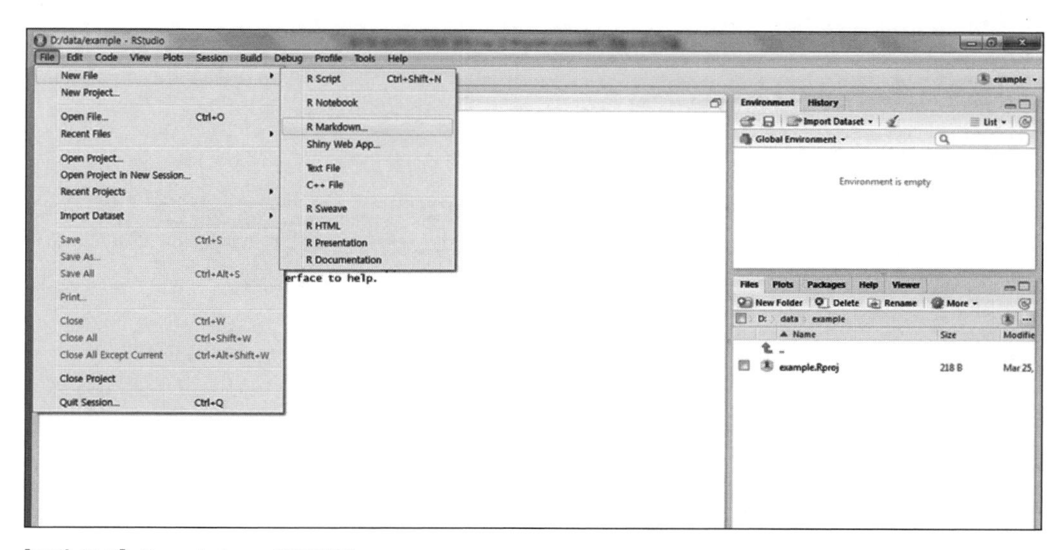

[그림 17-6] R markdown 지정화면

2. Rmakdown 파일 이름(Title)과 저자의 이름(Author)을 입력한다.

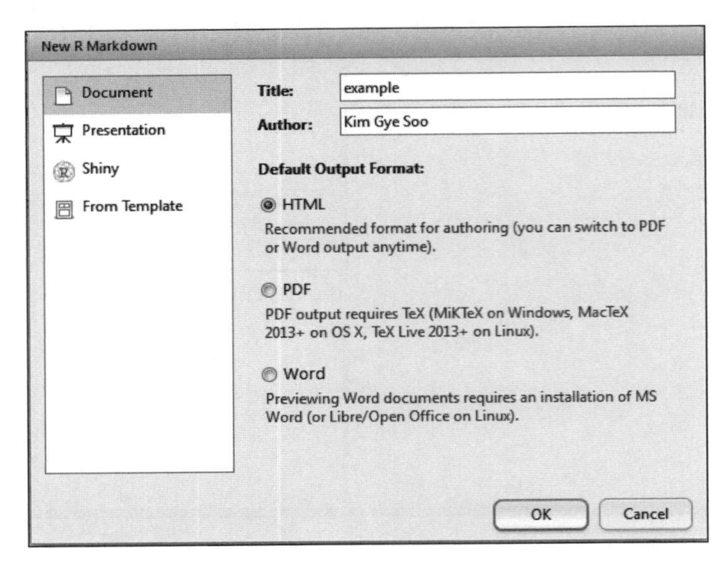

[그림 17-7] 제목과 저자 입력

3. 여기서 OK 단추를 누르면 다음과 같은 화면을 얻을 수 있다. 이 샘플파일에서는 Rmarkdown의 기본 폼이 나타나 있다. 창에서 Knit 단추를 누른다.

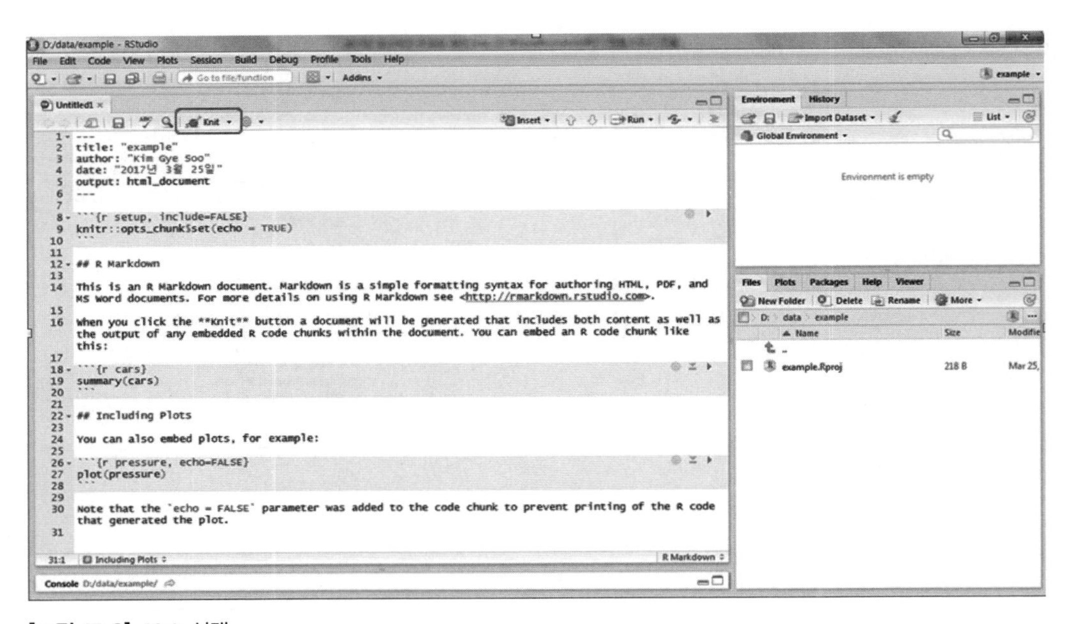

[그림 17-8] Knit 선택

4. 그러면 다음과 같은 선택 창이 나타난다. 여기서는 Knit to HTML을 선택한다.

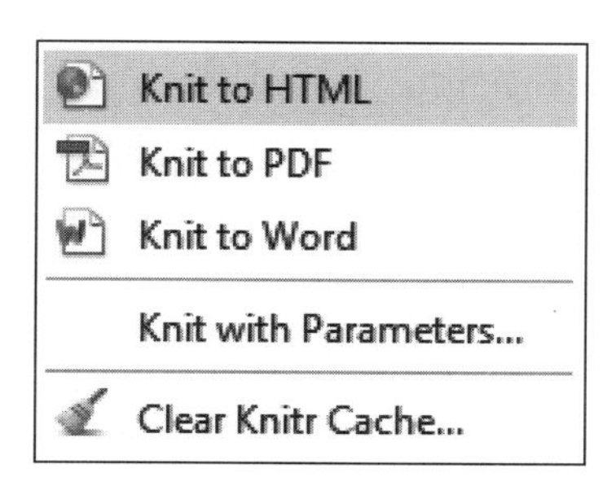

[그림 17-9] Knit to HTML

5. 이어 파일 형식을 Test로 정의한다. 그러면 다음과 같은 화면을 얻을 수 있다. 여기서 분석자는 Open in Browser 단추를 눌러 웹상에서 미리보기를 할 수 있다. 또는 Publish 단추를 눌러 Rpubs.com에 게시할 수 있다. 다만 Publish 단추를 누를 경우 Rpubs.com에 게시된 파일은 누구나 볼 수 있어 주의가 요구된다.

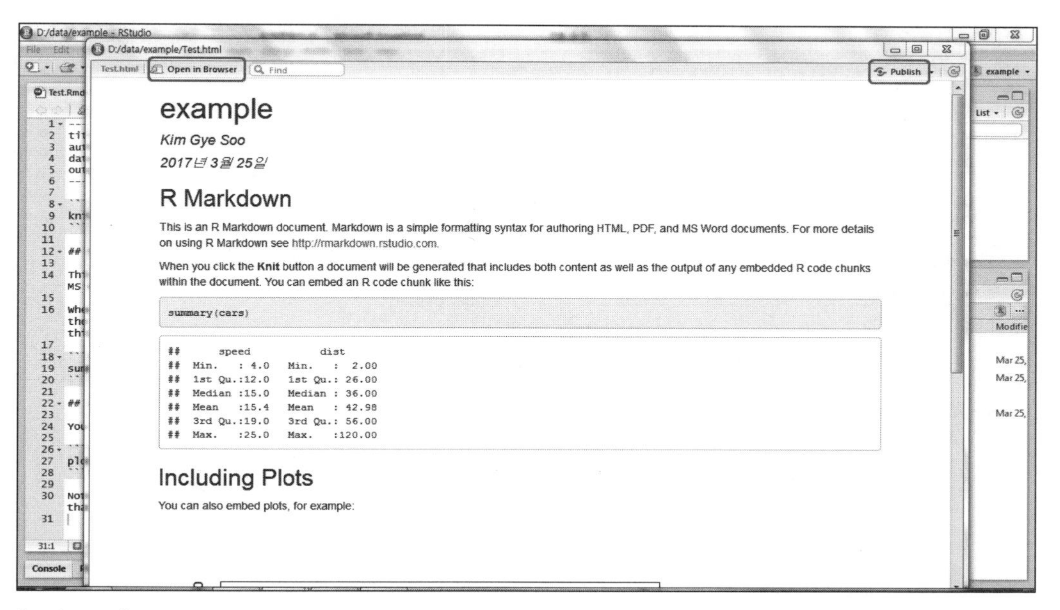

[그림 17-10] Knit to HTML 결과화면

6. 만약 분석자가 Rstudio 창에서 Knit 단추를 눌러 MS Word 단추를 누르면 MS Word 문서를 얻을 수 있다.

R markdown 이용 생산적인 리포트 작성법

분석자는 데이터와 작성 문서에 포함되는 도표를 연동시켜 생산적인 리포트를 작성할 수 있다. 데이터가 연동되는 문서작성은 연구과정에서 발생하는 재작업 과정이나 추가작업을 줄여주어 문서작성의 효율성을 가져다 줄 수 있다.

1. 앞에서 다룬 'example' 파일을 다시 불러온다.

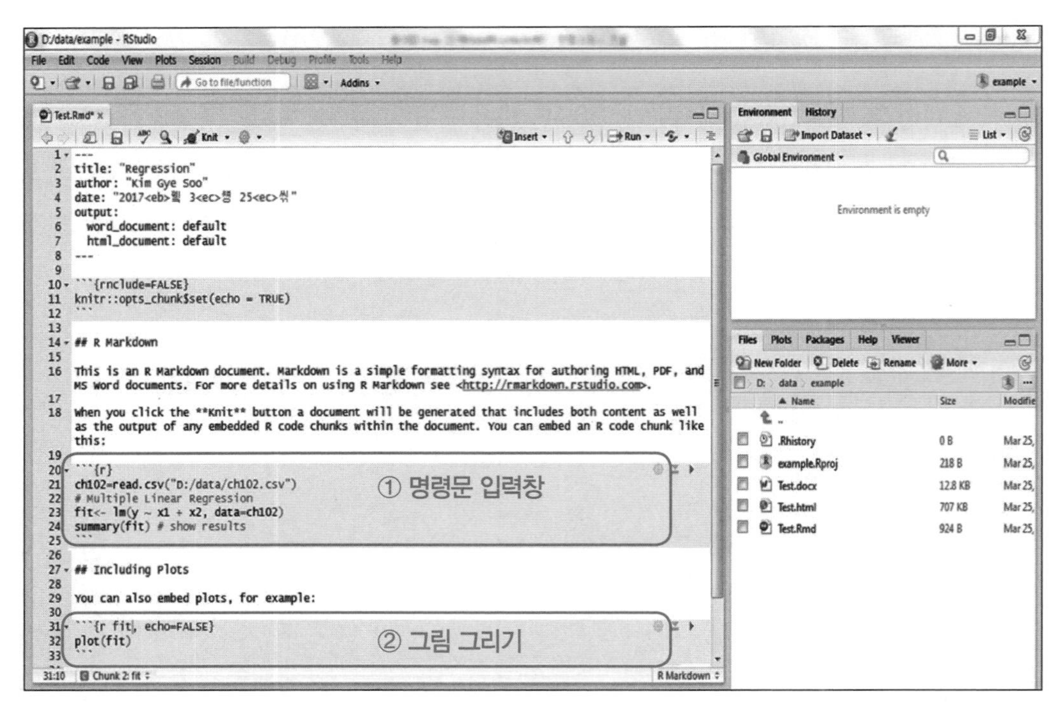

[그림 17-11] 회귀분석 명령문 창 [데이터] Test.Rmd

여기서 R코드에 관해 간단히 설명하기로 한다. R코드의 기본 문형은 다음과 같다.

```
```{r} # R코드의 시작 명령문
``` # R코드의 끝 문장
```

```{r}과 ``` 사이에는 소위 코드 청크(Chunk, 덩어리)를 입력하게 된다.

2. ① 명령문 입력창에서 {r} 사이에 다음과 같은 명령문을 입력한다.
```

```
…{r}
ch102=read.csv("D:/data/ch102.csv")
# Multiple Linear Regression
fit<- lm(y ~ x1 + x2, data=ch102)
summary(fit) # show results
…
```

3. ② 그림 그리기 난에는 그림을 그리기 위해서 다음과 같은 명령어를 입력한다. 'r fit, echo=FALSE'는 결과물에 R 소스코드를 나타내지 않은 경우를 나타낸다. 결과물에 R 소스코드를 나타내고 싶은 경우는 echo=TRUE를 나타내는 경우이다.

```
…{r fit, echo=FALSE}
plot(fit)
…
```

4. Knit 단추를 누른 다음 Knit to Word를 누른다. 그러면 다음과 같은 깔끔한 MS Word 화면을 얻을 수 있다.

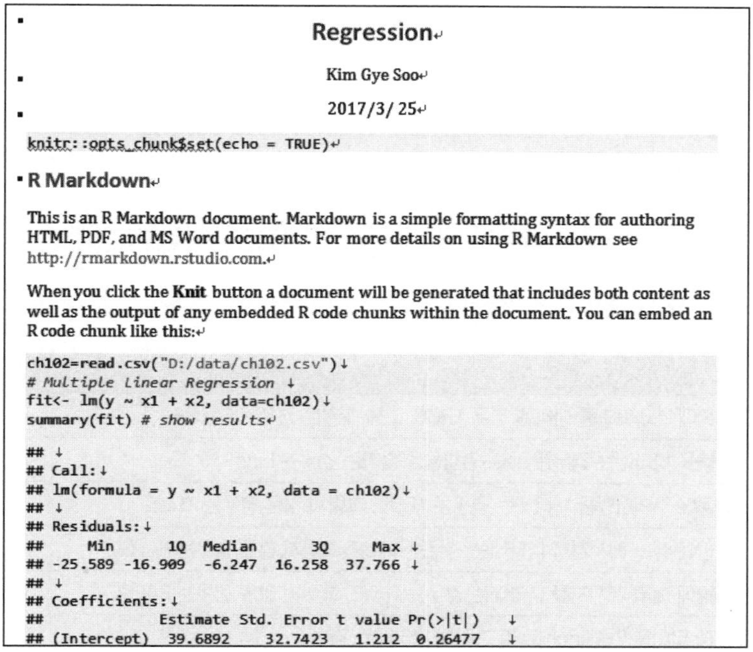

Regression

Kim Gye Soo

2017/3/25

```
knitr::opts_chunk$set(echo = TRUE)
```

R Markdown

This is an R Markdown document. Markdown is a simple formatting syntax for authoring HTML, PDF, and MS Word documents. For more details on using R Markdown see http://rmarkdown.rstudio.com.

When you click the **Knit** button a document will be generated that includes both content as well as the output of any embedded R code chunks within the document. You can embed an R code chunk like this:

```
ch102=read.csv("D:/data/ch102.csv")
# Multiple Linear Regression
fit<- lm(y ~ x1 + x2, data=ch102)
summary(fit) # show results

##
## Call:
## lm(formula = y ~ x1 + x2, data = ch102)
##
## Residuals:
##      Min      1Q  Median      3Q     Max
## -25.589 -16.909  -6.247  16.258  37.766
##
## Coefficients:
##             Estimate Std. Error t value Pr(>|t|)
## (Intercept)  39.6892    32.7423   1.212  0.26477
```

[그림 17-12] 회귀분석 결과물

지금까지 사용한 Markdown 명령문, 리포트 문장, R 청크(덩어리)를 한눈으로 알기 쉽게 정리하면 다음과 같다.

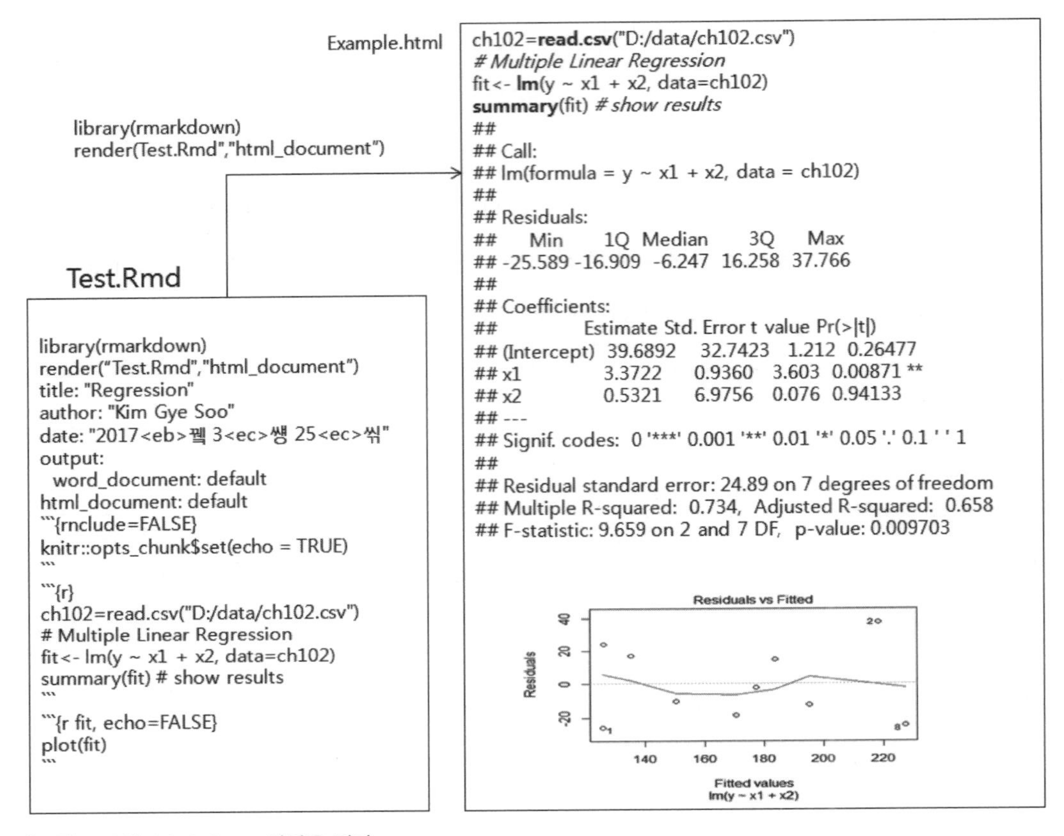

[그림 17-13] Markdown 명령문 정리

앞에서 다룬 코드 청크의 옵션은 다음 표로 정리할 수 있다.

[표 17-1] 코드 청크 선택화면

옵션	설명
echo	결과물에 소스코드를 나타낼 경우 TRUE, 그렇지 않은 경우는 FALSE
results	결과물을 나타내는 경우는 asis, 결과물을 숨기는 경우는 hide
warning	결과물에 주의사항을 나타내는 경우는 TRUE, 그렇지 않은 경우는 TRUE
message	결과물에 정보 메시지를 나타내는 경우는 TRUE, 그렇지 않은 경우는 FALSE
error	결과물에 에러 메시지를 나타내는 경우는 TRUE, 그렇지 않은 경우는 FALSE
fig.width	플롯에 넓이를 인치(inches)로 그림에 나타내는 경우
fig.height	플롯에 높이(height)를 인치로 표시하는 경우

데이터 사이언티스로 거듭나기

빅데이터가 대세를 이루면서 데이터 사이언티스의 몸값이 높아지고 있다. 데이터 사이언티스트는 원리(principle)를 중시한다. 원리는 절대 사라지지 않는 핵심적인 것이다. 원리 주변 것이 바뀌어도 원리는 절대 변하지 않는다. 데이터 사이언티스가 자신의 경쟁력을 지속적으로 갖추기 위해서는 배우는 자세를 끊임없이 견지해야 한다. 데이터 사이언티스트뿐만이 아니다. 평생 공부는 동시대인의 과제이다. 그동안 유효했던 최종학위(terminal degree)가 이제는 옛 이야기가 되어가고 있다. 평생 배울 생각을 하고 실행에 옮겨야 한다. 훌륭한 사이언티스트가 되기 위해서 어떤 역량을 키워야 할 것인가?

– 개념화 역량(Conceptual Skill) : 복잡한 문제와 현상을 꿰뚫어 보는 역량을 갖추어야 한다. 이를 위해서는 끊임없는 독서와 신문 읽기를 통해서 트렌드와 현상을 파악할 수 있어야 한다.

– 대인관계 역량(Interpersonal Skill) : 동시대를 살고 있는 우리는 혼자 살 수 없다. 다양한 사람들과 교류하면서 지식과 정보를 공유해야 한다. 오프라인상에서는 high touch를 통해서 따뜻한 정감을, 온라인상에서는 클럽이나 포럼에 가입하여 지식과 정보를 공유해야 한다.

– 기술적인 역량(Technical Skill) : 빅데이터 분석과 관련한 데이터 수집 방법, 데이터 정제 방법, 모델링 방법, 새로운 분석 툴의 사용법 등을 확실히 알고 관련 내용을 실제 다룰 수 있어야 한다. 데이터 분석 역량, 데이터 엔지니어링 역량, 데이터 시각화 역량, 웹 애널리틱스 역량 등은 데이터 사이언티스가 간과하면 안 될 역량이다. 앞에서 이야기 한 대인관계 역량은 high touch적인 성격이 강하고, 기술적인 역량은 high tech적인 성격이 강하다.

18장

R 고급 프로그래밍

CHAPTER 18

학습목표

1. R 언어를 심층적으로 학습한다.
2. 객체지향적인 R 프로그램으로 일반적인 함수를 생성한다.
3. 연산자와 제어문을 이해한다.

 데이터 유형

일반적으로 어떤 프로그래밍 언어로 프로그래밍을 하든 다양한 정보를 포함하는 많은 변수들을 사용한다. 변수라는 것은 다른 게 아니라 값을 저장할 할당 메모리(reserved memory)의 위치를 나타낸다. 즉 변수는 측정값의 대표 이름이라고 생각하면 된다. 문자, 문자열, 정수, 부동 소수점, double형의 부동 소수점, Boolean 등과 같은 다양한 데이터 타입의 정보를 저장할 때, 운영체제는 변수의 데이터 타입에 따라 메모리를 할당하고 할당 메모리에 무엇을 저장할지를 결정한다.

C나 Java 같은 프로그래밍 언어와는 다르게 R에서는 변수를 특정 데이터 타입으로 선언하지 않는다. 변수는 R 객체(R-Object)에 할당하고 R 객체의 데이터 타입이 그 변수의 데이터 타입이 된다. R 객체에는 다양한 데이터 타입이 있으며, 아래는 자주 사용되는 데이터 유형들이다.

- 벡터(Vectors)
- 리스트(Lists)
- 매트릭스(Matrices)
- 배열(Arrays)
- 요인(Factors)
- 데이터 프레임(Data Frames)

이에 대한 내용은 앞의 2장에서 다루었다. 다시 한번 살펴보면 도움이 될 것이다.

1.1 원소 벡터

기본적인 데이터 유형은 두 가지가 있다. 원소 벡터(atomic vector)와 본원 벡터(generic vector)이다. 원소 벡터는 단일 데이터 유형을 포함하는 배열이다. 본원 벡터는 리스트라 불리는 원소 벡터의 조합을 말한다. 1개 이상의 요소로 이뤄진 원소 벡터를 만들 때는 c() 함수를 사용한다.

원소 벡터의 예는 다음과 같다.

```
passed <- c(TRUE, TRUE, FALSE, TRUE)
ages <- c(15, 18, 25, 14, 19)
cmplxNums <- c(1+2i, 0+1i, 39+3i, 12+2i)
names <- c("Bob", "Ted", "Carol", "Alice")
```

[그림 18-1] 원소 벡터 예

참고로 수많은 R 데이터는 특정 속성을 갖는 원소 벡터이다. 예를 들어 R은 스칼라(scalar) 유형을 갖지 않는다. 스칼라는 단일 원소와 함께 하는 원소 벡터를 말한다. R에서는 k<−2를 줄여서 k<−c(2)로 나타낸다.

행렬(matrix)은 원소 벡터로 2차원의 직사각형 모양의 데이터 묶음을 말한다. 매트릭스는 메트릭스 함수에 벡터를 인자로 넣어서 만들 수 있다. 1차원의 벡터로 시작하여 매트릭스를 만드는 연습을 해보자. 분석자는 데이터를 입력하면서 GIGO(Garbage In Garbage Out)의 원리를 알아야 한다. 즉, 쓰레기를 입력하면 쓰레기가 결과물로 산출된다는 사실이다.

```
> x <- c(1,2,3,4,5,6,7,8)
> class(x)
[1] "numeric"
> print(x)
[1] 1 2 3 4 5 6 7 8
```

[그림 18-2] 원소 벡터 예

여기에 dim 속성을 추가하여 보자.

```
attr(x, "dim") <- c(2,4)
```

[그림 18-3] dim 속성 추가

여기서는 2×4 매트릭스를 만들기 위한 것이다. print(x) 함수를 실행하면 다음과 같은 결과를 얻을 수 있다.

```
> print(x)
     [,1] [,2] [,3] [,4]
[1,]    1    3    5    7
[2,]    2    4    6    8
```

[그림 18-4] print(x) 함수 산출

데이터의 유형과 속성을 알아보기 위해서 다음과 같은 명령어를 입력하고 확인할 수 있다.

```
> class(x)
[1] "matrix"
> attributes(x)
$dim
[1] 2 4
```

[그림 18-5] 데이터 유형과 속성

여기서는 데이터 유형이 매트릭스이고 차원은 2×4 매트릭스임을 알 수 있다.

분석자는 dimname 속성을 추가하여 행(Row)과 열(column)에 명칭을 부여할 수 있다.

```
> attr(x, "dimnames") <- list(c("A1", "A2"),
+                             c("B1", "B2", "B3", "B4"))
> print(x)
   B1 B2 B3 B4
A1  1  3  5  7
A2  2  4  6  8
```

[그림 18-6] 행과 열에 명칭 부여

매트릭스는 dim속성 제거로 1차원 벡터로 돌릴 수 있다.

```
> attr(x, "dim") <- NULL
> class(x)
[1] "numeric"
> print(x)
[1] 1 2 3 4 5 6 7 8
```

[그림 18-7] 1차원 매트릭스 복원

1.2 본원 벡터

본원 벡터(generic vector)는 원소 벡터 또는 리스트의 조합을 말한다. 데이터 프레임은 특정 유형의 리스트를 말한다. 본원 벡터를 알아보기 위해서 R 프로그램을 설치하면 기본으로 설치되는 iris 데이터 프레임을 다뤄보도록 한다. 이는 150개 식물의 유형 수치를 다룬 것이다. 품종 유형은 setosa, versicolor, virginica 등 다양하다.

iris의 데이터 프레임을 알아보기 위해서 head(iris)를 입력하면 다음과 같은 결과를 얻을 수 있다.

```
> head(iris)
  Sepal.Length Sepal.Width Petal.Length Petal.Width Species
1          5.1         3.5          1.4         0.2  setosa
2          4.9         3.0          1.4         0.2  setosa
3          4.7         3.2          1.3         0.2  setosa
4          4.6         3.1          1.5         0.2  setosa
5          5.0         3.6          1.4         0.2  setosa
6          5.4         3.9          1.7         0.4  setosa
```

[그림 18-8] iris 데이터 속성

이어 분석자는 unclass(iris)와 attributes(iris)를 이용하여 데이터 프레임 결과를 얻을 수 있다. 지면 관계상 여기에는 결과를 삽입하지 않고 생략하니 각자 실행해 보기 바란다.

분석자는 iris 데이터 프레임에서 동질성 또는 유사성을 파악하기 위해서 k-평균 군집분석을 실시할 수 있다. 이에 대한 명령어는 다음과 같다.

```
set.seed(1234)
fit <- kmeans(iris[1:4], 3)
```

[그림 18-9] k-평균 군집분석

개체의 속성을 알아보기 위해서 분석자는 names(fit)이나 unclass(fit) 함수를 사용할 수 있다.

```
> names(fit)
[1] "cluster"      "centers"      "totss"        "withinss"      "tot.
withinss" "betweenss"
[7] "size"         "iter"         "ifault"
> unclass(fit)
$cluster
  [1] 1 1 1 1 1 1 1 1 1 1 1 1 1 1 1 1 1 1 1 1 1 1 1 1 1 1 1 1 1 1 1 1 1 1 1
1 1 1 1 1 1 1 1 1 1 1 1 1
 [49] 1 1 2 2 3 2 2 2 2 2 2 2 2 2 2 2 2 2 2 2 2 2 2 2 2 2 2 2 2 3 2 2 2 2 2
2 2 2 2 2 2 2 2 2 2 2 2 2
 [97] 2 2 2 2 3 2 3 3 3 3 2 3 3 3 3 3 3 2 2 3 3 3 3 2 3 2 3 2 3 3 2 2 3 3 3
3 3 2 3 3 3 3 2 3 3 3 2 3
[145] 3 3 2 3 3 2
$centers
  Sepal.Length Sepal.Width Petal.Length Petal.Width
1     5.006000    3.428000     1.462000    0.246000
2     5.901613    2.748387     4.393548    1.433871
3     6.850000    3.073684     5.742105    2.071053
$totss
[1] 681.3706

$withinss
[1] 15.15100 39.82097 23.87947

$tot.withinss
[1] 78.85144

$betweenss
[1] 602.5192
```

```
$size
[1] 50 62 38

$iter
[1] 2

$ifault
[1] 0
```

[그림 18-10] names(fit)과 unclass(fit) 함수의 결과물

분석자는 sapply(fit, class) 함수를 사용하여 속성에서 각각의 성분의 클래스(class)를 복원할 수 있다.

```
> sapply(fit, class)
     cluster       centers         totss      withinss tot.withinss
betweenss          size
   "integer"     "matrix"     "numeric"     "numeric"     "numeric"     "numeric"
"integer"
        iter        ifault
   "integer"    "integer"
```

[그림 18-11] sapply(fit, class) 함수 결과

결과 설명 cluster는 군집에 나타내는 정수("integer")이고 centers는 군집의 중심점을 포함하는 매트릭스이다. size는 정수 벡터로 세 군집에서의 식물 수를 포함한다.

분석자는 군집분석한 결과물을 선그래프로 표시할 수 있다.

```
set.seed(1234)
fit <- kmeans(iris[1:4], 3)
means <- fit$centers
library(reshape2)
dfm <- melt(means)
names(dfm) <- c("Cluster", "Measurement", "Centimeters")
dfm$Cluster <- factor(dfm$Cluster)
head(dfm)

library(ggplot2)
ggplot(data=dfm,
       aes(x=Measurement, y=Centimeters, group=Cluster)) +
   geom_point(size=3, aes(shape=Cluster, color=Cluster)) +
   geom_line(size=1, aes(color=Cluster)) +
 ggtitle("Profiles for Iris Clusters")
```

[그림 18-12] 군집분석 후 군집별 평균 도표 그리기 명령어 [데이터] ch18-1.R

이 명령어를 실행하면 다음과 같은 결과를 얻을 수 있다.

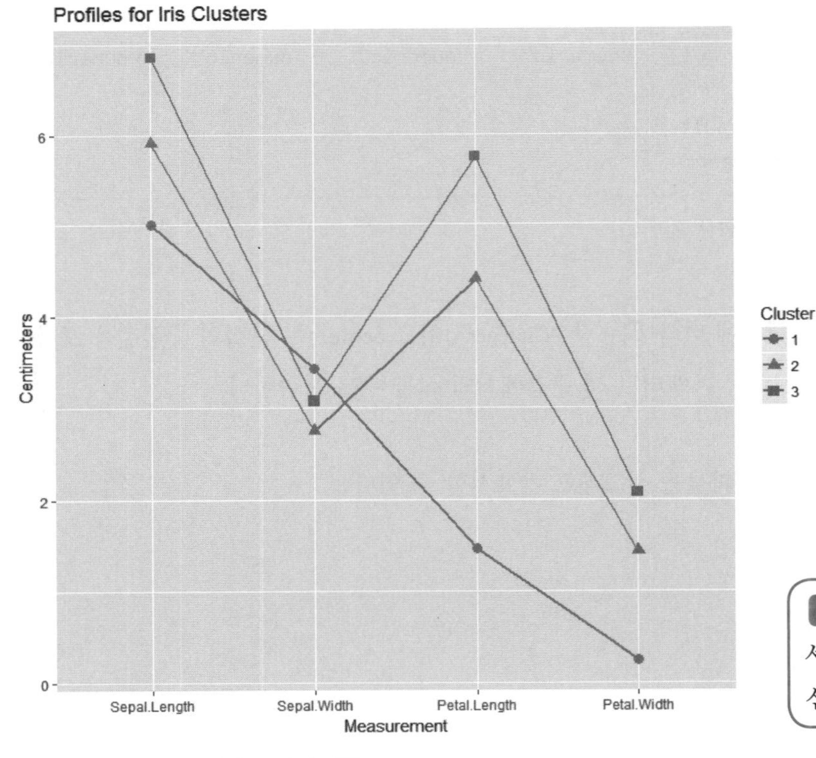

결과 설명
세 개 군집별 평균 선이 나타나 있다.

[그림 18-13] 군집분석 후 군집별 평균

2 연산자와 제어문

2.1 연산자

분석자는 덧셈, 뺄셈, 곱셈, 나눗셈 등을 이용하여 계산식을 만들 수 있다. 이를 이용하여 두 개 이상의 인수를 결과물로 받아들일 수 있는데, 이를 연산자라고 부른다. 기본적인 예는 다음과 같다.

```
> 3 + 4 + 5
[1] 12
> 6-3
[1] 3
> 4*3
[1] 12
> 50/10
[1] 5
```

[그림 18-14] 연산자

2.2 FOR 루프

반복적인 실행을 위해서 for 명령어를 사용할 수 있다. for 구문은 리스트에 있는 첫 번째부터 마지막까지 순차적으로 변하면서 리스트 안에서 반복적인 계산을 한다. 기본 구문은 다음과 같다.

```
for(변수 in 리스트) {반복 구문
}
```

[그림 18-15] FOR 문장 기본 구조

```
> for(i in 1:4) print(1:i)
[1] 1
[1] 1 2
[1] 1 2 3
[1] 1 2 3 4
> for(i in 4:1) print(1:i)
[1] 1 2 3 4
[1] 1 2 3
[1] 1 2
[1] 1
```

[그림 18-16] FOR 문장 예시

결과 설명 > for(i in 1:4) print(1:i)는 1부터 4까지 반복적으로 숫자를 표시하는 방법을 나타낸 것이다. > for(i in 4:1) print(1:i)는 네 개의 숫자부터 시작하여 마지막 1을 나타내는 방법을 표시한 것이다.

2.3 IF( )... ELSE

제어문에서 자주 사용하는 if...else...에 대하여 알아보자. if() 함수는 문장을 조건적으로 분석하도록 허락한다. 기본 명령문은 다음과 같다.

```
if(조건문){ 조건문이 참인 경우

} else { 조건문이 참이 아닐 경우 실행되는 명령문

}
```

[그림 18-17] IF AND ELSE 기본 구조

다음과 같이 예문을 입력하여 결과를 얻을 수 있다.

```
x <- -5
if(x > 0){
  print("Non-negative number")
} else {
  print("Negative number")}
```

[그림 18-18] IF AND ELSE 기본 예제 [데이터] ch18-2.R

이 명령문은 x의 값이 0보다 크면 비음수(Non−negative number)이고 그렇지 않으면 음수(Negative number)임을 나타내라는 명령어이다. 위의 명령어를 실행하면 [1] "Negative number"을 얻을 수 있다.

분석자는 if…else 사이에 else if 문장을 다양한 문장을 삽입할 수 있다. 이에 대한 예시는 다음과 같다.

```
x <- 0
if (x < 0) {
   print("Negative number")
} else if (x > 0) {
   print("Positive number")
} else
   print("Zero")
```

[그림 18-19] IF AND ELSE에 else if 문장 삽입 [데이터] ch18-3.R

이 결과를 실행하면 결과물 [1] "Zero"를 얻을 수 있다.

2.4 ifelse( )

ifelse() 함수는 if() 함수의 벡터화된 버전이다. 벡터화는 명확한 루핑 없이도 함수가 실행되도록 한다. 기본 문형은 다음과 같다.

```
ifelse(test, yes, no)
```

[그림 18-20] ifelse 기본 문형

이는 조건문(test)이 참일 경우는 'yes' 거짓일 경우는 'no'를 나타낸다. 예시 문장은 다음과 같다. 이는 데이터 중 pvalues가 <.05인 경우는 "Significant"로 표시하고 .05보다 크거나 같은 경우는 "Not Significant"라는 명령어이다.

```
pvalues <- c(.043, .001, .015, .153, .043, .660)
results <- ifelse(pvalues <.05, "Significant", "Not Significant")
results
```

[그림 18-21] ifelse 예시문 [데이터] ch18-4.R

앞의 데이터를 실행하면 다음과 같은 결과를 얻을 수 있다.

```
> results
[1] "Significant"     "Significant"     "Significant"     "Not Significant"
"Significant"
[6] "Not Significant
```

[그림 18-22] ifelse 결과물

분석자는 벡터화된 루핑을 사용하여 보다 신속하고 효율적으로 결과를 얻을 수 있다. 여기서는 for 문장을 if...else 문장과 동시에 사용한 것을 나타낸다.

```
pvalues <- c(.043, .001, .015, .153, .043, .660)
results <- vector(mode="character", length=length(pvalues))
for(i in 1:length(pvalues)){
   if (pvalues[i] < .05) results[i] <- "Significant"
   else results[i] <- "Not Significant"
}
results
```

[그림 18-23] 벡터화된 루핑 [데이터] ch18-5.R

이 명령문을 사용하면 앞의 [그림 18-22]와 동일한 결과를 얻음을 알 수 있다.

연습문제

1. 데이터 유형을 언급하고 각 데이터 유형을 설명해 보자.

2. 다음을 실행한 다음 결과에 대해서 원리를 설명해 보자.

```
e <- c(-3, 1, 5, 3, 4, 6)
results <- ifelse(e > 0, "non-negative", "negative")
results
```

19장

소셜네트워크 분석

CHAPTER 19

학습목표

1. 소셜네트워크의 기본 개념을 이해한다.
2. igraph를 이용한 소셜네트워크 분석방법을 학습한다.
3. 분석 결과에 대한 해석방법과 경영실무에 적용방법을 학습한다.

1 소셜네트워크 개념

세상 모든 사물은 연결되어 있다. 비즈니스 시작도 연결에서 비롯된다. 경영에서 누가 허브이고 노드는 누구인지를 알면 생각보다 비즈니스가 수월해진다. 사회 연결망 분석(SNA: Social Network Analysis)은 개인, 집단, 사회의 관계를 네트워크로 파악하는 방법이다. 연구자는 이를 통해 노드(개체)와 노드 간의 링크(연결)를 파악하여 위상구조와 확산과정을 이해할 수 있다. 이 사회 연결망 분석은 인간관계나 사회과학뿐만 아니라 경영학·응용과학 등 다양한 분야에서 널리 응용되고 있다.

노드(node)는 분석하고자 하는 객체로서, 사람이나 사물 등을 말한다. 이 노드들의 관계를 나타내는, 즉 연결하는 것을 링크(link)라고 한다. 링크는 단순히 노드 A와 노드 B를 연결만 하는 무방향성(undirected) 링크와 노드 A에서 노드 B로의 방향성을 가지는 방향성(directed) 링크 등이 있다. 또한 노드에 연결된 링크의 수를 밀도(Degree)라고 부른다. 특정 노드에 링크가 5개가 연결되어 있으면 이 노드의 밀도(Degree)는 5가 된다. 지금까지 설명한 내용을 그림으로 나타내면 다음과 같다.

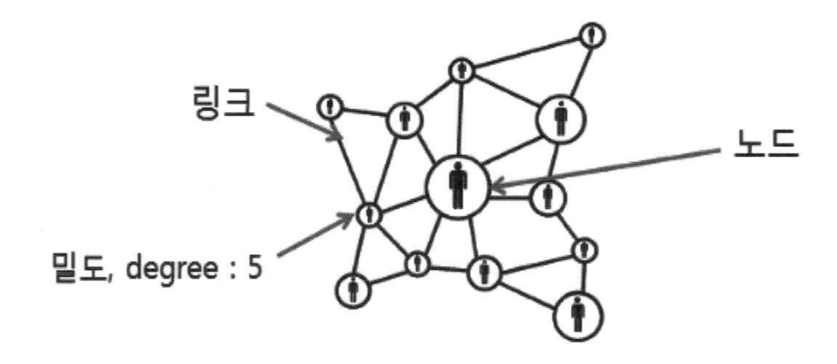

[그림 19-1] 노드, 링크, 밀도

노드의 특성은 연결정도 중심성(degree centrality), 근접중심성, 아이겐벡터 중심성 등으로 결정된다. 연결정도 중심성은 한 노드가 다른 노드와 연결된 정도를 중심으로 보는 개념이며 연결된 노드가 많으냐 적으냐의 여부가 절대적인 기준이 된다. 연결정도 중심성은 직접적(direct)으로 연결되어 있는 노드의 수로 측정되기 때문에 국지적(local) 중심성의 의미가 강하다. 중심성은 (식 19−1)로 표현할 수 있다.

$$D_i = \sum_{i=1}^{N} \frac{Z_{ij}}{N-1} \qquad \cdots\cdots(\text{식 } 19-1)$$

여기서, Z_{ij} = 노드 i에서 j로의 직접 연결, N=네트워크 내 전체 노드의 수이다.

근접 중심성은 한 노드가 다른 노드에 얼마만큼 가깝게 있는지를 나타내는 것으로 두 노드 사이의 거리(distance)가 핵심 개념이다. 근접 중심성은 직접적으로 연결된 노드뿐만 아니라 간접적으로 연결된 모든 노드들 간의 거리를 계산하여 중심성을 측정하기 때문에 네트워크 전체의 총체적인 관계를 고려할 수 있는 글로벌(global) 중심성 측정이 가능하다.

$$Ci = (N-1)[\sum_{i=1}^{N} d(i,\, j)]^{-1} \qquad \cdots\cdots(\text{식 } 19-2)$$

여기서, $d(i, j)$=노드 i에서 j에 이르는 최단경로의 길이, N=네트워크 내 전체 노드의 수이다.

아이겐벡터(Eigen vector) 중심성은 연결된 노드의 개수뿐만 아니라 연결된 노드가 얼마나 중요한지도 함께 고려함으로써 연결정도 중심성의 개념을 확장한 것이다. 즉, 아이겐벡터 중심성은 자신과 연결된 이웃들의 중심성을 가중치로 하여 자신의 중심성을 판단하는 데 사용한다. 예를 들어, 위세가 높은 기관과 많이 접촉할수록 그 기관의 위세가 높아진다는 개념이다.

아이겐벡터 중심성은 (식 19−3)으로 표현할 수 있다.

$$V_i = \sum_{i=1}^{N} C_j Z_{iz} \qquad \cdots\cdots(\text{식 } 19-3)$$

여기서, C_j =노드 j의 중요도, Z_{iz} = 노드 i에서 j로의 연결을 나타낸다. 벡터 C는 $\lambda C = ZC$의 고유 방정식의 해이다.

2 igraph 이용 소셜네트워크

2.1 노드 연결 그림 그리기

네트워크에서 노드(node, vertex)는 개체를 나타낸다. 개체는 사람이 될 수도 있고 사물이 될 수도 있다. 각 노드 사이의 연결(link, edge)을 통해서 링크(link)가 발생하게 된다. 특정 노드를 중심으로 연결이 가장 많은 노드를 허브(hub)라고 부른다. 허브는 사물과 사람의 중심이라고 할 수 있다. R 프로그램에서 노드와 노드를 연결하기 위해서는 igraph 프로그램을 설치해야 한다. 이를 위해서는 Tools => Install Packages...에서 igraph를 서치해서 설치하면 된다.

먼저 방향이 있는(directed) 그래프를 만들 때는 다음과 같은 명령어를 입력하면 다음과 같다.

```
#directed graph
library(igraph)
gd<-graph(c(1,2, 2,3, 2,4, 4,3, 5,3, 6,3))
plot(gd)
```

[그림 19-2] 방향이 있는 그래프 만들기 명령어 [데이터] ch191.R

gd<-graph(c(1,2, 2,3, 2,4, 4,3, 5,3, 6,3))에서 1,2는 1에서 2로 향하는 그래프를 그리라는 명령어이다. 2,3은 2에서 3으로 향하는 그래프를 그리라는 내용이다. plot(gd)는 gd로 규정한 그래프를 그리라는 명령어이다. 명령어의 모든 범위를 마우스 지정하고 실행하면 다음과 같은 결과를 얻을 수 있다.

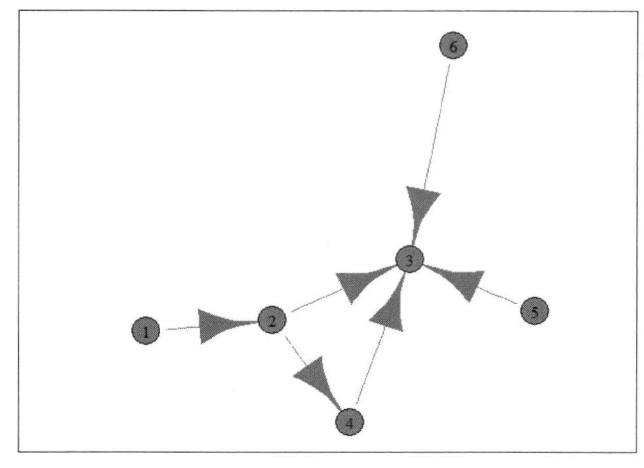

[그림 19-3] 방향이 있는 그래프

결과 설명 실행 결과 각 노드들로부터의 화살표가 3으로 향하는 것을 알 수 있다. 따라서 3이 허브(hub)임을 알 수 있다.

만약, 방향이 없고 라벨을 제거한 노드와 링크를 보여주기 위해서는 다음과 같은 명령어를 입력하면 된다. 방향이 없는 경우는 'directed=FALSE'를 입력한다.

```
#undirected graph
library(igraph)
gd<-graph(c(1,2, 2,3, 2,4, 4,3, 5,3, 6,3),directed=FALSE)
#remove label
plot(gd, vertex.label=NA)
```

[그림 19-4] 방향이 없고 라벨을 제거한 연결 만들기 명령어 [데이터] ch192.R

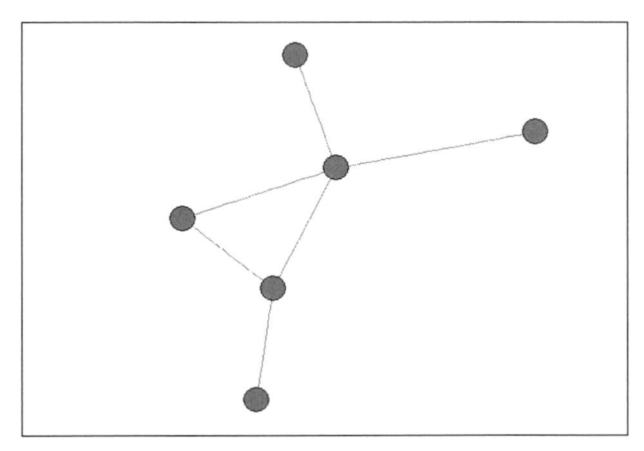

[그림 19-5] 방향과 라벨이 없는 그래프

2.2 다양한 링크

1) 세 개의 노드 연결 명령문

세 개의 노드를 연결하기 위해서 다음과 같은 명령어를 입력하도록 한다.

```
# Now with 3vertices, and directed by default:
library(igraph)
g1 <- graph( edges=c(1,2, 2,3, 3, 1), n=3, directed=F )
plot(g1) # A simple plot of the network
```

[그림 19-6] 세 개 노드 연결 명령문 [데이터] ch193.R

그러면 다음과 같은 그림을 얻을 수 있다.

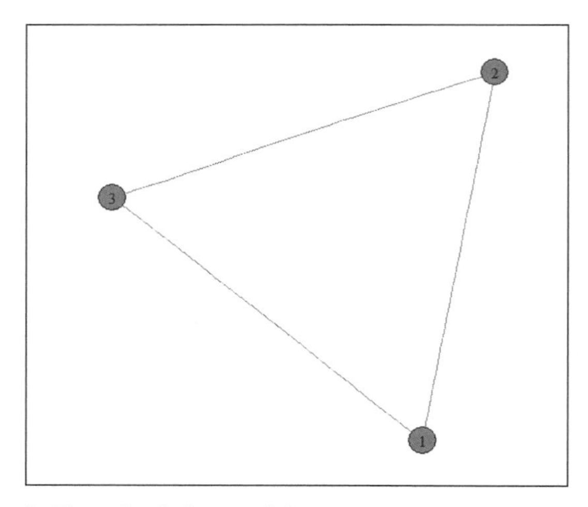

[그림 19-7] 세 개 노드 연결

2) 3개 노드 연결과 10개 노드 표시

```
# Now with 10 vertices, and directed by default:
g2 <- graph(edges=c(1,2, 2,3, 3,1), n=10 )
plot(g2)
```

[그림 19-8] 세 개 노드 연결 명령어 [데이터] ch193.R

앞의 데이터를 실행하면 다음과 같은 그림을 얻을 수 있다.

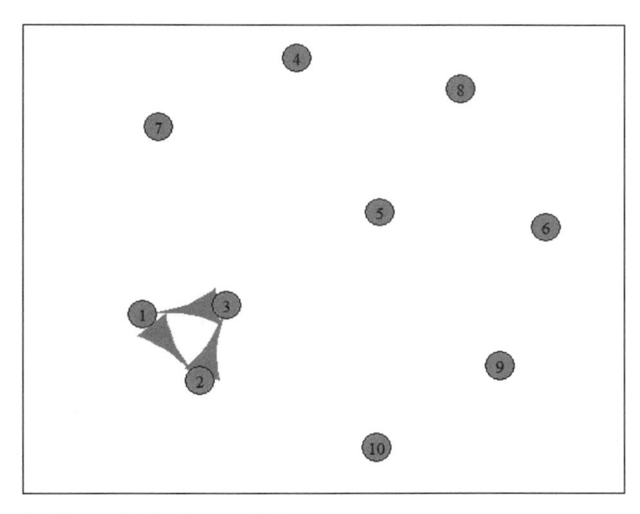

[그림 19-9] 세 개 노드 연결

결과 설명 3−>1−>2 노드가 상호 연결되어 있음을 알 수 있다. 또한 4부터 10까지 노드도 표시되어 있다. 4부터 10까지의 노드는 상호 연결이 없어 고립노드(isolated node)라고 부른다.

3) 노드에 이름 표시하기

각 노드에 이름을 표시하기 위해서 다음과 같은 명령어를 입력한다. 여기서는 상호 연결을 전제로 한 것이기 때문에 처음에 등장하는 이름("John")이 맨 마지막("John")에도 등장함을 알 수 있다.

```
g3 <- graph( c("John", "Jim", "Jim", "Jill", "Jill", "John")) # named vertices
# When the edge list has vertex names, the number of nodes is not needed
plot(g3)
```

[그림 19-10] 노드에 이름 표시하기 명령어 [데이터] ch193.R

앞의 명령어를 실행하면 다음과 같은 그림을 얻을 수 있다.

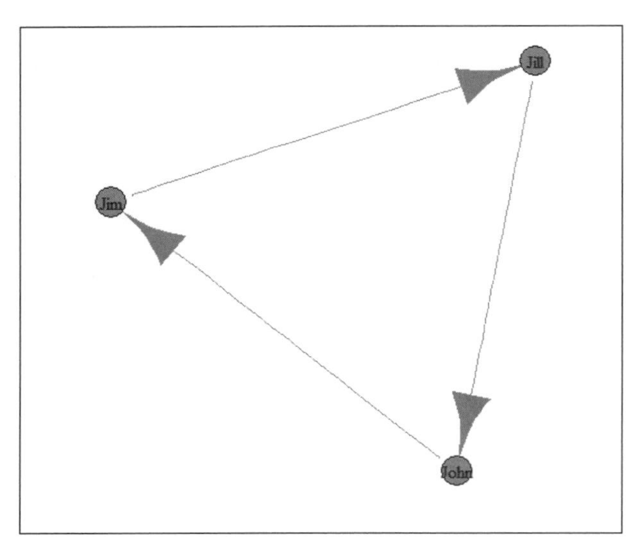

[그림 19-11] 노드 명칭 부여하기

4) 주요 노드와 주변 노드 그리기

주요 노드와 주변 노드를 그리기 위해서 다음과 같은 명령어를 입력하여 보자.

```
g4 <- graph(c("John", "Jim", "Jim", "Jack", "Jim", "Jack", "John", "John"),
              isolates=c("Jesse", "Janis", "Jennifer", "Justin") )
# In named graphs we can specify isolates by providing a list of their names.
plot(g4, edge.arrow.size=0.5, vertex.color="gold", vertex.size=15,
     vertex.frame.color="gray", vertex.label.color="black",
     vertex.label.cex=0.8, vertex.label.dist=2, edge.curved=0.2)
```

[그림 19-12] 주요 노드와 주변 노드 그리기 명령어 [데이터] ch193.R

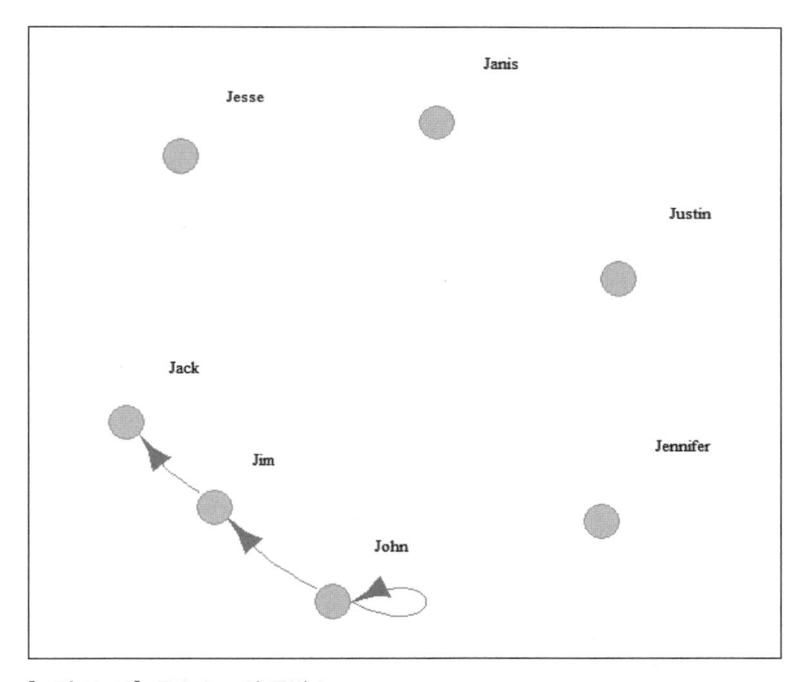

[그림 19-13] 주요 노드와 주변 노드

결과 설명 Jack, Jim, John의 명칭이 나타나 있고 상호 연결되어 있다. 세 명 이외에 다른 사람들은 상호 연결되어 있지 않고 격리되어 있음을 알 수 있다.

```
# library
library(igraph)
# create data:
links=data.frame(
  source=c("A","A", "A", "A", "A","J", "B", "B", "C", "C", "D","I"),
  target=c("B","B", "C", "D", "J","A","E", "F", "G", "H", "I","I"))
# Turn it into igraph object
network=graph_from_data_frame(d=links, directed=F)
# Count the number of degree for each node:
deg=degree(network, mode="all")
# Plot
plot(network, vertex.size=deg*6, vertex.color=rgb(0.1,0.7,0.8,0.5) )
```

[그림 19-14] 주요 노드와 주변 노드 명령어 [데이터] ch19-3.R

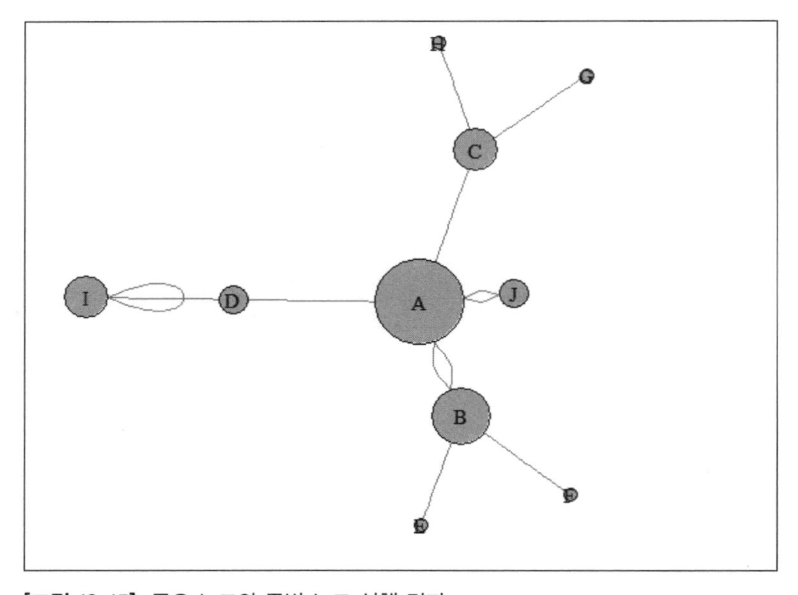

[그림 19-15] 주요 노드와 주변 노드 실행 결과

결과 설명 A가 허브(herb)이고 주변에 노드 B, C가 연결되어 있음을 알 수 있다.

5) 다양한 링크 그래프

다양한 그래프를 그리기 위해서 다음과 같은 명령어를 작성하도록 한다. 먼저 40여 개의 노드를 그려보자.

```
# empty graph
eg <- make_empty_graph(40)
plot(eg, vertex.size=10, vertex.label=NA)
```

[그림 19-16] 비어 있는 그래프 만들기 명령어 [데이터] ch194.R

앞의 명령어를 실행하면 다음과 같은 그림을 얻을 수 있다.

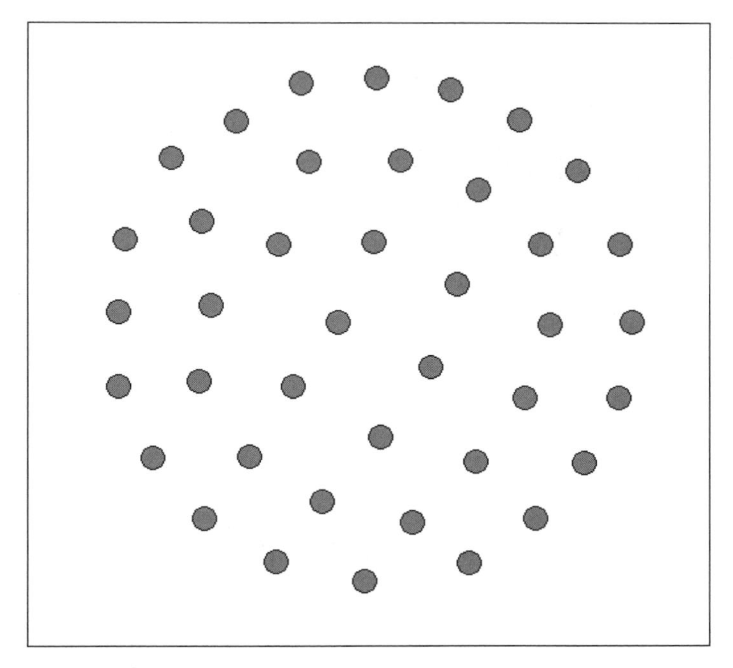

[그림 19-17] 연결되지 않은 노드 그리기

결과 설명 40개의 노드가 그려져 있음을 알 수 있다.

다음으로 모든 그래프가 연결되어 있는 그림을 그려보도록 하자.

```
# Full graph
fg <- make_full_graph(40)
plot(fg, vertex.size=10, vertex.label=NA)
```

[그림 19-18] 모든 노드 연결 명령어 [데이터] ch194.R

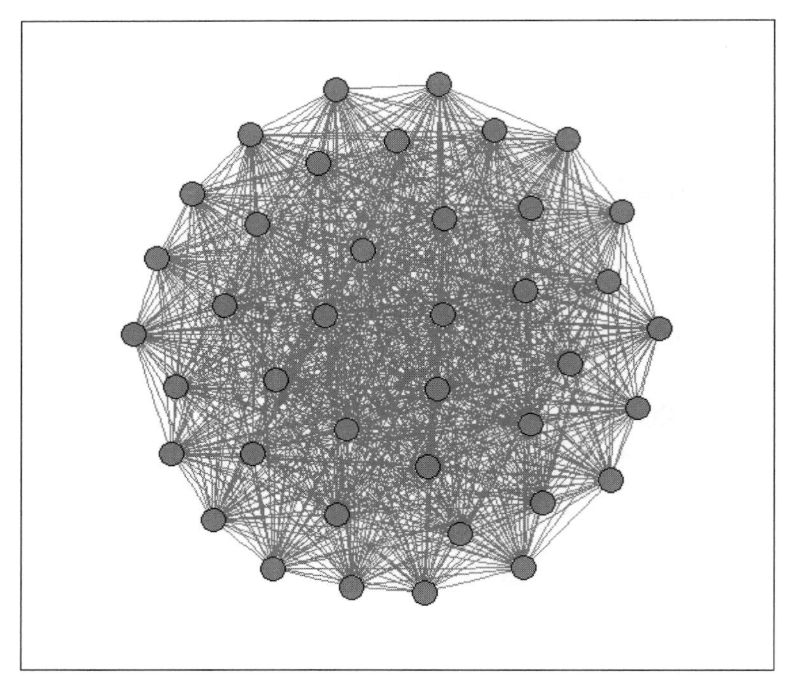

[그림 19-19] 모든 노드 연결

이어, 스타형 그래프를 그리는 방법을 알아보자. 이를 위해서는 다음과 같은 명령어를 입력하도록 하자.

```
# Simple star graph
st <- make_star(40)
plot(st, vertex.size=10, vertex.label=NA)
```

[그림 19-20] 스타형 연결 명령어 [데이터] ch194.R

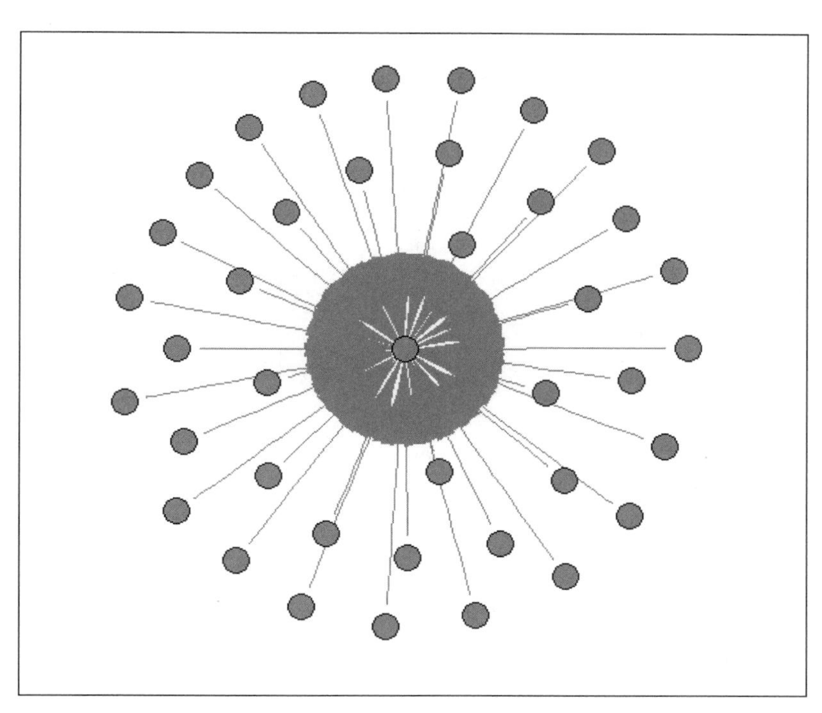

[그림 19-21] 스타형 연결

결과 설명 허브를 중심으로 각 노드들이 상호 연결되어 있음을 알 수 있다.

다음은 허브와 세 개의 하위 군집이 있는 트리 구조의 그림을 그리는 명령어를 입력하도록 해 보자.

```
# Tree graph
tr <- make_tree(40, children = 3, mode = "undirected")
plot(tr, vertex.size=10, vertex.label=NA)
```

[그림 19-22] 트리 구조 명령어 [데이터] ch194.R

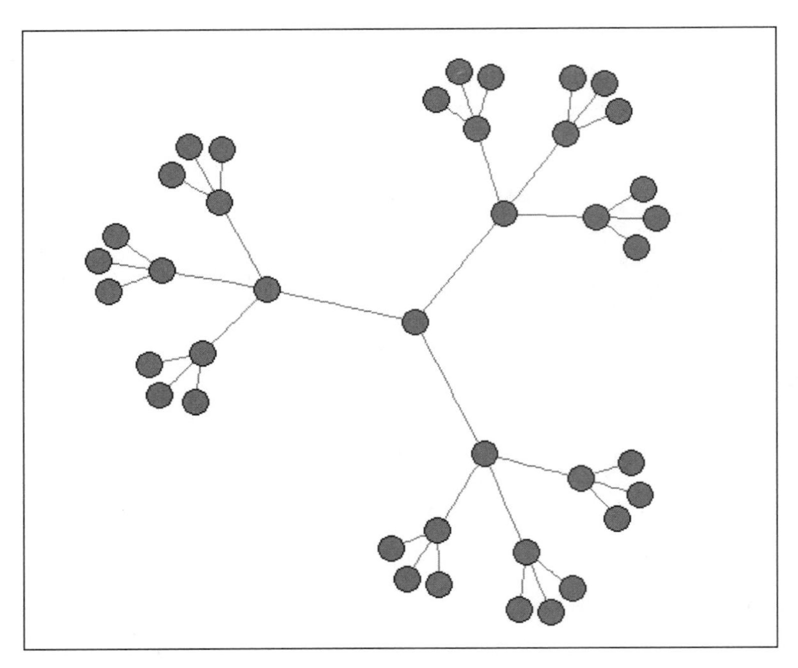

[그림 19-23] 트리 구조

결과 설명 허브와 세 개의 하위 군집이 있는 트리 구조가 나타나 있다.

3 고급 문제

다음 자료는 어느 회사의 연말 인사고과 자료이다. 관리자(supervisor)가 대상자(Examiner)를 평가한 자료이다. 이 데이터를 이용하여 네트워크를 분석해 보자.

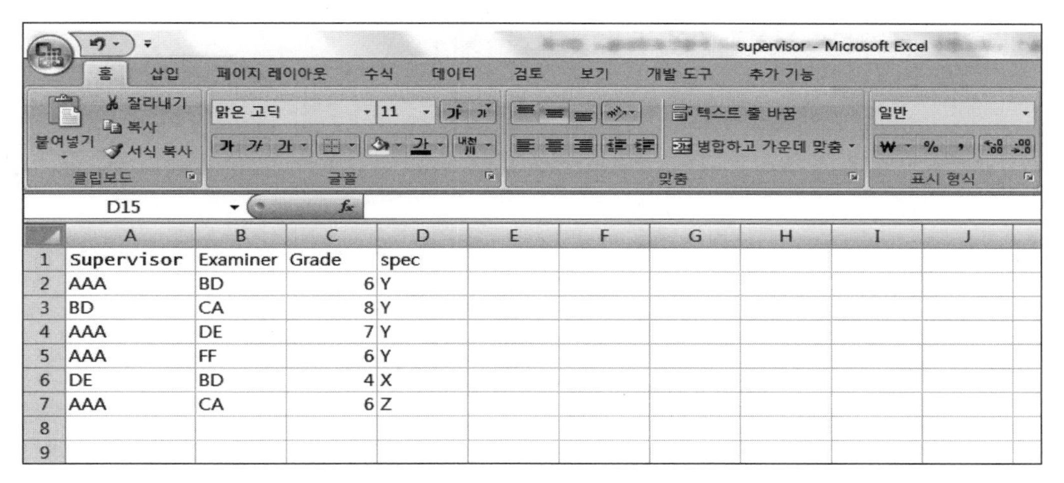

	A	B	C	D
1	Supervisor	Examiner	Grade	spec
2	AAA	BD	6	Y
3	BD	CA	8	Y
4	AAA	DE	7	Y
5	AAA	FF	6	Y
6	DE	BD	4	X
7	AAA	CA	6	Z
8				
9				

[그림 19-24] 데이터 [데이터] supervisor.csv

관련 네트워크 분석을 실시하기 위해서 다음과 같은 명령어를 입력하도록 하자.

```
library(igraph)
supervisor <-read.csv("D:/data/supervisor.csv", header=T)
supervisor
g <- graph.data.frame(supervisor, directed=TRUE)
plot(g)

## Subgraph
V(g)$Size <- degree(g)/3
condition <- V(g)[degree(g)<2]
## delete
g1 <- delete.vertices(g, condition)
head(sort(closeness(g1), decreasing=T))
head(sort(betweenness(g1), decreasing=T))
set.seed(1001)
plot(g1)
E(g1)$color <- ifelse(E(g1)$spec=='X', "yellow",
                      ifelse(E(g1)$spec=='Y', "blue", "grey"))
set.seed(1001)
plot(g1)
```

[그림 19-25] 네트워크 분석 명령어 [데이터] ch19-7.R

명령어를 실행하면 다음과 같은 결과를 얻을 수 있다.

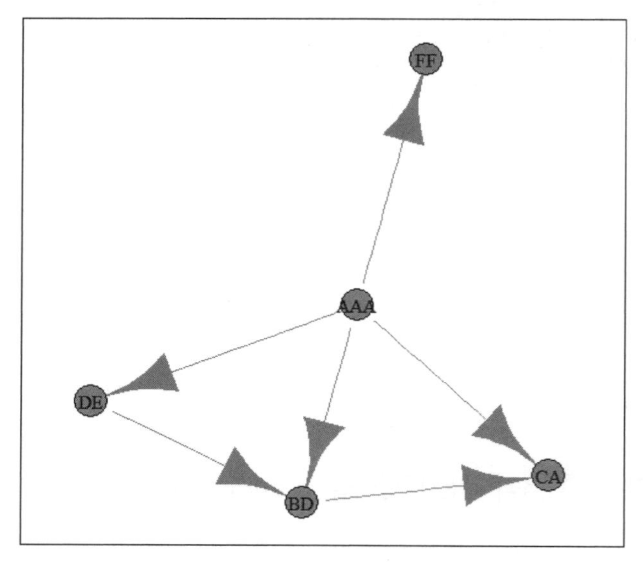

[그림 19-26] 일반 결과물

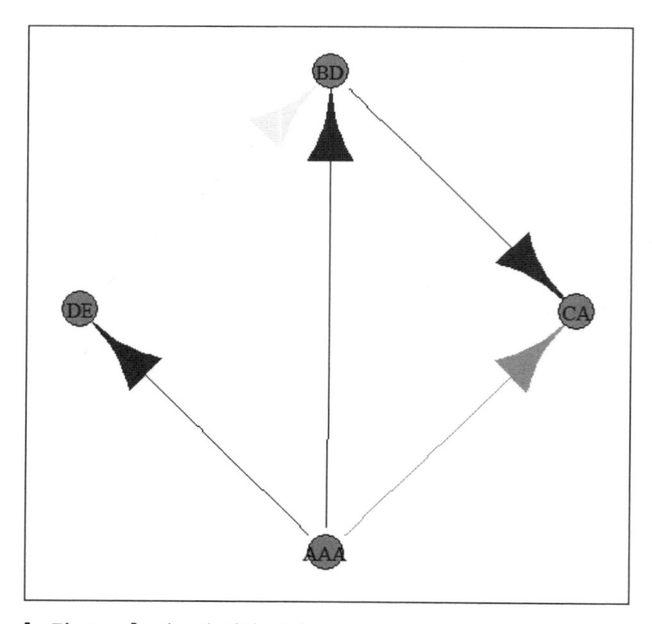

[그림 19-27] 경로별 색상 변화

4 워드 클라우드

4.1 워드 클라우드 기본 개념

워드 클라우드(Word Cloud)는 텍스트 마이닝(Text mining)의 한 방법이다. 텍스트 마이닝은 텍스트 안에서 가장 빈번하게 사용한 단어를 강조하는 방법이다. 워드 클라우드는 텍스트 클라우드 또는 텍스트 데이터의 시각적인 단어를 나타내는 태그 클라우드 등으로 불린다.

R 프로그램에서 워드 클라우드를 생성하는 절차는 매우 간단하다. 분석자는 R에서 텍스트 마이닝 패키지(tm)와 워드 클라우드(Word Cloud)를 이용하여 텍스트를 분석하고 워드 클라우드로 키워드를 손쉽게 시각화시킬 수 있다.

분석자가 텍스트 데이터를 워드 클라우드로 나타내는 이유는 다음과 같다. 첫째, 워드 클라우드를 사용하면 단순성과 분명함을 강조할 수 있다. 둘째, 워드 클라우드는 의사소통 도구로 잠재성이 뛰어나다. 워드 클라우드는 이해하기 쉽고 정보 공유가 용이하고 가독성이 뛰어나다. 셋째, 워드 클라우드는 표로 정리된 것보다 시각적인 효과가 뛰어나다.

이러한 워드 클라우드는 질적 데이터를 리포팅하는 리서처, 고객의 불만사항이나 요구를 강조하는 마케터, 필수 이슈를 부각시키고자 하는 교육자, 정치가와 언론인, 그리고 사용자 감정을 수집하여 분석하고 공유하고자 하는 소셜미디어 사이트에서 많이 이용한다.

워드 클라우드를 분석하기 위해서는 대략적으로 다섯 단계를 한다. 첫 번째 단계는 텍스트 파일을 생성하는 단계이다. 두 번째 단계는 필요 패키지를 인스톨하고 로드하는 것이다. 세 번째 단계는 텍스트 마이닝하는 과정이다. 네 번째 단계는 단어-문서 매트릭스를 만드는 것이다. 다섯 번째 단계는 워드 클라우드를 만드는 것이다.

4.2 워드 클라우드 실행

기본적인 워드 클라우드 실행을 위해서 다음과 같이 명령어를 작성해 보자.

```
#Charge the wordcloud library
library(wordcloud)
library("RColorBrewer")
#Create a list of words (Random words concerning my work)
a=c("Cereal","WSSMV","SBCMV","Experimentation","Talk","Conference","Writing",
    "Publication","Analysis","Bioinformatics","Science","Statistics","Data",
    "Programming","Wheat","Virus","Genotyping","Work","Fun","Surfing","R", "R",
    "Data-Viz","Python","Linux","Programming","Graph Gallery","Biologie",
"Resistance","Computing","Data-Science","Reproductible","GitHub","Script")
#I give a frequency to each word of this list
b=sample(seq(0,1,0.01) , length(a) , replace=TRUE)
b
#The package will automatically make the wordcloud ! (I add a black
background)
par(bg="black")
wordcloud(a , b , col=terrain.colors(length(a) , alpha=0.9) , rot.per=0.3)
```

[그림 19-28] 워드 클라우드 명령어 [데이터] ch199.R

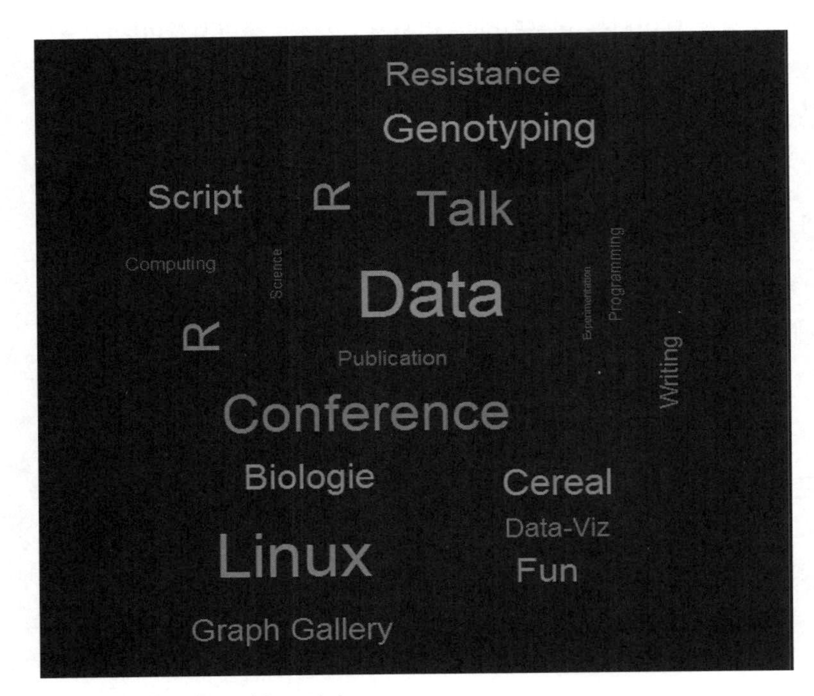

[그림 19-29] 워드 클라우드 결과

다음은 마틴 루터 킹(Martin Luther King) 목사의 대표적인 '나는 꿈이 있습니다(I have a dream speech)'의 연설문에서 중요한 단어를 워드 클라우드로 표현해 보기로 한다. 사용 단어를 빈도표로 나타내면 다음과 같다.

[표 19-1] 마틴 루터 킹 연설문 빈도수

	word	freq
will	will	17
freedom	freedom	13
ring	ring	12
day	day	11
dream	dream	11
let	let	11
every	every	9
able	able	8
one	one	8
together	together	7

[데이터] words.csv

위 내용을 워드 클라우드로 표현하기 위한 R 명령어는 다음과 같다.

```
library("wordcloud")
library("RColorBrewer")
d <-read.csv("D:/data/words.csv", header=T)
head(d, 10)
set.seed(1234)
wordcloud(words = d$word, freq = d$freq, min.freq = 1,
          max.words=200, random.order=FALSE, rot.per=0.35,
          colors=brewer.pal(8, "Dark2"))

head(d, 10)
barplot(d[1:10,]$freq, las = 2, names.arg = d[1:10,]$word,
        col ="lightblue", main ="Most frequent words",
        ylab = "Word frequencies")
```

[그림 19-30] 워드 클라우드 명령어

[데이터] ch1910.R

이를 실행하면 다음과 같은 화면을 얻을 수 있다.

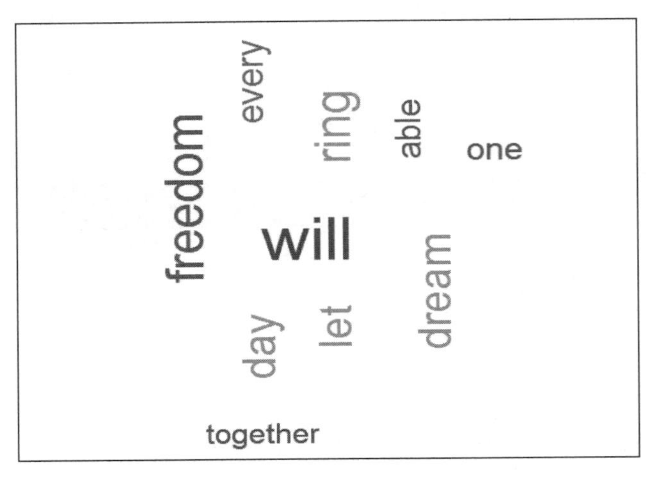

[그림 19-31] 워드 클라우드 결과

결과 설명 앞의 마틴 루터 킹 연설문 빈도수에서 나타난 것처럼, Will이라는 단어가 가장 크게 나타나 있다. 이어 freedom, ring이라는 단어가 그 다음으로 크게 나타났다.

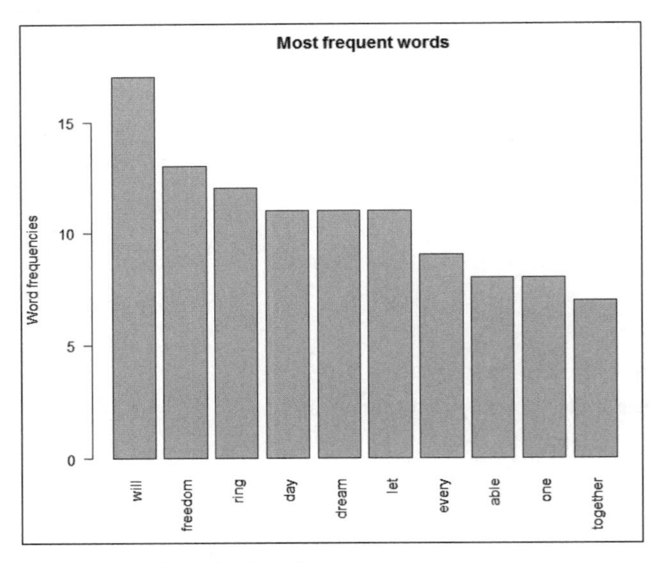

[그림 19-32] 워드 클라우드 결과 빈도수

결과 설명 단어별 빈도수를 그림으로 처리한 것이다. 앞의 결과와 마찬가지로 'will'과 'freedom'이라는 단어 빈도수가 높음을 알 수 있다.

4.3 한글 텍스트 마이닝

1) 패키지 설치하기

한글 텍스트 마이닝을 위해서는 먼저 한글의 형태소(Morphology)를 분석해야 한다. 이를 위해서는 KoNLP(Koeran Natural Lanaguage Processing)를 이용해야 한다. KoNLP를 사용하려면 R 프로그램에서 'rJava', 'memoise', 'KoNLP' 패키지를 설치하여야 한다.

2) 데이터 준비하기

본 예제에서는 문재인 대통령 취임 100일 기자회견 모두발언을 이용하기로 한다. 기자회견 모두발언을 다운로드해서 speech.txt로 저장하였다. readLines() 함수로 불러오기를 실시해 보자. 이에 대한 명령문은 다음과 같다.

```
library(KoNLP)
library(dplyr)
speech<-readLines("D:/data/speech.txt")
head(speech)
```

[그림 19-33] 데이터 준비하기와 불러오기 [데이터] ch1911.R

앞 프로그램 명령어를 실행하면 다음과 같은 일부 결과를 얻을 수 있다.

```
[1] "\"존경하는 국민 여러분,\""
[2] "\"기자 여러분,\""
[3] "오늘로 새 정부 출범 100일을 맞았습니다."
[4] "그동안 부족함은 없었는지 돌아보고"
[5] "각오를 새롭게 다지기 위해 자리를 마련했습니다."
[6] "먼저 국민 여러분께 감사의 말씀을 드립니다."
```

[그림 19-34] 테스트 파일 일부 화면

3) 특수문자 제거

텍스트 파일상에 있는 문장 중 특수문자나 그림문자(이모티콘) 등으로 되어 있는 경우는 오류의 원인이 될 수 있다. 특수문자나 그림문자를 처리하기 위해서 문자처리 패키지인 stringr를 사용하기로 한다. 마찬가지로 stringR 프로그램을 설치해야 한다. stringr의 str_replace_all("\\W", " ")의 명령어를 사용한다. 이는 특수문자("\\W")를 제거하고 빈 칸(" ")으로 바꾸겠다는 의미이다.

```
library(KoNLP)
library(dplyr)
speech<-readLines("D:/data/speech.txt")
head(speech)
library(stringr)
speech<-str_replace_all(speech,"\\W"," ")
speech
```

[그림 19-35] 특수문자 제거 명령어 [데이터] ch1912.R

이를 실행하면 다음과 같이 특수문자가 제거된 결과를 얻을 수 있다.

```
[1] "  존경하는 국민 여러분   "
[2] "  기자 여러분   "
[3] "오늘로 새 정부 출범 100일을 맞았습니다 "
[4] "그동안 부족함은 없었는지 돌아보고"
[5] "각오를 새롭게 다지기 위해 자리를 마련했습니다 "
[6] "먼저 국민 여러분께 감사의 말씀을 드립니다 "
[7] "국민 여러분의 지지와 성원 덕분에"
```

[그림 19-36] 특수문자 제거 문장(일부)

4) 명사 추출하기

분석자는 텍스트나 발언 내용에서 명사를 추출할 수 있다. 이 과정을 거쳐 연설자가 무엇을 이야기하려고 하는지 문맥과 내용을 파악할 수 있다. 분석자는 KoNLP의 extractNoun()을 사용한다. 이후 데이터 프레임으로 전환 후 상위 30개 이상의 단어를 추출해 보자. 이에 대한 명령어는 다음과 같다.

```
library(KoNLP)
library(dplyr)
speech<-readLines("D:/data/speech.txt")
head(speech)
library(stringr)
speech<-str_replace_all(speech,"\\W"," ")
speech
nouns<-extractNoun(speech) # extract noun
wordfrequency<-table(unlist(nouns)) # list frequency table
df_word<-as.data.frame(wordfrequency,stringsAsFactors=F) # transform dataframe
df_word<-rename(df_word,word=Var1,freq=Freq) # revise value name
df_word<-filter(df_word,nchar(word)>=2) # extract over two characters
top_30<-df_word %>%
  arrange(desc(freq)) %>%
  head(30)
top_30
```

[그림 19-37] 명사형 추출과 빈도표 작성 명령어 [데이터] ch1913.R

이에 대한 실행 결과를 나타내면 다음과 같다.

```
       word freq
1      국민   29
2      정부    8
3      국가    7
4       100    4
5      나라    4
6    여러분    4
7      우리    4
8    어려움    3
9    일자리    3
10     정책    3
11 가겠습니    2
12     감사    2
13     개혁    2
14     과제    2
15     광장    2
16     구체    2
17     국정    2
18 국정운영    2
19     기초    2
20   드립니    2
21     로운    2
22     마련    2
23     마음    2
24     말씀    2
25     물길    2
26     바꾸    2
27     반성    2
28     변화    2
29     사람    2
30     시작    2
```

[그림 19-38] 빈도표

결과 설명 결과를 보면 '국민'이라는 단어는 29회, '정부'는 8회, '국가'는 7회 등장하는 것으로 나타났다. '국민'이라는 단어가 가장 많이 등장함을 알 수 있다.

5) 워드 클라우드 제작하기

앞에서와 마찬가지로 워드 클라우드를 제작하기 위해서는 wordclud 패키지와 RColorBreweR 패키지를 설치하고 불러오기를 하면 된다.

```
library(wordcloud)
library(RColorBrewer)
wordcloud(words = df_word$word, freq = df_word$freq, min.freq = 1,
          max.words=200, random.order=FALSE, rot.per=0.1,
          colors=brewer.pal(8, "Dark2"))

order<-arrange(top_30, freq)$word
head(top_30, 100)
ggplot(data=top_30, aes(x=word, y=freq)) +
  ylim(0, 50)+
  geom_col()+
  coord_flip()+
  scale_x_discrete(limit=order) +
  geom_text(aes(label=freq),hjust=-0.3)
```

[그림 19-39] 워드 클라우드 명령문 [데이터] ch1914.R

명령어 설명 파일에서 단어를 선택하기 위해서 wordcloud(words=df_word$word를 입력한다. 최소 1회 이상의 빈도를 보기 위해서 freq=df_word$freq, min.freq=1을 입력한다. 표현 단어 수를 최대 200까지 확인하기 위해서 max.words=200를 입력한다. 가장 높은 빈도를 보이는 단어를 중앙에 배치하기 위해서, random.order=FALSE를 입력한다. 단어의 회전 비율을 표시하기 위해서 rot.per=0.1를 입력한다. Dark2 색상 목록에서 8가지 색상을 추출하기 위해서 colors=brewer.pal(8, "Dark2")을 입력한다.

막대그림표를 가장 많은 빈도수 순서로 ggplot2를 이용하여 생성하기 위해서 order <-arrange(top_30, freq)$word 명령문을 작성하였다.

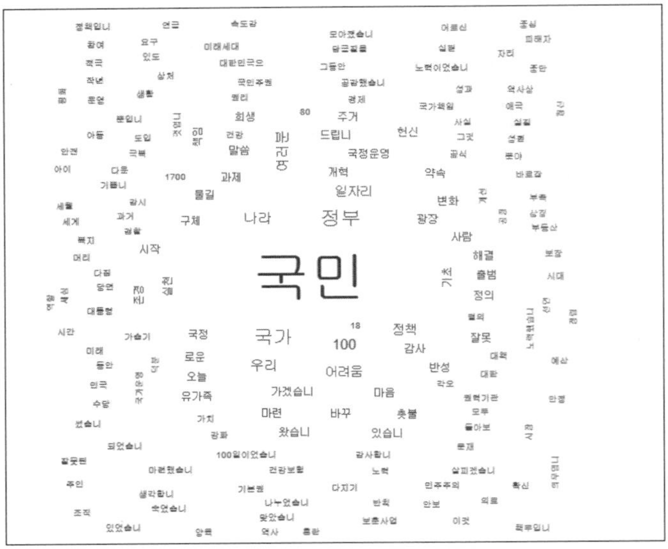

[그림 19-40] 워드 클라우드 결과

결과 설명 워드 클라우드 분석 결과를 보면, '국민'이라는 단어가 가장 많이 사용되어 글자가 크고 가운데 배치되어 있으며 덜 사용된 단어일수록 글자 크기가 작고 중심을 기준으로 외곽에 배치되어 있음을 알 수 있다.

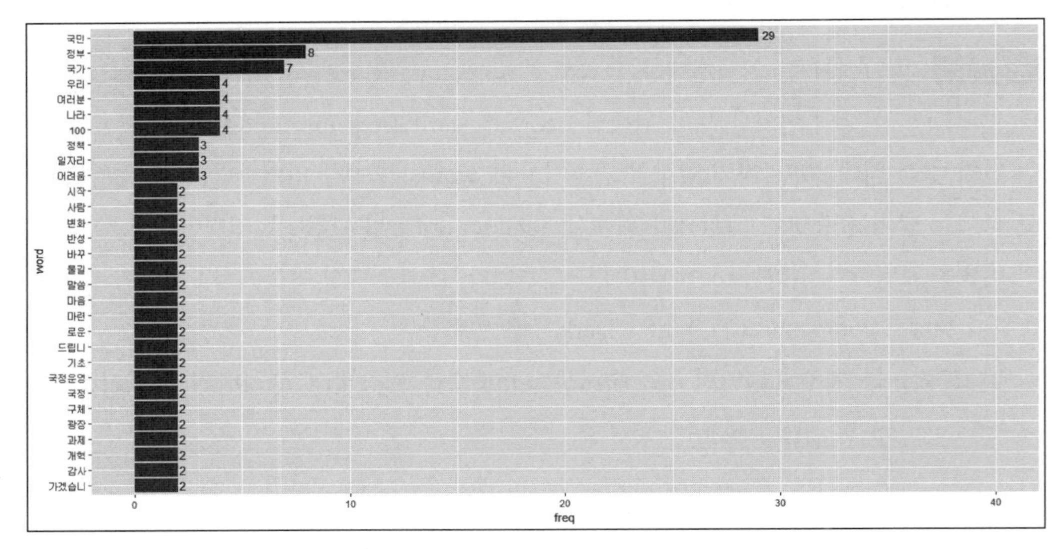

[그림 19-41] 워드 클라우드-빈도분석

결과 설명 등장 빈도수가 높은 단어가 긴 막대를 보이고 있다.

연습문제

1. 소셜네트워크의 개념을 정리하고 소셜네트워크의 중요성을 토론해 보자.

2. igraph를 이용하여 다음의 명령문에 대해 네트워크 분석을 실시하여 보자.

```
library(igraph)
actors <- data.frame(name=c("Alice", "Bob", "Cecil", "David",
                            "Esmeralda"),
                     age=c(48,33,45,34,21),
                     gender=c("F","M","F","M","F"))
relations <- data.frame(from=c("Bob", "Cecil", "Cecil", "David",
                               "David", "Esmeralda"),
                        to=c("Alice", "Bob", "Alice", "Alice", "Bob",
"Alice"),
                        same.dept=c(FALSE,FALSE,TRUE,FALSE,FALSE,TRUE),
                        friendship=c(4,5,5,2,1,1), advice=c(4,5,5,4,2,3))
g <- graph_from_data_frame(relations, directed=TRUE, vertices=actors)
print(g, e=TRUE, v=TRUE)

## The opposite operation
as_data_frame(g, what="vertices")
as_data_frame(g, what="edges")
# clustering
cluster_edge_betweenness(g, weights = E(g)$weight, directed = TRUE,
                    edge.betweenness = TRUE, merges = TRUE, bridges = TRUE,
                         modularity = TRUE, membership = TRUE)
plot(g)
```

3. 다음 2017년 5월 5일 현재 한국 프로야구 승률 데이터를 이용하여 워드 클라우딩을 실시하여 보자.

	word	freq
KIA	KIA	0.7
NC	NC	0.655
LG	LG	0.6
넥센	넥센	0.5
SK	SK	0.5
롯데	롯데	0.5
두산	두산	0.483
한화	한화	0.433
KT	KT	0.433
삼성	삼성	0.179

[데이터] words2.csv

4. 중요하게 생각하는 주제에 대하여 텍스트 마이닝을 통해서 클라우드 워딩 처리를 하여 보자.

부록

통계도표

[부표 1] 표준정규분포표

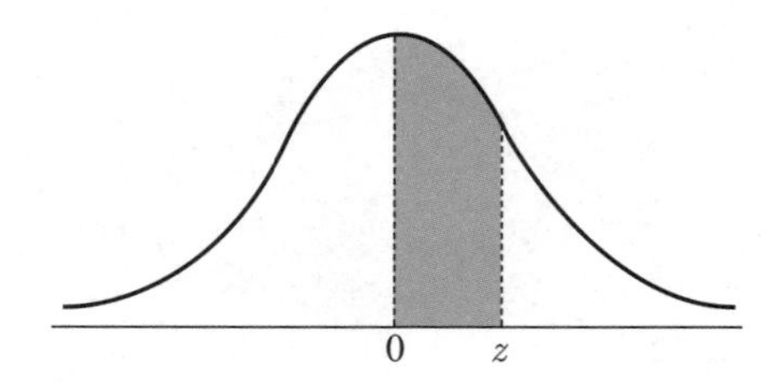

이 표는 $z = 0$에서 z까지의 면적을 나타낸다. 예를 들어 $z = 1.25$일 때 0~1.25 사이의 면적은 0.395이다.

z	.00	.01	.02	.03	.04	.05	.06	.07	08	.09
0.0	.0000	.0040	.0080	.0120	.0160	.0199	.0239	.0279	.0319	.0359
0.1	.0398	.0438	.0478	.0517	.0557	.0596	.0636	.0675	.0714	.0753
0.2	.0793	.0832	.0871	.0910	.0948	.0987	.1026	.1064	.1103	.1141
0.3	.1179	.1217	.1255	.1293	.1331	.1368	.1406	.1443	.1480	.1517
0.4	.1554	.1591	.1628	.1664	.1700	.1736	.1772	.1808	.1844	.1879
0.5	.1915	.1950	.1985	.2019	.2054	.2088	.2123	.2157	.2190	.2224
0.6	.2257	.2291	.2324	.2357	.2389	.2422	.2454	.2486	.2517	.2549
0.7	.2580	.2611	.2642	.2673	.2704	.2734	.2764	.2794	.2823	.2852
0.8	.2881	.2910	.2939	.2967	.2995	.3023	.3051	.3078	.3106	.3133
0.9	.3159	.3186	.3212	.3238	.3264	.3289	.3315	.3340	.3365	.3389
1.0	.3413	.3438	.3461	.3485	.3508	.3531	.3554	.3577	.3599	.3621
1.1	.3643	.3665	.3686	.3708	.3279	.3749	.3770	.3790	.3810	.3830
1.2	.3849	.3869	.3888	.3907	.3925	.3944	.3962	.3980	.3997	.4015
1.3	.4032	.4049	.4066	.4082	.4099	.4115	.4131	.4147	.4162	.4177
1.4	.4192	.4207	.4222	.4236	.4251	.4265	.4279	.4292	.4306	.4319
1.5	.4332	.4345	.4357	.4370	.7382	.4394	.4406	.4418	.4429	.4441
1.6	.4452	.4463	.4474	.4484	.4495	.4505	.4515	.4525	.4535	.4545
1.7	.4554	.4564	.4573	.4582	.4591	.4599	.4608	.4616	.4625	.4633
1.8	.4641	.4649	.4656	.4664	.4671	.4678	.4686	.4693	.4699	.4706
1.9	.4713	.4719	.4726	.4732	.4738	.4744	.4750	.4756	.4761	.4767
2.0	.4772	.4778	.4783	.4788	.4793	.4798	.4803	.4808	.4812	.4817
2.1	.4821	.4826	.4830	.4834	.4838	.4842	.4846	.4850	.4856	.4857
2.2	.4861	.4864	.4868	.4871	.4875	.4878	.4881	.4884	.4887	.4890
2.3	.4893	.4896	.4898	.4901	.4904	.4906	.4909	.4911	.4913	.4916
2.4	.4918	.4920	.4922	.4925	.4927	.4929	.4931	.4932	.4934	.4936
2.5	.4938	.4940	.4941	.4943	.4945	.4946	.4948	.4949	.4951	.4952
2.6	.4953	.4955	.4956	.4957	.4959	.4960	.4961	.4962	.4963	.4964
2.7	.4965	.4966	.4967	.4968	.4969	.4970	.4971	.4972	.4973	.4974
2.8	.4974	.4975	.4976	.4977	.4977	.4978	.4979	.4979	.4980	.4981
2.9	.4981	.4982	.4982	.4983	.4984	.4984	.4985	.4985	.4986	.4986
3.0	.4987	.4987	.4987	.4988	.4988	.4989	.4989	.4989	.4990	.4990

[부표 2] t-분포표

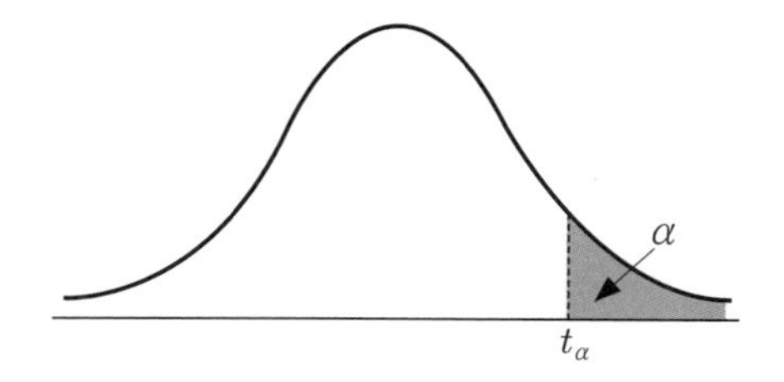

d.f.	$t_{.250}$	$t_{.100}$	$t_{.050}$	$t_{.025}$	$t_{.010}$	$t_{.005}$
1	1.000	3.078	6.314	12.706	31.821	63.657
2	0.816	1.886	2.920	4.303	6.965	9.925
3	0.745	1.638	2.353	3.182	4.541	5.841
4	0.741	1.533	2.132	2.776	3.747	4.604
5	0.727	1.476	2.015	2.571	3.365	4.032
6	0.718	1.440	1.943	2.447	3.143	3.707
7	0.711	1.415	1.895	2.365	2.998	3.499
8	0.706	1.397	1.860	2.306	2.896	3.355
9	0.703	1.383	1.833	2.262	2.821	3.250
10	0.700	1.372	1.812	2.228	2.876	3.169
11	0.697	1.363	1.796	2.201	2.718	3.106
12	0.695	1.356	1.782	2.179	2.681	3.055
13	0.694	1.350	1.771	2.160	2.650	3.012
14	0.692	1.345	1.761	2.145	2.624	2.977
15	0.691	1.341	1.753	2.131	2.602	2.947
16	0.690	1.337	1.746	2.120	2.583	2.921
17	0.689	1.333	1.740	2.110	2.567	2.898
18	0.688	1.330	1.734	2.101	2.552	2.878
19	0.688	1.328	1.729	2.093	2.539	2.861
20	0.687	1.325	1.725	2.086	2.528	2.845
21	0.686	1.323	1.721	2.080	2.518	2.831
22	0.686	1.321	1.717	2.074	2.508	2.819
23	0.685	1.319	1.714	2.069	2.500	2.807
24	0.685	1.318	1.711	2.064	2.492	2.797
25	0.684	1.316	1.708	2.060	2.485	2.787
26	0.684	1.315	1.706	2.056	2.479	2.779
27	0684	1.314	1.703	2.052	2.473	2.771
28	0.683	1.313	1.701	2.048	2.467	2.763
29	0.683	1.311	1.699	2.045	2.464	2.756
30	0.683	1.310	1.697	2.042	2.457	2.750
40	0.681	1.303	1.684	2.021	2.423	2.704
60	0.697	1.296	1.671	2.000	2.390	2.660
120	0.677	1.289	1.658	1.980	2.358	2.617
∞	0.674	1.282	1.645	1.960	2.326	2.576

d.f.	$t_{0.0025}$	$t_{0.001}$	$t_{0.0005}$	$t_{0.00025}$	$t_{0.0001}$	$t_{0.00005}$	$t_{0.000025}$	$t_{0.00001}$
1	127.321	318.309	636.919	1,273.239	3,183.099	6,366.198	12,732.395	31,380.989
2	14.089	22.327	31.598	44.705	70.700	99.950	141.416	223.603
3	7.453	10.214	12.924	16.326	22.204	28.000	35.298	47.928
4	5.598	7.173	8.610	10.306	13.034	15.544	18.522	23.332
5	4.773	5.893	6.869	7.976	9.678	11.178	12.893	15.547
6	4.317	5.208	5.959	6.788	8.025	9.082	10.261	12.032
7	4.029	4.785	5.408	6.082	7.063	7.885	8.782	10.103
8	3.833	4.501	5.041	5.618	6.442	7.120	7.851	8.907
9	3.690	4.297	4.781	5.291	6.010	6.594	7.215	8.102
10	3.581	4.144	4.587	5.049	5.694	6.211	6.757	7.527
11	3.497	4.025	4.437	4.863	5.453	5.921	6.412	7.098
12	3.428	3.930	4.318	4.716	5.263	5.694	6.143	6.756
13	3.372	3.852	4.221	4.597	5.111	5.513	5.928	6.501
14	3.326	3.787	4.140	4.499	4.985	5.363	5.753	6.287
15	3.286	3.733	4.073	4.417	4.880	5.239	5.607	6.109
16	3.252	3.686	4.015	4.346	4.791	5.134	5.484	5.960
17	3.223	3.646	3.965	4.286	4.714	5.044	5.379	5.832
18	3.197	3.610	3.922	4.233	4.648	4.966	5.288	5.722
19	3.174	3.579	3.883	4.187	4.590	4.897	5.209	5.627
20	3.153	3.552	3.850	4.146	4.539	4.837	5.139	5.543
21	3.135	3.527	3.819	4.110	4.493	4.784	5.077	5.469
22	3.119	3.505	3.792	4.077	4.452	4.736	5.022	5.402
23	3.104	3.485	3.768	4.048	4.415	4.693	4.992	5.343
24	3.090	3.467	3.745	4.021	4.382	4.654	4.927	5.290
25	3.078	3.450	3.725	3.997	4.352	4.619	4.887	5.241
26	3.067	3.435	3.707	3.974	4.324	4.587	4.850	5.197
27	3.057	3.421	3.690	3.954	4.299	4.558	4.816	5.157
28	3.047	3.408	3.674	3.935	4.275	4.530	4.784	5.120
29	3.038	3.396	3.659	3.918	4.254	4.506	4.756	5.086
30	3.030	3.385	3.646	3.902	4.234	4.482	4.729	5.054
40	2.971	3.307	3.551	3.788	4.094	4.321	4.544	4.835
60	2.915	3.232	3.460	3.681	3.962	4.169	4.370	4.631
100	2.871	3.174	3.390	3.598	3.862	4.053	4.240	4.478
∞	2.807	3.090	3.291	3.481	3.719	3.891	4.056	4.265

[부표 3] χ^2-분포표

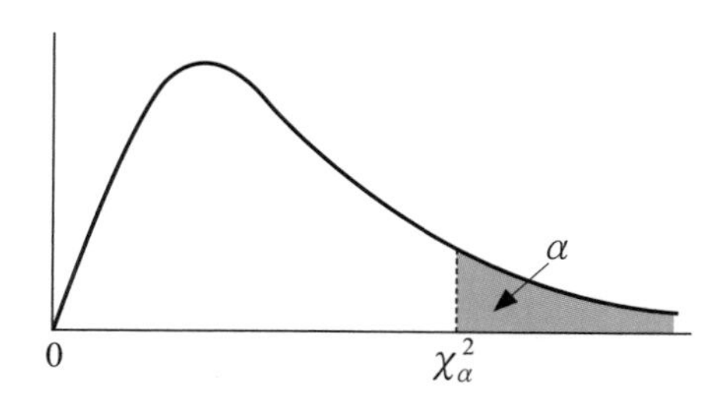

d.f.	$\chi_{0.990}$	$\chi_{0.975}$	$\chi_{0.950}$	$\chi_{0.900}$	$\chi_{0.500}$	$\chi_{0.100}$	$\chi_{0.050}$	$\chi_{0.025}$	$\chi_{0.010}$	$\chi_{0.005}$
1	0.0002	0.0001	0.004	0.02	0.45	2.71	3.84	5.02	6.63	7.88
2	0.02	0.05	0.10	0.21	1.39	4.61	5.99	7.38	9.21	10.60
3	0.11	0.22	0.35	0.58	2.37	6.25	7.81	9.35	11.34	12.84
4	0.30	0.48	0.71	1.06	3.36	7.78	9.49	11.14	13.28	14.86
5	0.55	0.83	1.15	1.61	4.35	9.24	11.07	12.83	15.09	16.75
6	0.87	1.24	1.64	2.20	5.35	10.64	12.59	14.45	16.81	18.55
7	1.24	1.69	2.17	2.83	6.35	12.02	14.07	16.01	18.48	20.28
8	1.65	2.18	2.73	3.49	7.34	13.36	15.51	17.53	20.09	21.95
9	2.09	2.70	3.33	4.17	8.34	14.68	16.92	19.02	21.67	23.59
10	2.56	3.25	3.94	4.87	9.34	15.99	18.31	20.48	23.21	25.19
11	3.05	3.82	4.57	5.58	10.34	17.28	19.68	21.92	24.72	26.76
12	3.57	4.40	5.23	6.30	11.34	18.55	21.03	23.34	26.22	28.30
13	4.11	5.01	5.89	7.04	12.34	19.81	22.36	24.74	27.69	29.82
14	4.66	5.63	6.57	7.79	13.34	21.06	23.68	26.12	29.14	31.32
15	5.23	6.26	7.26	8.55	14.34	22.31	25.00	27.49	30.58	32.80
16	5.81	6.91	7.96	9.31	15.34	23.54	26.30	28.85	32.00	34.27
17	6.41	7.56	8.67	10.09	16.34	24.77	27.59	30.19	33.41	35.72
18	7.01	8.23	9.39	10.86	17.34	25.99	28.87	31.53	34.81	37.16
19	7.63	8.91	10.12	11.65	18.34	27.20	30.14	32.85	36.19	38.58
20	8.26	9.59	10.85	12.44	19.34	28.41	31.14	34.17	37.57	40.00
21	8.90	10.28	11.59	13.24	20.34	29.62	32.67	35.48	38.93	41.40
22	9.54	10.98	12.34	14.04	21.34	30.81	33.92	36.78	40.29	42.80
23	10.20	11.69	13.09	14.85	22.34	32.01	35.17	38.08	41.64	44.18
24	10.86	12.40	13.85	15.66	23.34	33.20	36.74	39.36	42.98	45.56
25	11.52	13.12	14.61	16.47	24.34	34.38	37.92	40.65	44.31	46.93
26	12.20	13.84	15.38	17.29	25.34	35.56	38.89	41.92	45.64	48.29
27	12.83	14.57	16.15	18.11	26.34	36.74	40.11	43.19	46.96	49.64
28	13.56	15.31	16.93	18.94	27.34	37.92	41.34	44.46	48.28	50.99
29	14.26	16.05	17.71	19.77	28.34	39.09	42.56	45.72	49.59	52.34
30	14.95	16.79	18.49	20.60	29.34	40.26	43.77	46.98	50.89	53.67
40	22.16	24.43	26.51	29.05	39.34	51.81	55.76	59.34	63.69	66.77
50	29.71	32.36	34.76	37.69	49.33	63.17	67.50	71.42	76.15	79.49
60	37.48	40.48	43.19	46.46	59.33	74.40	79.08	83.30	88.38	91.95
70	45.44	48.76	51.74	55.33	69.33	85.53	90.53	95.02	100.43	104.21
80	53.54	57.15	60.39	64.28	79.33	96.58	101.88	106.63	112.33	116.32
90	61.75	65.65	69.13	73.29	89.33	107.57	113.15	118.14	124.12	128.30
100	70.06	74.22	77.93	82.36	99.33	118.50	124.34	129.56	135.81	140.17

[부표 4] F-분포표

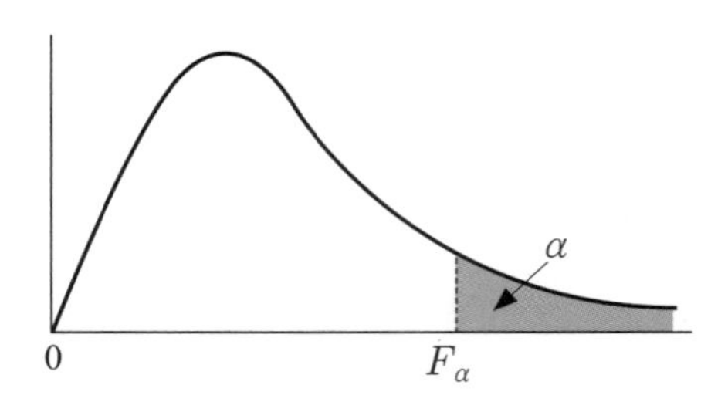

$\alpha = 0.01$									
d.f.	1	2	3	4	5	6	7	8	9
1	4052.0	4999.0	5403.0	5625.0	5764.0	5859.0	5928.0	5982.0	5022.0
2	98.50	99.00	99.17	99.25	99.30	99.33	99.36	99.37	99.39
3	34.12	30.82	29.46	28.71	28.24	27.91	27.67	27.49	27.34
4	21.20	18.00	16.69	15.98	15.52	15.21	14.98	14.80	14.66
5	16.26	13.27	12.06	11.39	10.97	10.67	10.46	10.29	10.16
	13.74								
6	13.74	10.92	9.78	9.15	8.75	8.47	8.26	8.10	7.98
7	12.25	9.55	8.45	7.85	7.46	7.19	6.99	6.84	6.72
8	11.26	8.65	7.59	7.01	6.63	6.37	6.18	6.03	5.91
9	10.56	8.02	6.99	6.42	6.06	5.80	5.61	5.47	5.35
10	10.04	7.56	6.55	5.99	5.64	5.39	5.20	5.06	4.94
11	9.65	7.21	6.22	5.67	5.32	5.07	4.89	4.74	4.63
12	9.33	6.93	5.95	5.41	5.06	4.82	4.64	4.50	4.39
13	9.07	6.70	5.74	5.21	4.86	4.62	4.44	4.30	4.19
14	8.86	6.51	5.56	5.04	4.69	4.46	4.28	4.14	4.03
15	8.68	6.36	5.42	4.89	4.56	4.32	4.14	4.00	3.89
16	8.53	6.23	5.29	4.77	4.44	4.20	4.03	3.89	3.78
17	8.40	6.11	5.18	4.67	4.34	4.10	3.93	3.79	3.68
18	8.29	6.01	5.09	4.58	4.25	4.01	3.84	3.71	3.60
19	8.18	5.93	5.01	4.50	4.17	3.94	3.77	3.63	3.52
20	8.10	5.85	4.94	4.43	4.10	3.87	3.70	3.56	3.46
21	8.02	5.78	4.87	4.37	4.04	3.81	3.64	3.51	3.40
22	7.95	5.72	4.82	4.31	3.99	3.76	3.59	3.45	3.35
23	7.88	5.66	4.76	4.26	3.94	3.71	3.54	3.41	3.30
24	7.82	5.61	4.72	4.22	3.90	3.67	3.50	3.36	3.26
25	7.77	5.57	4.68	4.18	3.85	3.63	3.46	3.32	3.22
26	7.72	5.53	4.64	4.14	3.82	3.59	3.42	3.29	3.18
27	7.68	5.49	4.60	4.11	3.78	3.56	3.39	3.26	3.15
28	7.64	5.45	4.57	4.07	3.75	3.53	3.36	3.23	3.12
29	7.60	5.42	4.54	4.04	3.73	3.50	3.33	3.20	3.09
30	7.56	5.39	4.51	4.02	3.70	3.47	3.30	3.17	3.07
40	7.31	5.18	4.31	3.83	3.51	3.29	3.12	2.99	2.89
60	7.08	4.98	4.13	3.65	3.34	3.12	2.95	2.82	2.72
120	6.85	4.79	3.95	3.48	3.17	2.96	2.79	2.66	2.56
∞	6.63	4.61	3.78	3.32	3.02	2.80	2.64	2.51	2.41

$\alpha = 0.01$									
d.f.	10	15	20	24	30	40	60	120	∞
1	6056.0	6157.0	6209.0	6235.0	6261.0	6387.0	6313.0	6339.0	6366.0
2	99.40	99.43	99.45	99.46	99.47	99.47	99.48	99.49	99.50
3	27.23	26.87	26.69	26.60	26.50	26.41	26.32	26.22	26.12
4	14.55	14.20	14.02	13.93	13.84	13.74	13.65	13.56	13.46
5	10.05	9.72	9.55	9.47	9.38	9.29	9.20	9.11	9.02
6	7.87	7.56	7.40	7.31	7.23	7.14	7.06	6.97	6.88
7	6.62	6.31	6.16	6.07	5.99	5.91	5.82	5.74	5.65
8	5.81	5.52	5.36	5.28	5.20	5.12	5.03	4.95	4.86
9	5.26	4.96	4.81	4.73	4.65	4.57	4.48	4.40	4.31
10	4.85	4.56	4.41	4.33	4.25	4.17	4.08	4.00	3.91
11	4.54	4.25	4.10	4.02	3.94	3.86	3.78	3.69	3.60
12	4.30	4.01	3.86	3.78	3.70	3.62	3.54	3.45	3.36
13	4.10	3.82	3.66	3.59	3.51	3.43	3.34	3.25	3.17
14	3.94	3.66	3.51	3.43	3.35	3.27	3.18	3.09	3.00
15	3.80	3.52	3.37	3.29	3.21	3.13	3.05	2.96	2.87
16	3.69	3.41	3.26	3.18	3.10	3.02	2.93	2.84	2.75
17	3.59	3.23	3.16	3.08	3.00	2.92	2.83	2.75	2.65
18	3.51	3.23	3.08	3.00	2.92	2.84	2.75	2.66	2.57
19	3.43	3.15	3.00	2.92	2.84	2.76	2.67	2.58	2.49
20	3.37	3.09	2.94	2.86	2.78	2.69	2.61	2.52	2.42
21	3.31	3.03	2.88	2.80	2.72	2.64	2.55	2.46	2.36
22	3.26	2.98	2.83	2.75	2.67	2.58	2.50	2.40	2.31
23	3.21	2.93	2.78	2.70	2.62	2.54	2.45	2.35	2.26
24	3.17	2.89	2.74	2.66	2.58	2.49	2.40	2.31	2.21
25	3.13	2.85	2.70	2.62	2.54	2.45	2.36	2.27	2.17
26	3.09	2.81	2.66	2.58	2.50	2.42	2.33	2.23	2.13
27	3.06	2.78	2.63	2.55	2.47	2.38	2.29	2.20	2.10
28	3.03	2.75	2.60	2.52	2.44	2.35	2.26	2.17	2.06
29	3.00	2.73	2.57	2.49	2.41	2.33	2.23	2.14	2.03
30	2.98	2.70	2.55	2.47	2.39	2.30	2.21	2.11	2.01
40	2.80	2.52	2.37	2.29	2.20	2.11	2.02	1.92	1.80
60	2.63	2.35	2.20	2.12	2.03	1.94	1.84	1.73	1.60
120	2.47	2.19	2.03	1.95	1.86	1.76	1.66	1.53	1.38
∞	2.32	2.04	1.88	1.79	1.70	1.59	1.47	1.32	1.00

$\alpha = 0.05$									
d.f.	1	2	3	4	5	6	7	8	9
1	161.45	199.50	215.71	224.58	230.16	233.99	236.77	238.88	240.54
2	18.51	19.00	19.16	19.25	19.30	19.33	19.35	19.37	19.38
3	10.13	9.55	9.28	9.12	9.01	8.94	8.89	8.85	8.81
4	7.71	6.94	6.59	6.39	6.26	6.16	6.09	6.04	6.00
5	6.61	5.79	5.41	5.19	5.05	4.95	4.88	4.82	4.77
6	5.99	5.14	4.76	4.53	4.39	4.28	4.21	4.15	4.10
7	5.59	4.74	4.35	4.12	3.97	3.87	3.79	3.73	3.68
8	5.32	4.46	4.07	3.84	3.69	3.58	3.50	3.44	3.39
9	5.12	4.26	3.86	3.63	3.48	3.37	3.29	3.23	3.18
10	4.96	4.10	3.71	3.48	3.33	3.22	3.14	3.07	3.02
11	4.84	3.98	3.59	3.36	3.20	3.09	3.01	2.95	2.90
12	4.75	3.89	3.49	3.26	3.11	3.00	2.91	2.85	2.80
13	4.67	3.81	3.41	3.18	3.03	2.92	2.83	2.77	2.71
14	4.60	3.74	3.34	3.11	2.96	2.85	2.76	2.70	2.65
15	4.54	3.68	3.29	3.06	2.90	2.79	2.71	2.64	2.59
16	4.49	3.63	3.24	3.01	2.85	2.74	2.66	2.59	2.54
17	4.45	3.59	3.20	2.96	2.81	2.70	2.61	2.55	2.49
18	4.41	3.52	3.16	2.93	2.77	2.66	2.58	2.51	2.46
19	4.38	3.52	3.13	2.90	2.74	2.63	2.54	2.48	2.42
20	4.35	3.49	3.10	2.87	2.71	2.60	2.51	2.45	2.39
21	4.32	3.47	3.07	2.84	2.68	2.57	2.49	2.42	2.37
22	4.30	3.44	3.05	2.82	2.66	2.55	2.46	2.40	2.34
23	4.28	3.42	3.03	2.80	2.64	2.53	2.44	2.37	2.32
24	4.26	3.40	3.01	2.78	2.62	2.51	2.42	2.36	2.30
25	4.24	3.39	2.99	2.76	2.60	2.49	2.40	2.34	2.28
26	4.23	3.37	2.98	2.74	2.59	2.47	2.39	2.32	2.27
27	4.21	3.35	2.96	2.73	2.57	2.46	2.37	2.31	2.25
28	4.20	3.34	2.95	2.71	2.56	2.45	2.36	2.29	2.24
29	4.18	3.33	2.93	2.70	2.55	2.43	2.35	2.28	2.22
30	4.17	3.32	2.92	2.69	2.53	2.42	2.33	2.27	2.21
40	4.08	3.23	2.84	2.61	2.45	2.34	2.25	2.18	2.12
60	4.00	3.15	2.76	2.53	2.37	2.25	2.17	2.10	2.04
120	3.92	3.07	2.68	2.45	2.29	2.17	2.09	2.02	1.96
∞	3.84	3.00	2.60	2.37	2.21	2.10	2.01	1.94	1.88

	$\alpha = 0.05$								
d.f.	10	15	20	24	30	40	60	120	∞
1	241.88	245.95	248.01	249.05	250.09	251.14	252.20	253.25	254.32
2	19.40	19.43	19.45	19.45	19.46	19.47	19.48	19.49	19.50
3	8.76	8.70	8.66	8.64	8.62	8.59	8.57	8.55	8.53
4	5.96	5.86	5.80	5.77	5.75	5.72	5.69	5.66	5.63
5	4.74	4.62	4.56	4.53	4.50	4.46	4.43	4.40	4.36
6	4.06	3.94	3.87	3.84	3.81	3.77	3.74	3.70	3.67
7	3.64	3.51	3.44	3.41	3.38	3.34	3.30	3.27	3.23
8	3.35	3.22	3.15	3.12	3.08	3.04	3.01	2.97	2.93
9	3.14	3.01	2.94	2.90	2.86	2.83	2.79	2.75	2.71
10	2.98	2.84	2.77	2.74	2.70	2.66	2.62	2.58	2.54
11	2.85	2.72	2.65	2.61	2.57	2.53	2.49	2.45	2.40
12	2.75	2.62	2.54	2.51	2.47	2.43	2.38	2.34	2.30
13	2.67	2.53	2.46	2.42	2.38	2.34	2.30	2.25	2.21
14	2.60	2.46	2.39	2.35	2.31	2.27	2.22	2.18	2.13
15	2.54	2.40	2.33	2.29	2.25	2.20	2.16	2.11	2.07
16	2.49	2.35	2.28	2.24	2.19	2.15	2.11	2.06	2.01
17	2.45	2.31	2.23	2.19	2.15	2.10	2.06	2.01	1.96
18	2.41	2.27	2.19	2.15	2.11	2.06	2.02	1.97	1.92
19	2.38	2.23	2.16	2.11	2.07	2.03	1.98	1.93	1.88
20	2.35	2.20	2.12	2.08	2.04	1.99	1.95	1.90	1.84
21	2.32	2.18	2.10	2.05	2.01	1.96	1.92	1.87	1.81
22	2.30	2.15	2.07	2.03	1.98	1.94	1.89	1.84	1.78
23	2.27	2.13	2.05	2.00	1.96	1.91	1.86	1.81	1.76
24	2.25	2.11	2.03	1.98	1.94	1.89	1.84	1.79	1.73
25	2.24	2.09	2.01	1.96	1.92	1.87	1.82	1.77	1.71
26	2.22	2.07	1.99	1.95	1.90	1.85	1.80	1.75	1.69
27	2.20	2.06	1.97	1.93	1.88	1.84	1.79	1.73	1.67
28	2.19	2.04	1.96	1.91	1.87	1.82	1.77	1.71	1.65
29	2.18	2.03	1.94	1.90	1.85	1.81	1.75	1.70	1.64
30	2.16	2.01	1.93	1.89	1.84	1.79	1.74	1.68	1.62
40	2.08	1.92	1.84	1.79	1.74	1.69	1.64	1.58	1.51
60	1.99	1.84	1.75	1.70	1.65	1.59	1.53	1.47	1.39
120	1.91	1.75	1.66	1.61	1.55	1.50	1.43	1.35	1.25
∞	1.83	1.67	1.57	1.52	1.46	1.39	1.31	1.22	1.00

$\alpha = 0.10$									
d.f.	1	2	3	4	5	6	7	8	9
1	39.86	49.50	53.59	55.83	57.24	58.20	58.91	59.44	59.86
2	8.53	9.00	9.16	9.24	9.26	9.33	9.35	9.37	9.38
3	5.54	5.46	5.39	5.34	5.31	5.28	5.27	5.25	5.24
4	4.54	5.32	4.19	4.11	4.05	4.01	3.98	3.95	3.94
5	4.06	3.78	3.62	3.52	3.45	3.40	3.37	3.34	3.32
6	3.78	3.46	3.29	3.18	3.11	3.05	3.01	2.98	2.96
7	3.59	3.26	3.07	2.96	2.88	2.83	2.78	2.75	2.72
8	3.46	3.11	2.92	2.81	2.73	2.67	2.62	2.59	2.56
9	3.36	3.01	2.81	2.69	2.61	2.55	2.51	2.47	2.44
10	3.28	2.92	2.73	2.61	2.52	2.46	2.41	2.38	2.35
11	3.23	2.86	2.66	2.54	2.45	2.39	2.34	2.30	2.27
12	3.13	2.81	2.61	2.48	2.39	2.33	2.28	2.24	2.21
13	3.14	2.76	2.56	2.43	2.35	2.28	2.23	2.20	2.16
14	3.10	2.73	2.52	2.39	2.31	2.24	2.19	2.15	2.12
15	3.07	2.70	2.49	2.36	2.27	2.21	2.16	2.12	2.09
16	3.05	2.67	2.46	2.33	2.24	2.18	2.13	2.09	2.06
17	3.03	2.64	2.44	2.31	2.22	2.15	2.10	2.06	2.03
18	3.01	2.62	2.42	2.29	2.20	2.13	2.08	2.04	2.00
19	2.99	2.61	2.40	2.27	2.18	2.11	2.06	2.02	1.98
20	2.97	2.59	2.38	2.25	2.16	2.09	2.04	2.00	1.96
21	2.96	2.57	2.36	2.23	2.14	2.08	2.02	1.98	1.95
22	2.95	2.56	2.35	2.22	2.13	2.06	2.01	1.97	1.93
23	2.94	2.55	2.34	2.21	2.11	2.05	1.99	1.95	1.92
24	2.93	2.54	2.33	2.19	2.10	2.04	1.98	1.94	1.91
25	2.92	2.53	2.32	2.18	2.09	2.02	1.97	1.93	1.89
26	2.91	2.52	2.31	2.17	2.08	2.01	1.96	1.92	1.88
27	2.90	2.51	2.30	2.17	2.07	2.00	1.95	1.91	1.87
28	2.89	2.50	2.29	2.16	2.06	2.00	1.94	1.90	1.87
29	2.89	2.50	2.28	2.15	2.06	1.99	1.93	1.89	1.86
30	2.88	2.49	2.28	2.14	2.05	1.98	1.93	1.88	1.85
40	2.84	2.44	2.23	2.09	2.00	1.93	1.87	1.83	1.79
60	2.79	2.39	2.18	2.04	1.95	1.87	1.82	1.77	1.74
120	2.75	2.35	2.13	1.99	1.90	1.82	1.77	1.72	1.68
∞	2.71	2.30	2.08	1.94	1.85	1.77	1.72	1.67	1.63

α = 0.10										
d.f.	10	12	15	20	24	30	40	60	120	∞
1	60.20	60.71	61.22	61.74	62.00	62.26	62.53	62.79	63.06	63.83
2	9.39	9.41	9.42	9.44	9.45	9.46	9.47	9.47	9.48	9.49
3	5.23	5.22	5.20	5.18	5.18	5.17	5.16	5.15	5.14	5.13
4	3.92	3.90	3.87	3.84	3.83	3.82	3.80	3.79	3.78	3.76
5	3.30	3.27	3.24	3.21	3.19	3.17	3.16	3.14	3.12	3.10
6	2.94	2.90	2.87	2.84	2.82	2.80	2.78	2.70	2.74	2.72
7	2.70	2.67	2.63	2.59	2.58	2.56	2.54	2.51	2.49	2.47
8	2.54	2.50	2.46	2.42	2.40	2.38	2.36	2.34	2.32	2.29
9	2.42	2.38	2.34	2.30	2.28	2.25	2.23	2.21	2.18	2.16
10	2.32	2.28	2.24	2.20	2.18	2.16	2.13	2.11	2.08	2.06
11	2.25	2.21	2.17	2.12	2.10	2.08	2.05	2.03	2.00	1.97
12	2.19	2.15	2.10	2.06	2.04	2.01	1.99	1.96	1.93	1.90
13	2.14	2.10	2.05	2.01	1.98	1.96	1.93	1.90	1.88	1.85
14	2.10	2.05	2.01	1.96	1.94	1.91	1.89	1.86	1.83	1.80
15	2.06	2.02	1.97	1.92	1.90	1.87	1.85	1.82	1.79	1.76
16	2.03	1.99	1.94	1.89	1.87	1.84	1.81	1.78	1.75	1.72
17	2.00	1.96	1.91	1.86	1.84	1.81	1.78	1.75	1.72	1.69
18	1.98	1.93	1.89	1.84	1.81	1.78	1.75	1.72	1.69	1.66
19	1.96	1.91	1.86	1.81	1.79	1.76	1.73	1.70	1.67	1.63
20	1.94	1.89	1.84	1.79	1.77	1.74	1.71	1.68	1.64	1.61
21	1.92	1.88	1.83	1.78	1.75	1.72	1.69	1.66	1.62	1.59
22	1.90	1.86	1.81	1.76	1.73	1.70	1.67	1.64	1.60	1.57
23	1.89	1.84	1.80	1.74	1.72	1.69	1.66	1.62	1.59	1.55
24	1.88	1.83	1.78	1.73	1.70	1.67	1.64	1.61	1.57	1.53
25	1.87	1.82	1.77	1.72	1.69	1.66	1.63	1.59	1.56	1.52
26	1.86	1.81	1.76	1.71	1.68	1.65	1.61	1.58	1.54	1.50
27	1.85	1.80	1.75	1.70	1.67	1.64	1.60	1.57	1.53	1.49
28	1.84	1.79	1.74	1.69	1.66	1.63	1.59	1.56	1.52	1.48
29	1.83	1.78	1.73	1.68	1.65	1.62	1.58	1.55	1.51	1.47
30	1.82	1.77	1.72	1.67	1.64	1.61	1.57	1.54	1.50	1.49
40	1.76	1.71	1.66	1.61	1.57	1.54	1.51	1.47	1.42	1.38
60	1.71	1.66	1.60	1.54	1.51	1.48	1.44	1.40	1.35	1.29
120	1.65	1.60	1.54	1.48	1.45	1.41	1.37	1.32	1.26	1.19
∞	1.60	1.55	1.49	1.42	1.38	1.34	1.30	1.24	1.17	1.00

찾아보기

숫자

로마자

A

B

C

D

E

F

G

H

I

K

M

N

O

P

Q

R

T

W

한국어

가

나

다

라

마

바

사

아

자

차

카

타

파

하